FLORE

JURASSIENNE.

FLORE JURASSIENNE,

OU

DESCRIPTION DES PLANTES VASCULAIRES

CROISSANT NATURELLEMENT

DANS LES MONTAGNES DU JURA

ET LES PLAINES QUI SONT AU PIED,

RÉUNIES PAR FAMILLES NATURELLES, ET DISPOSÉES SUIVANT LA MÉTHODE
DE DE CANDOLLE,

AVEC L'INDICATION DES PROPRIÉTÉS
ET DES USAGES DES ESPÈCES LE PLUS GÉNÉRALEMENT EMPLOYÉES
EN MÉDECINE ET DANS LES ARTS;

SUIVIE D'UN TABLEAU DES GENRES,
D'APRÈS LE SYSTÈME SEXUEL DE LINNÉ.

PAR C.-M. PHILIBERT BABEY,

ÉLÈVE DE L'ÉCOLE NORMALE, DOCTEUR ÈS-SCIENCES, DE L'ACADÉMIE DES SCIENCES
DE TOULOUSE, DE LA SOCIÉTÉ D'ÉMULATION DU JURA, ETC.,
ANCIEN PROFESSEUR DE MATHÉMATIQUES DES COLLÉGES ROYAUX DE TOULOUSE,
DE BESANÇON, ETC.

TOME PREMIER.

PARIS.

AUDOT, LIBRAIRE-ÉDITEUR,
RUE DU PAON, 8, ÉCOLE-DE-MÉDECINE.

1845.

AVANT-PROPOS.

La botanique n'est plus, comme autrefois, le domaine exclusif des médecins et des empiriques, qui ne voyaient dans les simples que des remèdes et des poisons. Aujourd'hui elle est généralement cultivée, non-seulement sous le rapport de son agrément, comme étant une source de jouissances et de plaisirs, mais encore sous le rapport de son utilité, soit dans l'économie rurale et domestique, soit dans les arts industriels et manufacturiers, soit enfin dans la médecine, à laquelle elle offre les plus précieuses ressources.

L'étude de cette science, en développant en nous le goût de l'observation, dévoile à nos yeux une foule d'objets qui nous frappent d'étonnement, et nous invitent à contempler les beautés de la nature.

Lorsqu'on porte ses regards sur cette immense quantité de végétaux, qu'une main bienfaisante a répandus sur la terre avec tant de profusion, que l'on considère l'élégance et la variété de leurs formes, la vivacité et la richesse infinie de leurs couleurs, et qu'on observe, d'un œil éclairé, les nombreux caractères qui les distinguent, la diversité des organes qui les composent et des fonctions qu'ils remplissent, soit pour le développement et la conservation des individus, soit dans la reproduction de l'espèce, on se sent pénétré d'une profonde admiration pour la puissance et la sagesse infinie de l'auteur de tant de merveilles.

Le goût de la botanique ne peut être trop répandu, car, quelles que soient notre condition et notre fortune, nous ne saurions trouver une étude plus attrayante, plus convenable à tous les âges, et plus propre à charmer nos loisirs ou à tempérer nos peines : elle procure un exercice salutaire, elle fait aimer le séjour de la campagne, et nous donne des goûts simples, bien préférables aux frivoles amusements des villes.

Seul au milieu des champs, le botaniste se trouve entouré d'un peuple de végétaux, avec lesquels il s'entretient paisiblement, et il ne peut faire un pas sans rencontrer une foule d'objets qui sollicitent ses regards et réclament son attention. L'hiver même n'est point pour lui entièrement dépourvu de jouissances ; il revoit, avec un nouveau plaisir, les plantes qu'il a cueillies pendant la belle saison : elles lui rappellent ses promenades champêtres et les doux instants qu'il a passés à les observer, lorsqu'elles étaient brillantes de grâces et de fraîcheur. Dans les beaux jours de cette triste saison, il peut encore, en parcourant les bois dépouillés de leurs ornements et les montagnes même les plus arides, étudier la nature dans quelques-unes de ses productions, alors en pleine vigueur, qui, pour être moins brillantes, d'un port plus simple et d'un aspect plus modeste, n'en sont pas moins admirables aux yeux de l'observateur. Ainsi, dans toutes les saisons de l'année, la botanique procure, à celui qui la cultive, des jouissances toujours nouvelles et des plaisirs sans cesse renaissants.

L'homme, que la nature a distingué de tous les autres êtres de la création, en lui communiquant un rayon de sa sagesse et de son immortelle intelligence, ne saurait faire, d'ailleurs, un plus bel usage de ces nobles facultés, qu'en s'abandonnant à sa ravissante étude, et à la contemplation des merveilles sans nombre dont elle a parsemé le globe, et, pour ainsi dire, enveloppé ses pas.

Ces douces jouissances que l'amour des plantes fait éprouver, peuvent devenir, il est vrai, une véritable passion, mais bien excusable, sans doute : car, si elle entraîne quelquefois le botaniste à entreprendre des voyages pénibles et dispendieux, et à parcourir des contrées sauvages et désertes, il en rapporte presque toujours une abondante moisson qui, en agrandissant le champ de la science qu'il chérit, contribue à son avancement, et ajoute aux progrès de l'agriculture et des arts industriels, en les enrichissant, le plus souvent, de quelques produits nouveaux.

N'est-ce pas aux recherches et aux soins de ces hommes dévoués, que l'on doit ces nombreuses variétés de plantes exotiques qui, maintenant, ornent partout nos parcs, nos bosquets et nos jardins ? Presque inconnues au commencement du siècle dernier, elles semblent aujourd'hui n'avoir jamais eu d'autre patrie ; et, cependant, que d'espèces restent encore à découvrir, et n'attendent, pour venir prendre une place honorable au milieu de ces groupes d'arbustes qui embellissent nos habitations, qu'une main habile et courageuse !

Ces charmantes conquêtes, les plus douces que l'homme puisse ambitionner, lui procurent des jouissances que rien ne saurait remplacer ; elles enrichissent quelquefois des provinces entières et des états, sans être accompagnées des soupirs et des larmes, que font répandre si souvent ces trésors enfouis dans le sein de la terre, que le malheureux arrache avec tant de peines.

Au milieu de cette noble émulation qui porte chaque jour les botanistes à explorer des contrées nouvelles, il est étonnant que le Jura n'ait jusqu'ici que faiblement fixé l'attention des botanistes (1), et offre encore une lacune dans la géographie botanique de la France. Il mérite bien cependant, soit par la nature, l'étendue et la disposition de ses montagnes, soit par le nombre et la variété des accidents qu'elles présentent, soit enfin par la différence de température qui règne dans ses di-

---

(1) Nous ne voulons point parler ici de la partie du Jura qui appartient à la Suisse, car, depuis *Haller*, elle a toujours été comprise dans la Flore de ce pays, et c'est en m'aidant des excellents ouvrages de *Gaudin*, d'*Hagenbach*, etc., qu'il m'a été possible d'embrasser dans celui-ci un champ aussi étendu. Je dois également à l'ouvrage de M. *Guyétant* sur l'agriculture du Jura, au catalogue de *Girod-Chantrans*, et surtout à celui de M. *Reuter*, de précieux renseignements, et la connaissance de plusieurs espèces rares que je n'ai point trouvées moi-même, et que j'indique sous leur nom, comme je l'ai constamment fait à l'égard des botanistes qui m'ont fourni quelques renseignements.

verses régions, d'être étudié avec soin, et la riche végétation qu'il renferme sur tous ses points, réclamait,
depuis long-temps, une Flore spéciale.

C'est pour combler cette lacune, et pour satisfaire à un
besoin que j'ai moi-même long-temps éprouvé, que cet
ouvrage a été entrepris. Quoique je n'aie pu me faire
illusion sur l'importance et les difficultés que présentait
un pareil travail, j'étais loin cependant de prévoir
toutes celles que je devais rencontrer, et si je n'eusse
été soutenu par ce zèle actif que mon goût pour la
botanique a développé de bonne heure, et par le désir
d'être utile aux botanistes, et surtout aux jeunes gens
qui voudront herboriser sur nos montagnes, j'y aurais
sans doute renoncé. J'ai fait tous mes efforts pour que
son exécution réponde à leur attente : puisse-t-il leur
procurer tous les plaisirs que j'ai goûtés dans la culture
de cette science pleine d'attraits, et je me trouverai am-
plement récompensé.

Il nous reste à faire connaître la disposition de cet
ouvrage, et l'ordre que nous avons suivi dans la classification des espèces. Ne voulant pas imiter la plupart
des Flores particulières, qui ne donnent que peu ou
point de synonymie, je l'ai un peu plus étendue dans
celle-ci, me bornant, toutefois, à celle des ouvrages le
plus généralement estimés, et que l'on peut étudier
avec le plus de fruit. J'en ai fait de même à l'égard des
figures, parce qu'elles sont indispensables à consulter,
si l'on veut parvenir à une détermination exacte des espèces et lever toute incertitude. Malheureusement il
existe peu de bonnes figures, et les ouvrages de ce genre
sont extrêmement chers et souvent difficiles à se pro-

curer, surtout en province. Ainsi, j'ai dû me borner à
la citation de celles des ouvrages anciens et modernes
que je possède, ne voulant pas citer de figures sans les
avoir vues.

Pour ce qui regarde la localité des espèces, j'en ai
étendu la liste le plus qu'il m'a été possible, surtout à
l'égard des plantes rares ou les moins communes, me
contentant seulement d'indiquer la station des autres.

Lorsqu'une plante n'a pas été trouvée par moi-
même dans les lieux cités, elle est toujours suivie du
nom des botanistes qui me l'ont fait connaître soit par
leurs ouvrages que j'ai dû consulter, soit par des échantillons reçus ou communiqués, ou de toute autre manière, et je m'empresse de leur en témoigner ici toute
ma reconnaissance.

J'ai eu soin de placer, à la suite des descriptions, le
signe ordinaire qui indique la durée des plantes, et en
outre l'époque de la floraison; mais celle-ci est nécessairement un peu vague, parce que la diversité des sites
et la différence des hauteurs apportent des modifications
dans le développement des végétaux, qui avancent ou
retardent nécessairement cette époque : j'ai eu soin cependant d'en fixer les limites.

Pour ne rien laisser à désirer, j'ai ajouté aussi, en
peu de mots, les propriétés médicales et les usages dans
les arts et l'agriculture, des espèces le plus généralement employées.

Quant à la méthode de classification que nous avons
suivie dans cette Flore, nous avons cru devoir adopter
celle que *De Candolle* a proposée dans sa *Théorie élé-
mentaire* et développée dans le *Prodrome*, et que *Koch*

et *Duby* ont également admise dans leurs ouvrages, parce
que ces auteurs y ont introduit les changements heureux que les botanistes les plus célèbres de notre époque
ont proposés, et parce que la méthode naturelle, qui
classe les êtres d'après l'ensemble de leurs caractères,
suivant le degré de leur importance, et non d'après
un seul ou quelques-uns seulement, choisis arbitraire-
ment, nous a paru préférable à toute autre. Cette méthode, d'ailleurs, réunissant les plantes qui se rapprochent le plus par leurs propriétés médicales, doit être
préférée par ceux qui étudient la botanique sous le point
de vue de la médecine.

Cependant nous avons donné, à la fin de cet ouvrage,
la classification des genres compris dans cette Flore,
d'après le système sexuel de Linné, en faveur des jeunes
gens et des personnes à qui ce moyen d'arriver à la
connaissance des genres semblerait plus commode ou
plus facile.

Les plantes alimentaires ou généralement cultivées, et
que l'on peut en quelque sorte considérer comme na-
turalisées, n'ont pas dû rester étrangères à notre travail,
et on les trouvera décrites à la place qu'elles doivent
occuper.

Comme il est très utile de connaître les contrées que
l'on se propose de parcourir, surtout dans un pays de
montagnes, et que les meilleurs cartes laissent toujours,
sous ce rapport, beaucoup à désirer (1), nous avons

---

(1) Les meilleures cartes à consulter, quant au relief de nos montagnes, sont, outre les feuilles de la carte de France de Cassini et celles
de l'atlas national : 1º la carte du comté de Bourgogne, par Querret,

pensé qu'une courte notice sur la topographie du Jura et la structure de ses montagnes , avec une idée de l'agriculture et de l'industrie de ses habitants , présentée sous forme d'introduction , ne serait point ici déplacée.

1748 , qui est devenue très rare ; 2º la carte du lac de Genève , par Mallet, qui comprend une partie de la chaîne du Jura ; 3º la carte du canton de Vaud et de Neuchâtel , réduite d'après Mallet et Osterwald , par Vaucher , 1828 ; 4º l'excellente carte de l'ancien évéché de Bâle , par Buchwalder , 1815 à 1819 , etc.

INTRODUCTION.

TOPOGRAPHIE DU JURA,

AGRICULTURE ET INDUSTRIE DE SES HABITANTS.

Le Jura (*Jurassus*) présente une vaste chaîne de montagnes,
en forme de plateau incliné au couchant, située sur les frontières orientales de la France, qu'elle sépare de la Suisse qui
en comprend cependant une assez grande partie. Elle s'étend
depuis la perte du Rhône jusqu'aux environs de Bâle et de
Waldshust, dans la direction du sud-sud-ouest au nord-nord-
est, sur une longueur de 22 à 26 myriamètres et une largeur
de 5—8, ce qui donne à ces montagnes une surface d'environ
160 myriamètres carrés d'étendue.

Ses plus hautes sommités se trouvent au sud-ouest, dans la
partie voisine de la Suisse, comprise entre Neuchâtel et la
perte du Rhône, et ses points les plus élevés au-dessus de la
Méditerranée, sont :

1° Le *Reculet*, au-dessus du village de Thoiry,	1718 mètres.
2° Le *Colombier*, au-dessus de Gex,	1689
3° La *Faucille*, au-dessus du village de Mijoux,	1525
4° Le *Piton-de-Salève*, en face de Genève,	1379
5° La *Dôle*, au-dessus de Nyon,	1681
6° Le *Montendre*, en face du lac de Joux,	1679
7° La *Dent-de-Vaulion*, à l'extrémité de la vallée de Joux,	1485
8° Le *Suchet*, en face d'Iverdon,	1589
9° Le *Mont-d'Or*, au-dessus de Jougne,	1461

10° Le *Chasseron*, au-dessus du village de Sainte-
  Croix,   1612 mètres.
11° Le *Chasseral*, qui domine le lac de Bienne, 1617
12° Le *Hasenmatt*, au-dessus de Soleure, 1455
13° Le *Weissenstein*, au même lieu, 1256
14° Le *Lagerberg*, au-dessus de Bade, 984

Le Jura s'abaisse ensuite insensiblement dans la direction du nord-est, et se confond enfin, entre Bâle et Schaffhouse, avec les collines de la plaine.

Vu de la Suisse, le Jura offre l'aspect d'une longue muraille terminant l'horizon au couchant, dont l'uniformité est à peine interrompue par quelques sommités arrondies et peu saillantes. La plupart des montagnes de ce dernier chaînon, le plus élevé du Jura, sont presque à pic du côté de la Suisse, ou du moins leur pente est si rapide, qu'elles formeraient une barrière insurmontable entre la France et ce dernier pays, si la nature n'avait ménagé, sur leur longueur, quelques gorges plus ou moins profondes qui servent de passage.

Ces montagnes escarpées ont dû offrir un rempart long-temps invincible aux eaux des Alpes, qui se rendent dans cette belle vallée de la Suisse que le Léman occupe en partie, et former alors, dans cet immense bassin, un lac très étendu.

A l'époque où ces eaux se sont écoulées, elles ont abandonné sur le sol un grand nombre de blocs erratiques de *granit*, de *gneiss* et de *micaschiste*, que l'on trouve épars sur le revers oriental du Jura et dans quelques vallées transversales, tous étrangers à cette chaine de montagnes entièrement calcaires, et qui proviennent en grande partie, suivant De Luc, du mont *Rosa*, du *Grimsel*, et d'autres sommités du Valais. Il est difficile de se rendre compte de la présence de ces blocs énormes à une si grande hauteur, et de se figurer l'épouvantable cataclysme qui a pu les jeter jusqu'à 617 mètres au-dessus du lac de Neuchâtel.

On peut supposer, avec M. Léopold De Buch, d'après les observations de De Luc, que le Valais, dans l'origine, entièrement fermé entre la *Dent-de-Morcle* et la *Dent-du-Midi*, formait

un lac très étendu, dont les eaux, ayant rompu la digue qui les
retenait, peut-être à l'époque du soulèvement de la chaîne centrale des Alpes (1), auront donné naissance au vaste *diluvium*
qui a jeté, jusque sur les hauteurs du Jura, ces débris des
hautes Alpes.

Le peu de largeur du Valais à son entrée, qui, à Saint-Mau-
rice, ne dépasse guère la largeur du Rhône, semblerait ap-
puyer cette hypothèse, que fortifient encore les observations
de M. De Buch. Ce savant géologue a en effet remarqué qu'à
Chasseron, au-dessus d'Iverdon, en face de la direction du
Bas-Valais, ces blocs se rencontrent à des hauteurs qui vont
en diminuant de part et d'autre de cette direction, suivant
qu'ils se trouvaient plus ou moins dans le centre du courant
qui les a transportés (2).

Le Jorat, composé d'un grès tendre appelé *molasse* par De
Saussure, forme une chaîne transversale qui s'étend dans toute

---

(1) Suivant M. Élie De Beaumont, ces blocs erratiques, que l'on
trouve épars des deux côtés de la chaîne des Alpes, proviendraient du
soulèvement de sa partie centrale, et se seraient répandus en suivant les
grandes vallées déjà existantes, ainsi que les observations de MM. De
Buch, Élie De Beaumont, De Luc et Escher semblent le prouver.

(2) Cette hypothèse, qui paraît assez satisfaisante, suffit-elle pour
expliquer le transport de ces masses énormes de *granit*, telles, par
exemple, que celle qui se trouve dans la forêt de Pierrabot, à une
demi-lieue de Neuchâtel, à 260 mètres au-dessus du niveau du lac,
qui a plus de 1500 mètres de volume, et celles que l'on voit dans le
Val-Travers, au pied du Creux-du-Vent, sur le flanc du Suchet, du
côté de Vallorbe, et sur d'autres points opposés de nos montagnes? Il
paraît difficile, dans l'état actuel des connaissances géologiques, de
donner une explication de ce phénomène à l'abri de toute objection, et
l'hypothèse du transport de ces blocs par les glaces flottantes, proposée
par quelques géologues, ne saurait être admise, du moins pour le Jura;
car, dans ce cas, les glaçons auraient dû s'échouer tous au même niveau, contrairement aux observations de M. De Buch, rapportées plus
haut. Du reste, nous laissons ces discussions, entièrement étrangères à
notre sujet, aux géologues de profession.

la largeur du bassin compris entre les Alpes et le Jura, et donne lieu à deux versants. Il est d'une formation postérieure à ces dernières montagnes, dont il recouvre le pied, et cependant antérieure au cataclysme dont nous venons de parler, puisqu'il est également recouvert de blocs erratiques.

C'est vraisemblablement à l'époque de ces bouleversements, que les eaux de l'immense bassin qui occupait toute la partie basse de la Suisse, à l'est du Jura, ont rompu leur digue sur deux points opposés, en donnant naissance à deux courants séparés par le Jorat.

Au sud, c'est entre le Crédo et le Vouache que les eaux se sont fait jour, pour se diriger, par le lit du Rhône, dans la Méditerranée, et, au nord, c'est au-dessus de Bâle, entre Waldshuth et Laufenberg, qu'elle se sont frayé un passage dans le lit du Rhin, pour se rendre dans la mer du Nord. Les eaux de ce vaste bassin s'étant alors entièrement écoulées, il n'est resté que les lacs de cette partie basse de la Suisse actuellement existants, parce que ces points, qui auront sans doute été creusés par les tournoiements et les grands remous qui ont dû se produire au moment de la débâcle, se trouvaient plus bas que le sol environnant.

Quoique le Jura soit éloigné des Alpes de plusieurs myriamètres, et qu'il en soit séparé par le vaste bassin dont nous venons de parler, on peut cependant le considérer, en quelque sorte, comme une dépendance de ces dernières ; car les basses montagnes de la Suisse et de la Savoie sont calcaires, comme le Jura, et, selon M. Escher, le *Salève* et le *Sion*, jusqu'au *Vouache*, en font encore partie. Le Jura, d'ailleurs, par la disposition de ses montagnes en amphithéâtre, depuis les plaines du Bugey, de la Franche-Comté et de l'Alsace, jusqu'aux frontières de la Suisse, où se trouvent ses plus hautes sommités, peut être regardé comme le prolongement du pied des Alpes. Du reste, il ne saurait être comparé, sous aucun autre rapport, aux Alpes granitiques de la Suisse et de la Savoie ; car, outre sa nature calcaire, il en diffère essentiellement par son aspect et sa formation.

Si, de nos plus hautes sommités, on observe d'un côté les

Alpes et de l'autre le Jura , on sera frappé de la différence que présentent ces deux chaînes de montagnes , soit dans leur forme, soit dans leur physionomie : d'un côté, les Alpes offrent la réunion d'une immense quantité d'aiguilles ou de pyramides aiguës , entassées les unes sur les autres comme une vaste cristallisation ; de l'autre, le Jura présente un immense plateau incliné au couchant, composé de montagnes arrondies , séparées par des vallées plus ou moins profondes , occupées souvent en partie par des lacs ou des tourbières , et recouvertes de pâturages très étendus , entrecoupées de nombreuses forêts de sapins mêlés quelquefois de hêtres , parsemées de quelques villages et de nombreux chalets.

Tel est l'aspect sous lequel se présente le Jura , observé de ses plus hautes sommités ; mais il se montre bien autrement, lorsqu'on le parcourt dans ses diverses parties , car la projection des points les plus élevés cachant le plus souvent le fond des vallées, les ravins et les torrents qui s'y précipitent , l'œil ne peut apercevoir, de ces hauteurs, les escarpements des montagnes et les gorges étroites et profondes qui les séparent ; de sorte que, pour se faire une idée exacte de leurs formes et de leurs dispositions , il faut les parcourir dans des directions différentes.

Si on les traverse, en descendant des frontières de la Suisse dans les plaines qui sont au couchant , on remarquera qu'elles se composent de chaînons parallèles entre eux et à la chaine principale , séparés par de longues vallées , dont la largeur va en augmentant à mesure que l'on s'avance vers la plaine. Les parties de ce chaînon ont des formes et des directions très variées : les vallons qui les séparent sont généralement d'un aspect riant et presque toujours arrosés par quelques ruisseaux qui y répandent une agréable fraîcheur. Mais souvent aussi ils présentent des gorges étroites et profondes , offrant dans toute leur longueur des rochers nus et escarpés, recouverts quelquefois de sombres forêts. Les torrents qui les parcourent dans un lit ordinairement inégal et hérissé de rochers , se brisent, dans leur course rapide, contre ces obstacles invincibles, ou les franchissent, couverts d'écume , en se précipitant à leurs pieds par de nombreuses cascades. Arrivées dans le fond plus ouvert des vallées, leurs eaux, devenues plus abondantes et plus paisibles, reflètent l'image des coteaux et des pentes boisées qui garnissent le pied des montagnes environnantes.

Les eaux de ces ruisseaux, de ces torrents et des rivières qu'ils forment, se rendent, en général, par le Rhône dans la Méditerranée, excepté celles des vallées de Joux et de la Birse, qui se dirigent par le Rhin dans la mer du Nord.

Les couches des rochers qui composent nos montagnes, se présentent sous toutes les directions : on en voit d'horizontales, d'obliques et de verticales ; elles sont souvent pliées en voûte ou brisées comme les pans d'un toit, et on en trouve même de contournées de diverses manières ou entassées dans des directions différentes ; de sorte que ces montagnes présentent tous les accidents qui sont évidemment les suites du bouleversement qu'elles ont éprouvé à l'époque de leur soulèvement, ou à des époques plus rapprochées.

Considéré sous un autre point de vue, le Jura offre aux amateurs des beautés de la nature, les contrastes les plus frappants et les sites les plus propres à étonner le voyageur. On ne saurait trouver, dans un espace moins étendu, un sol et des produits plus variés, des mœurs et des caractères plus différents ; mais la plupart des touristes qui se rendent de France dans la Savoie, dans la Suisse ou le Tyrol, ne font que le traverser en toute hâte, jetant à peine un coup-d'œil impatient sur quelques-uns des sites admirables qui côtoient les grandes routes, préférant les fortes émotions que l'on ressent à la vue des glaciers et de cette nature morte et stérile des hautes montagnes granitiques, aux douces sensations que font éprouver les sites pittoresques et les paysages gracieux, souvent même un peu sévères, de nos montagnes calcaires.

Envisagé sous le rapport de l'agriculture, le Jura peut être divisé en trois zones ou régions bien distinctes, savoir : la haute montagne, la basse montagne et le vignoble (1).

---

(1) Voyez Guyétant, *Essai sur l'agriculture du département du Jura*, 1822.

Dans la région la plus élevée , les montagnes sont ordinairement nues , recouvertes de vastes pâturages et entourées à
leur bases , jusqu'à des hauteurs plus ou moins grandes , de
forêts souvent très étendues, composées d'arbres résineux ,
quelquefois mélangés de hêtres, mais rarement d'autres espèces. L'air que l'on y respire est vif, pur, et sa température
très variable. Souvent, dans cette haute région , les gelées se
font sentir à toutes les époques de l'année , mais ce n'est ordinairement que vers la fin d'octobre que commencent les gelées
soutenues, qui se prolongent jusqu'en mai. La neige y séjourne
plus de la moitié de l'année , et, quoiqu'il en tombe quelquefois dans toutes les saisons, ce n'est cependant que depuis le
commencement d'octobre jusqu'à la fin d'avril, qu'elles sont
permanentes.

Le 4 septembre 1831, je me trouvais avec mon fils à la Faucille, d'où nous devions partir le lendemain pour herboriser
sur la chaîne du Colombier, lorsque, après une pluie froide,
survint tout à coup une neige abondante qui couvrit entièrement les montagnes, et nous força d'abandonner notre projet,
sans avoir pu même visiter les environs ; elle s'élevait à plus
de deux décimètres sur la route , au pied de la Dôle, et toutes
les récoltes que nous avions vues si belles , en passant aux
Rousses , étaient ensevelies sous la neige.

On m'a assuré , à la Chapelle-des-Bois, un des villages les
plus élevés du Jura, que dans certaines années la neige dé-
passait la hauteur des maisons , et qu'il en restait encore des
traces dans le mois de juin. J'en ai aussi trouvé plusieurs fois,
vers la fin de septembre , au pied nord du Colombier, et dans
les grandes crevasses des montagnes au-dessus d'Allamogne,
que les chaleurs de l'été n'avaient pu fondre entièrement. Les
poteaux de vingt-six décimètres de hauteur, établis aux Rousses,
le long de la route royale , pour reconnaître sa direction dans
la saison des neiges , en sont quelquefois entièrement couverts.

La température de ces hautes montagnes est très variable ;
elle change pour ainsi dire à chaque pas , soit avec l'élévation,
l'exposition du sol et la direction des vents , soit avec le voisinage des forêts et des lacs ou leur éloignement. C'est vers les

deux heures après midi que la chaleur est ordinairement la plus forte; le soir, et surtout le matin, elle est toujours de 5—6 degrés au moins plus basse que dans le milieu du jour; de sorte que l'on èst souvent obligé de se chauffer le matin et le soir dans les plus grandes chaleurs de l'été.

Les pluies d'orage sont beaucoup plus fréquentes sur ces montagnes que sur celles de la région inférieure, et elles jouissent en outre de rosées abondantes, qui équivalent souvent à de légères pluies. Les orages sur ces hautes sommités, ont quelque chose d'imposant et de majestueux, qu'il serait difficile de décrire, mais qui frappe vivement l'imagination : situé dans la région de la foudre, on se sent ébranlé par le bruit éclatant du tonnerre, répercuté par les montagnes environnantes, et le nuage dans lequel on se trouve enveloppé, sillonné dans toutes les directions par les éclairs qui se succèdent sans interruption, offre le spectacle effrayant d'une conflagration générale. Deux fois, dans mes herborisations, j'ai assisté à ces grandes scènes de la nature : l'une sur le sommet du Reculet, l'autre sur celui du Montendre, où je me trouvais avec mon fils; heureux, dans ces circonstances pénibles, lorsqu'on peut, à la lueur des éclairs, découvrir un chalet ou quelque autre abri.

La végétation s'annonce, en général, un mois plus tard dans la haute montagne que dans la plaine, et l'époque de son premier développement offre, sur ce vaste amphithéâtre, une foule de variations qui tiennent à l'élévation des lieux et aux abris qu'ils présentent.

Les végétaux que l'on cultive dans cette haute région, soit pour les besoins de l'homme, soit pour ceux des animaux domestiques, se réduisent à un très petit nombre : *l'avoine*, *l'orge*, la *pomme-de-terre*, le *lin*, le *chanvre* et les *plantes potagères* les plus communes, sont les seules que le climat permette d'obtenir; encore ne parviennent-ils pas toujours à une parfaite maturité. Ce n'est que dans les lieux les plus chauds des bassins ou des vallons, que commence la culture du *seigle* et celle des plantes légumineuses, telles que le *pois*, la *lentille* et la *vesce*.

Sous un ciel aussi froid, on conçoit que le produit des terres cultivées est loin de suffire aux besoins des habitants ; la plus affreuse misère, pendant sept mois qu'ils sont ensevelis sous la neige, deviendrait leur partage, si leur industrie ne s'était tournée vers les arts mécaniques, auxquels ils se livrent avec d'autant plus d'activité que le sol est plus ingrat.

Je fus très surpris, en traversant les montagnes pour me rendre de Mijoux à Saint-Claude par Septmoncel, de voir, alors pour la première fois, les habitants de ces contrées arides et presque stériles, occupés à tailler des pierres précieuses, auxquelles ils savent donner, outre l'éclat et le brillant du poli, les formes les plus élégantes.

Au moyen de ces arts industriels, les habitants de cette région se procurent une existence assurée, indépendante du caprice des saisons et des vicissitudes du climat ; car, à l'exception des pâturages, ils ne peuvent compter sur le produit d'une terre qui, pendant la courte durée de la belle saison, est soumise à l'influence d'une température variable et presque toujours froide. Croirait-on que l'arrondissement de Saint-Claude, qui est, à la vérité, un des plus industriels de nos montagnes, retire du produit de ses différents ouvrages manuels et de ses fromages environ 2,405,000 francs, année moyenne ?

En descendant les gradins de ce vaste amphithéâtre pour arriver sur les premières montagnes qui forment la région moyenne du Jura, on verra l'industrie abandonner insensiblement les arts mécaniques pour se livrer à l'agriculture, à mesure qu'un climat plus doux et un sol moins ingrat promettent des récoltes plus assurées.

Dans cette région, les vallées sont plus larges et beaucoup plus étendues ; les forêts de sapins y sont accompagnées de bois d'un aspect moins triste, ou sont remplacées par des bois d'essence plus variée ; l'agriculture y est plus développée, et offre à une population beaucoup plus nombreuse des ressources plus diverses : car, outre les produits de la région supérieure, on y cultive le *blé d'automne*, quelquefois mêlé d'un peu de seigle, le *pois*, la *fève*, et en outre la *vesce commune* ou *pe-*

sette, le *colza*, la *rave*, la *cameline*, la *navette d'hiver* et le *chou*, et, dans quelques vallons abrités, une variété de *maïs* appelé *petit-turquie* ou *quarantain*. On y sème aussi le *sain-foin*, la *luzerne* et le *trèfle*, comme foin artificiel.

Les sources d'eau vive, qui sont communes dans la haute montagne, le sont beaucoup moins dans la région inférieure, et rares sur le plateau qui domine le vignoble, parce que les masses calcaires, traversées par des fentes nombreuses, ne retiennent point les eaux pluviales qui, s'infiltrant jusqu'aux bancs de marne qui les supportent, vont sourdre au pied de leurs escarpements et arroser le vignoble.

Le passage de la haute à la basse montagne est, comme nous venons de le voir, assez peu sensible, parce qu'il a lieu graduellement; mais il n'en est pas de même de celui de la montagne au vignoble : il se fait plus vivement sentir, et la transition en est brusque et rapide. Formant le point d'union de la montagne à la plaine, le vignoble doit nécessairement partager les avantages et les inconvénients de l'une et de l'autre région. Aussi la température froide et variable de la montagne, qui se fait sentir surtout au printemps, est-elle souvent funeste au cultivateur, et le vigneron se voit quelque-fois enlever, dans une seule matinée, l'espoir d'une récolte sur laquelle il comptait pour nourrir sa famille. Si, d'un autre côté, le vignoble partage les avantages du climat de la plaine, il en reçoit aussi fréquemment des brouillards froids et hu-mides, et quelquefois des pluies abondantes qui, à l'époque de la floraison de la vigne, font couler le raisin. Dans l'été, les nuages orageux qui s'y forment se dirigent sur nos premières montagnes, et une grêle désastreuse vient souvent enlever à la récolte ce que les gelées du printemps ou les pluies du solstice avaient épargné.

Quoique la région du vignoble soit la moins étendue, elle est cependant la plus riche en produits, la plus peuplée et celle qui offre les sites les plus riants et les plus variés. Elle forme, sur le revers occidental du Jura, une zone qui suit toutes les sinuosités du pied de ces montagnes, couvre leur penchant rocailleux, s'étend sur les coteaux, dans les gorges et les val-

lons qui sont au-dessous, ainsi que sur toutes les collines que
forment les ramifications qu'elles projettent dans la plaine.
Cette disposition du sol augmente beaucoup l'étendue du vignoble, et donne à ses diverses parties des expositions très
variées. La hauteur à laquelle s'étend la culture de la vigne
est, en général, déterminée par celle des dernières couches
de marnes schisteuses voisines du calcaire oolithique, et ne
dépasse guère 400 mètres de hauteur au-dessus du niveau de
la Méditerranée.

Le vignoble possède des sources abondantes : il est arrosé
par une foule de ruisseaux et de petites rivières qui portent
leurs eaux dans celles de la plaine, et se rendent par le Rhône
dans la Méditerranée. Ces eaux, qui, comme nous l'avons dit
plus haut, se sont infiltrées à travers le calcaire du plateau
supérieur, sont fréquemment chargées de chaux carbonatée,
et déposent souvent des tufs dans le fond des gorges où nos
rivières prennent leur source ; celles qui ont traversé quelques
bancs de gypse contiennent assez souvent un peu de chaux
sulfatée qu'elles ont dissoute dans leur passage, ce qui leur
donne un goût de sélénite et les rend peu propres à la
cuisson des légumes et au blanchissage.

Le vignoble du Jura produit, en général, des vins rouges estimés ; et dans quelques cantons, tels que ceux des Arsures,
de Salins, de Montigny, etc., on en trouve d'excellents, qui
sont très renommés dans le pays ; dans d'autres, tels que ceux
de Château-Chàlon, de l'Étoile, d'Arbois, etc., on récolte des
vins blancs qui jouissent d'une réputation méritée, et Salins
fournit depuis long-temps des vins blancs façon de champagne
très appréciés. On fait encore, dans quelques bons vignobles,
du *vin clairet* et du *vin de paille,* qui se consomment dans le
pays.

Les arbres fruitiers réussissent fort bien dans le vignoble,
et on y cultive, soit isolément, soit en verger, toutes les espèces de fruits à noyaux et à pepins, et on trouve dans les
jardins toutes les bonnes espèces de fruits cultivés en France ;
mais les variations de la température, les gelées tardives, les
pluies froides et les brouillards en rendent le produit très

chanceux ; cependant on en récolte assez, dans plusieurs communes, pour fournir les marchés de nos villes : on en transporte
même jusque dans la haute montagne, où ils sont rarement
bons, parce qu'on est obligé de les cueillir avant la maturité
parfaite, pour qu'ils puissent supporter le transport.

Voilà, en peu de mots, l'idée que l'on peut se former de nos
montagnes, et des ressources qu'elles offrent à l'agriculture.
Une différence aussi grande dans ses produits surprendra peu,
si l'on se rappelle que le Jura présente un vaste plateau en amphithéâtre, qui s'élève par gradins, depuis la hauteur de 220
mètres, qui est en général le niveau des plaines au couchant,
jusqu'à celle de 1718 mètres, qui est le point le plus élevé de
ses hautes sommités.

CONSTITUTION GÉOGNOSTIQUE

DES MONTAGNES DU JURA.

Les montagnes du Jura, excessivement riches en fossiles très
variés, sont peut-être, de tous les sites géologiques, le plus
propre à l'observation des nouveaux points de vue sous lesquels
Brongniard et Cuvier ont envisagé la science, en faisant entrer
la considération des fossiles dans les caractères distinctifs des
différentes espèces de terrains.

C'est en considérant la géologie du Jura sous ce point de vue,
que M. Charbaut, ingénieur des mines, a essayé de faire connaître la constitution géognostique d'une partie de nos montagnes. Ce géologue admet, comme ceux qui l'ont précédé, deux
formations distinctes dans le Jura : il désigne la première sous
le nom de *formation du calcaire à gryphites*, du nom d'une
gryphée, *gryphea arcuata*, Lam., *gryphea incurva*, Sw. (1),
parce qu'il regarde cette coquille, qui ne se trouve dans aucune autre position que dans le banc calcaire qui la recouvre,

---

(1) Coquille pélagienne, qui n'a plus d'analogue vivante dans les
mers actuelles.

comme caractéristique ; et la seconde sous celui de *formation du calcaire oolithique*, parce que cette roche paraît la caractériser le mieux.

Voici, en peu de mots, d'après ce géologue, la nature et la disposition des couches que renferment ces deux formations, dans la partie de nos montagnes qu'il a observée (1).

FORMATION DU CALCAIRE A GRYPHITES.

La première formation du Jura se compose, en commençant par les couches les plus profondes que l'on puisse apercevoir, de nombreuses couches de marne et de gypse rouge, de différente nature, nommées *marnes gypseuses*, puis d'une épaisseur de 6 à 8 mètres de calcaire formé d'assises minces et parfaitement planes, au-dessus desquelles reviennent les masses gypseuses. Ces gypses ont une couleur plus claire qui passe au rose, au gris et au blanc, et forment des assises insensiblement plus épaisses et plus pures, tandis que celles des marnes deviennent plus minces. Les dernières assises, qui renferment des bancs de 3 et même de 5 mètres d'épaisseur, fournissent les plus beaux plâtres.

Au-dessus de ces gypses, on trouve une grande hauteur de marnes en bandes rubannées, de diverses couleurs, désignées sous le nom de *marnes irisées*, dont les nuances les plus générales sont : le blanc, le vert, le violet, le rouge, le gris, le bleu. On voit d'abord, immédiatement sur les gypses, un banc de calcaire blanchâtre, analogue à celui indiqué plus haut, mais plus grossier, puis à une certaine distance, non encore déterminée, au-dessus des gypses, on trouve une couche de *houille schisteuse* de 12 à 80 centimètres d'épaisseur, qui a été reconnue sur plusieurs points, savoir : à *Marnoz*, près de Salins, où l'on a essayé de l'exploiter, mais sans succès, la couche étant trop pauvre ; au *Locle*, dans le comté de Neuchâtel (2) ;

---

(1) Voyez *Annales des Mines*, 1829, 4ᶜ livraison.
(2) Voyez *Essai statistique sur le canton de Neuchâtel*, 1818.

à *Gemonval*, dans le département du Doubs, où on l'exploite avec avantage, le filon ayant, dit-on, 65 à 80 centimètres d'épaisseur et donnant de grands produits; à *Dammartin*, aux *Ougney*, à la *Chenalotte*, à *Morteau*, etc. (1). A quelques mètres au-dessus du banc de houille, on trouve une épaisseur assez considérable de couches d'une espèce de calcaire carié et comme cloisonné, d'un blanc sale.

Avant de sortir des marnes irisées, on rencontre encore des couches subordonnées de calcaire argileux compacte, blanchâtre, à pâte fine, puis on arrive au banc de calcaire à gryphites (*lias* des Anglais).

La contexture la plus ordinaire de ce calcaire est compacte, tenace, à cassure irrégulière et d'une couleur gris-bleuâtre. Quelques bancs sont entièrement composés de gryphées, surtout à la jonction des couches où l'on trouve quelquefois de grandes *ammonites*, tandis que d'autres n'en renferment presque pas. C'est de ces dernières, qui donnent une pierre dure et très tenace, que l'on tire les pavés de Salins. Ce calcaire est susceptible de prendre un beau poli, et, avec les bancs les plus coquilliers, on forme des devants de cheminées et des tablettes très belles par les dessins que laissent les gryphées : outre cette coquille pélagienne, ce calcaire en renferme encore beaucoup d'autres, mais moins nombreuses.

Les premiers bancs de ce calcaire renferment souvent, jusqu'à la hauteur de 3 à 4 mètres, des veines d'une espèce de grès calcaire qui diminuent d'épaisseur en s'élevant, et passent insensiblement au calcaire à gryphites proprement dit. Les premiers bancs, où se trouve ce calcaire de structure arénacée, ne renferment pas de gryphées.

Les terrains de calcaire à gryphites forment, en général, au pied du premier plateau du Jura, le fond de toutes les vallées, la plupart des coteaux peu élevés, arrondis et cultivés jusqu'au sommet, ainsi que la base de toutes les côtes et collines. Lorsqu'ils ne sont pas recouverts par les terrains d'une autre for-

---

(1) Voyez *Annuaire statistique du département du Doubs*, 1829.

mation, ils se trouvent, presque toujours, masqués par les alluvions qui remplissent le fond des vallées et par les terres végétales.

C'est dans les bancs de gypse de la formation que nous venons de faire connaître, que se trouvent les sources d'eau salée des salines de Montmorot et de Salins, et c'est dans la vallée où est située cette ville, que l'on voit les plus beaux escarpements de la formation du calcaire à gryphites, et les plus propres à son étude. C'est là aussi que l'on exploite les plus belles carrières de gypse des montagnes du Jura.

FORMATION DU CALCAIRE OOLITHIQUE.

La seconde formation commence, comme la première, par une grande hauteur de marne ; mais cette marne est d'une couleur constamment grise, ou d'un bleu d'ardoise, d'une texture beaucoup plus feuilletée, d'une nature souvent bitumineuse, et renferme beaucoup de coquillages.

Les couches les plus basses, dont la couleur est d'un gris faible, sont compactes, contiennent une grande quantité de petites *ammonites*, des *belemnites*, des *antroques*, quelques petits *peignes* et des *térébratules ;* plusieurs de ces coquilles sont à l'état de pyrites. Les *ammonites* diminuent ensuite, à mesure qu'on s'élève, la marne devient terreuse et renferme des bancs épais de calcaire marneux. Après un grand nombre de bancs peu coquilliers, on en trouve un d'une richesse prodigieuse en espèces. Dans l'intervalle des bancs, il existe trois sortes de rognons de marne tenace : les uns réguliers comme des solides de révolution, d'autres qui sont, au contraire, tuberculeux, et enfin de gros rognons irrégulièrement arrondis, d'une marne compacte, fragile, dont l'intérieur présente des fentes tapissées et souvent remplies de cristaux de strontiane sulfatée.

Au-dessus du banc très coquillier, les marnes deviennent bitumineuses ; elles ont plus de 20 mètres d'épaisseur, l'action de l'air les rend feuilletées et les réduit en poussière. Enfin, celles qui succèdent à ces dernières, sont imparfaitement schisteuses et en grande partie terreuses ; elles ne contiennent plus de bitume, s'élèvent jusqu'au premier banc de calcaire oolithique, et renferment à leur sommet des bancs de calcaire marneux coquillier.

Un banc d'oolithes, composé de petits grains d'oxide de fer, agglutinés dans un calcaire marneux, est régulièrement superposé à cette masse énorme de bancs de marnes. Cet oolithe a peu de ténacité, l'action de l'air le réduit en poudre, mais plus il contient d'oxide de fer, plus il est résistant : sa richesse est quelquefois assez grande, pour qu'on l'exploite comme mine de fer. La puissance ordinaire de ce banc est de 2 mètres et varie jusqu'à 5 ; il renferme diverses coquilles, dont les plus communes sont : des *planulites* et des *béleminites*, etc., parmi lesquelles on trouve des géodes de spath calcaire, renfermant des cristaux de strontiane sulfatée.

Au-dessus du banc de mine de fer, il existe encore quelques couches séparées par des lits de marne, formant le passage du calcaire marneux gris, compacte, au calcaire siliceux jaunâtre : la marne disparaît ensuite entièrement.

C'est ici que commence cette longue suite de bancs calcaires oolithiques, grenus ou compactes, qui composent la partie escarpée du premier plateau du Jura. Le calcaire oolithique et le calcaire grenu alternent ensemble, et passent de l'un à l'autre par des degrés insensibles. Ils contiennent de la silice dans toutes les proportions ; on y trouve une grande quantité de veines et de rognons irréguliers de *silex* noir et blanc qui, par une longue exposition à l'air, se transforment souvent en *quartz nectique*. On reconnaît, sur la surface d'un grand nombre de bancs, une innombrable quantité de petits corps marins.

Le calcaire compacte devient ensuite très siliceux et non coquillier, jusqu'à une assez grande hauteur ; il se transforme en bancs de silex conchoïde, puis il reparaît en couches régulières et très minces. A cette hauteur, on trouve des bancs d'oolithes à gros grains, autour desquels la roche forme des couches concentriques qui ne laissent aucun doute sur la simultanéité de formation des grains et de leur matrice.

Cette roche a quelquefois assez de dureté pour recevoir un

poli fort agréable , sa couleur est grise, légèrement bleuàtre ,
mais la lisière des bancs et le bord des fissures est d'une couleur blanc-jaunâtre : cette dernière teinte est le produit de
l'altération de la première, dont l'oxide de fer au *minimum* a
été suroxidé, partout où l'eau a pu pénétrer. On remarque
cette altération de couleur dans beaucoup de carrières de
pierres à bâtir, du premier chainon du Jura, ce qui produit
une sorte d'ornement naturel dans les édifices.

A partir de ces bancs, on ne trouve plus de calcaire grenu ,
jusqu'au second étage de la formation oolithique. Des bancs
très puissants de calcaire compacte, alternant avec des oolithes, forment le sommet du premier étage. Ce calcaire compacte est blanc, sa cassure, d'abord indéterminée, devient,
en s'élevant, de plus en plus conchoïde; dans les bancs supérieurs , il est fragile, ses fragments sont très aigus , et il ne
parait contenir aucune espèce de corps organisé. On trouve,
un peu au-dessous de Salins, des collines entières d'un calcaire
compacte, à pâte extrèmement fine, qui a les plus grands
rapports avec le calcaire lithographique de la Dordogne, dont
il est difficile de se rendre compte de la position.

Sur les derniers bancs du calcaire compacte reposent les
marnes de l'étage suivant; car la seconde formation ne s'arrête
pas au dernier calcaire dont nous venons de parler, mais il se
compose de plusieurs autres étages successifs, analogues au
premier.

Le second étage commence seulement à se montrer à Salins;
il est composé, comme le premier, de marnes coquillières et
bitumineuses, sur lesquelles repose une nouvelle masse très
considérable de bancs calcaires. Ce second étage forme le sommet du plateau dans lequel est creusé, en forme de golfe, le
vallon de Blegny. On le découvre sur la gauche de cette vallée,
superposé au premier étage; celui-ci disparait sur la droite,
celui-là s'affaisse d'une manière remarquable à la cascade de
Goaille; il se relève ensuite, et l'œil peut le suivre facilement
jusqu'au-dessus de Salins; il n'en reste plus, auprès du fort
Belin, qu'une petite portion adossée contre le sommet du premier étage.

On voit, par ce que nous avons dit jusqu'ici, que c'est à la première formation qu'appartiennent les mines de gypse et les sources d'eau salée du Jura, tandis que c'est à la seconde qu'appartiennent les mines de fer oolhitiques qui se rencontrent toujours à la jonction des marnes avec la première couche du calcaire oolithique.

Les deux formations que nous venons de faire connaître avaient déjà été indiquées par plusieurs géologues ; mais ils considéraient le calcaire à gryphites comme plus moderne que le calcaire compacte proprement dit, parce qu'on supposait que les corps organisés, qui sont très abondants dans le premier, se trouvaient très rarement dans le second, et en outre parce que les couches de ce dernier, affectant une structure arquée, paraissaient se rapprocher des terrains de transition, tandis que les couches de calcaire à gryphites, plus généralement horizontales, étaient regardées comme un terrain secondaire, dans toute la force du terme. Mais un examen plus attentif ayant fait voir que le calcaire à gryphites passait sous les marnes coquillières pyriteuses qui appartiennent aux terrains oolithiques, et que ces marnes parfaitement horizontales recouvraient quelquefois des bancs verticaux de calcaire à gryphites, on ne peut plus douter, 1° que le calcaire à gryphites n'appartienne à la première formation qu'il recouvre, 2° que ces deux formations ne soient parfaitement distinctes, contre l'opinion de quelques géologues, puisque les terrains oolitiques horizontaux n'existaient pas encore lors du renversement des bancs de calcaire à gryphites.

DISPOSITION DES TERRAINS DE LA FORMATION

OOLITHIQUE.

En observant la plupart des vallées du Jura, on reconnaît facilement, à l'identité parfaite des couches de calcaire oolithique qui se montrent de chaque côté, qu'elles étaient liées, et ne formaient originairement qu'une même masse. Cette observation bien établie, il est facile d'en déduire, sans aucune hypothèse, la formation des vallées et des grottes de nos montagnes.

Les masses minérales qui les composent ayant été déposées
par les eaux, comme l'attestent les dépôts de corps organisés
que l'on y rencontre partout, on conçoit que, lorsque celles-ci
se retirèrent, vraisemblablement à l'époque du soulèvement
qui brisa les assises du calcaire oolithique, elles durent se
faire jour par ces issues plus faciles, et entraîner avec elles les
marnes qu'elles recouvraient, ainsi que les débris provenant
des ruptures, et former des galeries en se frayant un passage
dans toute leur longueur.

Si, d'après cela, on se figure l'épaisseur considérable des
marnes qui se trouvent au-dessous des bancs de calcaire oolithique, et qui, en certains endroits, est de plus de 100 mètres, voici le tableau qui s'offrira naturellement à l'imagination.

Un immense plateau, sous lequel existent des souterrains
que l'eau ne cesse d'agrandir, s'affaisse à mesure que la marne
se dérobe sous lui ; les parties dépourvues de soutien cèdent
à leur poids énorme, s'enfoncent, se brisent ; les eaux en-
traînent leurs débris, les roulent au loin, laissant à leur place
des ravins ou des vallées. Les parties mieux soutenues ré-
sistent, mais elles sont minées à leur pied, leurs bancs portent à faux sur le bord des ruptures, elles se courbent et se
contournent, suivant la forme des terrains sur lesquels ils
s'appliquent. De là les diverses formes que présentent nos
montagnes, et l'inclinaison si variée des couches qui les composent. Les grottes qui existent dans les masses oolitiques
sont dues à quelques-unes des galeries dont le toit, mieux
soutenu, ne s'est enfoncé que dans une partie de son épaisseur.

Une observation qui vient à l'appui de ce que nous venons
de dire sur la formation des vallées, c'est qu'elles présentent
les mêmes sinuosités qu'une rivière qui serpente, et que dans
celles où les bancs se sont soutenus, soit parce que les marnes
sur lesquelles ils s'appuient étaient plus solides, soit parce
qu'ils ont été garantis par l'espèce de contre-fort qui s'est
formé au pied, par les débris qui se sont écroulés, les couches
calcaires se correspondent, ainsi que les angles saillants de l'un
des bords avec les angles rentrants de l'autre bord

Telle est, en général, la forme et la structure de nos montagnes. Nous ne nous étendrons pas davantage sur ce sujet, persuadé que ce que nous avons dit précédemment suffit pour en donner une idée exacte et remplir le but que nous nous sommes proposé dans cette introduction.

Ces belles montagnes présentent un vaste champ aux recherches des naturalistes. Les gorges, les ravins, les vallées nombreuses qui les coupent dans toutes les directions ; les torrents, les ruisseaux et les rivières qui les sillonnent sur tous les points de leur surface ; les lacs et les nombreuses tourbières qui occupent souvent une grande partie des vallées ; les vastes forêts de sapins et d'autres essences qui les recouvrent; enfin, la nature du sol et les expositions variées qui résultent de leur arrangement, offrent une riche moisson aux savants qui voudront en faire l'objet de leurs observations et de leurs études.

TABLEAU SYNOPTIQUE

DES FAMILLES APPARTENANT A CETTE FLORE.

CLASSE PREMIÈRE.

PLANTES VASCULAIRES PHANÉROGAMES, EXOGÈNES.

SOUS-DIVISION PREMIÈRE.

Fleurs incomplètes, polypétales, infères.

A. Ovaires plusieurs, séparés, surmontés d'un style, ou plus ou moins soudés ensemble en un fruit à plusieurs lobes munis chacun d'un style, ou ovaire solitaire à un seul placenta central.

    i. Corolle régulière.

      a. Sépales libres, non soudés à la base, étamines hypogynes.

Berbéridées. — Loges de l'anthère s'ouvrant de la base au sommet par une valvule.

Renonculacées. — Anthères s'ouvrant par 2 fentes longitudinales.

      b. Sépales plus ou moins soudés en un calice monophylle.

Crassulacées. — Étamines insérées sur le calice, en nombre égal ou double des pétales.

Rosacées. — Étamines 20 ou plus, insérées sur le calice.

    ii. Corolle irrégulière.

Résédacées. — Calice persistant ; étamines 12—24.

Légumineuses. — Calice caduc ou marcescent ; étamines 10 ; embryon courbé.

Cæsalpinées. — Calice caduc ou marcescent ; étamines 10 ; embryon droit.

    B. Ovaire unique ; placentas 2 ou plusieurs, pariétaux ou soudés aux cloisons, mais jamais sur un axe central.

        i. Corolle régulière à 4 pétales.

Papavéracées. — Calice à deux sépales.

Crucifères. — Calice à 4 sépales.

        ii. Corolle régulière à 5 pétales.

Cistinées. — Calice à 5 sépales, les 3 intérieurs à estivation tordue.

Droséracées. — Calice à 5 sépales à estivation embriquée ; graines non chevelues.

Tamarascinées. — Calice à 5 divisions ; graines chevelues.

        iii. Corolle régulière ; pétales nombreux.

Nymphæacées. — Pétales nombreux dégénérant insensiblement en étamines.

        iv. Corolle irrégulière.

Fumariacées. — Calice à 2 sépales ou nul ; étamines 6, soudées en 2 faisceaux.

Violariés. — Calice à 5 sépales ; étamines 5, libres, ou à anthères un peu adhérentes.

    C. Ovaire unique ; placentas centraux.

        i. Calice à estivation valvaire ou muni de dents écartées.

Malvacées. — Étamines soudées en tube.

Tiliacées. — Étamines libres, hypogynes ou presque polyadelphes ; fruit capsulaire.

Aurantiacées. — Étamines polyadelphes ; fruit en baie.

Rhamnées. — Étamines insérées sur le calice et placées devant les pétales.

Lithrariées. — Étamines insérées sur le tube du calice, alternes avec les pétales, ou en nombre double.

ii. Calice à estivation embriquée; corolle irrégulière.

Tropæolées. — Calice à 5 sépales; corolle éperonnée.
Balsaminées. — Calice à 2 sépales.
Hippocastanées. — Calice à 5 sépales; corolle sans éperon.

iii. Calice à estivation embriquée, monophylle, denté; corolle régulière.

Amygdalées. — Étamines insérées à la gorge du calice.
Caryophyllées. — Tribu I. *Silénées.* — Étamines hypogynes ou insérées sur un réceptacle stipité.

iv. Calice à estivation embriquée, profondément divisé ou à plusieurs sépales; corolle régulière.

a. Ovaire uniloculaire.

Portulacées. — Calice à deux sépales.
Caryophyllées. — Tribu II. *Alsinées.* — Calice à 5—5 sépales; feuilles dépourvues de stipules.
Paronichiées. — Calice à 5—5 sépales; feuilles munies de stipules.

b. Ovaires à plusieurs loges; étamines polyadelphes.

Hypéricinées. — Étamines polyadelphes.

c. Ovaire à plusieurs loges; étamines monadelphes à la base.

Linées. — Ovaire à 8—10 loges.
Oxalidées. — Ovaire à 5 loges renfermant chacune plusieurs ovules.
Géraniées. — Ovaire à 5 loges renfermant chacune 2 ovules; fruit mûr monosperme.

d. Ovaire à plusieurs loges; étamines libres; style 1.

Acérinées. — Étamines 8; pétales 5; fruit nucamentacé, à 2—3 ailes, se séparant en 2—3 carpelles.

Empétrées. — Étamines 6 ; pétales 3 ; style 1.

Ampélidées — Étamines 4—5 , insérées devant les pétales.

Célastrinées. — Étamines 4—5, alternes avec les pétales, insérées sur un disque hypogyne , soudé à la base du calice persistant avec le fruit.

Rutacées. — Étamines 5, 8, 10, insérées sur un disque hypogyne non soudé au calice ; pétales 5 ou 4 ; feuilles dépourvues de stipules.

Monotropées. — Étamines 10, alternes, sortant du sinus de glandes hypogynes ; plantes à feuilles remplacées par des écailles.

Pyrolacées. — Étamines 10 ; ovaire dépourvu de disque et de glandes ; pétales 5.

      e. Ovaire à plusieurs loges ; styles plusieurs.

Élatinées. — Pétales 3, 4, 5 hypogynes ; étamines en nombre égal ou double des pétales ; style 3—5.

SOUS-DIVISION DEUXIÈME.

Fleurs complètes polypétales, supères.

    A. Ovaire à une seule loge.

Grossulariées. — Étamines 5 ; pétales alternes.

    B. Ovaires à plusieurs loges superposées, séparées en 2 séries par un diaphragme , 5 inférieures et 5 supérieures ; graines des loges supérieures fixées sur des prolongements prenant naissance sur la paroi.

Granatées. — Calice charnu à estivation valvaire.

    C. Ovaire à 2—plusieurs loges ; placentas centraux.

      1. Étamines en nombre 4 fois plus grand que celui des pétales, et plus.

Pomacées. — Feuilles munies de stipules.

Myrtacées. — Feuilles dépourvues de stipules , marquées d'une veine parallèle au bord ; graine sans périsperme.

Philadelphées. — Feuilles dépourvues de stipules et de veine marginale ; graine munie de périsperme.

      ii. Étamines en nombre égal à celui des pétales et alternes avec eux , ou en nombre double.

Ombellifères. — Pétales à estivation enroulée ; styles 2 , naissant d'un disque épigyne bifide.

Araliacées. — Pétales à estivation valvaire ; fruit en baie.

Cornées. — Pétales à estivation valvaire ; fruit drupacé.

Onagrariées. — Pétales à estivation embriquée ; style 1.

Saxifragées. — Pétales à estivation embriquée ; styles 2 ou plus.

Haloragées. — Pétales à estivation embriquée ; style nul ; stigmates plusieurs.

      iii. Étamines opposées aux pétales et en même nombre.

Loranthacées. — Étamines soudées avec la base des pétales ou dans toute leur longueur.

SOUS-DIVISION TROISIÈME.

Fleurs complètes, monopétales, supères.

    A. Étamines insérées devant un disque épigyne crénelé.

Vacciniées. — Étamines non soudées à la corolle.

    B. Étamines insérées sur l'ovaire au fond de la corolle.

Cucurbitacées. — Étamines 5, triadelphes.

Campanulacées. — Étamines 5 , à filets libres.

    C. Étamines insérés sur le tube de la corolle ou entre ses lobes.

Composées. — Anthères soudées en cylindre ; lobes de la corolle à estivation valvaire.

Stellatées. — Étamines libres ; lobes de la corolle à estivation valvaire.

Dypsacées. — Étamines libres ; lobes de la corolle à estivation embriquée ; calice double.

Valérianées. — Étamines libres ; lobes de la corolle à estivation embriquée ; calice simple ; ovaire à 1 ovule.

Caprifoliacées. — Étamines libres ; lobes de la corolle à estivation embriquée ; calice simple ; loges de l'ovaire à 2 ovules.

SOUS-DIVISION QUATRIÈME.

Fleurs complètes, monopétales, infères.

A. Ovaires 4, à 1 ovule, portés sur un disque hypogyne ; style 1, soudé avec l'ovaire par le moyen du disque.

Boraginées. — Étamines 5, alternes avec les lobes de la corole.

Labiées. — Étamines 4, didynames, ou 2.

B. Ovaire solitaire, uniloculaire, à 1 seul ovule.

Nectaginées. — Calice monophylle ; étamines 5 ; stigmate 1.

Plombaginées. — Calice monophylle ; étamines 5 ; stigmates plusieurs.

Globulariées. — Calice à 5 lobes ; étamines 4.

C. Ovaire solitaire, uniloculaire, à plusieurs ovules ; placenta central, libre, cylindrique.

Primulacées. — Corolle régulière ; étamines 4—5, opposées aux lobes de la corolle.

Lentibulariées. — Corolle irrégulière, à 2 lèvres ; étamines 2.

D. Ovaire solitaire ; placenta central, libre, presque ailé.

Plantaginées. — Corolle scarieuse, à 4 lobes.

E. Ovaire solitaire, à 2—plusieurs loges, à placentas centraux, ou bien à une seule loge, à placentas

pariétaux , ou enfin ovaires 2 , à placentas pariétaux.

ı. Étamines hypogynes, libres, insérées sur un
disque charnu, non adhérent ou seulement
un peu, à la corolle,

Éricinées. — Corolle hypogyne , à 4—5 lobes ou divisions ,
à estivation embriquée.

ıı. Étamines soudées, insérées sur la corolle.

Polygalées. — Étamines monadelphes à la base , soudées
en 2 faisceaux ; anthères 8 , uniloculaires.

ııı. Étamines libres , insérées sur la corolle.

a. Étamines 2 ; corolle régulière.

Jasminées. — Loges de l'ovaire à 1 seul ovule dressé.

b. Étamines 2 ou 4 , didynames ; corolle irrégulière ou inégale.

Orobanchées. — Ovaire uniloculaire , à plusieurs ovules ;
placentas 2 , opposés.
Rhinanthacées. — Ovaire biloculaire ; anthères biaristées
à la base.
Antirrhinées. — Ovaire biloculaire ; anthères mutiques.
Verbénacées. — Ovaire à 4 loges, à 1 seul ovule ; fruit
drupacé ou se séparant en quatre noix.

c. Étamines 5 ou 4 , non didynames ; loges de
l'ovaire à 1—2 ovules.

Aquifoliacées. — Étamines alternes avec les lobes de la
corolle et en même nombre ; corolle à 4—5 divisions.
Convolvulacées. — Étamines insérées sur le tube de la corolle à 5 lobes, et en même nombre.

d. Étamines 5 ou 4 , non didynames ; loges de
l'ovaire à plusieurs ovules.

Verbascées. — Anthères soudées en travers ou obliquement au sommet dilaté des filets.
Polémoniacées. — Anthères dressées ; ovaires à 3 loges.

Gentianées. — Anthères dressées ; ovaire à 1—2 loges ; corolle marcescente.

Solanées. — Anthères dressées ; corolle caduque, à estivation plissée ; ovaire 1, à 2 ou 4 loges.

Apocinées. — Anthères dressées ; corolle caduque, à estivation embriquée ; ovaire 2 ; stigmate commun.

SOUS-DIVISION CINQUIÈME.

Fleurs incomplètes, à périgone simple ou nul.

A. Fleurs supères, non disposées en chaton.

Aristolochiées. — Étamines placées sur l'ovaire, à plusieurs ovules, ou anthères soudées au stigmate.

Hippuridées. — Étamine 1, placée sur l'ovaire à 1 ovule.

Santalacées. — Étamines insérées à la base des loges du périgone ; ovaire uniloculaire, à 2—4 ovules.

B. Fleurs infères, non disposées en chaton.

1. Fruit se séparant en plusieurs carpelles.

Callitrichinées. — Fruit se séparant, à la maturité, en 4 carpelles ; axe nul ; stigmate indivis.

Euphorbiacées. — Carpelles 3, rarement 2 ou plus, fixés à un axe central ; stigmate divisé.

II. Fruit indéhiscent.

a. Feuilles munies de stipules.

Polygonées. — Stipules situées en dedans du pétiole.

Sanguisorbées. — Stipules soudées au pétiole.

Urticées. — Stipules libres, caduques.

b. Feuilles dépourvues de stipules ; fleurs monoïques, les femelles dépourvues de périgone.

Ambrosiacées. — Fruit faux, provenant de l'involucre accru et endurci.

Cératophyllées. — Fruit vrai (noix) ; cotylédons 4, verticillés.

  c. Feuilles dépourvues de stipules ; fleurs her-
    maphrodites ou polygames; embryon droit.

Laurinées. — Loges des anthères s'ouvrant par des val-
vules.

Thymélées. — Loges des anthères s'ouvrant par 2 fentes ;
fruit vrai.

Éléagnées. — Loges des anthères s'ouvrant par 2 fentes ,
drupe fausse , formée par le tube du périgone succulent.

  d. Feuilles dépourvues de stipules ; fleurs her-
    maphrodites ou polygames ; embryon pé-
    risphérique , courbé ou en spirale.

Scléranthées. — Graine pendante au sommet d'un funicule
allongé , naissant du fond de l'utricule.

Chénopodées. — Graine fixée au fond de l'utricule ; étamines insérées à la base du périgone et opposées à ses
lobes.

Amaranthacées. — Graine fixée au fond de l'utricule ; étamines hypogynes.

  C. Fleurs mâles en chaton , les femelles solitaires ou
   réunies.

  a. Ovaire infère, à 1—plusieurs loges renfermant
   2 ovules pendants.

Cupulifères. — Noix entourée par l'involucre.

  b. Ovaire infère, à 1 seul ovule dressé.

Juglandées. — Drupe nue (dépourvue d'involucre) ; corolle
à 4 pétales herbacés dans la fleur femelle.

  c. Ovaire supère, ou demi-supère par le périgone
   à la fin soudé.

Salicinées. — Ovaire à plusieurs ovules.

Bétulinées. — Ovaire à 2 loges renfermant chacune un
ovule.

Platanées. — Ovaire uniloculaire, à 1 seul ovule ; stigmate
allongé.

  I.   3*

Conifères. — Ovaire uniloculaire, à 1 seul ovule ; stigmate ponctiforme, renfermé avec l'ovaire dans le périgone.

CLASSE DEUXIÈME.

PLANTES VASCULAIRES PHANÉROGAMES, ENDOGÈNES.

———

A. Ovaires plusieurs, séparés, ou soudés à la base ou dans toute leur longueur, et se séparant, à la maturité, de l'axe central, terminé chacun par un style ou un stigmate sessile.

a. Ovaire à 1—2 ovules.

Alismacées. — { Tribu II. *Alismées*. — Calice à 3 divisions ; corolle à 3 pétales.
Tribu III. *Joncaginées*. — Périgone à 6 divisions un peu colorées ou herbacées.

Potamées. — Périgone à 4 divisions ou nul.

b. Ovaire à plusieurs ovules.

Alismacées. — Tribu I. *Butomées*. — Placenta occupant toute la paroi de l'ovaire.

Colchicacées. — Placenta fixé à la suture intérieure.

B. Ovaire unique infère.

Orchidées. — Étamines soudées avec le style.

Hydrocharidées. — Étamines libres ; calice à 3 divisions ; corolle à 3 pétales.

Iridées. — Étamines 3, libres ou monadelphes ; périgone coloré.

Amaryllidées. — Étamines 6, libres ; périgone coloré.

C. Ovaire unique, supère ; fleurs non glumacées.

a. Périgone coloré, à 6 divisions.

Liliacées. — Fruit sec, déhiscent.

Asparagées. — Fruit succulent, indéhiscent.

b. Périgone membraneux ou au moins scarieux sur les bords, ressemblant à un calice à 6 sépales.

Joncacées. — Périgone à 6 divisions caliciformes, scarieuses sur les bords; fleurs hermaphrodites.

Aroïdées. — Périgone à 6 divisions membraneuses, herbacées au sommet, ou nulles; fleurs hermaphrodites ou unisexuelles, placées sur un spadice.

Typhacées. — Périgone formé de soies ou d'écailles membraneuses; fleurs monoïques, disposées en épi très dense, cylindrique ou globuleux, les mâles à la partie supérieure.

Lemnacées. — Périgone indivis, en forme d'utricule.

D. Ovaire unique, supère; fleurs glumacées, formées de glume à 1—2 valves (calice) et de glumelle à 2 paillettes (corolle).

Cypéracées. — Anthères entières au sommet; gaîne des feuilles non fendues.

Graminées. — Anthères fourchues à la base et au sommet; gaîne des feuilles fendue.

CLASSE TROISIÈME.

PLANTES VASCULAIRES CRYPTOGAMES, ENDOGÈNES.

Fleurs indistinctes, ou organes sexuels invisibles ou renfermés.

A. Plantes non feuillées, à rameaux verticillés.

Characées. — Fructification axilaire.
Equisétacées. — Fructification terminale.

B. Plantes munies de feuilles ou au moins de pétioles, sans rameaux, ou à rameaux non verticillés.

I. Fructifications groupées sur le dos des feuilles, ou bien en grappe ou en épi.

Fougères. — Fructifications groupées sur la face inférieure des feuilles, ou rarement formant une grappe ou un épi distinct.

II. Fructifications radicales ou axilaires.

a. Fructifications radicales.

Marsiléacées. — Fructifications sous forme d'involucre d'une seule sorte ; feuilles à 4 folioles.

Isoètées. — Fructifications sous forme d'involucre de deux sortes ; feuilles raides , subulées.

b. Fructifications axilaires.

Lycopodiacées. — Fructifications axilaires, sous forme de capsule , disposées le long des rameaux ou en épi terminal.

TABLE DES FAMILLES

SELON L'ORDRE NATUREL.

1. Renonculacées.
2. Berbéridées.
3. Nymphacées.
4. Papavéracées.
5. Fumariacées.
6. Crucifères.
7. Cistinées.
8. Violariées.
9. Résédacées.
10. Droséracées.
11. Polygalées.
12. Caryophyllées.
13. Élatinées.
14. Linées.
15. Malvacées.
16. Tiliacées.
17. Aurantiacées.
18. Hypéricinées.
19. Acérinées.
20. Hippocastanées.
21. Ampélidées.
22. Géraniacées.
23. Tropéolées.
24. Balsaminées.
25. Oxalidées.
26. Rutacées.
27. Célastrinées.
28. Rhamnées.
29. Légumineuses.
30. Cæsalpinées.
31. Amygdalées.

32. Rosacées.
33. Sanguisorbées.
34. Pomacées.
35. Granatées.
36. Onagriées.
37. Haloragées.
38. Hippuridées.
39. Callitrichinées.
40. Cératophyllées.
41. Lythrariées.
42. Tamariscinées.
43. Philadelphées.
44. Myrtacées.
45. Cucurbitacées.
46. Portulacées.
47. Paronichiées.
48. Scléranthées.
49. Crassulacées.
50. Grossulariées.
51. Saxifragées.
52. Ombellifères.
53. Araliacées.
54. Cornées.
55. Loranthées.
56. Caprifoliacées
57. Stellatées.
58. Valérianées.
59. Dipsacées.
60. Composées.
61. Ambrosiacées.
62. Campanulacées.

63. Vacciniées,
64. Éricinées.
65. Empétrées.
66. Pyrolacées.
67. Monotropées.
68. Aquifoliacées.
69. Jasminées.
70. Apocinées.
71. Gentianées.
72. Polémoniacées.
73. Convolvulacées.
74. Borraginées.
75. Solanées.
76. Verbascées.
77. Antirrhinées.
78. Orobanchées.
79. Rhinanthacées.
80. Labiées.
81. Verbénacées.
82. Lentibulariées.
83. Primulacées.
84. Globulariées.
85. Plombaginées.
86. Plantaginées.
87. Nyctaginées.
88. Amaranthacées.
89. Chénopodées.
90. Polygonées.
91. Thymélées.
92. Laurinées.
93. Santalacées.

94. Éléagnées.
95. Aristolochiées.
96. Euphorbiacées.
97. Urticées.
98. Juglandées.
99. Cupulifères.
100. Salicinées.
101. Bétulinées.
102. Platanées.
103. Conifères.
104. Hydrocharidées.
105. Alismacées.
106. Potamées.
107. Lemnacées.
108. Typhacées.
109. Aroïdées.
110. Orchidées.
111. Iridées.
112. Amaryllidées.
113. Asparagées.
114. Liliacées.
115. Colchicacées.
116. Joncées.
117. Cypéracées.
118. Graminées.
119. Characées.
120. Équisétacées.
121. Fougères.
122. Marsiléacées.
123. Isoétées.
124. Lycopodiées.

SIGNES

INDIQUANT LA DURÉE DES PLANTES ET LEUR SEXE,

①	Plante annuelle.
②	*id.* bisannuelle.
♃	*id.* vivace et herbacée.
♄	*id.* vivace et ligneuse.
♂	*id.* mâle.
♀	*id.* femelle.
☿	*id.* hermaphrodite.

FLORE
JURASSIENNE.

PREMIÈRE PARTIE [*].

VÉGÉTAUX
VASCULAIRES OU COTYLÉDONÉS,
PHANÉROGAMES.

VÉGÉTAUX composés de tissu cellulaire entremêlé de vaisseaux lymphatiques, munis de pores corticaux (*stomates*), de racines, de tiges et de vraies feuilles, à fleurs toujours distinctes. Embryon renfermé dans un *périsperme* et pourvu d'un ou plusieurs *cotylédons* qui, par la germination, se développent souvent en *feuilles séminales*.

CLASSE PREMIÈRE.
PLANTES DICOTYLÉDONÉES OU EXOGÈNES.

TIGE formée de deux corps distincts, croissant séparément et en sens inverse (le *ligneux* et l'*écorce*). Le premier offre à son centre un *canal médulaire* entouré de couches

---

[*] La seconde partie comprendra les végétaux cellulaires ou acoty-lédonés, cryptogames.

ligneuses concentriques, dont les intérieures sont plus anciennes et plus dures (le *bois*), et les extérieures plus blanches et plus molles (l'*aubier*); ces couches sont traversées par des *rayons médullaires* qui partent de la *moelle centrale*. Le second, ou l'écorce, qui couvre le corps ligneux, est enveloppé à l'extérieur d'une membrane mince, desséchée (l'*épiderme*), munie de *stomates*, recouvrant les couches corticales à tissu cellulaire, dont les intérieures (le *liber*) sont les moins anciennes. Feuilles à nervures rameuses et anastomosées. Fleurs distinctes, munies d'organes sexuels, à enveloppe florale double (*calice* et *corolle*), ou quelquefois simple (*périgone*), dont les parties (*sépales* et *pétales*), le plus souvent au nombre de cinq, et ses multiples, sont disposés symétriquement. Embryon à 2 cotylédons opposés, rarement plusieurs verticillés, et, plus rarement encore, à cotylédons nuls dans les plantes sans feuilles.

SOUS-CLASSE I.

THALAMIFLORES.

Calice à plusieurs sépales; pétales distincts, libres, insérés, ainsi que les étamines, sur le réceptacle, sans adhérence au calice.

FAMILLE I.

Renonculacées. Juss.

Calice à 5—6 sépales souvent colorés; pétales libres, en nombre égal, double ou triple des sépales, aplanis ou en forme de cornet, souvent nectarifères, rarement nuls; étamines hypogynes, libres, en nombre indéfini, à anthères adhérentes, s'ouvrant par une double fente longitudinale; ovaires plusieurs, portant chacun un style, ou soudés en un seul ovaire lobé, chaque lobe portant son style, ou bien, plus rarement, un seul ovaire; placenta unilatéral; carpelles à une ou plusieurs graines attachées sur la suture intérieure.

Embryon très petit, situé dans la cavité du périsperme. —
Herbes ou sous-arbrisseaux sarmenteux; feuilles alternes,
rarement opposées, simples, le plus souvent découpées, engaînantes à la base, à gaine demi-embrassante, dépourvues
de stipules.

TRIBU I. — CLÉMATIDÉES. DC.

Calice à estivation valvaire ou induplicative; anthères
linéaires, extrorses ou tournées en dehors; carpelles monospermes, indéhiscents, prolongés en queue. — Feuilles
opposées; racines fibreuses.

1. CLÉMATITE. — *CLEMATIS*. Linn.

Calice à 4—5 sépales colorés, à estivation valvaire ou induplicative; pétales nuls; carpelles nombreux, ordinairement prolongés, après la floraison, en une longue queue
plumeuse.

1. C. des haies. — *C. vitalba.*

Linn. Sp. 766. — DC. Prol. 1. p 3. et Fl. fr. n. 4590. —
Duby, Bot. gal. p. 2. — Gaud. Fl. helv. 3. p. 497. — Lam.
Ency. 2. p. 41. — Koch. Syn. p. 2.

Chaum. Fl. méd. tab. 124. — J. Saint-Hil. Pl. fr. tab. 98. —
Bull. Herb. tab. 89. — J. Bauh. Hist. 2. p. 125. fig. 2. —
Clus. Hist. 1. p. 122. fig. 2. — Dod. Pempt. p. 404. fig. 1.
(*ead.*). — Lob. Ic. p. 626. fig. 1. (*ead.*).

Tiges sarmenteuses, grimpantes, très flexibles, anguleuses, à rameaux opposés, s'élevant souvent au-delà de 2
mètres; feuilles opposées, ailées, ordinairement à 5 folioles
presque glabres, pubescentes sur les nervures, ovales, acuminées, grossièrement dentées ou incisées, tronquées ou en
cœur à la base, à pétioles se tortillant ou se roulant à la manière des vrilles et s'accrochant aux corps voisins; fleurs d'un
blanc sale, à 4 sépales oblongs, cotonneux sur les 2 faces,
à pétales nuls, disposées en panicules axilaires et portées sur
des pédoncules rameux, pubescents, plusieurs fois trifur-

qués; carpelles prolongés en longues arêtes blanchâtres, plumeuses, divergentes. ♄ (Juin, juillet). Vulg. *Herbe aux gueux.*

Commune dans les bois, les haies et les buissons.

β. *Integrata.* DC. Prod. 1. l. c. — Gaud. Fl. helv. 3. l. c. — J. Bauh. Hist. 2. p. 125. fig. 1. — Folioles entières ou ayant seulement quelques dents. — Plus rare. — On nomme cette plante *Herbe aux gueux*, parce que ses feuilles fraîches ont une propriété vésicante qui les fait employer, par les mendiants, pour ulcérer la peau de leurs membres, et attirer la commisération publique. Les tiges servent à faire des liens et des paniers grossiers : nos vignerons les appellent *vouailles.*

2. ATRAGÈNE. — ATRAGENE. Linn.

Calice à 4—5 sépales colorés, à estivation induplicative ; pétales nombreux, beaucoup plus courts que le calice ; carpelles prolongés, après la fleuraison, en une longue queue plumeuse.

1. A. des Alpes. — *A. Alpina.*

Linn. Sp. 764. — Gaud. Fl. helv. 3. p. 496. — Koch. Syn. p. 3. — *Clematis alpina.* DC. Prod. 1. p. 10. et Fl. fr. n. 4594. — Duby, Bot. gall. p. 3. — Lam. Ency. 2. p. 44. Moris. Hist. sect. 15. tab. 2. fig. ult. — J. Bauh. Hist. 2. p. 129. fig. 2. (*malè*). — Pona in Clus. Hist. 2. p. 335. (*ferè ead.*).

Tiges longues de 6—9 décimètres, sarmenteuses, feuillées, simples, anguleuses, tombantes, presque grimpantes; feuilles opposées, presque glabres, ou un peu pubescentes en dessous, écartées, pétiolées, biternées, à folioles ovales-lancéolées, acuminées, incisées-dentées, souvent lobées latéralement; pédoncules axilaires, uniflores, pubescents, plus longs que les feuilles ; fleurs bleues-violettes, rarement blanches, à 4 sépales oblongs ou elliptiques, pubescents en dehors, veinés ; pétales 10—12, linéaires-spatulés, obtus,

2—3 fois plus courts que les sépales; étamines et pistils de
la longueur des pétales; fruit presque semblable à celui de
l'*Anemone alpina*, à carpelles nombreux, terminés par une
longue queue plumeuse et divergente. ♄ (Juin , juillet).

Genève, à Salève, au-dessus d'Archamp, parmi les rochers, à la
moitié de la hauteur, sous les grandes roches perpendiculaires (Reut.).

TRIBU II. — ANÉMONÉES. DC.

CALICE et corolle à estivation embriquée; pétales nuls ou
aplanis, dépourvus d'écaille ou de fossette nectarifère; anthères extrorses; carpelles monospermes, indéhiscents, terminés par une queue ou par une pointe. — Feuilles radicales
ou alternes.

3. PIGAMON. — *THALICTRUM*. Linn.

Calice à 4—5 sépales caducs, plus ou moins colorés, à
estivation embriquée; corolle nulle; carpelles striés-sillonnés en long, terminés par une petite pointe, et non en
queue plumeuse, insérés sur un réceptacle très petit, en
forme de disque; étamines et pistils nombreux. — Fleurs
herbacées, blanches ou jaunes, disposées en panicule ou
presque en grappe; feuilles 2—4 fois ailées. — Ce genre
offre de grandes difficultés dans la détermination des espèces,
la limite qui sépare la plupart d'entre elles n'étant pas tou
jours facile à saisir.

§ 1ᵉʳ. *Carpelles triangulaires, lisses, ailés, rétrécis en
pédoncule sur le réceptacle.* — Tripterium. DC.

1. P. à feuille d'ancolie. — *T. aquilegifolium*.

Linn. Sp. 770. — DC. Prod. 1. p. 11. et Fl. fr. n. 4605. —
Duby, Bot. gall. p. 3. — Gaud. Fl. helv. 3. p. 515.— Poir.
Ency. 5. p. 514. — Koch. Syn. p. 3
J. Saint-Hil. Pl. fr. tab. 300. — Moris. sect. 9. tab. 3. fig. 16
(*med.*).
Racine épaisse, dure, rameuse; tige lisse, feuillée, ra-
meuse, cylindrique, fistuleuse, haute de 9—12 décim.;

feuilles semblables à celles de l'*ancolie* ; 2—3 fois ailées, à
pétiole engaînant, remarquable par les stipules larges, obtuses et un peu membraneuses qui se trouvent à la base de
ses ramifications, à folioles grandes, arrondies, à 3 lobes
obtus, entiers ou trifides, un peu glauques en dessous ;
fleurs nombreuses, blanches ou un peu purpurines, disposées en panicules corymbiformes, munies d'un grand nombre
d'étamines à filets allongés ; carpelles pédicellés, pendants,
obovoïdes, glabres et lisses, à 3 angles ailés. ♃ (Mai, juin).
Vulg. *Colombine plumacée.*

Çà et là, parmi les buissons, sur les coteaux et dans les bois montagneux : Salins, dans le bois de Bovard ; au bord du Lison, à Nans ;
dans les forêts de sapins d'Arc, de Boujaille et de la Joux, etc. ; à Cise,
près de Champagnole ; sur la Salève, le Thoiry, la Dôle, le Mont-d'Or,
le Creux-du-Vent, le Chasseral ; aux environs de Bâle ; Nyon, à Clarens, le long de la Promenthouse, etc.

β. *Atro-purpureum.* DC. Prod. 1. 1. c. — Gaud. Fl.
helv. 3. 1. c. — Tige purpurine. — Sur la Dôle ; le Mont-
d'Or.

§ 2. *Carpelles ovoïdes ou oblongs, aigus, sessiles, striés
en long.* — Euthalictrum. **DC.**

2. P. pubescent. — *T. pubescens.*

Schleich. pl. exsic. — **DC.** Prod. 1. p. 13. et Fl. fr. supp.
n. 4597. — Duby, Bot. gall. p. 3. — Gaud. Fl. helv. 3. p.
503. — *T. Cornuti.* Poir. Ency. 5. p. 319 (*excl. syn.*). —
T. minus. Var. γ. *Glandulosum.* Koch. Syn. p. 4.

Tige haute de 5—6 décimètres, striée-anguleuse, souvent
purpurescente, feuillée également, légèrement pubescente-
visqueuse ; feuilles un peu dressées, non étalées, 3—4 fois
ailées, à folioles roulées par les bords, nerveuses, glauques
et pubescentes-visqueuses en dessous, ainsi que sur les pétioles filiformes, quelquefois même en dessus, à 3 lobes entiers ou diversement lobés-dentés ; panicule à rameaux
presque nus, redressés ; fleurs 3—6, pendantes, portées sur
des pédoncules filiformes, pubescents-visqueux, munis de

bractées ; carpelles ovoïdes, un peu épaissis à la base, souvent entièrement glabres, inégalement sillonnés. ♃ (Juin, juillet).

Salins, parmi les rochers et les pierrailles du pied de Belin, du côté de l'Ermitage. — Cette espèce est intermédiaire entre le *T. fœtidum* et le *T. minus :* elle diffère du premier, par sa tige plus élevée, ses feuilles 3—4 fois plus grandes, moins pubescentes, d'un vert moins obscur, et du second, en ce qu'elle est visqueuse-pubescente et non entièrement glabre.

5. P. mineur. — *T. minus.*

Linn. Sp. 769. — DC. Prod. 1. p. 13. et Fl. fr. n. 4598. — Duby, Bot. gall. p. 3. — Poir. Ency. 5. p. 517.—*T. minus.* 1. *pruinosum.* Gaud. Fl. helv. 3. p. 504. — *T. minus.* var. ϱ. *roridum.* Koch. Syn. p. 4.

Moris. sect. 9. tab. 20. fig. 12 (*ic. Lob.*). — J. Bauh. Hist. 3. p. 487. fig. 3. (*mala.*). — Tabern. ic. p. 55. fig. 2. — Dod. pempt. p. 58. fig. 2. — Lob. ic. 2. p. 56. fig. 2. (*ead.*).

Tige haute de 3—5 décim., souvent purpurine, glabre, flexueuse, striée, recouverte d'une poussière glauque qui s'enlève facilement, et ne se voit presque plus en herbier, feuillée également ; feuilles au nombre de 3—5, assez grandes, 3—4 fois ailées, engaînantes à la base, à folioles glabres, comme les autres parties de la plante, arrondies, glauques en dessous et roulées par les bords, à 3 lobes entiers ou à 2—3 dents : les supérieures plus petites et plus finement découpées, à lobes aigus ; fleurs jaunâtres, penchées, disposées en panicule étalée, presque entièrement nue, occupant la plus grande partie de la tige, composée de rameaux lâches, très ouverts et raides ; carpelles 3—6, amincis aux deux bouts, striés-sillonnés également. ♃ (Juin, juillet).

Les rochers et les lieux arides des montagnes : Salins, sur Poupet, Belin, Saint-André, etc. ; sur le Mont-d'Or ; le Colombier ; le Creux-du-Vent ; le Chasseral ; le Thoiry, etc., etc.

4. P. des rochers. — *T. saxatile.*

Schleich. pl. exsic. — DC. Prod. 1. p. 13. et Fl. fr. supp.
n. 4594ᵃ. — Duby, Bot. gall. p. 3. — Gaud. Fl. helv. p.
303. — Poir. Ency. supp. 4. p. 411. *in obs.* 2. —*T. minus.*
var. δ. Strictum. Koch. Syn. p. 4.
Les figures de Dod. de Lob. et de Moris., rapportées à l'espèce précédente, paraissent plutôt appartenir à celle-ci.
(DC. Syst.).

Cette espèce se rapproche beaucoup de la précédente, dont
elle n'est, sans doute, qu'une variété. On l'en distingue à sa
tige nue dans le bas, plus ferme et également flexueuse,
striée, quelquefois rougeâtre à la base, verte et lisse, toujours dépourvue de poussière glauque ; à ses folioles arrondies ou oblongues, un peu glauque en dessous, à 3 lobes, le
plus souvent entiers ; à sa panicule raide, moins lâche ; à ses
fleurs dressées, rapprochées, portées sur des pédicelles plus
courts, épaissis au sommet; enfin, à ses carpelles plus gros,
plus ventrus, amincis aux deux bouts. ♃ (Juin , juillet).

Salins, au pied de Belin, près de l'Ermitage. — Sur la Salève, dans
les fentes des rochers, près de la Grande-Gorge (Reut.). — Bâle, dans
les bois entre Monchenstein et Mutenz; près de Laufen et de Delémont, etc. (Hagenb.).

β. *Elatius. T. minus. II. saxatile. var. γ. Confertum.*
Gaud. Fl. helv. 3. p. 505? — Tige fistuleuse, cylindrique,
feuillée, haute de 6—10 décim. ; feuilles glabres, amples,
au moins trois fois ailées, à folioles plus grandes, arrondies,
glabres, glauques en dessous, d'un vert foncé en dessus,
devenant sombre par la dessiccation, ordinairement ternées,
quelquefois un peu échancrées en cœur à la base, celle du
milieu pétiolée, les deux autres presque sessiles, à 3 lobes
obtus plus ou moins marqués, quelquefois bi ou tridentés,
ordinairement un peu mucronés au sommet, particulièrement
le lobe moyen; folioles des feuilles supérieures ovales ou
lancéolées, aiguës, le plus souvent entières; fleurs en panicule rameuse, à rameaux courts, étalés, presque verticillés.

entremêlés de folioles entières, ovales ou lancéolées, acuminées, plus petites, solitaires ou ternées; carpelles 3—6,
striés-sillonnés, amincis aux deux bouts et ventrus en dedans.
— Salins, au Creux-Billard, derrière la source du Lison. —
Je conserve beaucoup d'incertitude sur la détermination de
cette plante qui paraît se rapprocher, par plusieurs de ses
caractères, d'un côté du *T. saxatile*, de l'autre du *T. majus*
auquel je l'avais d'abord rapportée; mais, réfléchissant aux
nombreuses variations que présente le *T. saxatile*, soit dans
son port, soit dans la forme et la grandeur de ses feuilles,
je me suis décidé à la réunir, comme variété, à cette dernière espèce.

5. P. Gaillet. — *T. Galioïdes.*

Nestler in Pers. Ench. 2. p. 101. — DC. Prod. 1. p. 14. et
Fl. fr. supp. n. 4601ᵃ. — Duby, Bot. gall. p. 4. — Poir.
Ency. supp. 4. p. 412. — Koch. Syn. p. 5. — *T. angus-
tifolium III. galioïdes.* Gaud. Fl. helv. 3. p. 510.
Moris. sect. 9. tab. 20. fig. 8.

Racine rampante; tige haute d'environ 6 décimètres,
striée-sillonnée, fistuleuse, raide, dressée, presque toujours
simple, ou munie seulement de 1—2 rameaux; feuilles 2
fois ailées : les radicales pétiolées, les caulinaires engaînantes, rapprochées de la tige; folioles linéaires très étroites,
roulées en dessous par les bords; fleurs jaunâtres, penchées,
formant une panicule dressée, raide, resserrée, presque en
grappe; carpelles 5—6, sillonnés également, amincis aux
deux bouts. ♃ (Juin, juillet).

Aux Planches et à la Châtelaine, près d'Arbois. — Bâle, dans les
prés et au bord des champs, près de Michelfeld, et vers la Maison-
Neuve (Hagenb.). — Cette plante a presque le port du *Galium verum*,
avec lequel il serait facile de la confondre, au premier abord, surtout
lorsqu'elle est en fleur. Elle se rapproche beaucoup de l'espèce suivante,
à laquelle plusieurs botanistes l'ont réunie, comme variété. On la trouve
mêlée avec elle dans l'herbier de Linné (DC. Syst.).

6. P. à feuilles étroites. — *T. angustifolium.*

Jacq. Hort. vend. 5. — Linn. Sp. 769 (*pro parte*). — DC.
Prod. 1. p. 14. et Fl. fr. n. 4601. — Duby, Bot. gall. p. 4.
— Poir. Ency. 5. p. 516. — Koch. Syn. p. 5. — *T. angus-*
tifolium I. Jacquinianum. Gaud. Fl. helv. 5. p. 509. et
T. nigricans ejusd. p. 514 (*ex Koch.*).

Tige haute de 6—9 décim., dressée, sillonnée, fistuleuse,
feuillée, rameuse-paniculée au sommet; feuilles 2—4 fois
ailées : les radicales amples, pétiolées, les caulinaires engaînantes; folioles lancéolées-linéaires, étroites, allongées,
presque luisantes en dessus, plus pâles ou un peu glauques en
dessous et roulées par les bords, très entières, la terminale à
2—3 lobes; fleurs nombreuses, rapprochées, petites, courtement pédicellées, disposées en panicule pyramidale, à rameaux
alternes, rarement verticillés, allongés, presque dressés; carpelles 5—6, petits, ovoïdes, amincis aux deux bouts, sillonnés également. ♃ (Juin, juillet).

Les prés, le bord des bois un peu humides : aux environs de Pontarlier (Girod-Chant.). — Genève, près du bois de la Bâtie (Gaud.). —
A la queue d'Arve; au bord de l'Aïre; dans la prairie en allant à Lancy,
depuis le petit pont de bois, etc. (Reut.). — Nyon, à Clarens et au
marais de Duilliers; près de Bonmont, au pied de la forêt près de la
Rippe (Gaud.). — Befort; Montbéliard (Kirschleger). — Au pré de la
Bière, dans le Jura (Rapin).

7. P. jaune. — *T. flavum.*

Linn. Sp. 770 — DC. Prod. 1. p. 14. et Fl. fr. n. 4603. —
Duby, Bot. gall. p. 4. — Gaud. Fl. helv. 5. p. 511. —
Poir. Ency. 5. p. 515. — Koch. Syn. p. 6.
J. Bauh. Hist. 3. p. 486. fig. 1. — Tabern. ic. p. 55. fig. 1.

Racine composée de grosses fibres jaunâtres; tige dressée,
haute de 6—10 décim., sillonnée, fistuleuse, très feuillée;
feuilles 2 fois ailées, les caulinaires dressées, sessiles, à gaîne
auriculée-membraneuse; folioles oblongues, en coin à la
base, d'un vert pâle, nerveuses, entières ou, le plus souvent,

à 3 lobes ordinairement entiers, rarement bifides : plus larges et presque ovales, obtuses, dans les feuilles inférieures, plus étroites et moins nombreuses dans les supérieures ; fleurs jaunâtres, en panicule dressée, un peu resserrée, rameuse, à rameaux alternes, presque en corymbe ; carpelles 6—12, ovoïdes-globuleux, striés, à stigmate épais, courbé. ♃ (Juin, juillet). Vulg. *Rue des prés, fausse Rhubarbe.*

Les haies, les prés humides et les fossés : Salins, près du village des Arsures ; au Locle, dans les fossés des prés humides, en allant à Roche-Fendue ; à Iverdon, dans les prés au bord du lac ; Bâle, au bord du Rhin. — Mathod, entre Orbe et Iverdon (Gaud.).

8. P. simple. — *T. simplex.*

Linn. Mant. 78. — DC. Prod. 1. p. 15. et Fl. fr. n. 4602 — Duby, Bot. gall. p. 4. — Gaud. Fl. helv. 3. p. 512. — Poir. Ency. 5. p. 316. — Koch. Syn. p. 5.

Racine rampante ; tige haute de 3—5 décim., ordinairement simple et dressée, grêle, feuillée dans toute sa longueur, presque anguleuse ; feuilles presque dressées-étalées : les inférieures à pétiole court, muni de 2 oreillettes membraneuses, les autres sessiles sur la gaine ; folioles d'un vert foncé en dessus, plus pâles et veinées en dessous, entières ou à 2—3 lobes, assez semblables à celles de l'espèce précédente, mais plus petites : les supérieures plus étroites, linéaires-lancéolées, entières ou trifides ; fleurs penchées, verdâtres, en grappe paniculée peu garnie, simple ou rameuse. ♃ (Juin, juillet).

Près de Genève (DC.). — Autour de Nideau, au bord du lac de Bienne (Gaud.).

β. *Alpestre.* Gaud. Fl. helv. 3. l. c. — Tige flexueuse ; feuilles lancéolées ou ovales, en coin à la base, souvent trifides ; grappe de fleurs peu garnie, pauciflore, très simple ou à rameaux alternes. — Sur le Suchet (Monnard).

4. ANÉMONE. — *ANEMONE*. Linn.

Involucre ordinairement éloigné de la fleur, à 3 folioles
incisées, rarement entières ; calice coloré, à 5—15 sépales ;
corolle nulle ; carpelles nombreux, sur un réceptacle hémisphérique ou conique. — Feuilles radicales pétiolées, multi-
partites, lobées ou ailées ; fleurs terminales.

§ 1. *Carpelles terminés par une longue arête velue.*
— Pulsatilla. Tourn.

* *Involucre à folioles sessiles.*

1. A. pulsatille. — *A. pulsatilla.*

Linn. Sp. 759. — DC. Prod. 1. p. 17. et Fl. fr. n. 4608. —
Duby, Bot. gall. p. 5. — *A. pulsatilla. II. nutans.* Gaud.
Fl. helv. 3. p. 485. — Lam. Ency. 1. p. 163. — *A. montana* (Hoppe). Koch. Syn. p. 7 (*ex Syn. Gaud.*).
J. Saint-Hil. Pl. fr. tab. 33. — Bull. Herb. tab. 49. — Moris.
sect. 4. tab. 26. fig. 1, — Clus. Hist. 1. p. 246. fig. 1. (*ic.
Dod.*). — Tabern. ic. p. 29. fig. 1. — Dod. pempt. p. 433.
fig. 1. (*bene*). — Dalech. Hist. p. 849. fig. 1. — Lob. ic.
p. 281. fig. 2.
Racine longue, épaisse, noirâtre ; hampe de 8—16 centimètres, fistuleuse, uniflore, couverte d'un duvet blanchâtre,
munie d'un involucre multifide, à lanières linéaires, étroites,
velues-soyeuses en dehors, d'abord rapproché de la fleur,
puis très éloigné à l'époque de la fructification ; feuilles toutes
radicales, pétiolées, bipinnatifides, à segments divisés en
lobes linéaires-lancéolés, aigus, quelquefois bi ou trifides,
soyeuses dans la jeunesse, devenant ensuite presque glabres ;
fleur d'un pourpre violet, plus ou moins penchée, composée
de 6 sépales ovales-lancéolés, presque obtus, ouverts, velus-
soyeux en dehors, naissant ordinairement avec les feuilles ;
carpelles terminés par une longue arête soyeuse. ♃ (Avril,
mai). Vulg. *Coquelourde.*

Les collines et les pâturages arides : à Boujaille ; Cise et Mont-sur-
Monnet, près de Champagnole ; à la Chaux-des-Crotenais ; à Censeau,

au bord de la forêt de la Joux ; à Ornans ; Molain ; au-dessus des Ponts
et de Vaussagon , comté de Neuchâtel. — Nyon , dans la forêt de Prangins, près du lac ; à Lassaraz et à Romain-Motier (Gaud.), etc. — Les
feuilles et les fleurs fraîches de la coquelourde sont extrêmement âcres ,
et les médecins vétérinaires les emploient pour déterger les ulcères des
chevaux. — J'ai récolté de beaux échantillons de cette espèce , en fleurs
et en fruits , au mois de septembre (1837), près de Thoirette, sur un
tertre sablonneux au bord de l'Ain : dans quelques-uns, les tiges fleuries ont jusqu'à 2 décimètres de hauteur , et celles qui sont en fruit au
moins 3 décimètres ; les feuilles ont plus de 16 centimètres de longueur
sur 8 de largeur , elles sont presque glabres , bipinnatifides , à lobes
larges de plus de 2 millimètres.

** *Involucre à folioles pétiolées.*

2. A. des Alpes. — *A. alpina.*

Linn. Sp. 760. — DC. Prod. 1. p. 17. et Fl. fr. n. 4610. —
  Duby, Bot. gall. p. 5. — Gaud. Fl. helv. 3. p. 486. —
  Lam. Ency. 1. p. 165. — Koch. Syn. p. 8.
Moris. sect. 4. tab. 26. fig. 3. — Clus. Hist. 1. p. 245. fig. 1.
  (*ic. **Dal.***). —Tabern. ic. p. 30. fig. 1. — Dalech. Hist.
  p. 849. fig. 2. — Lob. ic. p. 282. fig. 2.

Racine épaisse , allongée , garnie de fibres noirâtres ;
hampe dressée , velue , ferme , haute de 2—3 décim. , munie
d'un involucre composé de 3 feuilles distinctes , semblables
à celles de la racine , éloigné de 8—16 centim. de la fleur ,
partant d'un gaîne large , courte et très velue ; feuilles toutes
radicales , peu nombreuses , amples , triangulaires , longuement pétiolées , presque glabres , un peu velues sur les nervures , biternées , à pinnules pinnatifides , oblongues , à
segments divergents , incisés-dentés en scie , à dents aiguës ;
fleur terminale , assez grande , à 6 , quelquefois 7—8 sépales
blancs , allongés , ovales-elliptiques ou oblongs , obtus , ouverts , écartés , un peu velus en dehors , surtout à la base ;
carpelles terminés par une longue arête velue presque jusqu'à son extrémité. ♃ (Juin—août).

Les pâturages et les lieux arides des hautes sommités du Jura : le
Mont-d'Or (abondamment) ; le Suchet ; les sommités entre le Colom-

bier et le Reculet ; la Dôle ; le Montendre ; le Creux-du-Vent ; le Chasseron ; le Chasseral , etc.

§ 2. *Carpelles ovoïdes , terminés par une petite pointe ,
sans arête ; involucre à folioles sessiles ou pétiolées. —
Anemone. Tourn.*

* Carpelles laineux.

5. A. à couronne. — *A. coronaria.*

Linn. Sp. 760. — DC. Prod. 1. p. 18. et Fl. fr. n. 4612. —
Duby, Bot. gall. p. 5. — Lam. Ency. 1. p. 165.

J. Saint-Hil. Pl. fr. tab. 32.— Lam. illust. tab. 496. fig. 1.—
Moris. sect. 4. tab. 25. fig. 6. 11. 12. 13.— J. Baub. Hist.
3. p. 406. fig. 2. 3. 4. 5. et p. 407. fig. 1. 2. 3. — Clus.
Hist. 1. p. 255. fig. 1. (*ic. Dod.*) et p. 256. fig. 1. 2. et
p. 257. fig. 1. 2. et ic. p. 258. 259 et 263 (*flore pleno*).
— Dod. pempt. p. 434. fig. 3. et p. 435. fig. 1.— Dalech.
Hist. p. 846. fig. 1 et 3. — Lob. ic. p. 277. fig. 1. (*ic.*
Dod.) et fig. 2. (*fl. pleno*).

Racine tubéreuse , garnie de quelques fibres ; hampe dressée , haute de 2—3 décim. , cylindrique , glabre , excepté
sous l'involucre , où elle est un peu velue ; feuilles glabres ,
pétiolées , biternées , à folioles découpées en lobes linéaires
ou élargis ; fleur grande , belle , ouverte , solitaire , à 6 sépales ovales , rapprochés , rouges ou bleus. ♃ (Mai , juin).

Spontanée dans le midi de la France : on en cultive dans les jardins
un grand nombre de variétés, connues des fleuristes, qui font l'ornement des parterres. — J'ai en herbier plusieurs échantillons de cette
espèce, rapportés de la Grèce par M. Guérin, et que je dois, avec
beaucoup d'autres plantes, à son obligeance, dont les uns ont les divisions des feuilles à lobes étroits, linéaires ou lancéolés, mucronés, et
les autres les ont élargis, cunéiformes, à lobes obtus, arrondis, à peine
mucronés. La couleur des fleurs est violette, rosée ou blanche (Guérin).

4. A. des jardins. — *A. hortensis.*

Linn. Sp. 760. — DC. Fl. fr. n. 4611. — Gaud. Fl. helv. 3.
p. 488. — Koch. Syn. p. 8. — *A. stellata.* Lam. Ency. 1.
p. 166. — DC. Prod. 1. p. 18. — Duby, Bot. gall. p. 5.
Moris. sect. 4. tab. 25. fig. 4. 5. — J. Bauh. Hist. 3. p. 402.
fig. 2. — Clus. Hist. 1. p. 249. fig. 2. p. 253. fig. 1. 2. et
p. 254. fig. 1. — Tabern. ic. p. 24. fig. 1. et p. 27. fig. 2.
— Dod. pemp. p. 434. fig. 1. — Lob. ic. p. 279. fig. 1.

Racine formée de tubercules épais, émettant des fibres
chevelues ; hampe grêle, légèrement velue, un peu colon-
neuse sous la fleur, haute de 16 centim., garnie d'un involucre écarté de la fleur, à 3 folioles oblongues, sessiles,
entières, ou incisées au sommet ; feuilles radicales, longuement pétiolées, plus ou moins pubescentes, à 3—5 divisions
oblongues, cunéiformes, presque trifides, incisées-dentées, à
lobes aigus ; fleur terminale grande, purpurine ou rosée, à
9—12 sépales étalés, lancéolés, obtus ; carpelles laineux, de
la longueur du style. ♃ (Mars, avril).

Taillis près de Cossonay (DC. Syst., ex herb. Delessert). Cette espèce, dont on a obtenu de très belles variétés, est également cultivée
dans les jardins.

5. A. sauvage. — *A. sylvestris.*

Linn. Sp. 761. — DC. Prod. 1. p. 20. et Fl. fr. n. 4614. —
Duby, Bot. gall. p. 6. — Gaud. Fl. helv. 3. p. 491. —
Lam. Ency. 1. p. 166. — Koch. Syn. p. 9.
Bull. Herb. tab. 59. — Moris. sect. 4. tab. 25. fig. 2. —
J. Bauh. Hist. 3. p. 411. fig. 1. — Clus. Hist. 1. p. 244.
fig. 1. — Dod. pemp. p. 434. fig. 4. — Dalech. Hist. p.
843. fig. 2. — Lob. ic. p. 280. fig. 2.

Racine formée de fibres fasciculées, couronnée par les
restes des feuilles anciennes ; hampe haute de 2—3 décim.,
dressée, cylindrique, velue, munie, vers la moitié ou les
deux tiers de sa longueur, d'un involucre composé de 3

feuilles pétiolées, presque semblables aux radicales : celles-ci sont molles, pubescentes, portées sur de longs pétioles velus, à 3—5 divisions profondes, cunéiformes, presque trifides, incisées - dentées ; fleur solitaire, rarement 2, grande, blanche, à 5—6 sépales ovales elliptiques, souvent échancrés au sommet. pubescents en dehors ; carpelles entourés d'un duvet blanc, laineux, formant une tête sphérique. ♃ (Mai, juin).

A la lisière de quelques forêts du pays bas (Girod-Chant.).— N'ayant pas trouvé cette espèce dans mes herborisations, ma description est faite sur des échantillon d'Amiens, bois de Boves, et du Jardin-des-Plantes de Paris.

** *Carpelles pubescents.*

6. A. sylvie. — *A. nemorosa.*

Linn. Sp. 762. — DC. Prod. 1. p. 20. et Fl. fr. n. 4616. — Duby, Bot. gall. p. 6. — Gaud. Fl. helv. 3. p. 492, — Lam. Ency. 1. p. 168. — Koch. Syn. p. 9.
Bull. Herb. tab. 3. — Moris. sect. 4. tab. 28. fig. 10. (*mediocris*). — J. Bauh. Hist. 3. p. 412. fig. 2. et p. 413. fig. 1. (*fl. pleno*). — Tabern. ic. p. 45. fig. 1. et p. 46. fig. 1. — Dod. pempt. p. 435. fig. 2. — Dalech. Hist. p. 847. fig. 1. (*ead.*) et p. 1030. fig. 2. — Lob. ic. p. 673. fig. 2.
Racine horizontale, épaisse, noirâtre, garnie de fibres ; hampe haute d'environ 10—15 centim., uniflore, rarement biflore, glabre ou garnie de quelques poils, ainsi que le pétiole des feuilles, munie, aux deux tiers de sa hauteur, d'un involucre composé de 3 feuilles pétiolées, un peu velues, à 3 folioles lancéolées, à 2—3 lobes incisés-dentés ; feuille radicale 1, rarement 2, longuement pétiolée, à 3 folioles, les latérales divisées jusqu'à la base en deux parties chacune à 2 lobes et la moyenne en 3, lancéolés, aigus, incisés-dentés ; fleur médiocre, terminale, penchée avant la fleuraison, à 6, quelquefois 7—8 sépales glabres, elliptiques, blancs, un peu rosés en dehors, rarement d'un rouge pourpre ; carpelles ovoïdes, pubescents, terminés par une pointe un peu courbée. ♃ (Mars, avril).

Très commune, au commencement du printemps, dans les haies, les
bois et les prés qui les avoisinent. — Cette plante est âcre, vénéneuse ;
ses feuilles vésicantes sont un poison pour les bestiaux, qui périssent
dans les convulsions en urinant le sang.

7. A. renoncule. — *A. ranunculoïdes.*

Linn. Sp. 762. — DC. Prod. 1. p. 20. et Fl. fr. n. 4617. —
Duby, Bot. gal. p. 6. — Gaud. Fl. helv. 3. p. 493. —
Lam. Ency. 1. p. 169. — Koch. Syn. p. 9.
Moris. sect. 4. tab. 28. fig. 11. (*malè*). — Tabern. ic. p. 44.
fig. 2. (*benè*). — Dalech. Hist. p. 1030. fig. 3. (*benè*). —
Lob. ic. p. 674. fig. 1.

Racine comme dans l'espèce précédente ; hampe d'environ
16 centimètres, glabre, munie d'un involucre à 3 feuilles
presque sessiles, divisées jusqu'à la base en 3 lobes allongés,
cunéiformes, incisés-dentés ; feuilles radicales souvent nulles,
quelquefois 1—2, portées sur de longs pétioles glabres, à
3—5 lobes digités, trifides, incisés-dentés ; fleurs 1—2, terminales, à pédoncules velus ; sépales 5—6, ovales, obtus,
légèrement écrancrés, pubescents en dehors, de couleur
jaune ; carpelles pubescents, à pointe un peu courbée. ♃
(Avril, mai).

Les taillis et les prés couverts : Salins, dans le bois de Racine et dans
les prés en allant au Gout-de-Conche ; au pied de Poupet, du côté
d'Ivrey ; dans un bois de taillis, près d'Arc-sous-Montenot ; dans le
bois de Chailluz et sur la pente boisée de Chaudanne, à Besançon. —
Aux environs de Bâle (Hagenb.) ; — de Genève, aux bords de l'Arve
et de l'Aïre (Reut.) ; — de Nyon, le long de la Promenthouse et du
Boiron (Gaud.).

§ 3. *Carpelles comprimés, ovales-orbiculaires, glabres ;
fleurs en ombelle, sortant d'un involucre sessile. —*
Omalocarpus. DC.

8. A. à fleur de narcisse. — *A. narcissiflora.*

Linn. Sp. 763. — DC. Prod. 1. p. 21. et Fl. fr. n. 4618. —
Duby, Bot. gall. p. 6. — Gaud. Fl. helv. 3. p. 494. —
Lam. Ency. 1. p. 168. — Koch. Syn. p. 8.

Moris. sect. 4. tab. 31. fig. 53. (*mala*). — Barr. ic. fig. 494.
— J. Bauh. Hist. 3. app. p. 861. fig. 1. 2. — Clus. Hist.
1. p. 235. fig. 1. — Dalech. Hist. p. 1743. fig. 2.

Racine épaisse, garnie de fibres noirâtres, couronnée par
les restes des feuilles anciennes; hampe de 2—4 décimètres,
velue, munie dans le haut d'un involucre composé de 3
feuilles sessiles, petites, incisées-palmées, à lobes inégaux,
la plupart bi ou trifides, à divisions linéaires-lancéolées;
feuilles radicales velues, particulièrement sur les bords et
les nervures, très longuement pétiolées, orbiculaires, à 5—7
lobes palmés, incisés-dentés, à divisions linéaires, aiguës;
fleurs blanches, disposées en ombelle, au nombre de 5—6,
sortant de l'involucre, portées sur des pédoncules de 3—5
décim. de longueur, à 6—7 sépales ovales, obtus, glabres;
carpelles grands, aplanis, obovales-orbiculaires, terminés
par une pointe oblique. ♃ (Juin, juillet).

Sur les hautes sommités du Jura, dans les pâturages : sur le Mont-
d'Or, le Suchet, le Montendre, la Dôle; les sommités entre le Colombier et le Reculet; le Creux-du-Vent; le Chasseral. — Bâle, sur les
montagnes près de Delémont, vers Correndolin (Frisch-Joset).

§ 4. *Carpelle oblong, terminé par le stigmate sessile; in-*
volucre en forme de calice, à 3 folioles entières, rap-
prochées de la fleur. — Hepatica. Koch.

9. A. à trois lobes. — *A. hepatica.*

Linn. Sp. 758. — Gaud. Fl. helv. 3. p. 480. — Lam. Ency.
1. p. 169. — Koch. Syn. p. 6. — *Hepatica triloba.* DC.
Prod. 1. p. 22. et Fl. fr. n. 4619. — Duby, Bot. gall. p. 6.
J. Saint-Hil. Pl. fr. tab. 31. — Moris. sect. 4. tab. 26. fig.
ult. — J. Bauh. Hist. 2. p. 389. fig. 2. *repetita* p. 398.
littera l. fig. 1. et p. 390. fig. 1. *et etiam* p. 391. fig. 1.
(*fl. pleno*). — Clus. Hist. 2. p. 247. fig. 3. (*ic. Lob.*) et
p. 248. fig. 1. *et etiam* fig. 2. (*fl. pleno* ic. Dal.).—Tabern.
ic. p. 527. fig. 1. et 2. et p. 526. fig. 2. (*fl. pleno*). —Dod.
pempt. p. 579. fig. 2. (*malè*). — Dalech. Hist. p. 1274.

ûg. 1. (*malè*) et fig. 2. (*fl. pleno*). — Lob. ic. 2. p. 54. fig. 2.

Racine épaisse, noirâtre, fibreuse, produisant plusieurs hampes uniflores, hautes de 10—12 centim., velues, souvent plus courtes que les pétioles, munies d'un involucre calicinal très rapproché de la fleur, à 3 lobes entiers, ovales, velus, plus courts que les sépales au nombre de 6, bleus, rarement rougeâtres, ouverts, ovales-arrondis ; feuilles longuement pétiolées, en cœur à la base, à 3 lobes entiers et obtus, un peu coriaces, glabres en dessus, plus ou moins poilues en dessous et sur le pétiole ; carpelles oblongs, un peu aigus. ⚥ (Mars, avril). Vulg. *Herbe de la Trinité.*

Les lieux couverts de montagnes : Genève, au pied de Salève, parmi les broussailles, au bas du Pas-de-l'Échelle. — Sur le territoire de Bonnevaux (Girod-Chant.). — La forêt de Fenin et de Lister (L. Benoit, cat.). — De Pierrabot (Depierre, cat.). — Nyon, dans la forêt de Prangins et au-dessus de Trélex (Gaud.). — Bâle, dans les bois autour de Liestal, près de Langenbruck, d'Aristorf, etc. (Hagenb.). — On cultive dans les jardins plusieurs variétés de cette plante, à fleurs simples ou doubles, de diverses couleurs. — On la regardait autrefois comme astringente et vulnéraire : elle est actuellement inusitée.

5. ADONIDE. — ADONIS. Linn.

Calice à 5 sépales caducs ; pétales 5 – 15, à onglet dépourvu d'écaille nectarifère ; étamines et pistils nombreux ; carpelles nombreux, nus, anguleux, mucronés par le style court, disposés en épi ovoïde-oblong. — Herbes à tige feuillée ; feuilles découpées en lanières capillaires.

1. A. d'été. — *A. æstivalis.*

Linn. Sp. 772. — DC. Prod. 1. p. 24. — Duby, Bot. gall. p. 7. — Hagenb. Fl. basil. 2. p. 60. — Koch. Syn. p. 10. — *A. ambigua I. Flammea.* Gaud. Fl. helv. 3. p. 518. — *A. miniata.* Jacq. Aust. Reich. Cent. 4. fig. 490 – 491.

Tige peu rameuse, dressée, ainsi que les rameaux ; feuilles très découpées, à lobes linéaires, aigus, très étroits : les supérieures plus petites ; fleurs d'un rouge vif, assez grandes, portées sur un pédoncule allongé : calice velu à la base ; pétales 5—8, aplanis, obovales-oblongs, étalés, tachés de noir à la base, une fois plus longs que le calice ; carpelles nombreux, un peu lâches, ridés, à bord supérieur à 2 dents, à style ascendant. ⓐ (Juin, juillet).

Bâle, autour de Monchenstein ; de Saint-Jacob ; à Dornac ; Gundeldingen ; Benningen ; Altschwyler, etc. (Hagenb.).

β. *Pallida*. Hagenb. Fl. basil. 2. l. c. — Koch. Syn. p. 10. — *A. ambigua II. Flava.* Gaud. Fl. helv. 3. l. c. — *A. flava*. DC. Prod. 1. p. 24. — *A. citrina*. Hoff. — Fleurs plus grandes, jaunâtres, à calice glabre ou presque glabre.

Bâle, les champs au-dessus de Saint-Louis ; de Holé ; près de Saint-Jacob (Hagenb.).

2. A. couleur de feu. — *A. flammea.*

Jacq. Aust. 4. p. 355. — Koch. Syn. p. 10. — Lorey. Fl. Côte-d'Or. 1. p. 9. — *A. æstivalis*. Gaud. Fl. helv. 3. p. 517. (*ex Koch.*).

Moris. sect. 6. tab. 9. fig. 4. (*absque fructu multo longiore gracilioreque*).

Racine grêle, fibreuse, blanchâtre ; tige haute de 2—4 décim., striée, cylindrique, fistuleuse, un peu velue à sa partie inférieure, grêle, ordinairement simple, rarement divisée en 2—3 rameaux ; feuilles écartées, ascendantes, très découpées, à lobes étroits, linéaires, aigus ; fleurs solitaires à l'extrémité de la tige et des rameaux, d'un rouge très vif, portées sur des pédoncules longs de 3—5 centim., à sépales ovales, caducs, un peu aigus et noirâtres au sommet, hérissés à la base de poils longs et mous ; pétales lancéolés ou linéaires, non tachés à la base, 2—3 fois aussi longs que les sépales, tantôt entiers et obtus, tantôt aigus ou crénelés et quelquefois même comme déchirés au sommet, variables dans leur nombre et leurs dimensions, plusieurs avortant entièrement ou en partie, ce qui rend la fleur irrégulière ; fruit cylindrique, à carpelles un peu lâches, ridés, à bord supérieur bossu près

du style, qui est redressé et à pointe noire. ⚥ Juin—
août .

Dans les champs, parmi la moisson : Salins, à Cramans, Villers-
Farlay, etc. — Ma plante est absolument la même que celle de Dijon,
d'après les échantillons que j'ai reçus de M. Fleurot. — On cultive dan*
les jardins l'*A. autumnalis*. Linn., sous le nom de *Goutte-de-sang*.

TRIBU III. — RENONCULÉES. DC.

Calice et corolle à estivation embriquée : pétales munis à
leur base interne d'une petite écaille ou fossette nectarifère ;
anthères extrorses ; carpelles monospermes, secs, indéhiscents ; graine dressée. — Feuilles radicales ou alternes.

6. RATONCULE. — *MYOSURUS*. Linn.

Calice à 5 sépales caducs, un peu prolongés à la base ou
au-dessous de leur insertion ; pétales 5, à onglet filiforme,
tubuleux ; étamines 5—20 ; carpelles nombreux, serrés, disposés sur un réceptacle très allongé en épi cylindrique.

1. R. naine. — *M. minimus.*

Linn. Sp. 407. — DC. Prod. 1. p. 25. et Fl. fr. n. 4660. —
Duby, Bot. gall. p. 8. — Gaud. Fl. helv. 2. p. 465. —
Poir. Ency. 6. p. 79. — Koch. Syn. p. 10.
Lam. illust. tab. 221. — Moris. sect. 8. tab. 17. fig. ult. —
J. Bauh. Hist. 3. p. 2. p. 512. fig. 1. — Tabern. ic. p. 241.
fig. 1. (*mala*). — Dod. pemp. p. 112. fig. 1. — Dalech.
Hist. p. 1189. fig. 1. et p. 1528. fig. 3. (*mala*). — Lob.
ic. p. 440. fig. 1.

Racine fibreuse ; hampes hautes de 6—12 centim., nues,
dressées, uniflores, fistuleuses, un peu renflées à leur partie
supérieure ; feuilles radicales nombreuses, redressées, glabres, étroites, planes, linéaires-spatulées, un peu obtuses ;
fleurs petites, d'un jaune verdâtre ; réceptacle grêle, subulé,
s'allongeant insensiblement et acquérant près de 5 centim.

de longueur à l'époque de la maturité des graines. ④ (Mai, juin). Vulg. *Queue de souris.*

Dans les terres argileuses, parmi les blés : à la Grange-Gaillard, près d'Arbois, où je l'ai récoltée avec le docteur Dumont, qui me l'a indiquée.

7. RENONCULE. — *RANONCULUS.* Linn.

Calice à 5 sépales caducs ; pétales 5, rarement 10, munis à la base interne d'une fossette ou écaille nectarifère ; étamines nombreuses ; carpelles ovoïdes, un peu comprimés, mucronés, réunis en tête globuleuse ou cylindracée. — Herbes annuelles ou, le plus souvent, vivaces.

§ 1. *Carpelles striés-ridés en travers ; pétales blancs, à onglet jaune.* — Batrachium. **DC.**

1. R. à feuilles de lierre. — *R. hederaceus.*

Linn. Sp. 781. — **DC.** Prod. 1. p. 26. et Fl. fr. n. 4634. — Duby, Bot. gall. p. 8. — Gaud. Fl. helv. 3. p. 526. — Poir. Ency. 6. p. 150 ? — Koch. Syn. p. 11.
Moris. sect. 4. tab. fig. 29 ? — J. Bauh. Hist. 3. p. 2. p. 782. fig. 2 ? — Dalech. Hist. p. 1031. fig. 2 ?

Plante délicate, à tige grêle, tendre, rampante, longue de 5—10 centim., glabre, rameuse, émettant aux nœuds des faisceaux de racines fibreuses ; feuilles longuement pétiolées, lisses, réniformes, à 3—5 lobes peu profonds, entiers, très obtus ; fleurs solitaires, opposées aux feuilles, portées sur des pédoncules plus courts que les pétioles, petites, blanches, à pétales oblongs, dépassant peu le calice ; fruits petits, en tête arrondie ; carpelles glabres, arrondis, un peu comprimés, ridés en travers, courtement mucronés. ♃ (Mai—juillet).

Le bord des sources et des ruisseaux, les lieux inondés : Besançon, le long des ruisseaux et des eaux d'Arcier (Girod-Chant.). — A Bâle, près de Ferrette (Pûrt.) (Hagenb.). — M. Seringe, *Mélanges*, vol. 2.

n. 3, p. 8, et n. 4, p. 49, rapporte cette espèce à la suivante : il pense
même que toutes les espèces de la section des *Batrachium* doivent n'en
constituer qu'une seule. Les figures marquées d'un point de doute (?) paraissent appartenir plutôt à la var. β. du *R. tripartitus*, qu'à cette espèce
(DC.). N'ayant pas trouvé, dans mes herborisations, le *R. hederaceus*,
ma description est faite sur les échantillons que j'ai reçus de MM. Pail-
laux et Fleurot, récoltés, les premiers à Saint-Léger, près de Paris,
et les seconds à Saulieu, dans la Côte-d'Or.

2. R. aquatique. — *R. aquatilis*.

Linn. Sp. 781. (*var. α. β. et γ.*). — DC. Prod. 1. p. 26. et
Fl. fr. n. 4655. (*var. ε. exclus.*). — Duby, Bot. gall. p.
8. (*var. η. exclus.*). — Hagenb. Fl. basil. 2. p. 69. —
Koch. Syn. p. 11.

Tige plus ou moins allongée, rameuse, nageante, émettant, aux articulations, des faisceaux de racines fibreuses ;
feuilles submergées, très divisées, à divisions capillaires, à
peine pétiolées : les émergées munies de pétioles allongés,
à 3—5 lobes cunéiformes, à 2—3 dents obtuses au sommet ;
fleurs médiocres, à pétales blancs, obovales en coin, plus
grands que le calice, arrondis ou un peu échancrés au sommet, à onglet jaunâtre, portées sur des pédoncules opposés
aux feuilles, à peu près de la longueur du pétiole ; fruits
arrondis ; carpelles petits, ovoïdes, striés-ridés en travers,
glabres ou hérissés de poils courts, raides, plus ou moins
caducs ; style court, un peu épais, presque tronqué, à peine
déjeté. ♃ (Juin—août). Vulg. *Renoncule grenouillette*.

Dans les eaux stagnantes ou coulant lentement.

α. *Heterophyllus*. DC. Prod. 1. p. 26. — *R. hetero-
phyllus* (Hoff.). Gaud. Syn. p. 456. — *R. aquatilis*. Gaud.
Fl. helv. 3. p. 522. — Moris. sect. 4. tab. 29. fig. 31. —
Barr. ic. fig. 565. — J. Bauh. Hist. 3. p. 2. p. 781. fig. 1.
— Tabern. ic. p. 54. fig. 2. — Dod. pempt. p. 587. fig. 2.
— Lob. ic. p. 35. fig. 2 (*ead.*). — Feuilles émergées pé-
tiolées, à 3—5 lobes : les submergées multifides-capillaires ;
carpelles et réceptacle hérissés de soie.

Le long du ruisseau de Chavannes, près de Sellières. — Genève, dans une mare derrière le village de Genthod (Reut.).— Les environs de Bâle (Hagenb.).

β. *Capillaceus*. DC. Prod. 1. l. c. — *R. capillaceus*. Thuill. Fl. par. ed. 2. p. 278. — *R. pantothrix*. Gaud. Fl. helv. 3. p. 523. — Moris. sect. 4. tab. 29. fig. 32. — Barr. ic. fig. 566. — J. Bauh. Hist. 3. p. 2. p. 781. fig. 2. — Tabern. ic. p. 74. fig. 1. — Lob. ic. p. 791. fig. 1. — Feuilles toutes submergées, presque orbiculaires, à peine pétiolées, divisées en lanières capillaires molles et divergentes.

Commune dans les mares et les fossés pleins d'eau.

γ. *Cœspitosus*. DC. Prod. 1. l. c. — *R. cœspitosus*. Thuill. Fl. par. ed. 2. p. 279. — *R. pantothrix*. var. β. *rigidus*. Gaud. Fl. helv. 3. l. c. — Tiges courtes ; feuilles orbiculaires, pétiolées, toutes émergées, découpées en lanières courtes, raides et divergentes, à gaîne des pétioles munie d'oreillettes plus ou moins marquées.

Les mares d'eau desséchées : aux environs de Salins ; de Mont-sous-Vaudrey ; de Sellières ; de Bâle, etc.

δ. *Stagnatilis*. DC. Prod. 1. l. c. — *R. stagnatilis*. Wallr. Sched. 285. — *R. pantothrix*. subvar. αβ. Gaud. Fl. helv. 3. l. c. Feuilles sessiles, orbiculaires, toutes submergées, découpées en lanières multifides, capillaires, très courtes, à gaîne des pétioles munie d'oreillettes distinctes.

Les mares d'eau dans les prés voisins de la Loue, à Villers-Farlay ; Ounans, etc. ; aux environs de Bâle, de Genève, etc.

3. R. flottante. — *R. fluitans*.

Lam. Fl. fr. 3. p. 184. — Gaud. Fl. helv. 3. p. 525. — Poir. Ency. 6. p. 132. — Koch. Syn. p. 12. — *R. aquatilis*. var. ε. *peucedanifolius*. DC. Prod. 1. p. 27. et Fl. fr. n. 4635. — Duby, Bot. gall. p. 8. — Linn. Sp. 782. δ. J. Bauh. Hist. 3. p. 2. p. 782. fig. 1. — Dalech. Hist. p. 1023. fig. 1. (*mala*).

Tige longue de 9—16 décim. et plus, rameuse, cylindrique, dichotome, flottante ; feuilles divisées en lanières linéaires, allongées, presque parallèles, dichotomes : les inférieures écartées, longuement pétiolées ; fleurs grandes, portées sur de longs pédoncules ; carpelles ridés en travers, glabres, réunis en tête globuleuse, souvent avortés. ♃ (Juin—août).

Les eaux courantes des rivières et des canaux : le Doubs, à Besançon et ailleurs ; la Loue, à Villers-Farlay, Ounans, etc. ; la Furieuse, à la Chapelle ; le canal, à Dole, à Montbéliard ; à Bâle, etc.

§ 2. *Carpelles lisses, comprimés, en épi ; racine grumelée.* — Ranunculastrum. DC.

4. R. d'Asie. — *R. asiaticus.*

Linn. Sp. 777. — DC. Prod. 1. p. 29. et Fl. fr. n. 4629. — Duby, Bot. gall. p. 9. — Poir. Ency. 6. p. 107. Moris. sect. 4. tab. 27. fig. 1—9. — Barr. ic. fig. 582. — J. Bauh. Hist. 3. p. 2. p. 863. fig. 1—2. et p. 864. fig. 1—2. — Clus. Hist. 1. p. 240. fig. 2. et p. 241. 242. 243. — Tabern. ic. p. 47. fig. 2. (*ic. Lob.*). — Dalech. Hist. p. 1034, fig. 2. (*ead.*). — Dod. pempt. p. 430. fig. 2. (*ead.*). — Lob. ic. p. 672. fig. 2.

Racine composée de tubercules oblongs, fasciculés ; tiges hautes de 2—3 décim., simple ou un peu rameuse dans le bas, pubescente ; feuilles radicales longuement pétiolées, pubescentes, 1—2 fois ternées, à folioles rhomboïdales, trifides, incisées, à lobes plus ou moins obtus, selon les variétés ; carpelles très comprimés, à style allongé-aigu, arqué, en tête cylindracée. ♃ (Juin).

Apportée d'Orient, du temps des croisades, cultivée dans les jardins d'agrément : les fleuristes en ont obtenu un grand nombre de variétés à fleurs doubles, qui diffèrent, soit par les couleurs, soit par les divisions des feuilles.

§ 3. *Carpelles lisses, presque globuleux, en petit nombre ; racine grumelée.* — Thora. DC.

5. R. thora. — *R. thora.*

Linn. Sp. 775. — DC. Prod. 1. p. 30. et Fl. fr. n. 4654. — Duby, Bot. gall. p. 9. — Gaud. Fl. helv. 3. p. 557. — Poir. Ency. 6. p. 104. — Koch. Syn. p. 15.
Moris. sect. 4. tab. 31. fig. 59 — J. Bauh. Hist. 3. p. 2. p. 650. fig. 1. (*ic. pessima : flos tetrapetalus, petala serrata*). — Clus. Hist. 1. p. 239. fig. 1. et fig. 3. (*ic. Dod.*). — Tabern. ic. p. 585. et 586. fig. 1—2. — Dalech. Hist. p. 1739. fig. 1. (*flos tetrapetalus, calice destitutus*). — Dod. pempt. p. 443. fig. 1. — Lob. ic. p. 604. fig. 1.

Racine composée de tubercules oblongs, fasciculés, fibreux aux extrémités ; tige haute de 15—20 centimètres, glabre, comme toutes les autres parties de la plante, à 1—2 fleurs, rarement 3 ; feuilles radicales le plus souvent nulles, quelquefois unique, longuement pétiolée, réniforme, crénelée, souvent échancrée-sublobée au sommet, coriace, à nervures réticulées-anastomôsées : les caulinaires sessiles, l'inférieure embrassante, rarement subpétiolée, semblable à la feuille radicale, la suivante plus petite, souvent ovale-cunéiforme, incisée, à 3 lobes, les extérieures dentées, les supérieures, 1—2, lancéolées ; fleur jaune, médiocre, portée sur un pédoncule allongée, cylindrique ; pétales obovales, un peu concaves, plus longs que les sépales ; carpelles en tête globuleuse, gros, peu nombreux, nerveux, ovoïdes, ventrus en dehors, terminés par un style long et crochu. ♃ (Juin, juillet).

Sur la Dôle ; le Salève, au sommet de la Grande-Gorge ; en grande quantité sur les montagnes au-dessus d'Allamogne, près du Reculet, avec le *Rododendrum.* — Le suc de cette plante est âcre et caustique : on prétend que les anciens s'en servaient pour empoisonner leurs flèches.

§ 4. *Carpelles lisses, presque globuleux, disposés en tête arrondie ; racines fibreuses. —* Hecatonia. DC.

* *Fleurs blanches ; feuilles découpées.*

6. R. des Alpes. — *R. Alpestris.*

Linn. Sp. 778. — DC. Prod. 1. p. 31. et Fl. fr. n. 4631. — Duby, Bot. gall. p. 9. — Gaud. Fl. helv. 3. p. 550. — Poir. Ency. 6. p. 122. — Koch. Syn. p. 15. — Sering. Mél. 2. n. 3. p. 12 tab. 1. et n. 4. p. 53.

Moris. sect. 4. tab. 3. fig. 57. et 58. (*malè*). — J. Bauh. Hist. 3. app. p. 861. fig. 3. (*ic. inf.*). — Clus. Hist. 1. p. 234. fig. 1 et 2. (*malè*).

Racine composée de fibres blanchâtres, allongées ; tige haute de 5—10 centim., dressée, simple, uniflore, munie de 1—2 petites folioles ligulées, presque membraneuses, rarement incisées ; feuilles radicales pétiolées, glabres, ainsi que les autres parties de la plante, arrondies en cœur, à découpures variables, ordinairement divisées en 3—5 lobes, à 2—3 dents obtuses, à pétiole dilaté-membraneux à la base ; fleurs blanches, à 5—7 pétales obcordés, à nervures presques parallèles, fourchues au sommet ; sépales d'un vert pâle, oblongs ; carpelles obovoïdes un peu renflés, terminés par le style comprimé et crochu au sommet. ♃ (Juin, juillet).

Les hautes sommités du Jura : sur le Chasseral ; le Creux-du-Vent ; le Chasseron ; le Suchet et les sommités entre le Colombier et le Reculet. — J'ai cueilli, sur le Suchet, des échantillons de cette espèce, dont les feuilles radicales ressemblent aux feuilles émergées de la var. *α.* de la *R. aquatilis,* ou à celle de la *Linaria cymbalaria.*

7. R. à feuilles d'aconit. — *R. aconitifolius.*

Linn. Sp. 776. — DC. Prod. 1. p. 31. et Fl. fr. n. 4627. — Duby, Bot. gall. p. 10. — Gaud. Fl. helv. 3. p. 531. — Koch. Syn. p. 14. — Sering. Mél. 2. p. 54.

Racine composée de fibres épaisses, fasciculées ; tige dressée, haute de 3—9 décim. et quelquefois davantage, lisse, rameuse, fistuleuse, à rameaux ouverts ; feuilles radicales longuement pétiolées, glabres, d'un vert pâle, à 3—5—7 divisions palmées, incisées-dentées : les supérieures sessiles, à 3—5 divisions plus étroites, aiguës, incisées-dentées ; pédoncules pubescents, uniflores ; fleurs blanches, nombreuses, à sépales caducs, ovales, concaves, pubescents, un peu membraneux sur les bords, ordinairement purpurescents au sommet, à pétales distincts, obovales ; carpelles peu nombreux, assez gros, renflés en dehors, à style crochu. ♃ (Juin, juillet).

Les prés et les lieux un peu humides des montagnes.

α. Humilis. DC. Prod. 1. l. c. — Gaud. Fl. helv. 3. l. c. var. *α. parviflorus.* — *R. aconitifolius.* Linn. Mant. 79. — Moris. sect. 12. tab. 2. fig. 3. — J. Bauh. Hist. 3. app. p. 860. fig. 1. — Dalech. Hist. p. 1031. fig. 1. — Lob. ic. p. 668. fig. 2. — Tige glabre, haute de 3—6 décimètres ; feuilles radicales à 3—5 divisions ; bractées lancéolées, dentées en scie.

Salins, dans les prés au bord du bois de Redde et au-dessus du Gout-de-Conche, où je l'ai vue à fleurs demi-doubles ; au pied de la cascade de Goaille ; à Poupet, au pied du rocher de *Bonhomme*, etc. ; sur le Salève (Reut.) ; aux environs d'Orbe (Gaud.) ; de Bâle (Hagenb.), etc. — J'ai cueilli, au pied du rocher de *Bonhomme*, des échantillons dont la tige, les pédoncules, les pétioles et le dessous des feuilles sont pubescents.

β. Platanifolius. DC. Prod. 1. l. c. var. *δ.* — Gaud. Fl. helv. 3. l. c. var. *γ.* — Koch. Syn. l. c. var. *β.* — *R. platanifolius.* Linn. Mant. 79. — Moris. sect. 12. tab. 2. fig. 5. — J. Bauh. Hist. 3. app. p. 859. fig. 2. — Clus. Hist. 1. p. 236. fig. 1. — Tabern. ic. p. 43. fig. 2. — Dod. pempt. p. 429. fig. 2. — Tige glabre, haute de 6—9 décimètres, dressée, rameuse ; fleurs et feuilles plus grandes : celles-ci sont glabres, à 5—7 lobes très grands, acuminés, profondément découpés, incisés : celles de la tige sont palmées-digitées ; bractées presque entières, étroites, acuminées.

Les lieux humides des montagnes plus élevées : au Creux-du-Vent ; sur les sommités de la chaine du Colombier. — Sur les montagnes au-dessus de Longirod (Gaud.) ; et aux environs de Bâle (Hagenb.).

** *Fleurs jaunes; feuilles entières ou dentées.*

8. R. graminée. — *R. gramineus.*

Linn. Sp. 773. — DC. Prod. 1. p. 32. et Fl. fr. n. 4656. — Duby, Bot. gall. p. 10. — Gaud. Fl. helv. 3. p. 555. — Poir. Ency. 6. p. 101. — Koch. Syn. p. 14.
Bull. Herb. tab. 123. — Moris. sect. 4. tab. 30. fig. 38. — J. Bauh. Hist. 3. app. p. 866. fig. 3. — Tabern. ic. p. 15. fig. 1. — Lob. adv. p. 299. ic.

Racine composée de fibres épaisses , fasciculées , couronnée par les restes filamenteux et desséchés des feuilles anciennes; tige haute de 2—3 décimètres, dressée, glabre, comme les autres parties de la plante , nue dans le bas, ordinairement simple, à 1—2 fleurs ; feuilles radicales 6—10, dressées, linéaires - lancéolées , nerveuses , très entières, presque semblables à celles de certaines graminées, garnies de quelques poils épars ; fleur grande , jaune , à sépales glabres, elliptiques, à pétales cunéiformes, arrondis au sommet, un peu échancrés , luisants ; carpelles ovoïdes , ventrus en dehors, carénés, ridés-réticulés, à stigmate épais , un peu courbé. ♃ (Mai, juin).

Les pâturages de nos montagnes (Girod-Chant.). — N'ayant pas trouvé cette espèce dans le Jura , je l'ai décrite sur des échantillons de Fontainebleau et des coteaux au-dessus ds Marsannay, dans la Côte-d'Or.

9. R. langue. — *R. lingua.*

Linn. Sp. 773. — DC. Prod. 1. p. 32. et Fl. fr. n. 4657. — Duby, Bot. gal. p. 10. — Gaud. Fl. helv. 3. p. 554. — Poir. Ency. 6. p. 100. — Koch. Syn. p. 15.

Moris. sect. 4. tab. 29. fig. 33. — J. Bauh. Hist. 3. app. p.
865. fig. 1. — Tabern. ic. p. 48. fig. 2. — Dalech. Hist.
p. 1037. fig. 1. (*mala*).

Tige dressée, fistuleuse, épaisse, cylindrique, légèrement
striée, glabre, munie dans le haut de quelques poils appliqués,
ordinairement simple, haute de 6—9 décim., multiflore,
garnie dans toute sa longueur de feuilles dressées, longuement
lancéolées-acuminées, sessiles, un peu dilatées et embrassantes
à la base, entières ou un peu dentelées, glabres en dessus,
garnies en dessous de quelques poils couchés, peu apparents;
fleurs grandes, pédonculées, d'un beau jaune, à sépales un
peu velus, ainsi que le pédoncule, à pétales arrondis au
sommet, luisants; carpelles ovoïdes-comprimés, lisses, bordés, à style court, élargi, ascendant, crochu. ♃ (**Juin, juillet**).
Vulg. *Grande-Douve.*

Les fossés et les lieux marécageux : bords du Drugeon, à Pontarlier;
marais de Saône, près de Besançon; bord du lac, à Iverdon. — Les
fossés marécageux, aux environs de Duilliers (Gaud.). — Genève, au
marais de Sionet, Roellebot, etc. (Reut.). — Bâle, dans les fossés et
marais, à Michelfeld (Hagenb.).

10. R. flammette. — *R. flammula.*

Linn. Sp. 772. — DC. Prod. 1. p. 32. et Fl. fr. n. 4658. —
Duby, Bot. gall. p. 11. — Gaud. Fl. helv. 3. p. 552. —
Poir. Ency. 6. p. 98. — Koch. Syn. p. 15. — Sering. Mél.
2. n. 4. p. 55.
Bull. Herb. tab. 15. — Moris. sect. 4. tab. 29. fig. 34. —
Dalech. Hist. p. 1035. fig. 2. — Dod. pemp. p. 43. fig. 1.
(*ead.*). — Lob. ic. p. 670. fig. 1.

Tige longue de 2—3 décim., fistuleuse, finement striée,
ascendante ou couchée à la base, souvent radicante, plus ou
moins rameuse, feuillée, glabre, comme toutes les autres
parties de la plante; feuilles radicales pétiolées, elliptiques-
lancéolées, plus courtes, presque obtuses, entières ou à peine
dentelées : celles de la tige linéaires-lancéolées, à pétiole
plus court, engaînant à la base, les supérieures plus petites,

linéaires ; fleurs jaunes , petites , pédonculées , à sepales glabres ou pubescents, ainsi que le pédoncule, concaves, d'un vert jaunâtre , à pétales obovales en coin ; carpelles ob-ovoïdes , lisses, un peu comprimés, terminés par un style oblique , court , conique. ♃ (Juin—août). Vulg. *Petite-Douve*.

Commune dans les lieux marécageux , les fossés , les tourbières.

β. *Serrata*. DC. Prod. 1. p. 32. et Fl. fr. l. c. — Gaud. Fl. helv. 3. l. c. — Moris. sect. 4. tab. 29. fig. 35. — J. Bauh. Hist. 3. app. p. 864. fig. 3. — Tabern. ic. p. 49. fig. 2. — Dod. pempt. p. 432. fig. 2. — Lob. ic. p. 670. fig. 2. — Feuilles lancéolées, dentées en scie.

Mêmes lieux , moins commune.

γ. *Ovata*. DC. Prod. 1. l. c. — *R. ovatus*. Per. Ench. 2. p. 102. — Feuilles presque toutes ovales, pétiolées.

Lieux humides, au bord du bois de Cramans, près de Salins. — Bâle, prés humides, à Michelfeld (Hagenb.).

δ. *Reptans*. Duby. Bot. gall. l. c. var. β. — Koch. Syn. l. c. var. β. — *R. reptans*. Linn. Sp. 773. — DC. Prod. 1. p. 32. — Gaud. Fl. helv. 3. p. 555. — Linn. Fl. Lapp. tab. 5. fig. 5. — Tige filiforme, couchée, radicante, pauciflore , garnie de feuilles plus étroites, linéaires-lancéolées, très entières.

Le bord des lacs, des étangs et des mares : bord du lac, à Neuchâtel ; à Iverdon ; à l'embouchure du Boiron et de la Promenthouse , près de Nyon ; à Versoix ; au fond des Paquis , à Genève ; bord de l'étang de Chavanne , près de Sellières ; de Vaudrey ; près du moulin du Paquier, route de Salins à Champagnole , etc.

ε. *Nana*. Tige simple ou rameuse, dressée, haute de 5—8 centim. ; feuilles radicales ovales-elliptiques, obtuses, longuement pétiolées, dentées-glanduleuses : celles de la tige linéaires-lancéolées.

Les pâturages de la tourbière de Pontarlier.

*** *Fleurs jaunes; feuilles découpées.*

a. Pédoncule cylindrique.

11. R. tête d'or. — *R. auricomus.*

Linn. Sp. 775. — DC. Prod. 1. p. 35. et Fl. fr. n. 4640. —
Duby, Bot. gall. p. 11. — Gaud. Fl. helv. 3. p. 537. —
Poir. Ency. 6. p. 110. — Koch. Syn. p. 16. — Sering.
Mél. 2. n. 4. p. 57.
All. Fl. ped. tab. 82. fig. 2. (*fol. rad. unicum, integrum,
crenatum*). — Moris. sect. 4. tab. 28, fig. 15. — J. Bauh.
Hist. 3. app. p. 857. fig. 3. — Dalech. Hist. p. 1029.
fig. 4.

Racine composée d'un grand nombre de fibres grêles,
brunâtres; tige haute de 2—3 décim., glabre, striée, dressée, fistuleuse, un peu rameuse; feuilles radicales variables,
très longuement pétiolées, orbiculaires-en-cœur, indivises,
crénelées, ou à 3—5 lobes cunéiformes, plus ou moins profonds, incisés, crénelés : celles de la tige sessiles, à 5—7
lobes linéaires, digités, presque entiers ou garnis de quelques
dents au sommet; fleurs d'un beau jaune doré, à sépales
rapprochés, pubescents, ainsi que les pédoncules, à pétales
arrondis, souvent imparfaits, ou entièrement avortés; carpelles ovoïdes pubescents, un peu obliques, légèrement
comprimés, étroitement marginés, terminés par un style
crochu. ♃ (Avril, mai).

Commune dans les haies, les buissons et les bois de taillis : les pétales
des premières fleurs sont souvent avortés, en mai elles en ont seulement
2—3 et ensuite 5. (Linn. in DC. Syst.). On la trouve demi-double et
prolifère aux environs de Bâle (Hagenb.).

12. R. de montagne. — *R. montanus.*

Willd. Sp. 2. p. 1321. — DC. Prod. 1. p. 36. et Fl. fr.
n. 4636. — Duby, Bot. gall. p. 11. — Gaud. Fl. helv.
3. p. 540. — Poir. Ency. 6. p. 124 ? — Koch. Syn. p. 16.

Moris. sect. 4. tab. 51. fig. 56. *ad sinistram (ex Bauh.,
malè).* — J. Bauh. Hist. 5. app. p. 861. fig. 5. *ic. supe-
rior, ad sinistram (melior).*

Racine un peu oblique, brunâtre, fibreuse, garnie à son
collet de fibres qui sont les restes des feuilles anciennes; tige
haute de 1—2 décim., dressée, garnie de poils appliqués,
un peu ouverts et plus nombreux dans le haut, uniflore,
rarement bi ou triflore; feuilles radicales pétiolées, subor-
biculaires, glabres, échancrées en cœur à la base, à 5—5
divisions inégales, ordinairement écartées, cunéiformes, à
2—5 lobes entiers ou à 1—2 dents obtuses : les caulinaires
1—5, à 5—7 lobes linéaires, digités, ordinairement très
entiers, quelquefois à 1—2 dents, les supérieures trifides;
fleurs grandes, relativement à la hauteur de la plante, d'un
beau jaune, à pétales luisants, cunéiformes, arrondis au
sommet, à sépales oblongs, un peu pubescents; fruits en tête
globuleuse; carpelles arrondis, lisses, un peu comprimés,
marginés, terminés par un style court, épais, roulé en crosse;
réceptacle poilu. ♃ (Juin—août).

Les pâturages des montagnes : Salins, à Poupet; Boujaille; Pontarlier; Champagnole; sur le Suchet; le Chasseron; le Creux-du-Vent; le
Montendre; la chaîne du Colombier, etc., etc. : je l'ai trouvée à fleurs
demi-doubles, aux environs de Salins. — Les feuilles radicales de cette
espèce sont très variables : on en trouve à 5—5 lobes rapprochés ou
écartés, étroits ou élargis, incisés ou dentés, quelquefois même entiers :
j'en possède un échantillon, de Poupet, qui a 5 feuilles radicales; l'une
est orbiculaire à 5 lobes lancéolés, entiers; une autre a le pétiole divisé
au sommet en 5 parties filiformes, terminées chacune par une foliole
bi ou trifide, à lobes entiers lancéolés; la troisième est à l'état normal;
les divisions de la feuille caulinaire sont linéaires-oblongues, rétrécies
en pétiole.

β. *Tenuifolius.* DC. Prod. 1. p. 56. — Gaud. Fl. helv. 5.
l. c. — *R. gracilis.* Schleich. exsic. cat. 1815. et ejusd. *R.
tenuifolius.* cat. 1821. — J. Bauh. Hist. 5. p. 2. p. 417. fig.
1 ? — Feuilles radicales à 5—5 divisions plus écartées et plus
étroites, incisées en lobes aigus.

Sur la Dôle; le Suchet; le Salève et les sommités entre le Colombier
et le Reculet. — J'ai récolté, sur ces dernières sommités, un échantillon

de cette variété, dont les feuilles ressemblent, par leurs découpures, à celles de la *R. illiricus*. Linn. — Le *R. montanus* diffère du *R. auricomus* par sa racine oblique, par ses feuilles radicales toutes divisées, ses carpelles glabres, son réceptacle poilu ; et du *R. acris* par sa tige plus courte, le plus souvent uniflore, par les lobes de ses feuilles obtus, ses carpelles plus convexes et son réceptacle poilu. Quelques botanistes font une espèce de la var. *β.* ci-dessus, fondée sur ses carpelles à pointe très courte et à peine recourbée.

13. R. âcre. — *R. acris.*

Linn. Sp. 779. — DC. Prod. 1. p. 36. et Fl. fr. n. 4643. — Duby, Bot. gall. p. 11. — Gaud. Fl. helv. 3. p. 543. — Poir. Ency. 6. p. 114. – Koch. Syn. p. 17. — Ser. Mél. 2. n. 4. p. 60.

Chaum. Fl. med. tab. 294. — Bull. Herb. tab. 109. — Moris. sect. 4. tab. 28. fig. 16. (*malè*). — J. Bauh. Hist. 3. p. 2. p. 416. fig. 1. — Tabern. ic. p. 42. fig. 1. — Dalech. Hist. p. 1032. fig. 1. (*ic. Dod.*). et p. 1739. fig. 5. — Dod. pempt. p. 426. fig. 1. — Lob. ic. p. 665. fig. 1.

Racine épaisse, tronquée, garnie de fibres blanchâtres ; tige haute de 5—6 décim., dressée, fistuleuse, médiocrement feuillée, ordinairement rameuse au sommet, plus ou moins velue, ainsi que les feuilles, à poils appliqués ; feuilles radicales et les inférieures presque pentagones, longuement pétiolées, souvent tachées de brun, à 3—5 divisions un peu écartées, palmées, presque rhomboïdales, à 2—5 lobes incisés-dentés, à dents aiguës : les supérieures à 3—5 divisions lancéolées, la plupart très entières ; fleurs nombreuses, de grandeur médiocre, d'un jaune orangé, à pétales obovales, luisants, larges et arrondis au sommet, quelquefois un peu échancrés, à sépales velus, portées sur des pédoncules cylindriques ; carpelles comprimés, glabres, marginés, à carène simple, à style très court, un peu courbé ; réceptacle glabre. ♃ (Mai—juillet).

Commune dans les prés, le long des haies, au bord des chemins. On en cultive une variété à fleurs doubles, connue sous le non de *Bouton d'or*, qui se trouve à Bâle, près d'Aristorf (Hagenb.).

β. *Sylvaticus.* DC. Prod. 1. p. 56. — Duby, Bot. gall. l.
c. — *R. sylvaticus.* Thuill. Flor. par. ed. 2. p. 276. — *R.
lanuginosus,* var. β. DC. Fl. fr. n. 4644. — Tige plus
élancée, hérissée, ainsi que les feuilles et les pétioles, de
longs poils blanchâtres.

Salins, dans les bois autour du Gout-de-Conche. — Bâle (Hagenb.).
— Cette plante est âcre et vénéneuse ; ses feuilles sont vésicantes. Quoiqu'elle perde une partie de ses propriétés malfaisantes par la dessication, cependant il est bon d'être circonspect dans l'emploi que l'on peut
en faire. Toutes les renoncules, en général, partagent, mais à des degrés très variables, ces mêmes propriétés.

14. R. lanugineuse. — *R. lanuginosus.*

Linn. Sp. 779. — DC. Prod. 1. p. 37. et Fl. fr. n. 4644. (var.
β exclus.). — Duby, Bot. gall. p. 12. — Gaud. Fl. helv.
3. p. 546. — Poir. Ency. 6. p. 109. — Koch. Syn. p. 17.
— Ser. Mél. 2. n. 4. p. 61.

J. Bauh. Hist. 3. p. 2. p. 417. fig. 2.

Racine composée de longues fibres blanchâtres, couronnée
par les restes des feuilles anciennes; tige haute de 6—10
décim., dressée, fistuleuse, feuillée, rameuse, hérissée,
ainsi que les pétioles, de longs poils soyeux, un peu roux,
réfléchis; feuilles radicales amples, très velues, longuement
pétiolées, orbiculaires, échancrées en cœur à la base, d'un
vert sombre, divisées, jusqu'au-delà du milieu, en 3 lobes
larges, rapprochés, obovales-cunéiformes, le moyen trifide,
les extérieurs plus larges bifides, irrégulièrement dentés, à
grosses dents plus ou moins aiguës : celles de la tige semblables, portées sur des pétioles plus courts, qui diminuent en
montant, souvent à 3 divisions incisées-dentées : les supérieures petites, sessiles, divisées en 3 lanières oblongues-
lancéolées, entières; pédoncules cylindriques, velus, à poils
appliqués; fleurs jaunes, médiocres, nombreuses, paniculées,
à calice velu, étalé, à pétales arrondis-cunéiformes, vernissés; fruits globuleux; carpelles comprimés-lenticulaires,
marginés, à style long, crochu en arc; réceptacle glabre. 2
(Juin, juillet).

Les lieux couverts et ombragés des forêts : Salins, au-dessous du Gout-de-Conche ; dans le bois de Salgret ; au Creux-Billard et au bas du ruisseau de la Grotte-des-Sarrasins, près de la source du Lison ; dans les forêts de sapins de Villers et de Boujaille, de Levier, de la Joux, etc. ; aux environs de Pontarlier ; au Creux-du-Vent ; au pied de la Dôle, du côté de la route de la Faucille. — Au-dessus de Bonmont et de Longirod (Gaud.), etc.

β. *Geraniifolius*. DC. Prod. 1. l. c. — Gaud. Fl. helv. 3. l. c. — Feuilles à dents aiguës : les supérieures ternées, à lobes oblongs, acuminés.

Dans les bois au-dessus de Bonmont et sur le mont Mutet, près de Bâle (Gaud.).

γ. *Parvulus*. DC. Prod. 1. l. c. — Ser. Mél. 2. n. 3. p. 16. — Tige à 1—2 fleurs ; feuilles très petites.

Sommet du Jura, près de Soleure (Seringe).

b. Pédoncule sillonné.

15. R. des bois. — *R. nemorosus*.

DC. Syst. nat. 1. p. 280. et ejusd. Prod. 1. p. 37. — Duby, Bot. gall. p. 12. — Gaud. Fl. helv. 3. p. 544. — Koch. Syn. p. 17. — Ser. Mél. 2. n. 4. p. 61.

Racine garnie de longues fibres blanchâtres ; tige haute de 2—5 décim., dressée, rameuse, presque fistuleuse, hérissée, ainsi que les pétioles, de poils étalés ; feuilles radicales et inférieures velues, pétiolées, d'un vert sombre, souvent tachées de blanc, divisées jusqu'au-delà du milieu, en 3—5 lobes obovales, trifides, dentés, à dents un peu aiguës, les latéraux plus courts : celles du sommet sessiles, divisées en lobes linéaires-lancéolés ; fleurs assez grandes, d'un beau jaune doré, à pétales vernissés, presque tronqués au sommet, portées sur des pédoncules velus, sillonnés, à calice également velu et ouvert ; fruit en tête arrondie ; carpelles glabres, comprimés, à nervures marginales saillantes, réunies en carène ; style long, tétragone à la base, recourbé en cro-

chet; réceptacle poilu. ♃ (Avril — juillet, jusqu'en novembre).

Cette espèce se trouve, assez communément, parmi les buissons et
dans les bois de taillis du pied oriental et occidental du Jura, et sur les
montagnes. — Les échantillons les plus grands appartiennent à la var.
α. *Multiflorus*. DC. — *R. polyanthemos*. Schl., et les plus petites à la
var. β. *Pauciflorus*. DC. — *R. aureus*. Schl., et peut-être l'espèce entière n'est-elle elle-même qu'une variété du *R. polyanthemos*. Linn.

16. R. rampante. — *R. repens*.

Linn. Sp. 779. — DC. Prod. 1. p. 38. et Fl. fr. n. 4642. —
Duby, Bot. gall. p. 12. — Gaud. Fl. helv. 3. p. 547. —
Poir. Ency. 6. p. 112. — Koch. Syn. p. 18. — Ser. Mél.
2. n. 4. p. 62.
Bull. Herb. tab. 77. — Moris. sect. 4. tab. 28. fig. 18. —
Tabern. ic. p. 54. fig. 1. — Dalech. Hist. p. 1031. fig. 3.
(*ic. Lob.*). — Dod. pempt. p. 425. fig. 1. (*cad.*). — Lob.
ic. p. 664. fig. 2.
Racine composée de fibres nombreuses, blanchâtres; tige
plus ou moins velue, ordinairement couchée, presque dressée
à l'époque de la fleuraison, rameuse, multiflore, cylindrique,
presque fistuleuse, feuillée, longue de 2—4 décimètres,
émettant le plus souvent des jets rampants et radicants;
feuilles radicales et inférieures pétiolées, ternées ou biternées, à folioles ovales-rhomboïdales, trifides, incisées-dentées, à dents aiguës, plus ou moins velues, la moyenne
pétiolée : les supérieurs sessiles, à lobes oblongs, incisés, ou
linéaires-lancéolés, aigus, entiers ou dentés; fleurs grandes,
d'un jaune doré, portées sur des pédoncules sillonnés, à
calice étalé, à pétales vernissés, arrondis-cunéiformes; fruit
presque globuleux, à carpelles comprimés, finement ponctués, bordés, terminés par un style tétragone, subulé,
courbé en arc. ♃ (Mai—août). Vulg. *Pied-de-poule* ou
Piépou.

Très commune dans les champs, les prés, au bord des fossés et dans
les vignes où l'on a souvent beaucoup de peine de la détruire. — On en

cultive une variété à fleurs doubles, sous le nom de *Bouton d'or*. Elle se trouve à fleurs demi-doubles, aux environs de Bâle (Hagenb.).

β. Erectus. DC. Prod. 1. l. c. — Duby, Bot. gall. l. c. — Tabern. ic. p. 51. fig. 2. — Tige fleurie dressée, à jets rampants nuls.

Les terres plus fertiles.

γ. Glabratus. DC. Prod. 1. l. c. — *R. lucidus.* Poir. Ency. 6. p. 115. — Tige très glabres, ainsi que les feuilles.

Les lieux un peu humides.

δ. Prostratus. Gaud. Fl. helv. 3. l. c. — *R. prostratus.* Poir. Ency. 6. p. 113? — Plante presque glabre, à tige filiforme, radicante; feuilles petites, à 3 divisions à 3—4 lobes, la moyenne pétiolulée ; fleurs plus petites, quelquefois pleines.

Les champs secs et arides (Gaud.).

17. R. bulbeuse. — *R. bulbosus.*

Linn. Sp. 778 — DC. Prod. 1. p. 41. et Fl. fr. n. 4648. — Duby, Bot. gall. p. 12. — Gaud. Fl. helv. 3 p. 549. — Poir. Ency. 6. p. 115. — Koch. Syn. p. 18. — Ser. Mél. 2. n. 4. p. 65.

Bull. Herb. tab. 27. — Mill. illust. tab. 51. — Moris. sect. 4. tab. 28. fig. 19 (*mala*). — J. Bauh. Hist. 3. p. 2. p. 417. fig. 4. — Tabern. ic. p. 43. fig. 1. — Dalech. Hist. p. 1054. fig. 1. — Dod. pemp. p. 431. fig. 1. (*ead.*).

Plante velue, à tige haute de 2—3 décim., dressée, rameuse, renflée en bulbe à la base et munie de fibres radicales blanchâtres, allongées ; feuilles radicales longuement pétiolées, ternées ou biternées, à folioles trifides, incisées-dentées, la moyenne pétiolulée : les caulinaires à découpures plus étroites, les supérieures sessiles, à divisions linéaires-lancéolées, entières ou dentées; fleurs jaunes, solitaires, à calice velu, ayant les sépales réfléchis sur le pédoncule sillonné ; fruit arrondi en tête globuleuse, à carpelles comprimés, finement ponctués, à nervure marginale saillante, style court et crochu. ♃ (Mai, juin). Vulg. *Bassinet, Rave de saint Antoine.*

Commune dans les prés, les champs et au bord des chemins. On en cultive une variété à fleur double. — Cette plante est âcre et caustique : on se sert de la bulbe pour guérir la teigne des enfants.

β. *Minor*. Hagenb. Fl. basil. 2. p. 68. — Gaud. Fl. helv. 3. l. c. var. β. *Brachiatus*. — DC. Prod. 1. l. c. — *R. brachiatus*. Schl. — Tige courte, pédoncule très long ; fleurs plus petites, d'un jaune pâle, sépales caducs.

Les lieux arides, les pâturages stériles.

γ. *Dissectus*. Feuilles très découpées, à lobes étroits, lancéolés-linéaires, semblables à celles du *R. chærophyllos*. Linn.

Les champs arides.

18. R. scélérate. — *R. sceleratus.*

Linn. Sp. 776. — DC. Prod. 1. p. 34. et Fl. fr. n. 4639. — Duby, Bot. gall. p. 11. — Gaud. Fl. helv. 3. p. 558. — Poir. Ency. 6. p. 117. — Koch. Syn. p. 18. — Ser. Mél. 2. n. 3. p. 16. et n. 4. p. 58.

J. Saint-Hil. Pl. fr. tab. 316. — Bull. Herb. tab. 47. — Chaum. Fl. med. tab. 295. — Moris. sect. 4. tab. 29. fig. 27. et 28. — J. Bauh. Hist. 3. app. p. 858. fig. 1. — Tabern. ic. p. 42. fig. 2. — Dalech. Hist. p. 1027. fig. 1. — Dod. pempt. p. 426. fig. 2. — Lob. ic. p. 669. fig. 1.

Racine fibreuse, branchâtre ; tige haute de 3—6 décim., fistuleuse, épaisse, dressée, glabre, très rameuse ; feuilles radicales longuement pétiolées, un peu épaisses, lisses, arrondies, à 3 lobes cunéiformes, bi ou trifides, dentées, à dents obtuses : les caulinaires inférieures courtement pétiolées, à divisions plus profondes, plus étroites, quelquefois presque digitées, à lobes oblongs, incisés, obtus : les supérieures sessiles, à divisions linéaires, entières, digitées ; fleurs jaunes, petites, nombreuses, opposées aux feuilles, et

terminales ; fruit oblong , un peu conique , à carpelles nombreux , petits , ovoïdes arrondis , un peu comprimés , légèrement ridés au milieu des faces , terminés par un style très
court, à peine visible. ① (Mai , juin).

Dans les mares et les fossés : Salins, dans les fossés des Capucins ; au
bord de la Furieuse, à Saint-Joseph ; autour d'Arbois ; de la saline
d'Arc ; au bord du lac, à Iverdon. — Nyon, autour de Promenthod
(Gaud.). — Les mares près de Sionet ; Prégny ; Puplinge , etc. (Reut.).
— Aux environs de Bâle (Hagenb.). — Cette plante n'est pas commune : elle est âcre, vénéneuse, très caustique et dangereuse pour les
animaux ; les vaches n'y touchent pas ordinairement : si elles en mangent , elle leur occasionne un gonflement des entrailles qui les tue, en
leur causant des convulsions.

§ 5. *Carpelles hérissés de tubercules ou d'aiguillons.*
— Echinella. DC.

19. R. des mares. — *R. philonotis.*

Retz. Obs. 6. p. 31. — DC. Prod. 1. p. 41. et Fl. fr. n. 4649.
  — Duby, Bot. gall. p. 12. — Gaud. Fl. helv. 3. p. 550. —
  Poir. Ency. 6. p. 118. — Koch. Syn. p. 18. — Ser. Mél.
  2. n. 3. p. 17. et n. 4. p. 65.
Moris. sect. 4. tab. 28. fig. 17? — J. Bauh. Hist. 3. p. 2. p.
  417. fig. 3. — Tabern. ic. p. 52. fig. 2? — Dalech. Hist.
  p. 1028. fig. 1.
Plante velue , molle , haute de 2—3 décimètres, à racine
fibreuse, à tige dressée , épaisse, rameuse , striée, fistuleuse ;
feuilles radicales et inférieures pétiolées, ternées, à folioles
à 3 lobes obtus, plus ou moins incisés, dentés , la moyenne
pétiolée : les supérieures sessiles, trifides , à lobes divisés en
lanières oblongues ; celles du sommet ternées-digitées, à divisions linéaires, entières, rarement dentées ; fleurs nombreuses, médiocres, d'un jaune pâle, portées sur des pédoncules grêles, striés ; calice à sépales oblongs, aigus, réfléchis ;
pétales obovales-cunéiformes ; fruit en tête arrondie , à carpelles orbiculaires comprimés, bordées de 2 nervures vertes,
rapprochées , à faces roussâtres , garnies , sur le contour , de-

2 rangs de points tuberculeux saillants ; style comprimé,
court, oblique. ① (Mai—août).

Le bord des étangs et des mares, les lieux inondés l'hiver : Salins,
au bord du bois Mouchard, le long de la route de Villers-Farlay ; aux
environs de Vaudrey ; de Grozon, près d'Arbois ; de Sellières ; de Chavanne. — Autour de Crans, près de Nyon (Gaud.). — Genève, en
sortant de la porte de Cornavin ; sur Saint-Jean ; près de Sionet ;
d'Ambili (Reut.).

β. Intermedius. DC. Prod. 1. l. c. — Gaud. Fl. helv. 3. l. c.
— Ser. Mél. l. c. — *R. intermedius*. Poir. Ency. 6. p. 116.
— Plante plus petite, presque glabre, pauciflore, à feuilles
inférieures trilobées, les supérieures tripartites, incisées,
celles du sommet presque digitées.

Bord de l'étang de Chavanne ; de Vaudrey, etc.

γ. Gracilis. Tige simple, grêle, allongée, à 2—3 fleurs.

Bois Mouchard.

δ. Inermis. Tige rameuse, carpelles lisses, sans points
tuberculeux.

Même lieu.

20. R. des champs. — *R. arvensis*.

Linn. Sp. 780. — DC. Prod. 1. p. 41. et Fl. fr. n. 4652. —
Duby, Bot. gall. p. 12. — Gaud. Fl. helv. 3. p. 551. —
Poir. Ency. 6. p. 129. — Koch. Syn. p. 18. — Ser. Mél.
2. n. 4. p. 66.
Bull. Herb. tab. 117. — Moris. sect. 4. tab. 29. fig. 23. —
J. Bauh. Hist. 3. p. 2. p. 859. fig. 1. — Tabern. ic. p. 47.
fig. 1. — Dalech. Hist. p. 1030. fig. 1. — Dod. pempt. p.
427. fig. 2. — Lob. ic. p. 665. fig. 2. (*ead.*).
Racine fibreuse, blanchâtre ; tige dressée, haute de 2—3
décim., presque glabre, feuillée, rameuse, diffuse ; feuilles
glabres ou un peu poilues, les primitives entières, lancéolées, quelquefois incisées ou dentées au sommet : les inférieures ternées, à divisions subpétiolées, bi-trilobées, à lobes

linéaires-lancéolés, entiers, incisés ou dentés, les supérieures sessiles, découpées en lobes linéaires; fleurs petites, d'un jaune soufré, à calice ouvert, velu, à pétales obovales en coin, portées sur des pédoncules pubescents; carpelles assez gros, peu nombreux, 5—8, orbiculaires, comprimés, recouverts, sur chaque face, de pointes subulées, légèrement courbées, terminés par un style épais, allongé, subulé, presque droit. ① (Mai—juillet).

 Commune dans les champs, parmi les blés. — Cette plante est très dangereuse : 5 onces de son suc ont suffi pour tuer un chien en quatre minutes. L'antidote de ce poison est le vinaigre (DC. Syst.).

8. FICAIRE. — FICARIA. Dill.

Calice à 3 sépales caducs; pétales 8—12, munis à la base interne d'une petite fossette nectarifère; étamines et ovaires nombreux; carpelles lisses, comprimés, obtus. — Herbes vivaces, à racine grumelée.

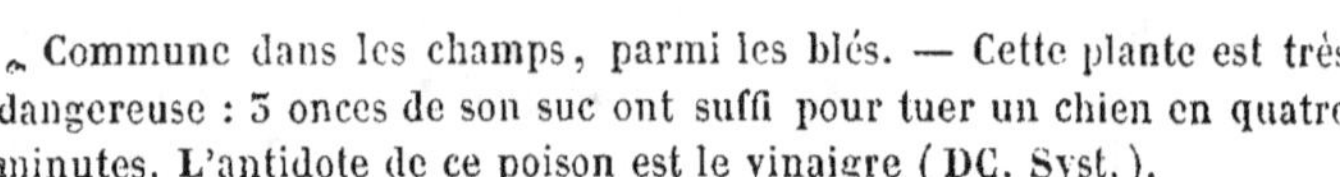

1. F. renoncule. — *F. ranunculoïdes.*

Mœnch. Meth. 315. — DC. Prod. 1. p. 44. et Fl. fr. n. 4620. — Duby, Bot. gall. p. 13. — *F. verna.* (Huds.). Gaud. Fl. helv. 3. p. 559. — *Ranunculus ficaria.* Linn. Sp. 774. — Poir. Ency. 6. p. 105. — Koch. Syn. p. 15. J. Saint-Hil. Pl. fr. tab. 144. — Bull. Herb. tab. 43. — Moris. sect. 4. tab. 50. fig. 45. — J. Bauh. Hist. 3. p. 2. p. 468. fig. 1. — Tabern. ic. p. 753. fig. 2. — Dalech. p. 1048. fig. 1. — Dod. pempt. p. 49. fig. 1. — Lob. ic. p. 593. fig. 2.

Racine composée de tubercules oblongs agglomérés, et de fibres rameuses, blanchâtres; tige longue de 2—3 décim., faible, ascendante, un peu rameuse, glabre et lisse, ainsi que les autres parties de la plante; feuilles pétiolées, arrondies en cœur à la base, ondulées-crénelées, rarement très entières, souvent tachées de noir, les supérieures anguleuses; fleurs assez grandes, pédonculées, à 8—12 pétales jaunes,

plus foncés à la base, elliptiques, souvent verdâtres en dehors; calice à 3 sépales caducs, quelquefois 5 (DC.); carpelles ovoïdes, un peu comprimés, à style court, à stigmates
obtus. ♃ (Avril, mai). Vulg. *Petite Chélidoine.*

Commune dans les prés un peu humides, le long des chemins, au
pied des haies et dans les vignes où elle se trouve quelquefois en si grande
quantité que l'on a beaucoup de peine de la détruire. — Sa racine est
âcre et vénéneuse. On mange les feuilles cueillies au printemps, comme
les épinards.

TRIBU IV. — ELLÉBORÉES. DC.

Calice et corolle à estivation embriquée; pétales de formes
diverses ou nuls (dans le *Caltha*), nectarifères; anthères
extrorses; calice ordinairement coloré; carpelles capsulaires,
polyspermes, s'ouvrant du côté interne. — Feuilles alternes,
rarement radicales.

a. Fleurs régulières.

9. POPULAGE. — *CALTHA.* Linn.

Calice coloré, à 5 sépales pétaloïdes, presque arrondis,
corolle nulle; étamines nombreuses; capsules 5—10, comprimées, aiguës, un peu divergentes, à une seule loge polysperme.

1. P. des marais. — *C. palustris.*

Linn. Sp. 784. — DC. Prod. 1. p. 44. et Fl. fr. n. 4684. —
Duby, Bot. gal. p. 14. — Gaud. Fl. helv. 3. p. 567. —
Poir. Ency. 5. p. 568. — Koch. Syn. p. 19.

J. Saint-Hil. Pl. fr. tab. 507. — Lam. illust. tab. 500. —
Moris. sect. 12. tab. 2. fig. 1. — J. Bauh. Hist. 3. p. 2.
p. 470. fig. 1. — Tabern. ic. p. 750. fig. 1. — Dalech.
Hist. p. 1049. fig. 1. — Dod. pempt. p. 598. fig. 1. —
Lob. ic. p. 594. fig. 1. (*ead.*).

Racine composée de grosses fibres blanchâtres, chevelues ; tige de 3 décim. et plus, dressée ou ascendante, rameuse-dichotome, feuillée, épaisse, striée, fistuleuse, glabre, ainsi que les autres parties de la plante ; feuilles radicales longuement pétiolées, grandes, arrondies, crénelées, profondément échancrées en cœur à la base : celle de la tige plus petites, sessiles ou courtement pétiolées, munies, à la base du pétiole, d'oreillettes membraneuses stipuliformes ; fleurs grandes, d'un jaune doré, à 6—7 sépales ovales, arrondis, pétaloïdes. ♃ (Avril—juin). Vulg. *Souci des marais.*

Commun dans les lieux humides, marécageux, au bord des ruisseaux, de la plaine et des montagnes, jusque sur les sommités près du Reculet. On le trouve dans les Alpes, jusqu'à la hauteur de 1949 mètres au-dessus du niveau de la mer. — Mon fils l'a trouvé à Salins, dans les prés de la Chapelle, à fleurs demi-doubles. — Cette plante est âcre et amère, les bestiaux n'y touchent pas ; les fleurs servent à colorer le beurre en jaune : on confit les boutons dans le vinaigre, en guise de câpres.

10. TROLLE. — TROLLIUS. Linn.

Calice à 5—15 sépales colorés, pétaloïdes, embriqués, caducs ; pétales 5—20, petits, tubuleux, à une lèvre, nectariforme ; capsules nombreuses, sessiles, oblongues, polyspermes.

1. T. d'Europe. — T. Europœus.

Linn. Sp. 782. — DC. Prod. 1. p. 45. et Fl. fr. n. 4661. — Duby, Bot. gall. p. 14. — Gaud. Fl. helv. 3. p. 560. — Poir. Ency. 8. p. 121. — Koch. Syn. p. 19.

J. Saint-Hil. Pl. fr. tab. 574. — Lam. illust. tab. 499. — Moris. sect. 12. tab. 2. fig. 2. — J. Bauh. Hist. 3. p. 2. p. 419. fig. 1. — Clus. Hist. 1. p. 257. fig. 1. — Tabern. ic. p. 46. fig. 2. — Dalech. Hist. p. 1055. fig. 2. — Dod. pempt. p. 430. fig. 1. — Lob. ic. p. 675. fig. 1. (*ead.*).

Racine fibreuse, noirâtre ; tige dressée, haute de 2—4 décim., feuillée, striée, glabre, ainsi que les autres parties.

de la plante, ordinairement simple, à 1—2 fleurs, rarement davantage ; feuilles radicales longuement pétiolées, orbiculaires-pentagones, à 5—7 divisions trifides, incisées-dentées, aiguës : les caulinaires inférieures courtement pétiolées, les supérieures sessiles ; fleurs jaunes, globuleuses, assez grosses, portées sur des pédoncules striés, plus ou moins allongés ; sépales 12—15 concaves, arrondis, connivents ; pétales 12—16, beaucoup plus courts, en forme de nectaire. ♃ (Mai, juin).

Les prairies humides des montagnes : à Boujaille et Arc-sous-Montenot ; à Andelot ; Lemuy ; Villeneuve-d'Amont ; Champagnole ; Pontarlier ; sur le Mont-d'Or ; la Dôle ; le Chasseron ; le Suchet ; au Locle, comté de Neuchâtel ; sur le Salève ; le Thoiry, etc., etc.

β. *Humilis*. DC. Prod. l. c. — Tige haute de 10—15 centim., à une seule fleur courtement pédonculée, rapprochée de la feuille supérieure : les radicales à 5 divisions.

Les lieux élevés et arides.

11. ÉRANTHIS. — *ERANTHIS*. Salisb.

Involucre lacinié, persistant, placé immédiatement au-dessous de la fleur ; calice à 5—8 sépales oblongs, colorés, pétaloïdes, caducs ; pétales 5—8, tubuleux, très courts, à 2 lèvres, nectarifères ; capsules 5—6, comprimées, pédicellés, à graines globuleuses, sur un seul rang.

1. E. d'hiver. — *E. hyemalis*.

Salisb. Trans. soc. Linn. 8. p. 505. — DC. Prod. 1. p. 46. — Duby, Bot. gall. p. 14. — Gaud. Fl. helv. 3. p. 562. — Koch. Syn. p. 19. — *Helleborus hyemalis*. Linn. Sp. 785. — DC. Fl. fr. n. 4666. — Lam. Ency. 3. p. 98.
J. Saint-Hil. Pl. fr. tab. 187. — Bull. Herb. tab. 55. — Moris. sect. 12. tab. 2. fig. 4. — J. Bauh. Hist. 3. p. 2. p. 414. fig. 1. — Dalech. Hist. p. 1742. fig. 1. — Dod. pempt. p. 440. fig. 1. — Lob. ic. p. 676. fig. 1. (*ead.*).

Racine tubéreuse, noirâtre, garnie de fibres menues;
hampe glabre, de 8—16 centim.; feuilles radicales glabres,
peltées-orbiculaires, divisées jusqu'à la base en 7—9 lobes
obtus, cunéiformes, incisés en segments linéaires, obtus,
presque parallèles; fleur jaune, assez grande, solitaire, terminale, munie d'un involucre semblable aux feuilles; sépales 5—8, oblongs, presque de la grandeur de l'involucre;
capsules 5—8, oblongues, pédicellées, comprimées, ridées
en travers, verticillées, divergentes, s'ouvrant au sommet
du côté interne, terminées par le style filiforme, un peu allongé. ♃ (Février, mars).

Sur le Chasseral, au pied des rochers au-dessus de Bienne, et autour
de Morges (Gaud.). — Sur les montagnes de Chaumon (L. Benoît,
cat.). — Près de Soleure (Depierre, cat.). — Montbéliard (Guérin).

12. ELLÉBORE. — HELLEBORUS. Linn.

Calice à 5 sépales persistants, ordinairement verdâtres;
pétales 8—10, très courts, tubuleux, nectariformes, à 2
lèvres; étamines nombreuses; ovaires 5—10; capsules sessiles, coriaces, comprimées, polyspermes, à graines elliptiques, disposées sur 2 rangs.

§ 1. Hampe nue, à 1—2 fleurs.

1. E. à racine noire. — H. niger.

Linn. Sp. 783. — DC. Prod. 1. p. 46. et Fl. fr. n. 4664. —
Duby, Bot. gall. p. 14. — Gaud. Fl. helv. 3. p. 564. —
Lam. Ency. 3. p. 97. — Koch. Syn. p. 19.
Chaum. Fl. méd. tab. 155. — J. Saint-Hil. Pl. fr. tab. 186.
— Bull. Herb. tab. 53. — Moris. sect. 12. tab. 4. fig. 1.
J. Bauh. Hist. 3. p. 2. p. 635. fig. 1. — Clus. Hist. 1.
p. 274. fig. 2. — Dod. pempt. p. 385. fig. 1. (ead.).

Racine noire, charnue, garnie de fibres; hampe de 1—2
décim., à 1—2 fleurs assez grandes; feuilles portées sur des
pédoncules presque de la longueur des hampes, coriaces,
glabres, à 7—9 divisions oblongues-lancéolées, disposées

en pédales, dentées en scie à leur moitié supérieure ; étamines et pétales plus courts que les sépales largement ovales, d'un blanc rosé. ♃ (Janvier, février). Vulg. *Rose de Noël.*

Cultivé pour l'agrément de ses fleurs, qui paraissent pendant l'hiver.

§ 2. *Tige feuillée, multiflore.*

2. E. vert. — *H. viridis.*

Linn. Sp. 784. — DC. Prod. 1. p. 47. et Fl. fr. n. 4665. — Duby, Bot. gall. p. 14. — Gaud. Fl. helv. 5. p. 565. — Lam. Ency. 5. p. 96. — Koch. Syn. p. 20.

Moris. sect. 12. tab. 4. fig. 5. — J. Bauh. Hist. 5. p. 2. p. 656. fig. 1. — Clus. Hist. 1. p. 275. fig. 1. — Tabern. ic. p. 725. fig. 2. — Dalech. Hist. p. 1655. fig. 1. — Dod. pemp. p. 385. fig. 2. — Lob. ic. p. 680. fig. 2.

Racine noire, fibreuse ; tige haute de 2—4 décimètres, simple et nue dans le bas, un peu rameuse dans le haut ; feuilles radicales longuement pétiolées, dressées, fermes, très glabres, à 7—11 divisions presque digitées, en pédale, oblongues-lancéolées, inégalement dentées en scie, à dents aiguës, les extérieures confluentes : celles de la tige presque sessiles, à divisions palmées ; fleurs 2—4, verdâtres, un peu penchées, à sépales ovales ; capsules ridées en travers, terminées par un style allongé. ♃ (Avril, mai).

Sur les rochers de la Chatelaz, au-dessus de Bellelay (Hall.). — Montbéliard (Guérin). — Bâle, entre Mulheim et Badenweiler (Hagenb.).

5. E. fétide. — *H. fœtidus.*

Linn. Sp. 784. — DC. Prod. 1. p. 47. et Fl. fr. n. 4662. — Duby, Bot. gall. p. 14. — Gaud. Fl. helv. 5. p. 566. — Lam. Ency. 5. p. 96. — Koch. Syn. p. 20.

Bull. Herb. tab. 71. — Moris. sect. 12. tab. 4. fig. 6. — J. Bauh. Hist. 5 p. 2. p. 880. fig. 1. (*pessima*). — Dalech. Hist. p. 1638. fig. 5. — Dod. pempt. p. 586. fig. 1. — Lob. ic. p. 679. fig. 2.

Racine noirâtre, oblongue, un peu charnue, fibreuse; tige haute de 3—5 décim., ferme, dressée, rameuse, feuillée, multiflore, portant à sa partie inférieure, qui est nue, les cicatrices des feuilles anciennes; feuilles coriaces, pétiolées, digitées-pédaliformes, à 9 divisions un peu divergentes, d'un vert très foncé, lancéolées-linéaires, dentées en scie, à dents aiguës; bractées d'un vert pâle, larges, ovales, embrassantes, membraneuses, entières ou laciniées au sommet; fleurs terminales, à pédoncule pubescent, moins grandes que dans l'espèce précédente, penchées, à sépales connivents, ovales, d'un vert pâle, entourés le plus souvent d'un liseré pourpre; étamines et ovaires de la grandeur des sépales; pétales plus petits, jaunâtres, tubuleux, à 2 lèvres; capsules 3—4, terminées en pointe subulée; graines noires, ovoïdes, luisantes. ♃ (Février—avril). Vulg. *Pied-de-griffon.*

Commun le long des chemins, au bord des bois et dans les lieux pierreux du pied oriental et occidental du Jura. — Cette plante est âcre, et a une odeur très fétide; ses feuilles sont vermifuges, purgatives, émétiques : elle est usitée dans la médecine vétérinaire.

15. ISOPYRE. — ISOPYRUM. Linn.

Calice à 5 sépales colorés, pétaloïdes, caducs; pétales 5, égaux, tubuleux, nectariformes, à 2 lèvres, l'extérieure bifide; étamines 15—20; capsules sessiles, uniloculaires, oblongues, comprimées, membraneuses, polyspermes, mucronées.

1. I. pigamon. — *I. thalictroïdes.*

Linn. Sp. 785. — DC. Prod. 1. p. 48. — Duby, Bot. gall. p. 14. — Gaud. Fl. helv. 3. p. 561. — Koch. Syn. p. 20. — *Helleborus thalictroïdes.* Lam. Ency. 3. p. 98. — DC. Fl. fr. n. 4667.

Barr. ic. fig. 480. — Moris. sect. 4. tab. 28. fig. 12. — Clus. Hist. 1. p. 233. fig. 1. — Dalech. Hist. p. 821. fig. 2. (*mala*).

Racine rampante, émettant des fascicules de fibres noirâtres, chevelues aux extrémités ; tige haute d'environ 16
centimètres, tendre, dressée, nue à sa partie inférieure,
pauciflore (5—4 fleurs), à pédoncules axilaires, uniflores ;
feuilles radicales 1—2, semblables à celles de l'*Ancolie*,
mais beaucoup plus petites, longuement pétiolées, biternées,
tendres, d'un vert glauque, à folioles bi-trilobées, dentées,
à lobes ovales, cunéiformes, à dents obtuses : les caulinaires
1—2, sessiles ou courtement pétiolées, assez semblables aux
feuilles radicales, munies à la base de 2 stipules ovales-arrondies, membraneuses, les florales ternées, à folioles
ovales, entières, quelquefois simples ; fleurs blanches, petites, pédonculées, à sépales ovales, obtus ; capsules 1—3,
oblongues, un peu obliques, à 2—4 graines, terminées par
un style allongé. ♃ (Mars, avril).

Dans un petit bois, près de Petit-Villars, à 15 kilom. de Salins ; à
Courte-Fontaine (Dumont). — Aux environs du village de Chancy, sur
la rive gauche du Rhône, à environ 15 kilom. au-dessous de Genève
(Reut.).

14. NIGELLE. — *NIGELLA*. Linn.

Calice à 5 sépales ouverts, colorés, pétaloïdes, caducs ;
pétales 5—10, petits, nectariformes, à 2 lèvres ; étamines
nombreuses ; capsules 5—10, polyspermes, soudées à la
base, de manière à n'en former qu'une seule à plusieurs
loges, terminées par un style allongé, courbé.

1. N. des champs. — *N. arvensis*.

Linn. Sp. 753. — DC. Prod. 1. p. 49. et Fl. fr. n. 4669. —
Duby, Bot. gall. p. 15. — Gaud. Fl. helv. 5. p. 478. —
Poir. Ency. 4. p. 488. — Koch. Syn. p. 21.
Lam. illust. tab. 488. fig. 1. — Bull. Herb. tab. 126. —
Moris. sect. 12. tab. 18. fig. 1. — Tabern. ic. p. 72. fig. 2.
— Dalech. Hist. p. 815. fig. 3. — Dod. pempt. p. 305.
fig. 2. — Lob. ic. p. 742. fig. 1. (*ead.*).

Racine simple, blanchâtre ; tige haute de 2—3 décim.,
dressée, rameuse, glabre, striée, un peu rude à la base ;
feuilles sessiles, 2—3 fois pinnatifides, à divisions linéaires,
très étroites ; fleurs sans involucre, assez grandes, à sépales
veinés, ovales, mucronés, d'un blanc azuré à leur partie
supérieure, munis d'un onglet allongé ; pétales ordinairement
8, obliquement pédicellés, atteignant à peine le limbe des
sépales, marqués transversalement de lignes brunâtres,
garnis de quelques cils raides, et terminés par 2 appendices
en massue au sommet ; anthères surmontées d'une pointe
conique ; capsules 5, oblongues, soudées à la base jusque
vers le milieu, et terminées par un style allongé. ④ (Juin,
juillet).

Dans les champs de blé (Girod-Chant.). — Genève, dans les champs
secs et sablonneux d'Arenthon et de Regnier, parmi les moissons (Coppier, in Reut.). — Près de Montbéliard ; autour de Bellelay ; de Liestal ;
de Bâle, le long de la Birse (Gaud.). — Dans les moissons autour de
Manchenstein ; de Mutenz ; autour de Delémont, etc. (Hagenb.).

2. N. de Damas. — *N. Damascena.*

Linn. Sp. 753. — DC. Prod. 1. p. 49. et Fl. fr. n. 4668. —
Duby, Bot. gall. p. 15. — Poir. Ency. 4. p. 487. —Koch.
Syn. p. 21.
J. Saint Hil. Pl. fr. tab. 271. — Lam. illust. tab. 488. fig. 2.
— Moris. sect. 12. tab. 18. fig. 7. et 8. — J. Bauh. Hist.
3. p. 1. p. 207. fig. 1. — Tabern. ic. p. 72. fig. 1. —
Dalech. Hist. p. 813. fig. 1. et 2. — Dod. pempt. p. 304.
fig. 3. — Lob. ic. p. 741. fig. 2. (*ead.*).

Tige dressée, haute de 3—4 décim., feuillée, glabre,
striée, rameuse dans le haut ; feuilles alternes, sessiles,
2—3 fois pinnatifides, à lanières étroites, aiguës ; fleurs
blanches ou bleues, grandes terminales, munies d'une col-
lerette composée de plusieurs folioles multifides, à divisions
capillaires ; anthères obtuses, non terminées par une pointe ;
capsules 5, lisses, soudées et formant un fruit presque glo-

buleux, couronné par les styles. ① (Juin, juillet). Vulg.
Cheveux-de-Vénus, *Barbe-de-capucin*, *Guillemette*.

Cette plante, qui se trouve dans les moissons du midi de la France,
est cultivée, dans les jardins, à fleurs simples et doubles, de couleur
bleue et blanche.

15. ANCOLIE. — *AQUILEGIA*. Linn.

Calice à 5 sépales colorés, pétaloïdes, caducs ; pétales 5,
alternes avec les sépales, en forme de cornet ouvert, prolongé inférieurement en éperon creux, obtus, recourbé ;
étamines nombreuses, rapprochées en faisceaux ; capsules 5,
soudées entre elles par la base, s'ouvrant en long du côté interne, terminées par un style allongé.

1. A. commune. — *A. vulgaris*.

Linn. Sp. 732. — DC. Prod. 1. p. 50. et Fl. fr. n. 4671. —
Duby, Bot. gall. p. 15. — Gaud. Fl. helv. 3. p. 474. —
Lam. Ency. 1. p. 149. var. *α*. et *β*. — Koch. Syn. p. 21.
Chaum. Fl. méd. tab. 24. — J. Saint-Hil. Pl. fr. tab. 28. —
Lam. illust. tab. 488. fig. 1. — Barr. ic. fig. 628. —
Moris. sect. 12. tab. 1. fig. 1. — J. Bauh. Hist. 3. p. 2.
p. 484. fig. 1—3. — Tabern. ic. p. 40. et 41. fig. 1. —
Dalech. Hist. p. 820. fig. 2.—Dod. pempt. p. 181. fig. 1.
— Lob. ic. p. 761. fig. 1. (*ead.*).
Racine rameuse, blanchâtre ; tige haute de 3—6 décim.,
dressée, rameuse, feuillée, multiflore ; feuilles radicales
glauques et pubescentes en dessous, 2 fois ternées, à folioles
arrondies, à 2—3 lobes incisés-crénelés, à crénelures ovales-
arrondies : les caulinaires plus petites, ternées, à folioles
trifides, les supérieures à 3 folioles ovales-lancéolées ; fleurs
penchées, ordinairement bleues, quelquefois blanches ou
violettes, à pétales en forme de cornet tronqué obliquement
et prolongés en éperon creux, obtus et crochu au sommet ;
capsule velue. ♃ (Juin, juillet).

Commune dans les lieux incultes, le long des haies, au bord des bois et parmi les buissons : les variétés à fleurs blanches et violettes, beaucoup plus rares. J'ai trouvé la première dans les buissons au pied de la tour de Vadans, près d'Arbois, et la seconde au Creux-du-Vent.

β. Atrata. A. vulgaris. II. atrata. Gaud. Syn. p. 443. — *A. atrata.* Koch. Syn. p. 22. — Fleurs d'un violet noirâtre, de moitié plus petites; folioles sessiles ou presque sessiles, ordinairement plus petites et plus profondément incisées-crénelées; étamines dépassant les styles; tige plus courte et moins rameuse.

Nyon, et dans les pâturages arides des montagnes (Gaud.). — Près de la Dôle; à la Faucille; au Reculet (Reut.). — On cultive dans les jardins un grand nombre de variétés de cette espèce, à fleurs doubles, de couleur bleue, violette, rouge, rosée ou blanche, dont plusieurs sont de véritables monstruosités : elles sont comprises dans les quatre divisions suivantes :

1° *Corniculata.* DC. Prod. 1. l. c. — Barr. ic. fig. 616. — Clus. Hist. 2. p. 204. fig. 1. — Fleurs pleines, à éperons descendants.

2° *Inversa.* DC. Prod. 1. l. c. — Barr. ic. fig. 613. — Clus. Hist. 2. p. 204. fig. 2. — Fleurs pleines, à éperons ascendants.

3° *Stellata.* DC. Prod. 1. l. c. — Barr. ic. fig. 607. 619. 622. 624. 626. 633. 636. — Clus. Hist. 2. p. 205. fig. 1. — Fleurs pleines, à pétales nombreux et sans éperons.

4° *Degener.* DC. Prod. 1. l. c. — Barr. ic. fig. 608. — Clus. Hist. 2. p. 205. fig. 2. — Fleurs pleines, à pétales nombreux, sans éperons, de couleur verdâtre, ainsi que les sépales.

β. Fleurs irrégulières.

16. DAUPHINELLE. — *DELPHINIUM.* Linn.

Calice caduc, à 5 sépales colorés, pétaloïdes, irréguliers, le supérieur prolongé en éperon; pétales 4, libres ou soudés en un seul, les 2 supérieurs prolongés en éperon, contenus dans celui du calice; étamines nombreuses; capsules 1, 3, 5, polyspermes.

1. D. d'Ajax. — *D. Ajacis.*

Linn. Sp. 748. — DC. Prod. p. 51. et Fl. fr. n. 4675. —
Duby, Bot. gall. p. 16. — Gaud. Fl. helv. 3. p. 456. —
Lam. Ency. 2. p. 263.

J. Saint-Hil. Pl. fr. tab. 119. — Moris. sect. 12. tab. 3. fig.
6. — J. Bauh. Hist. 3. p. 1. p. 211. fig. 1. — Clus. Hist.
2. p. 206. fig. 1. — Dod. pempt. p. 252. fig. 1. — Lob.
ic. p. 740. fig. 1. (*ead.*).

Racine simple, annuelle ; tige dressée, haute de 5—6
décim. , feuillée, raide, peu rameuse, à rameaux divergents ; feuilles alternes, multifides, à divisions linéaires,
étroites, devenant presque capillaires vers le sommet de la
plante : les inférieures pétiolées, les autres sessiles ; fleurs
d'un beau bleu, disposées au sommet des tiges et des rameaux
en grappes denses, allongées ; éperon de la longueur du
calice ; capsule pubescente. ⊙ (Juin, juillet). Vulg. *Pied-
d'alouette.*

Cultivée dans les jardins, d'où elle s'échappe souvent : je l'ai trouvée
plusieurs fois sur les graviers au bord de la Furieuse, à la Chapelle et
au-dessous de Saint-Joseph. — La culture a produit un grand nombre
de variétés de cette espèce, à fleurs simples ou doubles, avec ou sans
éperon, de couleur bleue, rose, pourpre, blanche ou gris-de-lin. On
observe, à la base interne du pétale supérieur de la fleur, quelques
traits ou caractères où l'on croit lire les premières lettres grecques du
mot *Ajax*, qui est le nom de deux rois qui se trouvaient au siége de
Troie, et on pense que c'est de cette plante que Virgile a voulu parler,
dans sa troisième églogue, en faisant dire à Ménalque :

> *Dic, quibus in terris, inscripti nomina regum*
> *Nascuntur flores, et Phyllida solus habeto.*

2. D. consoude. — *D. consolida.*

Linn. Sp. 748. — DC. Prod. 1. p. 51. et Fl. fr. n. 4674. —
Duby, Bot. gall. p. 16. — Gaud. Fl. helv. 3. p. 455. —
Lam. Ency. 2. p. 263. — Koch. Syn. p. 22.

Lam. illust. tab. 482. — Moris. sect. 12. tab. 3. fig. 1. —
J. Bauh. Hist. 5. p. 1. p. 210. fig. 1. — Clus. Hist. 2. p.
207. fig. 1. — Dalech. Hist. p. 970. fig. 2. — Dod. pempt.
p. 252. fig. 2. — Lob. ic. p. 739. fig. 2. (*ead.*).

Racine simple, annuelle; tige haute de 2—3 décimètres,
dressée, grêle, légèrement pubescente, feuillée, rameuse à
sa partie supérieure, à rameaux étalés, pauciflores; feuilles
alternes, multifides, presque bipinnées, à divisions linéaires-
allongées, simples ou trifides : les supérieures tripartites ou
même simples; bractées linéaires courtes, situées à la base
des pédoncules; fleurs grandes, d'un beau bleu, à éperon
plus long que le calice; capsules glabres, graines anguleuses.
① (Juillet, août). Vulg. *Pied-d'alouette des champs.*

Dans les champs, parmi la moisson : Salins, dans les champs à Pagnoz : Écleux; Villers-Farlay; Mont-sous-Vaudrey; Dole; Poligny;
Genève; Nyon ; Neuchâtel ; Iverdon; Orbe ; Bellelay ; Bâle, etc.

17. ACONIT. — *ACONITUM*. Linn.

Calice à 5 sépales irréguliers, colorés, pétaloïdes, caducs
ou marcescents, le supérieur dressé, concave en forme de
casque; pétales 5, les 2 supérieurs (nectaires, Linn.) à onglets allongés, cachés sous le casque, à limbe terminé en
capuchon ou éperon souvent roulé en crosse au sommet,
prolongé à la base en lèvre échancrée, les autres très petits,
linéaires ou nuls; capsules 3—5, polyspermes.

§ 1. *Fleurs jaunâtres.*

1. A. anthore. — *A. anthora*.

Linn. Sp. 751. — Ser. in DC. Prod. 1. p. 56. et Fl. fr. n. 4681.
— Duby, Bot. gall. p. 17. — Gaud. Fl. helv. 3. p. 461.
— Lam. Ency. 1. p. 33. — Koch. Syn. p. 23.
J. Saint-Hil. Pl. fr. tab. 15. — Barr. ic. fig. 609. — Moris.
sect. 12. tab. 2. fig. 7. — J. Bauh. Hist. 3. p. 2. p. 660.
fig. 2. — Clus. Hist. 2. p. 98. fig. 2. — Tabern. ic. p.

112. fig. 1.—Dalech. Hist. p. 1748. fig. 1. — Dod. pempt.
p. 443. fig. 2.

Racine composée de 1—4 tubercules allongés, charnus;
tige simple ou peu rameuse, très feuillée, haute de 3—6
décim., dressée, un peu anguleuse dans le bas, pubescente
dans le haut; feuilles rapprochées, glabres, à 5—7 divisions
découpées en lanières linéaires, allongées, aiguës, divergentes, d'un vert pâle, à bords légèrement roulés en dessous; pédoncules pubescents, munis de bractées, portant
1—3 fleurs assez grandes, d'un jaune verdâtre, pubescentes,
disposées en grappes courtes, ordinairement simples, quelquefois un peu rameuses à la base; casque arrondi en arc,
sinué et prolongé en avant en bec aigu; pétales supérieurs
cachés sous le casque, à éperon roulé en crosse au sommet,
muni à la base d'un appendice pétaloïde, obcordé. ♃ (Août,
septembre).

Sur la Dôle et le Warne; dans un petit vallon, en montant au Re-
culet, vers les deux tiers de la hauteur, avec la *Cephalaria Alpina* et la
Linaria Alpina, et sur les hautes sommités entre le Colombier et le
Reculet; sur les rochers de Matafelon, près de Thoirette; et à Château-
Vilain, près de Champagnole.

α. *Vulgare*. Ser. in DC. Prod. 1. l. c. —Gaud. Fl. helv.
3. l. c. — Fleurs et fruits pubescents, casque presque en
cône, à peine échancré au-dessus du bec.

Le Reculet (Ser. Mél. 2. n. 3. p. 19.).

β. *Grandiflorum*. Ser. in DC. Prod. 1. l. c. — Gaud.
Fl. helv. 3. l. c. — Fleurs et fruits pubescents, casque ample,
presque en cône.

Jura (Ser. in DC.).

γ. *Inclinatum*. Ser. in DC. Prod. 1. l. c. var. ε. — Gaud.
Fl. helv. 3. l. c. var. γ. — Fleurs et fruits pubescents,
casque élevé, conique, incliné sur le bec.

Le Reculet (Ser. Mél. 1. c.).

δ. *Eulophum*. Ser. in DC. Prod. 1. l. c. var. ς. — Gaud.

Fl. helv. 3. l. c. — Fleurs légèrement pubescentes, casque
conique, couché sur le bec.

Le Reculet (Ser. Mél. l. c.).

ε. *Multicucullatum.* Ser. in DC. Prod. 1. l. c. — Pétales
latéraux en capuchon; sépales latéraux en casque.

Le Reculet (Ser. Mél. l. c.).

Cette plante passait, chez les anciens, pour l'antidote de l'*A. napellus* et du *R. thora*, ce qui lui a même valu l'épithète de salutaire;
mais il paraît qu'elle est très suspecte, et qu'elle partage, avec l'espèce
suivante, les propriétés de l'*A. napellus*.

2. A. tue-loup. — *A. lycoctonum.*

Linn. Sp. 750. — Ser. in DC. Prod. 1. p. 57. et Fl. fr.
  n. 4680. — Duby, Bot. gall. p. 17. — Gaud. Fl. helv. 3.
  p. 462. — Lam. Ency. 1. p. 32. — Koch. Syn. p. 25.
J. Saint-Hil. Pl. fr. tab. 17. — Bull. Herb. tab. 63. — Barr.
  ic. fig. 600. — Moris. sect. 12. tab. 2. fig. 1. — J. Bauh.
  Hist. 3. p. 2. p. 652. fig. 1. — Clus. Hist. 2. p. 94. fig. 1.
  — Tabern. ic. p. 581. fig. 1. et p. 583. fig. 1. — Dalech.
  Hist. p. 1739. fig. 2. et p. 1741. fig. 3. — Dod. pempt.
  p. 439. fig. 1. (*ead.*). — Lob. ic. p. 677. fig. 2 (*ead.*).
Racine épaisse, fusiforme, fibreuse, d'un brun-noirâtre;
tige dressée, cylindrique, lisse, haute de 6—12 décimètres,
feuillée, rameuse; feuilles radicales et inférieures longuement pétiolées, presque glabres, grandes, presque orbiculaires, ciliées sur les bords, profondément palmées, à 3—5
lobes cunéiformes, trifides, lancéolés, incisés-dentés, à dents
aiguës: les supérieures sessiles ou presque sessiles, à 3—5
lobes; fleurs d'un jaune pâle, disposées, à l'extrémité de la
tige et des rameaux, en grappes allongées, paniculées;
casque dressé, glabre ou légèrement pubescent, oblong, cylindrique, très obtus, un peu resserré au-dessous du sommet,
dilaté à la base et prolongé en avant en bec obtus; pétales
supérieurs cachés sous le casque, à onglets lisses, à éperons
roulés en spirale au sommet et munis à la base d'un appendice membraneux ovale, élargi et échancré à sa partie infé-

rieure ; capsules 2—3, nerveuses, s'ouvrant du côté interne , terminées par un long style dirigé en dehors ; graines anguleuses, ridées-sillonnées. ♃ (Juillet, août).

Les bois et les buissons des montagnes : Salins, au Gout-de-Conche ; au pied de la cascade de Goaille ; vers l'extrémité du bois de Bovard ; à la source du Lison ; dans les forêts de sapins de la Joux ; de Levier ; de Boujaille , etc. ; le bord de l'Ain , à Champagnole ; entre Loulle et Mont-sur-Monnet ; sur le Larmont, à Pontarlier ; sur les montagnes au-dessus de Thoiry ; à la Faucille ; sur la Dôle ; le Suchet ; le Chasseron ; le Creux-du-Vent ; le Chasseral ; à la Chapelle-des-Bois ; à la Brevine ; sur le Salève et au bois de la Bâtie , près de Genève ; aux environs de Bâle , etc.

α. Vulgare. Ser. in DC. Prod. 1. l. c. — Gaud. Fl. helv. 3. 1. c. — Plante poilue : fleurs en épi ou en panicule ; tige et pédoncules recouverts de poils arqués ; casque conique-cylindracé, comprimé ; ovaires presque glabres ; feuilles ciliées.

Le Salève (Ser.). — Bâle (Hagenb.).

β. Grandiflorum. Ser. in DC. Prod. 1. l. c. var. γ. — Gaud. Fl. helv. 3. l. c. — Plante glabriuscule : fleurs paniculées ; casque grand, un peu renflé au sommet ; ovaires glabres ; feuilles ciliées.

La Dôle (Ser.). — Bâle (Hagenb.).

γ. Puberulum. Ser. in DC. Prod. 1. l. c. var ε. — Gaud. Fl. helv. 3. l. c. var. δ. — Fleurs en épi ou presque en panicule ; casque grand ; tige, feuilles et fleurs recouvertes de poils horizontaux.

Bois de la Bâtie, près de Genève (Ser.).

§ 2. *Fleurs bleues , rarement blanches ou panachées de blanc.*

3. A. napel. — *A. napellus.*

Linn. Sp. 751. — Ser. in DC. Prod. 1. p. 62. et Fl. fr. n. 4682. — Duby, Bot. gall. p. 17. — Gaud. Fl. helv. 3.

p. 465. — Lam. Ency. 1. p. 33. — Koch. Syn. p. 24. —
A. vulgare. DC. Syst. nat. 1. p. 371.

Chaum. Fl. méd. tab. 5. — J. Saint-Hil. Pl. fr. tab. 16. —
Bull. Herb. tab. 45. — Mill. illust. tab. 48. — Moris. sect.
12. tab. 3. fig. 9. — J. Bauh. Hist. 3. p. 2. p. 655. fig. 1.
— Clus. Hist. 2. p. 96. fig. 2. (*ic. Lob.*). — Tabern. ic.
p. 584. fig. 1. — Dod. pempt. p. 442. fig. 1. — Lob. ic.
p. 679. fig. 1. (*ead.*).

Racine fusiforme, rameuse; tige haute de 6—12 décim.,
dressée, cylindrique, quelquefois un peu flexueuse, simple
ou rameuse au sommet, feuillée, un peu pubescente dans le
haut; feuilles grandes, orbiculaires, pétiolées, nombreuses,
d'un vert sombre, un peu plus pâle en dessous, à 3—5 divisions cunéiformes, découpées en lanières divergentes, linéaires, allongées, un peu aiguës, à nervure moyenne déprimée en dessus, saillante en dessous; fleurs grandes, d'un
bleu foncé, disposées en grappe ou épi allongé, simple ou
rameux à la base, rapprochées au sommet, solitaires sur
leurs pédoncules pubescents; casque hémisphérique, presque
déprimé, prolongé insensiblement en bec acuminé; sépales
latéraux obliquement arrondis, veinés, velus intérieurement;
pétales supérieurs à éperons très courts, presque en tête, à
peine roulés en dehors, à appendice lancéolé, échancré à la
base; capsules 2—3, glabres, veinées, oblongues, terminées
par un style oblique, portées sur des pédoncules épaissis au
sommet. ♃ (Juin—août).

Les lieux humides, le bord des rivières et des torrents, les pâturages
des hautes montagnes, particulièrement dans le voisinage des chalets.

α. *Vulgare*. Hagenb. Fl. basil. 2. p. 48. — *A. vulgare*.
DC. Syst. nat. 1. p. 371. — *A. napellus spicatum*. Ser.
exsic. n. 49. — Dod. pempt. p. 442. fig. 1. — Fleurs d'un
bleu foncé, en grappe lâche, allongée, souvent un peu rameuse à la base.

Les pâturages fertiles des montagnes : les environs de la Faucille et
le pied de la Dôle, du côté de la vallée des Dappes. — Les montagnes
des environs de Bâle (Hagenb.).

β. *Densum*. Gaud. Fl. helv. 3. l. c. var. ζ. — *A. na-*
pellus. β. *compactum*. Hagenb. Fl. basil 2. l. c. — *A. vul-*
gare. β. *pubescens*. DC. Syst. nat. 1. p. 372. — Fleurs en
grappe cylindrique, dense; feuilles plus molles, moins nerveuses, à lanières nombreuses, rapprochées.

Les pâturages arides des hautes sommités : sur la Dôle; le Montendre; le Chasseron; la chaîne du Colombier, etc.

γ. *Bicolor*. Gaud. Fl. helv. 3. l. c. ? — Ser. in DC. Prod.
1. l. c. var. ν? — Fleurs disposées en épi simple ou rameux
à la base, panachées de bleu et de blanc.

Au pied de la Dôle, du côté de la vallée des Dappes et sur le Chasseron, en montant du chalet de Grandson au sommet.

δ. *Ramosum*. Ser. in DC. Prod. 1. l. c. var. ζ. — Gaud.
Fl. helv. 3. l. c. var. ε. — Hagenb. Fl. basil. 2. l. c. var. γ.
— Tige haute de 9—12 décimètres, rameuse, à plusieurs
grappes lâches; fleurs grandes, bleues, à pédoncules allongés,
demi-étalés; feuilles amples, orbiculaires, à divisions et lobes
écartés, divergents.

Les vallées du pied des montagnes, le bord des rivières et des torrents : le bord du Lison, à Nans; à l'embouchure de la Valouse, près
de Thoirette; Salins, à Villeneuve-d'Amont; à Pontamoujar; à Dour-
non; aux environs de Bâle, etc.

ε. *Albiflorum*. Ser. in DC. Prod. 1. l. c. var. φ. — Gaud.
Fl. helv. 3. var. ϑ. — Fleurs d'un blanc de neige, disposées en épi lâche; casque demi-circulaire, à limbe presque
entier.

Cultivé à Genève par M. Walner, qui l'a rapporté de la Dôle (Ser.
Mél. l. c.). — Cette plante est très vénéneuse; son extrait, employé
avec prudence, peut être utile dans certaines maladies où il est néces-
saire d'exciter la transpiration et d'agir sur le système nerveux; il est
employé contre les rhumatismes articulaires.

TRIBU V. — FAUSSES RENONCULACÉES. DC.

Anthères introrses ou tournées en dedans.

18. ACTÉE. — *ACTEA*. Linn.

Calice caduc, à 4 sépales; corolle à 4 pétales; baie uni-loculaire, polysperme, à graines attachées à un placenta latéral.

1. A. en épi. — *A. spicata*.

Linn. Sp. 722. — DC. Prod. 1. p. 64. et Fl. fr. u. 4686. — Duby, Bot. gal. p. 18. — Gaud. Fl. helv. 3. p. 424. — Lam. Ency. 1. p. 38. — Koch. Syn. p. 25.

J. Saint-Hil. Pl. fr. tab. 18. — Bull. Herb. tab. 83. — Lam. illust. tab. 448 fig. 1. — Moris. sect. 1. tab. 2. fig. 8. — J. Bauh. Hist. 3. p. 2. p. 660. fig. 1. — Clus. Hist. 2. p. 86. fig. 2. — Tabern. ic. p. 778. fig. 2. — Dod. pempt. p. 402. fig. 1. — Lob. ic. p. 682. fig. 1.

Racine fibreuse, formée de 3—4 tubercules agglomérées; tige haute de 3—6 décim., glabre, cylindrique, dressée, nue dans le bas, feuillée, penchée au sommet, un peu rameuse; feuilles triangulaires, pétiolées, 2—3 fois ailées, à folioles ovales-lancéolées, acuminées, doublement dentées en scie, à dents aiguës; fleurs blanches, en grappes ovoïdes-pédonculées, terminales et axilaires; sépales caducs; pétales ovales, courtement spatulés; baies noires, ovoïdes-oblongues, peu succulentes. ♃ (Mai, juin). Vulg. *Herbe de saint Christophe*.

Les bois montueux, dans les lieux couverts : Salins, au Gout-de-Conche; dans le bois de Salgret; de Sery; à la Grotte-des-Sarrasins, près de la source du Lison; dans les forêts de sapins de Levier; de Boujaille; de la Joux; de Lemuy, etc.; à Besançon, au Trou-d'Enfer; sur la Dôle; le Montendre; le Suchet; aux environs de Bâle, etc.

19. PIVOINE. — *PÆONIA.* Linn.

Calice à 5 sépales foliacés, inégaux, persistants ; pétales 5—10, très grands ; étamines nombreuses, sur un disque charnu, entourant l'ovaire ; capsules 2—5, cotonneuses, s'ouvrant du côté interne, à graines presque globuleuses. luisantes, sur 2 rangs.

1. P. officinale. — *P. officinalis.*

Retz. obs. 3. p. 35. — DC. Prod. 1. p. 65. et Fl. fr. n. 4685. — Duby, Bot. gall. p. 18. — Gaud. Fl. helv. 3. p. 455. — Poir. Ency. 5. p. 365. — Koch. Syn. p. 26.

Chaum. Fl. méd. tab. 274. — J. Saint-Hil. Pl. fr. tab. 303. Moris. sect. 12. tab. 1. fig. 6. — J. Bauh. Hist. 3. p. 2. p. 492. fig. 2. — Dalech. Hist. p. 857. fig. 1. — Dod. pempt. p. 195. fig. 1. — Lob. ic. p. 682. fig. 2. (*ead.*).

Racine composée de tubercules allongés, fusiformes ; tige haute de 3—6 décim., épaisse, rameuse ; feuilles grandes, fermes, glabres, nerveuses, un peu plus pâles en dessous, biternées, à folioles oblongues, lancéolées, souvent incisées, surtout la terminale ; fleurs très grandes, solitaires, terminales, pédonculées, d'un beau rouge pourpre ; capsules dressées, cotonneuses, ventrues, divergentes au sommet ; graines à la fin très noires. ♃ (Mai, juin). Vulg. *Pivoine femelle, Pionne.*

Cette plante, qui se trouve dans les parties montueuses des provinces méridionales, est indiquée par Hagenbach comme croissant spontanément à Bâle, près de Liestal : la variété à fleurs doubles est cultivée depuis long-temps dans les jardins.

FAMILLE II.

Berbéridées. Vent.

CALICE à 3—4 ou, le plus souvent, 6 sépales caducs ;
pétales en même nombre, opposés aux sépales, rarement en
nombre double, munis de 2 glandes à la base de l'onglet ;
étamines hypogynes, libres, opposées aux pétales, à anthères
oblongues, adhérentes, à 2 loges s'ouvrant de la base au
sommet, par une petite valve élastique ; ovaire simple,
ovoïde, à style court, terminé par un stigmate presque orbiculaire ; baie ou capsule à une loge à 1—3 graines ovoïdes
ou globuleuses, fixées à la base d'un placenta latéral. Embryon droit dans l'axe d'un périsperme charnu ; radicule
tournée vers l'ombilic. — Arbrisseaux ou herbes vivaces ; à
feuilles ou folioles ciliées-dentées en scie.

1. VINETIER. — *BERBERIS.* Linn.

Calice à 6 sépales munis de 3 petites bractées à la base ;
pétales 6, à 2 glandes à la base interne ; baie à 2 graines.

1. V. commun. — *B. vulgaris.*

Linn. Sp. 472.—DC. Prod. 1. p. 105. et Fl. fr. n. 4082.—
Duby, Bot. gall. p. 19. — Gaud. Fl. helv. 2. p. 575. —
Lam. Ency. 8. p. 616. — Koch. Syn. p. 27.

Chaum. Fl. méd. tab. 65. — J. Saint-Hil. Pl. fr. tab. 393.
— Lam. illust. tab. 253. fig. 1. — J. Bauh. Hist. 1. p. 2.
p. 52. fig. 1. — Clus. Hist. 1. p. 120. fig. 2. — Tabern.
ic. p. 1035. fig. 2. — Dalech. Hist. p. 138. fig. 1. — Dod.
pempt. p. 750. fig. 1. (*ic. Clus.*).— Lob. ic. p. 182. fig.
(*ead.*).

Arbrisseau de 15—20 décim., à bois jaunâtre, à écorce
cendrée, garni d'épines ternées à la base des rameaux ;
feuilles 3—4, en faisceaux, glabres, dures, ovales, rétré-

cies en pétiole à la base, dentées en scie, à dents terminées par un cil raide ; fleurs jaunes, petites, odorantes, disposées en grappes axilaires, pendantes ; étamines 6, irritables et contractiles, lorsqu'on les touche à la base interne avec la pointe d'une épingle ; baies oblongues, rouges, très acides, à 2—3 graines. ♄ (Mai, juin). Vulg. *Épine-vinette.*

Çà et là, dans les haies, les bois et parmi les buissons. — On cultive des variétés de cette espèce, à fruits jaunes ou violets, sans pepins. Les feuilles de l'épine-vinette sont acides ; les baies sont également acides, astringentes, antiscorbutiques, rafraîchissantes ; leur suc est prescrit dans les fièvres, les diarrhées, etc. : on en prépare des confitures et des sirops rafraîchissants, employés en gargarismes dans les maux de gorge. On se sert de sa racine en marqueterie et pour teindre en jaune.

FAMILLE III.

Nymphéacées. DC.

Calice à 4—6 sépales colorés, persistants ; corolle régulière à pétales nombreux, disposés sur plusieurs rangs et se transformant insensiblement en étamines : celles-ci sont nombreuses, à filets aplatis, à anthères adhérentes, introrses, linéaires, biloculaires, s'ouvrant en long par une double fente, hypogynes ou insérés sur le réceptacle enveloppant l'ovaire à 8—24 loges, renfermant chacune plusieurs ovules fixés sur leur paroi ; stigmates sessiles, rayonnants, en même nombre que les loges. Embryon situé à la base d'un périsperme farineux, petit, turbiné-globuleux, revêtu d'une tunique propre qui le fait paraître monocotylédon, mais laissant apercevoir, lorsque la tunique se fend, 2 cotylédons foliacés. — Herbes aquatiques, à tige radiciformes, rampant au fond des eaux, à feuilles nageantes, longuement pétiolées, à fleurs portées sur de longs pédoncules.

Obs. La singulière structure de l'embryon dans les plantes de cette famille, a jeté de l'incertitude sur la place qu'elle doit occuper dans l'ordre naturel ; l'espèce de sac qui enveloppe l'embryon, que Gaertner, Jussieu, Richard et d'autres botanistes prennent pour un cotylédon, la font placer par eux, parmi les monocotylédons, dans la famille des

Hydrocharidées ou dans le voisinage ; mais le petit corps bifide qui se
trouve dans l'intérieur de ce sac ou de cette tunique, que De Candolle,
Mirebel, Salisbury, Poiteau, etc., regardent comme le véritable embryon, dont les deux parties sont les cotylédons, entre lesquels se
trouve la plumule, fait penser à ces derniers que cette famille doit occuper, parmi les dicotylédons, la place que nous lui assignons ici.

1. NÉNUPHAR. — *NYMPHÆA*. Smith.

Calice à 4 sépales ; pétales nombreux, sur plusieurs rangs,
dépourvus de fossette nectarifère, insérés, ainsi que les
étamines, sur le réceptacle recouvrant l'ovaire ; fruit ovoïde-
globuleux ; stigmates rayonnants, en même nombre que les
loges.

1. N. blanc. — *N. alba.*

Linn. Sp. 729. — DC. Prod. 1. p. 115. et Fl. fr. n. 4085. —
 Duby, Bot. gal. p. 20. — Gaud. Fl. helv. 3. p. 434. — Poir.
 Ency. 4. p. 456. — Koch. Syn. p. 27.
Chaum. Fl. méd. tab. 247. — J. Saint-Hil. Pl. fr. tab. 274.
 Lam. illust. tab. 453. fig. 1. — J. Bauh. Hist. 3. p. 2.
 p. 770. fig. 1. — Clus. Hist. 2. p. 77. fig. 1. — Tabern.
 ic. p. 740. fig. 2. — Dalech. Hist. p. 1008. fig. 2. — Dod.
 pempt. p. 585. fig. 1. (*ic. Clus.*). — Lob. ic. p. 595. fig.
 1. (*ead.*).
Racine en souche allongée, écailleuse, garnie de fibres,
portant les feuilles et les hampes ; feuilles grandes, arrondies, très entières, échancrées en cœur à la base, épaisses,
lisses, flottantes, portées sur un pétiole plus ou moins allongé,
selon la profondeur des eaux ; fleurs grandes, très blanches,
odorantes, à sépales ovales-lancéolés, verdâtres ; pétales
nombreux, disposés sur plusieurs rangs, ovales-oblongs, un
peu plus grands que les sépales, et diminuant insensiblement
de grandeur en allant vers le centre ; fruit en baie globuleuse, à cicatrices écailleuses, à plusieurs loges polyspermes,
terminé par les stigmates formant un disque lobé, à 12—20
rayons ascendants ; graines dans une pulpe mucilagineuse,

formant, à la maturité, une membrane réticulée, charnue, qui les enveloppe d'une manière lâche. ♃ (Juin—août). Vulg. *Lis des étangs.*

Les canaux, les étangs : les étangs aux environs de Sellières ; le petit lac de la Chapelle-des-Bois ; les environs de Dole? — Dans les fossés de la Porte-Taillée à Besançon, et dans plusieurs étangs (Girod-Chant.). — A Saint-Blaise ; au pont de Thièle et dans les fossés du Landeron, comté de Neuchâtel (L. Benoit et Depierre, cat.).'— Genève, aux marais de Sionet ; Roellebot ; de Troënex, etc., etc. (Reut.). — Bâle, çà et là, dans les eaux stagnantes (Hagenb.).

β. *Minor.* Hagenb. Fl. basil. 2. p. 41. — Feuilles et fleurs plus petites.

Bâle, à Michelfeld (Hagenb.). — Le nénuphar passait pour avoir des propriétés rafraîchissantes, sédatives, calmantes, très vantées autrefois : aussi était-il employé comme anti-aphrodisiaque. On le regarde aujourd'hui comme étant stimulant et tonique : inusité.

2. NUPHAR. — *NUPHAR.* Smith.

Calice à 5 sépales colorés ; pétales nombreux, plus petits que les sépales, munis d'une fossette nectarifère dorsale, insérés, ainsi que les étamines, à la base du réceptacle ; fruit conique, lisse, rétréci au-dessous du disque ombiliqué ; stigmates 10—18, en même nombre que les loges, appliqués sur le disque.

1. N. jaune. — *N. luteum.*

Smith. Prod. Fl. græc. 1. p. 361. — DC. Prod. 1. p. 116. — Duby, Bot. gall. p. 20. — Gaud. Fl. helv. 3. p. 436. — Koch. Syn. p. 28. — *Nymphæa lutea.* Linn. Sp. 729. DC. Fl. fr. n. 4084. — Poir. Ency. 4. p. 455.

J. Saint-Hil. Pl. fr. tab. 225. — Lam. illust. tab. 455. fig. 2. — J. Bauh. Hist. 3. p. 2. p. 771. fig. 1. — Clus. Hist. 2. p. 77. fig. 2. — Tabern. ic. p. 741. fig. 2. — Dalech. Hist. p. 1009. fig. 1. — Dod. pempt. p. 585. fig. 2. (*ic. Clus.*). — Lob. ic. p. 594. fig. 2. (*ead.*).

Racine en souche allongée, épaisse, horizontale, écailleuse, garnie de fibres plus ou moins chevelues, portant les feuilles et les hampes ; feuilles flottantes, très entières, ovales, en cœur à la base, très grandes ; fleurs jaunes, longuement pédonculées, moins grandes que dans l'espèce précédente, s'élevant hors de l'eau, odorantes, à sépales arrondis, concaves, à pétales 3—4 fois plus petits que les sépales, arrondis-subquadrangulaires ; étamines nombreuses, à anthères oblongues-linéaires ; fruit immergé, lisse, conique, terminé par un disque aplani, ombiliqué, très entier, à peine sinué, à 10—18 stigmates rayonnants, appliqués, disparaissant avant le bord ; graines ovoïdes, lisses, nues et libres au milieu d'une substance spongieuse. ⚥ (Juin, juillet).

Le bord des rivières, les canaux, les étangs et les fossés remplis d'eau tranquille ou coulant lentement : le bord de la **Loue**, à Port-Lesney ; à Villers-Farlay, etc. ; le bord du **Doubs**, à Besançon ; à Dole, etc. ; le petit lac de la Chapelle-des-Bois ; les lacs des Rousses et de la vallée de Joux ; le bord du lac à Iverdon et au pont de Thièle. Ne se trouve point dans le canton de Bâle.

FAMILLE IV.

Papavéracées. DC.

CALICE à 2 sépales concaves, caducs ; pétales 4, réguliers, disposés en croix, plissés irrégulièrement avant leur développement ; étamines hypogynes, libres, nombreuses, à anthères biloculaires, s'ouvrant par une double fente ; ovaire libre, à 2 ou plusieurs loges incomplètes ; style nul ou court ; stigmate rayonnant ou à 2 lobes ; capsule ovoïde ou allongée en forme de silique, à plusieurs valves et à placentas latéraux ; graines très nombreuses, presque globuleuses. Embryon très petit, droit, situé à la base d'un périsperme charnu-oléagineux ; radicule située vers l'ombilic. — Herbes à suc laiteux blanc ou jaune ; feuilles alternes ; pédoncules allongés, uniflores.

1. PAVOT. — *PAPAVER*. Linn.

Calice à 2 sépales caducs ; pétales 4 ; étamines nombreuses ; style nul ; stigmates 4—20 , rayonnants, sessiles sur le disque qui couronne l'ovaire ; capsule globuleuse ou oblongue , à plusieurs loges incomplètes, s'ouvrant par une petite valve , sous chaque stigmate persistant.

§ 1. *Capsule hérissée.*

1. P. hybride. — *P. hybridum.*

Linn. Sp. 725. — DC. Prod. 1. p. 118. et Fl. fr. n. 4086. — Duby, Bot. gall. p. 21. — Poir. Ency. 5. p. 111. — Koch. Syn. p. 29.

J. Saint-Hil. Pl. fr. tab. 519. — Moris. sect. 3. tab. 14. fig. 9. — J. Bauh. Hist. 3. p. 2. p. 396. fig. 1. — Tabern. ic. p. 30. fig. 2. — Dalech. Hist. p. 440. fig. 2. — Lob. ic. p. 276. fig. 1.

Racine fusiforme , chevelue à son extrémité ; tige dressée , feuillée , hispide , haute de 3—5 décim., rameuse ; feuilles radicales pétiolées , les caulinaires presque sessiles , toutes hispides , 2—3 fois pinnatifides , à lobes linéaires aigus , terminés par un poil ; pédoncules garnis de poils appliqués, portant une seule fleur petite, d'un beau rouge, à onglet noirâtre, à calice hispide ; capsule ovoïde-globuleuse , hérissée de soies raides , arquées-ascendantes. ① (Mai, juin).

Les champs des bords de l'Ognon (Girod-Chant.).

2. P. argemone. — *P. argemone.*

Linn. Sp. 725. — DC. Prod. 1. p. 118. et Fl. fr. n. 4087. — Duby, Bot. gall. p. 21. — Gaud. Fl. helv. 3. p. 428. — Poir. Ency. 5. p. 111. — Koch. Syn. p. 29.

Moris. sect. 3. tab. 14. fig. 10. — J. Bauh. Hist. 3. p. 2. p. 396. fig. 2. (*malè*). — Tabern. ic. p. 31. fig. 1. — Dalech. Hist. p. 440 fig. 2. — Lob. ic. p. 276. fig. 2.

Racine simple, dure, presque ligneuse ; tige haute de 2—3 décim., rameuse, feuillée, ascendante ou presque dressée, garnie de poils couchés à sa partie supérieure, un peu étalés à la base ; feuilles radicales pétiolées, bipinnatifides, hérissées de longs poils blancs, à lobes linéaires, aigus, terminés par un poil : les caulinaires sessiles, moins divisées, à lobes plus étroits, plus allongés ; fleurs terminales, plus petites que celles du *Coquelicot,* à pétales rouges, tachés de pourpre-noir à la base, portés sur des pédoncules allongés, recouverts de poils appliqués ; capsule grêle en massue, hérissée de soies raides, dressées, éparses ; graines très petites, oblongues, un peu arquées, noirâtres, ponctuées-réticulées. ④ (Mai, juin).

Salins, dans les champs de By, parmi la moisson. — Les champs près du bord de l'Ognon (Girod-Chant.). — Nyon, dans les champs de Bois-Bougis et autour de Clarens, près de Longirod (Gaud.). — Sur le Salève, près de Monetier et près de Collonge, dans la moisson (Reut.)· — Bâle, dans les champs vers Altschwyler et Gundeldingen (Hagenb.).

ß. ***Uniflorum.* DC.** Prod. 1. l. c. — Tige simple, uniflore.

Salins, à By, parmi la moisson.

§ 2. *Capsule glabre.*

3. P. douteux. — *P. dubium.*

Linn. Sp. 726. — DC. Prod. 1. p. 118. et Fl. fr. n. 4090. — Duby, Bot. gall. p. 22. — Gaud. Fl. helv. 3. p. 431. — Poir. Ency. 6. p. 114. — Koch. Syn. p. 30.
Moris. sect. 3. tab. 14. fig. 11.

Racine simple, fusiforme ; tige haute de 3—6 décimètres, dressée, rameuse, feuillée, hérissée de poils étalés à sa partie inférieure, appliqués sur les pédoncules ; feuilles pinnatifides, un peu poilues, particulièrement sur les bords et les nervures, à lobes linéaires-oblongs, incisés-dentés, à dents aiguës, terminées par un poil ; fleurs plus petites et d'un rouge plus pâle que celles du *Coquelicot,* à calice hispide, portées sur des pédoncules très longs ; capsule glabre, oblongue, un peu en massue, à stigmate à 4—6 rayons. Cette espèce est intermédiaire entre la précédente et la suivante : elle diffère de la première, par sa capsule glabre, non hérissée, et par la longueur de ses pédoncules ; de la seconde, par sa capsule oblongue et non obovale-arrondie, et par les poils de ses pédoncules appliqués, non étalés. ① (Juin, juillet).

Çà et là dans les champs cultivés et parmi les moissons, dans les terres légères et graveleuses.

4. P. coquelicot. — *P. rhœas.*

Linn. Sp. 726. — DC. Prod. 1. p. 118. et Fl. fr. n. 4089. — Duby, Bot. gall. p. 22. — Gaud. Fl. helv. 3. p. 430. — Poir. Ency. 5. p. 113. — Koch. Syn. p. 29.

Chaum. Fl. méd. tab. 134. — J. Saint-Hil. Pl. fr. tab. 293. — Moris. sect. 3. tab. 14. fig. 6. — J. Bauh. Hist. 3. p. 2. p. 395. fig. 1. — Tabern. ic. p. 570. fig. 1. — Dalech. Hist. p. 439. fig. 3. et p. 440. fig. 1. — Dod. pempt. p. 447. fig. 1. — Lob. ic. p. 273. fig. 1. (*ead.*).

Racine simple, fusiforme ; tige haute de 3—6 décimètres, dressée, rameuse, hérissée de poils étalés ; feuilles poilues, particulièrement sur les bords et les nervures, pinnatifides, à lobes allongés, incisés-dentées ou subpinnatifides, terminés par un poil, le terminal plus grand, lancéolé, inégalement denté en scie ; fleurs portées sur un long pédoncule hérissé de poils étalés, à calice hispide, à pétales grands, arrondis, d'un rouge éclatant, plus foncé à la base ; capsule obovoïde-arrondie, surmontée d'un stigmate à 8—10 rayons ; graines comme dans l'espèce précédente, très petites, réniformes, ponctuées-réticulées. ① (Juin, juillet).

Commun partout dans les moissons, particulièrement dans les terres légères et graveleuses. On cultive un grand nombre de variétés de cette espèce, à fleurs doubles, fort belles, dont la couleur varie du rouge le plus foncé au rose et au blanc pur. — L'infusion des pétales du *Coquelicot* fournit une boisson pectorale et calmante ; employée avec succès dans la toux sèche et les catarrhes.

5. P. somnifère. — *P. somniferum*.

Linn. Sp. 726. — DC. Prod. 1. p. 119. et Fl. fr. n. 4091. —
Duby, Bot. gall. p. 22. — Gaud. Fl. helv. 3. p. 432. —
Poir. Ency. 5. p. 114. — Koch. Syn. p. 30.
Chaum. Fl. méd. tab. 265. — J. Saint-Hil. Pl. fr. tab. 517.
Lam. illust. tab. 451. — Bull. Herb. tab. 57. — Moris.
sect. 3. tab. 14. fig. 1-4. — Tabern. ic. p. 569. fig. 1. —
Dalech. Hist. p. 1708. fig. 1. et 1710. ic. — Dod. pempt.
p. 445. fig. 1. et 2. — Lob. ic. p. 272. fig. 2. et p. 274.
fig. 1. (*ead.*).

Racine simple, souvent tortueuse ; tige dressée, haute de
6—9 décim., feuillée, rameuse, garnie à sa partie supérieure de quelques poils étalés ; feuilles glabres, larges, sessiles, embrassantes, d'un vert glauque, oblongues, sinuées-
incisées, inégalement dentées ; fleurs grandes, terminales,
penchées avant leur épanouissement, blanches, lilas ou d'un
rouge pourpre plus ou moins foncé, portées sur de longs pédoncules un peu hispides, à poils étalés ; calice glabre ; pétales marqués d'une tache noirâtre à la base ; capsule glabre,
ovoïde ou globuleuse, couronnée par le stigmate à 10—12
rayons. ① (Juillet, août).

Cette plante, originaire d'Orient, est généralement cultivée : on la
trouve quelquefois croissant spontanément, mais échappée de la culture.
— On en cultive deux variétés, l'une à graine noire, à capsule globuleuse, ouverte sous les stigmates ; l'autre à graine blanche, à capsule
ovoïde-globuleuse, entièrement fermée : c'est de la graine de cette dernière variété que l'on extrait l'huile d'*œillette*, de l'italien *olietto*
(petite huile). C'est encore de celle-ci, et vraisemblablement des deux
variétés, que les Orientaux obtiennent l'*opium*, par des incisions à
la capsule ou par expression. On en obtient aussi un sirop connu sous
le nom de *sirop diacode*, qui est calmant et adoucissant : les têtes de
pavot sont narcotiques, calmantes en infusion. Linné (Philos. bot.,
n. 132) assure qu'un seul pied de pavot peut fournir 32,000 graines.
On cultive dans les jardins un grand nombre de variétés de cette espèce,
à fleurs doubles, à pétales entiers, dentés ou laciniés, de toutes les
nuances de couleur, qui font l'ornement des parterres.

2. GLAUCIÈRE. — *GLAUCIUM*. Tourn.

Calice à 2 sépales caducs ; pétales 4 ; étamines nombreuses ; capsule allongée, en forme de silique, à 2 loges,
à 2 valves, s'ouvrant du sommet à la base, à cloison cellulaire spongieuse, portant les graines ovoïdes-réniformes.

1. G. jaune. — *G. luteum.*

Scop. Carn. ed. 2. 1. p. 369. — Gaud. Fl. helv. 3. p. 427.
— Koch. Syn. p. 50. — *G. flavum* (Crautz.). DC. Prod.
1. p. 122. — Duby, Bot. gall. p. 22. — *Chelidonium glau-
cium.* Linn. Sp. 724. — DC. Fl. fr. n. 4094. — Lam.
Ency. 1. p. 714.
J. Saint-Hil. Pl. fr. tab. 529. — Tourn. Inst. tab. 150. —
Moris. sect. 3. tab. 14. fig. 1. — J. Bauh. Hist. 3. p. 2.
p. 398. fig. 1. — Clus. Hist. 2. p. 91. fig. 1. — Tabern.
ic. p. 574. fig. 1. — Dalech. Hist. p. 1712. fig. 1. —
Dod. pempt. p. 448. fig. 1. — Lob. ic. p. 270. fig. 2.
Plante d'un vert glauque dans toutes ses parties. Tige
ferme, lisse, glabre ou garnie de quelques poils dans le haut,
feuillée, rameuse, à rameaux ouverts ; feuilles épaisses,
charnues, glabres, velues dans la jeunesse : les radicales
pétiolées, oblongues, pinnatifides, obtuses et élargies au
sommet, à lobes ovales, incisés : les caulinaires ovales, sessiles, embrassantes, sinuées-lobées ; pédoncules axilaires,
uniflores, glabres ; fleurs assez grandes, jaunes, à sépales
ovales-lancéolés, concaves, garnis de poils épars, raides ; silique longue de 16 centim., linéaire, un peu courbée, rude,
à stigmate spongieux, bilobé ; graines réniformes, d'un brun
foncé, marquées de points enfoncés sur des lignes circulaires
concentriques. ② (Juin—août).

Les lieux graveleux ou sablonneux : bord de l'Ain, près de Thoirette.
— Bord du lac d'Iverdon : aux tuileries de Grandson et aux allées de
Colombier (Gaud.).

3. CHÉLIDOINE. — *CHELIDONIUM.* Linn.

Calice à 2 sépales caducs ; pétales 4 ; étamines nombreuses ; capsule allongée, en forme de silique, à 1 loge, à 2 valves, s'ouvrant de la base au sommet ; graines surmontées d'une crète glanduleuse.

1. C. éclaire. — *C. majus.*

Linn. Sp. 725. — DC. Prod. 1. p. 123. et Fl. fr. n. 4093. — Duby, Bot. gall. p. 23. — Gaud. Fl. helv. 3. p. 425. — Lam. Ency. 1. p. 713. — Koch. Syn. p. 31.

Chaum. Fl. méd. tab. 113. — J. Saint-Hil. Pl. fr. tab. 85. — Lam. illust. tab. 450. fig. 1. — Bull. Herb. tab. 61. — Moris. sect. 3. tab. 11. fig. 4. — J. Bauh. Hist. 3. p. 2. p. 482. fig. 1. — Clus. Hist. 2. p. 203. fig. 1. — Tabern. ic. p. 41. fig. 2. — Dalech. Hist. p. 1250. fig. 1. — Dod. pempt. p. 48. fig. 1. (*ic. Clus.*). — Lob. ic. p. 760. fig. 2. (*ead.*).

Racine fusiforme, divisée ; tige cylindrique, faible, rameuse, feuillée, haute de 4—5 décimètres, à suc jaune ; feuilles ailées-pinnatifides, à folioles ovales, sinuées-lobées, crénelées, molles, glabres ; fleurs 2—8, petites, à pédicelles uniflores, inégaux, munis à la base de petites bractées en forme d'involucre, disposées presque en ombelles pédonculées, axilaires et terminales ; pétales jaunes ; calice glabre ou garni de quelques poils ; silique grèle, longue de 3—4 centimètres ; graines munies d'un appendice blanc, en forme de crète. ♃ (Mai, juin). Vulg. *Grande Éclaire, Herbe aux verrues.*

Commune, contre les vieux murs, dans les décombres, le long des chemins et sur les rochers ombragés. — Son suc jaune, âcre et caustique, est employé pour ronger les verrues ; la racine passe pour un puissant diurétique qu'il faut employer avec réserve. Cette plante, pilée et bouillie, appliquée en cataplasme avec un peu d'eau-de-vie, passe pour un très bon résolutif.

FAMILLE V.

Fumariacées. DC.

CALICE à 2 sépales caducs ; corolle irrégulière, à 4 pétales inégaux, libres ou soudés à la base, 2 extérieurs alternes avec les sépales, dont l'un, le supérieur, et quelquefois les deux, prolongés à la base en éperon ou en bosse, 2 intérieurs oblongs-linéaires, calleux au sommet ; étamines 6, hypogynes, soudées par les filets en 2 faisceaux opposés aux pétales extérieurs, portant chacun 3 anthères, les latérales à une seule loge et l'intermédiaire à deux, rarement libres ; ovaire uniloculaire, libre ; style filiforme ; stigmate bilamellé, parallèle aux pétales intérieurs ; fruit en forme de silique à 2 valves, polysperme, déhiscente, ou en forme de silicule sans valves, monosperme, indéhiscente ; graines ovoïdes - globuleuses, luisantes ; placentas pariétaux. Embryon situé à la base d'un périsperme charnu ; radicule tournée vers l'ombilic. — Herbe à suc aqueux ; fleurs en grappe.

1. CORYDALE. — *CORYDALIS.* DC.

Calice à 2 sépales ou nuls ; pétales 4, le supérieur prolongé en éperon à la base ; étamines diadelphes ; silique comprimée, à 2 valves, polysperme, déhiscente.

§. 1. *Racine tubéreuse ; tige simple.* — Capnites. DC.

1. C. à racine creuse. — *C. cava.*

Wahlenb. Carp. p. 211. — Gaud. Fl. helv. 4. p. 435. — Koch. Syn. p. 31. — *C. tuberosa.* DC. Fl. fr. n. 4097. et Prod. 1. p. 127. — Duby. Bot. gall. p. 24. — *Fumaria bulbosa.* var. *α.* Linn. Sp. 983. — Lam. Ency. 2. p. 570. var. *α.*

Moris. sect. 3. tab. 12 , fig. 6. — J. Bauh. Hist. 3. p. 2. p.
204. fig. 2. — Clus. Hist. 1. p. 271. fig. 2. — Tabern. ic.
p. 35. et 36. fig. 1. et 2. — Dalech. Hist. p. 1293. fig. 2.
— Dod. pempt. p. 327. fig. 1. (*ic. Clus.*). — Lob. ic. p.
759. fig. 1. (*ead.*).

Racine composée d'un tubercule arrondi , charnu , ordinairement creux intérieurement , souvent irrégulier , garni
de quelques fibres; tiges 1—2 , dressées , nues à leur partie
inférieure et dépourvues d'écaille à la base , glabres , ainsi
que toutes les autres parties de la plante , hautes de 16—20
centim. , munies de 1—2 feuilles alternes , pétiolées , triangulaires , biternées , à folioles larges , trilobées , incisées , à lobes
obtus , arrondis : les radicales 1—2 , pétiolées ; fleurs purpurines ou blanches , disposées en grappe dressée , munies de
bractées ovales-lancéolées , entières , persistantes , plus courtes
que les fleurs ; éperon courbé ; graines noires , luisantes ,
réniformes. ♃ (Mars , avril).

Besançon , parmi les buissons , au bord du Doubs , au-dessous de la
route de Morre et au pied des vignes de l'autre côté de la rivière ; à Chaudanne. — Commun dans les haies aux environs de Genève (Reut.). —
Autour de Crans , du côté de Celigny et le long de la route qui conduit à
Bois-Bougis (Gaud.). — Aux environs de Montbéliard (J. B.). — Bâle ,
dans les haies et buissons autour de la grande ville (Hagenb.).

2. C. intermédiaire. — *C. fabacea.*

Pers. Ench. 2. p. 269. — — DC. Prod. 1. p. 127 et Fl. fr.
supp. n. 4098[a]. — Duby, Bot. gall. p. 24. — Koch. Syn.
p. 31. — *C. intermedia.* Mérat. Fl. par. ed. 1. p. 272. —
Gaud. Fl. helv. 4. p. 457. — *Fumaria bulbosa.* var. β.
intermedia. Linn. Sp. 983.

Racine composée d'un tubercule arrondi , presque sphérique , solide ; tige souvent bifide , plus courte que dans
l'espèce suivante dont elle a le port , munie d'une écaille
membraneuse à la base ; feuilles 3—4 , pétiolées , biternées ,
à folioles oblongues , obtuses , subtrifides , les supérieures entières ; fleurs blanches ou rougeâtres , médiocres , en grappe
très peu garnie , munies de bractées fort grandes , presque

arrondies, entières, mucronées, de la longueur des fleurs à éperon droit aminci, portées sur des pédicelles très courts, trois fois plus courts que la capsule. ♃ (Mars, avril).

Bâle, parmi les buissons, autour de Riehen (C. Bauh.). — Çà et là avec l'espèce précédente (Hagenb.).

3. C. à racine pleine. — *C. solida.*

Smith. angl. Fl. 3. p. 553. — Gaud. Fl. helv. 4. p. 436. — Koch. Syn. p. 32. — *C. bulbosa.* DC. Fl. fr. n. 4098. et Prod. 1. p. 127. — Duby, Bot. gall. p. 24. — *Fumaria bulbosa.* var. γ. Linn. Sp. 983. — Lam. Ency. 2. p. 570. var. β.

J. Saint-Hil. Pl. fr. tab. 108. — Moris. sect. 3. tab. 12. fig. 8. — J. Bauh. Hist. 3. p. 1. p. 203. fig. 2. — Dalech. Hist. p. 1294. fig. 2. — Dod. pempt. p. 547. fig. 2. (*ead.*). — Lob. ic. p. 759. fig. 2. (*ead.*).

Racine composée d'un tubercule arrondi, solide, fibreux à la base, produisant 1—2 tiges simples, dressées, glabres, comme toutes les autres parties de la plante, hautes de 2—3 décim., garnie de 2—3 feuilles alternes, pétiolées, munies à la base d'une gaîne membraneuse, squamiforme, ovale-lancéolée, concave; feuilles biternées, à folioles cunéiformes, bi ou trifides, à segments bi ou trilobés, à lobes obovales ou oblongs, obtus; fleurs purpurines, disposées en grappe simple, munies de bractées cunéiformes, incisées-digitées, à lobes linéaires, de la longueur des fleurs; éperon presque droit, souvent dirigé de bas en haut; silique bosselée, poly-sperme, acuminée, terminée par le style à stigmate arrondi; graines noires, luisantes. ♃ (Mars—juin).

Cette espèce est beaucoup moins rare que les précédentes : elle se trouve assez communément dans les haies, parmi les buissons et au bord des bois : Salins, sur Poupet et en allant au Gout-de-Conche; dans le bois de Château; au bord du bois de Folle, à la Chapelle, etc.; aux environs de Genève; d'Iverdon; de Montbéliard; de Besançon. — Sur le Salève et à Thoiry, près du Reculet (Reut.), etc.

§. 2. *Racine fibreuse; tige rameuse.* — Capnoïdes. DC.

4. C. jaune. — *C. lutea.*

DC. Fl. fr. n. 4099. — Gaud. Fl. helv. 4. p. 438. — Koch.
Syn. p. 52. — *C. capnoïdes. var. β. lutea.* DC. Prod. 1.
p. 128. — Duby, Bot. gall. p. 24.— *Fumaria lutea.* Linn.
Mant. 258. — Lam. Ency. 2. p. 569.
J. Saint-Hil. Pl. fr. tab. 109. — Lam. illust. tab. 597. fig.
2. — Moris. sect. 3. tab. 12. fig. 4. — Mill. illust. tab.
60. — J. Bauh. Hist. 3. p. 1. p. 103. fig. 2. — Dalech.
Hist. p. 1293. fig. 1. — Lob. ic. p. 758. fig. 2.

Racine fibreuse, blanchâtre ; tige dressée, tendre, très
feuillée, rameuse-diffuse, obtusément anguleuse, haute de
15—20 centim. ; feuilles glauques, particulièrement en dessous, bipinnées, à folioles largement obovales, trifides, rarement entières, à lobes obtus, portées sur de longs pétioles
également anguleux ; fleurs jaunes, à éperon très court, arrondi, disposées en grappes axilaires, courtes, mais longuement pédonculées, munies de bractées très petites, linéaires-
subulées ; siliques oblongues un peu comprimées, amincies
aux deux bouts, plus courtes que les pédoncules ; graines
globuleuses, luisantes, finement grenues. ♃ (Mai—juillet).

Orbe, sur les murs de la ville (Monnard, in Gaud.). — Sur le Salève (Girod, in Gaud.). — Bâle, au pied du mur qui forme la tête du
pont de Munchenstein, sur la Birse, où j'en ai récolté un grand nombre
d'échantillons. — Sur les murs extérieurs du château près de Bottmin-
gen, et près du château Istein (Hagenb.).

2. FUMETERRE. — *FUMARIA.* Linn.

Calice à 2 sépales ; pétales 4, le supérieur bossu ou un peu
éperonné à la base ; étamines diadelphes ; silicule ovoïde ou
globuleuse, monosperme, indéhiscente.

1. F. officinale. — *F. officinalis*.

Linn. Sp. 984. — DC. Prod. 1. p. 130. et Fl. fr. n. 4102. —
Duby, Bot. gall. p. 25. — Gaud. Fl. helv. 4. p. 440. —
Lam. Ency. 2. p. 567. — Koch. Syn. p. 33.

Chaum. Fl. med. tab. 173. — J. Saint-Hil. Pl. fr. tab. 149.
— Bull. Herb. tab. 189. — Moris. sect. 3. tab. 12. fig. 9.
— J. Bauh. Hist. 3. p. 1. p. 201. fig. 1. — Tabern. ic. p.
52. fig. 1. — Dalech. Hist. p. 1292. fig. 1. — Dod. pempt.
p. 59. fig. 1. — Lob. ic. p. 757. fig. 1. (*ead.*).

Racine grêle, fibreuse ; tige haute de 15—30 centim.,
dressée, très rameuse, à la fin diffuse, étalée, feuillée,
tendre, glabre et un peu glauque, ainsi que toutes les autres
parties de la plante ; feuilles alternes, pétiolées, bipinnées,
à pinnules pinnatifides, cunéiformes, à lobes linéaires-oblongs, obtus ; fleurs petites, rougeâtres, d'un pourpre noirâtre
au sommet, courtement pédicellées, disposées en grappes opposées aux feuilles, munies de petites bractées scarieuses,
mucronulées ; fruits globuleux, légèrement déprimés, petits,
durs, presque lisses ; graines subréniformes. ☉ (Avril—
automne).

Cette plante n'est pas rare dans les champs cultivés, les jardins et les
vignes. — La fumeterre est amère, tonique, dépurative et employée
avec succès dans les maladies cutanées.

2. F. grimpante. — *F. capreolata*.

Linn. Sp. 985. — DC. Prod. 1. p. 130. et Fl. fr. n. 4101. —
Duby, Bot. gall. p. 25. — Gaud. Fl. helv. 4. p. 442. —
Poir. Ency. supp. 2. p. 682. — Koch. Syn. p. 32.

DC. ic. Gall. rar. tab. 54. — Dalech. Hist. p. 1292. fig. 2?

Racine simple, garnie de quelques fibres ; tige haute de
3—5 décim., anguleuse, très rameuse, grimpante et se
soutenant par ses pétioles qui se tortillent à la manière des
vrilles ; feuilles un peu glauques, bipinnées, à folioles ternées, larges, cunéiformes, profondément bi-trilobées, à

lobes obtus, mucronés dans les folioles supérieures ; fleurs carnées, d'un pourpre noirâtre au sommet, à éperon droit, disposées en grappes un peu lâches, pédonculées, opposées aux feuilles, munies de petites bractées scarieuses, lancéolées, acuminées ; fruits lisses, sphériques, portées sur des pédicelles raides, un peu épaissis au sommet, 2—3 fois plus longs que la bractée. ☉ (Juin—septembre).

A la jonction de l'Arve et du Rhône (Chanal, David, in Reut.).

FAMILLE VI.

Crucifères. Juss.

Calice à 4 sépales libres, souvent caducs, dont 2 plus larges, gibbeux à la base ; pétales 4, disposés en croix, alternes avec les sépales, ordinairement égaux, onguiculés ; étamines hypogynes, 6, tétradynames, dont 2 plus courtes, plus écartées, solitaires devant les sépales extérieurs, toutes insérées sur le réceptacle portant des glandes calleuses entre les pétales et les organes sexuels ; anthères biloculaires, introrses ; ovaire libre, à 1—2 loges à 2—plusieurs ovules ; style court, à stigmate ordinairement à 2 lobes dans le plan de la cloison ; fruit allongé (*silique*) ou court (*silicule*), rarement à une loge sans valves, ordinairement à 2 loges, à 2 valves planes, concaves ou carénées, séparées par une cloison mince, portant sur chaque bord les graines ordinairement pendantes, très rarement solitaires. Périsperme nul ; embryon courbé ; radicule réfléchie sur les cotylédons. — Feuilles alternes ; fleurs terminales, paniculées ou en grappe.

Obs. Les crucifères constituent l'une des familles les plus naturelles du règne végétal ; aussi les plantes qui la composent ont-elles été constamment réunies par tous les botanistes, et la grande analogie qui existe entre elles a rendu la formation des genres et leur classification très difficile. Guidé par les travaux de Gaertner et de R. Brown, De Candolle a donné, dans son *Systema naturale*, une nouvelle classification des genres, fondée en partie sur la considération de la position de la radicule à l'égard des cotylédons. Cette position offre les cinq modifications dont voici les caractères et les signes, en représentant la radicule par (◯) et les cotylédons par des lignes.

Les cotylédons sont dits : 1° Accombants (*accumbentes*), (◯ =), lorsque la radicule réfléchie correspond à la fente qui sépare les deux cotylédons. 2° Incombants (*incumbentes*), (◯‖), lorsqu'elle est appliquée sur le dos de l'un des deux cotylédons qui restent plans. Les cotylédons incombants peuvent être : 3° Condoublés (*conduplicatæ*), (◯≫), lorsque la radicule est située dans la gouttière que forment les cotylédons pliés longitudinalement. 4° Spiraux (*spirales*), (◯‖ ‖), lorsque les cotylédons sont étroits et roulés en spirale. 5° Bipliés (*biplicatæ*), (◯‖ ‖ ‖), lorsqu'ils sont repliés deux fois sur eux-mêmes.

Cette nouvelle classification, qui donne des divisions plus fixes et plus nombreuses que celle qui était suivie précédemment, lui est sans doute bien préférable, et nous nous empressons de l'adopter dans cette Flore ; mais elle a contre elle la grande difficulté que présente l'observation de la position relative des cotylédons et de la radicule (1).

SOUS-FAMILLE I. — SILIQUEUSES. Koch.

Silique linéaire ou linéaire - lancéolée, bivalve, déhiscente.

TRIBU I. — ARABIDÉES,

OU SILIQUEUSES PLEURORIZÉES (◯ =).

Cotylédons accombants, parallèles à la cloison ; graine comprimée.

1. MATHIOLE. — *MATHIOLA*. R. Brown.

Calice à sépales dressés, à 2 bosses à la base ; pétales onguiculés ; étamines libres, non dentées ; silique linéaire, cylindrique ou comprimée ; stigmate à 2 lobes dressés, connivents, épaissis, gibbeux sur le dos, à la fin un peu étalés ; graines comprimées, souvent bordées, sur un seul rang.

---

(1) Pour saisir plus facilement ces divers caractères, il faut analyser la graine avant sa parfaite maturité, ou au moment où elle commence à germer.

1. M. blanchâtre. — *M. incana.*

R. Brown. Hort. kew. ed. 2. 4. p. 119.—DC. Prod. 1. p. 132.
— Duby, Bot. gall. p. 26. — *Cheiranthus incanus.* Linn.
Sp. 924. — DC. Fl. fr. n. 4136. — *Hesperis violaria.*
Lam. Ency. 3. p. 323.

J. Saint-Hil. Pl. fr. tab. 730. — Mill. illust. tab. 55. —
Moris. sect. 3. tab. 8. fig. 1. — J. Bauh. Hist. 2. p. 874.
fig. 1. — Tabern. ic. p. 309. fig. 1. et 2. et p. 310 fig. 1.
— Dalech. Hist. p. 802. fig. 2. — Dod. pempt. p. 159. fig.
1. et 2. — Lob. ic. p. 329. fig. 2.

Tige haute de 3—5 décim., presque ligneuse à la base,
dressée, rameuse dans le haut, à rameaux ouverts, garnis
de feuilles éparses, oblongues ou lancéolées, obtuses, entières, molles, un peu épaisses et ondulées sur les bords,
ou munies de quelques dents, recouvertes d'un duvet court,
blanchâtre, qui se trouve sur toutes les parties de la plante ;
fleurs d'une odeur très agréable, rouges, violettes ou blanches, disposées en grappe lâche ; pétales à onglet linéaire,
à limbe ovale, à peine échancré au sommet ; stigmates épais ;
silique de 10—13 centim., comprimée, tronquée au sommet.
♃ (Été). Vulg. *Violier.*

Cette espèce, originaire des îles d'Hyères et du pays de Nice, est généralement cultivée dans les jardins comme plante d'ornement. Ses
fleurs, qui doublent facilement, deviennent quelquefois prolifères par
la transformation de l'ovaire en rameau fleuri et même feuillé.

2. M. annuelle. — *M. annua.*

Sweet. Hort. suburb. 147. — DC. Prod. 1. p. 133. — Duby,
Bot. gall. p. 27. — *Cheiranthus annuus.* Linn. Sp. 925.
— DC. Fl. fr. n. 4135. — *Hesperis æstiva.* var. *a.* Lam.
Ency. 3. p. 324.

Moris. sect. 3. tab. 8. fig. (*inter* 10. *et* 11.). — J. Bauh. Hist.
2. p. 875. fig. 1. — Dalech. Hist. p. 802. fig. 1.

Cette espèce diffère de la précédente, avec laquelle elle a beaucoup de rapports et que **R.** Brown y réunit comme variété, par sa racine annuelle et non vivace ; par sa tige herbacée et non ligneuse à la base, moins élevée et moins rameuse ; par ses feuilles entières et ses pétales un peu échancrés au sommet : ses siliques sont longues de 9—12 centimètres, presque cylindriques, aiguës. ① (Juin—août). Vulg. *Quarantain*.

Cette espèce, originaire des bords de la Méditerranée, est cultivée comme la précédente ; ses fleurs, qui doublent également par la culture, offrent les mêmes variations de couleur et la même odeur : somée en avril, elle fleurit pendant tout l'été.

2. GIROFLÉE. — *CHEIRANTHUS*. DC.

Calice fermé, à 2 bosses à la base ; silique linéaire, comprimée-tétragone, par la saillie de la nervure dorsale des valves ; stigmate à 2 lobes profonds, recourbés ; graines ovoïdes, comprimées, disposées, dans chaque loge, sur un seul rang. — Le *Cheiranthus* diffère de l'*Arabis* et de la *Barbarea,* par son stigmate ; de la *Turritis* et de la *Braya,* par ses graines disposées sur un seul rang, et aussi par son stigmate ; du *Nasturtium*, par les mêmes caractères, et de plus par les valves de la silique, munies d'une nervure dorsale ; enfin de la *Cardamine* et de la *Dentaria,* par ce dernier caractère.

1. G. violier. — *C. cheiri*.

Linn. Sp. 924.— DC. Prod. 1. p. 155. et Fl. fr. n. 4158. — Duby, Bot. gall. p. 27. — Gaud. Fl. helv. 4. p. 551. — Lam. Ency. 2. p. 716. — Koch. Syn. p. 34.

Lam. illust. tab. 564. fig. 1. — Moris. sect. 5. tab. 8. fig. 15. — J. Bauh. Hist. 2. p. 872. fig. 1. — Tabern. ic. p. 505. fig. 2; — Dalech. Hist. p. 802. fig. 5. — Dod. pempt. p. 160. fig. 2. — Lob. ic. p. 550. fig. 1.

Racine ligneuse plus ou moins divisée ; tige haute de 2—5 décim. , dure, presque ligneuse , surtout à la base, plus ou moins rameuse , à rameaux ascendants, glabres ou à poils appliqués , feuillés , anguleux ; feuilles entières, fermes, étroites , lancéolées , aiguës , rétrécies en pétioles, vertes en dessus, plus pâles en dessous, garnies de poils appliqués ; fleurs de grandeur médiocre , d'un beau jaune , odorantes, disposées en corymbe devenant ensuite une grappe plus ou moins allongée ; calice à sépales oblongs, obtus, rapprochés, d'une teinte violacée ; pétales arrondis, un peu échancrés, à onglet étroit, allongé ; siliques dressées, courtement pédicellées, longues de 5—6 centimètres, linéaires-tétragones, blanchâtres, recouvertes de poils appliqués ; stigmates à 2 lobes , légèrement courbés en dehors. ⚥ (Mai , juin). Vulg. *Giroflée jaune* , *Violette jaune.*

Parmi les rochers et sur les vieilles murailles : Salins, sur les remparts de la ville et des forts ; au pied des rochers de Roche-Pourrie ; sur les ruines du château de Vaugrenand, etc. ; sur les remparts de la citadelle de Besançon ; sur les vieux murs d'enceinte de Poligny, etc. — Les murs du château de Neuchâtel (Depierre, cat.). — Les rochers près du pont d'Orbe (Monnard). — Les murs de la ville de Bâle et de Montbéliard (J. B.). — Les remparts de Genève (Seringe).

β. *Hortensis.* Gaud. Fl. helv. 4. l. c. — J. Saint-Hil. Pl. fr. tab. 170. — Bull. Herb. tab. 549. — Tige plus élevée, herbacée ou peu ligneuse à la base ; feuilles presque glabres, plus vertes et moins aiguës ; fleurs plus grandes, d'un jaune doré , souvent lavées de pourpre ferrugineux sur les bords.

Cultivée dans les jardins : on en a obtenu une variété à fleurs doubles, en grappe serrée, souvent allongée, connue vulgairement sous le nom de *Bâton d'or.*

5. CRESSON. — *NASTURTIUM.* R. Brown.

Calice étalé, égal à la base ; pétales entiers ; silique linéaire ou elliptique, à valves convexes ou presque planes, sans nervure ou n'en ayant qu'un rudiment à la base ; graines petites non bordées, disposées dans chaque loge sur 2 rangs irréguliers.

§ 1. *Fleurs blanches.* — Cardaminum. DC.

1. C. officinal. — *N. officinale.*

R. Brown. Hort. kew. ed. 2. 4. p. 110. — DC. Prod. 1. p.
157.—Duby, Bot. gall. p. 27.—Gaud. Fl. helv. 4. p. 274.
— Koch. Syn. p. 54. — *Sisymbrium nasturtium.* Linn.
Sp. 916. — DC. Fl. fr. n. 4148. — *Cardamine fontana.*
Lam. Ency. 2. p. 185.

Chaum. Fl. méd. tab. 138. — J. Saint-Hil. Pl. fr. tab. 111.
— Bull. Herb. tab. 502. — Moris. sect. 5. tab. 4. fig. 8.
— J. Bauh. Hist. 2. p. 884. fig. 1.—Tabern. ic. p. 455. fig.
1. — Dalech. Hist. p. 658. fig. 1. — Dod. pempt. p. 592.
fig. 1. — Lob. ic. p. 209. fig. 1.

Racine composée de fibres blanchâtres, nombreuses ; tige
faible, couchée à la base, radicante, souvent nageante,
redressée, glabre, quelquefois un peu pubescente hors de
l'eau, longue de 2—4 décim., fistuleuse, feuillée, simple
ou rameuse ; feuilles pétiolées, ailées, à 2—4 paires de folioles sessiles ou à peine pétiolées, allant en diminuant de
grandeur du sommet à la base, ovales-oblongues, obtuses,
glabres, un peu sinuées, la terminale plus grande ; fleurs
petites, disposées en grappe courte ou en corymbe, dépassant peu les feuilles ; siliques linéaires, courtes, étalées, un
peu courbées. ♃ (Juin—septembre). Vulg. *Cresson de fontaine.*

Commun au bord des ruisseaux, au voisinage des sources, dans les
mares et les fossés pleins d'eau pure.

β. *Parviflorum.* Gaud. Fl. helv. 4. l. c. — Tige plus
grêle, presque simple ; folioles plus ou moins oblongues ;
siliques plus courtes.

On fait usage du cresson comme plante alimentaire, et il est employé
en médecine comme antiscorbutique et dépuratif. Beaucoup de personnes qui font usage de son suc au printemps, pensent qu'il est rafraî-
chissant, tandis que l'âcreté qui le caractérise doit produire un effet
opposé.

§ 2. *Fleurs jaunes.* — Brachilobos. DC.

2. C. sauvage. — *N. sylvestre.*

R. Brown. Hort. kew. ed. 2. 4. p. 110. — DC. Prod. 1. p. 137. — Duby, Bot. gall. p. 28. — Gaud. Fl. helv. 4. p. 275. — Koch. Syn. p. 35. — *Sisymbrium sylvestre.* Linn. Sp. 916. — DC. Fl. fr. n. 4149. — Poir. Ency. 7. p. 201. J. Saint-Hil. Pl. fr. tab. 876. — Moris. sect. 3. tab. 6. fig. 17. — J. Bauh. Hist. 2. p. 866. fig. 2. — Tabern. ic. p. 447. fig. 2.

Racine rampante ; tige haute de 2—4 décim., dressée ou tombante, quelquefois couchée et radicante, rameuse-paniculée, finement poilue, rarement glabre ; feuilles ailées-pinnatifides, à lobes lancéolés, incisés-dentés ; fleurs petites, d'un jaune doré, disposées, à l'extrémité de la tige et des rameaux, en grappes d'abord courtes, à la fin très allongées ; calice ouvert, coloré ; pétales étalés, courtement onguiculés, presque doubles des sépales ; siliques de longueur très variable, de 8—24 centim., grêles, linéaires, presque cylindriques, un peu bosselées, redressées, presque parallèles à l'axe, souvent avortées, à pédoncules courts, étalés ; style très court ; stigmate à 2 lobes ; graines petites. ♃ (Juin, juillet).

Le bord des fossés et des mares, les endroits où l'eau a séjourné et quelquefois dans les lieux arides, argileux : Salins, dans les fossés des Capucins ; au bord de la Furieuse, à Saint-Joseph et à la Chapelle ; au bord de la Loue, à Port-Lesney ; à Villers-Farlay ; à Cramans, etc. ; au bord des étangs des environs de Sellières ; à Chamars et au bord du Doubs, à Besançon ; à Dole, etc. — Genève, à Plain-Palais ; au Locle, à Roche-Fendue ; à Grandson, au bord du lac ; aux environs de Lons-le-Saunier ; de Montbéliard ; de Bàle, etc., etc.

3. C. des marais. — *N. palustre.*

DC. Syst. nat. 2. p. 191. et Prod. 1. p. 137. — Duby, Bot. gall. p. 28. — Gaud. Fl. helv. 4. p. 277. — Koch. Syn.

p. 55. — *Sisymbrium palustre*. DC. Fl. fr. n. 4150. — Poir. Ency. 7. p. 202. — *Myagrum palustre*. Lam. Ency. 1. p. 572. — *N. terrestre*. R. Brown. Hort. kew. ed. 2. 4. p. 110.

J. Saint-Hil. Pl. fr. tab. 877. — Moris. sect. 5. tab. 7. fig. 5. — J. Bauh. Hist. 2. p. 867. fig. 1.

Racine fusiforme divisée ; tige dressée, rameuse, glabre, feuillée, fistuleuse, sillonnée, haute de 2—5 décim. ; feuilles glabres, les inférieures lyrées, les autres profondément pinnatifides, à lobes ovales ou oblongs, incisés, inégalement dentés, plus grands vers l'extrémité de la feuille, le terminal ovale, subtrilobé, denté ; pétioles à oreillettes embrassantes ; fleurs petites, d'un jaune pâle, à pétales presque de la longueur des sépales ; siliques en grappes allongées, presque toutes fertiles, étalées, oblongues, un peu courbées, épaisses, courtes, presque de la longueur du pédicelle, terminées par le style court, persistant ; graines finement ponctuées. ② (Juin, juillet).

Les tourbières, les lieux humides ou marécageux : les bords de l'étang de Vaudrey et de Chavanne près de Sellières ; les tourbières de Pontarlier ; de Pont-Martel, etc. ; les environs de Montbéliard ; de Bâle, à l'embouchure de la Birse dans le Rhin ; Genève, au bord du lac, près de Genthod ; de Versoix ; de Promenthod, etc.

4. C. des Pyrénées. — *N. Pyrenaïcum*.

R. Brown. Hort. kew. ed. 2. 4. p. 110. — DC. Prod. 1. p. 138. — Duby, Bot. gall. p. 28. — Gaud. Fl. helv. 4. p. 280. — Koch. Syn. p. 56. — *Sisymbrium Pyrenaïcum*. Linn. Sp. 916. — DC. Fl. fr. n. 4152. — Poir. Ency. 7. p. 204. (*excl. Syn. Vill.*). — *Myagrum Pyrenaïcum*. Lam. Ency. 1. p. 571.

All. Fl. ped. tab. 18. fig. 1. (*ic. prægrandis*).

Racine grêle, cylindrique, garnie de fibres ; tige haute de 2—5 décim., dressée, souvent flexueuse, glabre ou un peu velue, rameuse dans le haut ; feuilles un peu épaisses, presque glabres : les inférieures longuement pétiolées, à pétiole cilié, ovales ou lyrées, les autres auriculées-embrassantes, ailées-pinnatifides, à lobes linéaires, entiers, un peu écartés, très étroits dans les feuilles supérieures; fleurs jaunes, petites, en grappes terminales courtes, à la fin très allongées, à pétales un peu plus longs que le calice coloré, portées sur des pédicelles filiformes, étalés à l'époque de la fructification ; siliques ovales-oblongues, acuminées, glabres, ascendantes, 3 fois plus courtes que le pédicelle ; graines peu nombreuses, petites, d'un brun foncé. ⚥ (Mai, juin).

Bâle, le long du Birsec et près de Mulheim (Hagenb.).

5. C. amphibie. — *N. amphibium.*

R. Brown. Hort. kew. ed. 2. 4. p. 110. — DC. Prod. 1. p. 158. — Duby, Bot. gall. p. 28. — Gaud. Fl. helv. 4. p. 279. — Koch. Syn. p. 55. — *Sisymbrium amphibium.* Linn. Sp. 917. — DC. Fl. fr. n. 4451. — *Myagrum aquaticum.* Lam. Ency. 1. p. 572. var. *α.* et *ß.*

Racine fibreuse; tige haute de 3—6 décim., dressée ou tombante, radicante à la base, un peu flexueuse, glabre, sillonnée, fistuleuse, presque simple ou peu rameuse; feuilles oblongues-lancéolées, souvent auriculées-embrassantes, dentées ou pinnatifides, quelquefois même pectinées et à divisions capillaires lorsqu'elles sont immergées; fleurs jaunes, en grappes paniculées, d'abord courtes, à la fin très allongées, à pétales doubles du calice; siliques elliptiques ou oblongues, acuminées, ascendantes, 3—4 fois plus courtes que les pédicelles étalés, style filiforme, long de 2 millim. ⚥ (Juin—août).

Les fossés, les lieux aquatiques ou inondés : Salins, dans les fossés des Capucins; le long des bords de la Furieuse, à Saint-Joseph et à la Chapelle ; les bords du Doubs, à Dole, à Besançon; les bords de la Loue ; du lac de Neuchâtel, près de Grandson ; le marais des Ponts. — Les environs de Nyon (Gaud.). — De Sionet; d'Ambili, etc., près de Genève (Reut.). — Bâle, à Michelfeld (Hagenb.). — Marais d'Orbe (Monnard).

α. *Indivisum*. DC. Prod. 1. 1. c. — Gaud. Fl. helv. 4. 1.
c. — Moris. sect. 3. tab. 7. fig. ult. — Feuilles toutes presque
entières, ou les inférieures sinuées-dentées.

β. *Variifolium*. DC. Prod. 1. 1. c. — Gaud. Fl. helv. 4.
1. c. — J. Bauh. Hist. 2. p. 867. fig. 2. — Tabern. ic. p.
415. fig. 2. (*cad.*). — Dalech. Hist. p. 1090. fig. 1. —
Feuilles les unes dentées en scie, d'autres pinnatifides, d'autres découpées en lanières capillaires.

4. BARBARÉE. — *BARBAREA*. R. Brown.

Calice dressé, presque égal à la base; pétales onguiculés,
à limbe entier; silique linéaire, cylindrique, à valves convexes, munies d'une nervure dorsale saillante; stigmate
obtus, entier ou échancré; graines sur un rang dans chaque
loge. — Diffère du genre *Erysimum* par ses cotylédons accombants, et du genre *Sisymbrium* par le même caractère,
et de plus parce qu'elle n'a qu'une seule nervure, au lieu de
trois, sur chaque valve.

1. B. commune. — *B. vulgaris*.

R. Brown. Hort. kew. ed. 2. 4. p. 109. — DC. Prod. 1. p.
140. — Duby, Bot. gall. p. 28. — Gaud. Fl. helv. 4. p.
329. — Koch. Syn. p. 56. — *Erysimum barbarea*. Linn.
Sp. 922. — DC. Fl. fr. n. 4416. — Poir. Ency. 8. p. 459.
Moris. sect. 3. tab. 5. fig. 11. et 12. — J. Bauh. Hist. 2. p.
869. fig. 1. — Tabern. ic. p. 451. fig. 2. — Dalech. Hist.
p. 650. fig. 2. (*fl. nonnulli 5-fidi*). — Dod. pempt. p.
712. fig. 1. — Lob. ic. p. 207. fig. 2.
Racine fusiforme, garnie de fibres rameuses; tige dressée,
haute de 3—5 décim., ferme, sillonnée, feuillée, rameuse
dans le haut; feuilles glabres, les radicales et les inférieures
pétiolées, lyrées, à lobes oblongs ou ovales, sinués, le terminal très grand, ovale ou arrondi, irrégulièrement sinué-
denté : les supérieures plus courtes, embrassantes, ovales,
irrégulièrement dentées; fleurs jaunes, de grandeur mé-

diocre, disposées, à l'extrémité de la tige et des rameaux, en grappes d'abord courtes, formant une sorte de corymbe, mais qui s'allongent ensuite jusqu'à l'époque de la maturité; pétales à onglet linéaire, allongé, à limbe ouvert, obovales-arrondis; siliques dressées un peu obliquement, presque tétragones, droites, terminées par un style assez long, graines sans marge, un peu écartées. ② (Mai, juin). Vulg. *Herbe de sainte Barbe*.

Commune dans les lieux humides, le long des chemins, au bord des fossés. — On en cultive dans les jardins une variété à fleurs doubles, très belles. — Cette plante est âcre, antiscorbutique, résolutive.

2. B. précoce. — *B. præcox*.

R. Brown. Hort. kew. ed. 2. 4. p. 109. — **DC.** Prod. 1. p. 140. — Duby, Bot. gall. p. 28. — Gaud. Fl. helv. 4. p. 330. — Koch. Syn. p. 57. — *Erysimum præcox*. DC. Fl. fr. n. 4147. — Poir. Ency. 8. p. 440. Tabern. ic. p. 452. fig. 1.

Cette espèce, long-temps confondue avec la précédente, en a été séparée par Smith. Elle en diffère par sa saveur moins âcre, qui approche de celle du cresson de fontaine; par sa tige plus grêle et moins rameuse; par ses feuilles radicales ailées, à 5—8 paires de pinnules qui vont en croissant de bas en haut et dont les supérieures égalent le lobe terminal qui est ovale, presque arrondi et un peu en cœur; par les feuilles supérieures ailées-pinnatifides, à lobes linéaires-oblongs, très entiers, et enfin par ses fleurs plus petites, d'un jaune plus pâle, et ses siliques presque dressées, en grappes plus lâches, 3 fois plus longues, plus épaisses, terminées par un style conique, long à peine de 3 millim. ② (Avril, mai).

Salins, au fort Saint-André, dans les fossés, rare. — Les feuilles de cette plante sont alimentaires en salade, ainsi que celles de l'espèce précédente, dont elle partage sans doute les propriétés.

3. TOURETTE. — *TURRITIS*. Linn.

Calice lâche ; pétales onguiculés, à limbe oblong, entier ; silique linéaire, à valves légèrement convexes, marquées d'une forte nervure longitudinale ; stigmate obtus, entier ou légèrement échancré ; graines sur 2 rangs dans chaque loge. — Ce genre diffère de l'*Arabis* par ses graines sur 2 rangs, et du *Nasturtium* par la nervure de ses valves.

1. T. glabre. — *T. glabra.*

Linn. Sp. 930. — DC. Prod. 1. p. 142. — Duby, Bot. gall. p. 28. — Koch. Syn. p. 57. — *Arabis perfoliata*. Lam. Ency. 1. p. 219. — DC. Fl. fr. n. 4174. — Gaud. Fl. helv. 4. p. 311.

Lam. illust. tab. 563. fig. 4. (*siliqua*). — Moris. sect. 5. tab. 2. fig. 22. — Clus. Hist. 2. p. 126. fig. 1. (*fol. rad. integris*). — Dalech. Hist. p. 1168. fig. 1. (*mala, fol. rad. desunt*).

Racine fusiforme, épaisse, rameuse, donnant naissance à une ou plusieurs tiges simples (rameuses dans la var. *β.*), hautes de 6—9 décim. , très raides, glauques, pubescentes ou un peu velues dans le bas, mais glabres dans tout le reste de leur longueur et entièrement feuillées ; feuilles radicales un peu pétiolées, étalées, oblongues, sinuées-dentées, ou seulement dentées, velues-rudes, à poils trifurqués : les caulinaires oblongues-lancéolées, embrassantes, en forme de fer de flèche, très entières, glauques, dressées contre la tige, glabres, excepté celles du bas qui sont un peu velues ; fleurs petites, d'un blanc jaunâtre, disposées en grappe d'abord courte, puis longue d'environ 3 décim. , et quelquefois plus à la maturité des fruits, à pétales dressés, étroits, plus longs que le calice, obovales-cunéiformes, entiers au sommet, à calice glabre, à sépales dressés, ouverts, oblongs, obtus ; siliques grêles, linéaires, raides, presque planes, serrées contre la tige, 6 fois plus longues que le pédicelle ; stigmate presque sessile ; graines ovoïdes, presque globuleuses , petites, d'un brun foncé. ② (Mai , juin).

Les lieux abrités , arides ou pierreux , et sur les places des fourneaux à charbon , dans les bois de taillis : Salins, dans les bois de Château ; de Chambaron et de Myon ; les rochers de Poupet ; de Saint-André ; de Belin ; au château de Vaugrenand ; les buissons au bord de la route, près de Chilley ; le long du bois de Folle , près de la Chapelle ; les bois de la Châtelaine et des environs d'Arbois ; de Besançon , etc. ; à la côte de Chaléat, près de Thoirette ; au bord de la route près d'Orbe ; autour de Souccbot, val Saint-Imier ; sur le Mont-d'Or, etc. — Longirod, sur la colline du Signal (Gaud.). — Le Salève (Girod). — Le Jura, près du Reculet (Reut.), etc.

β. *Ramosa*. **DC**. Prod. 1. l. c. — Tabern. ic. p. 298. fig. 1. — Tige simple , rameuse dans le haut.

Salins , dans les places des fourneaux à charbon , dans les bois aux environs du Gout-de-Conche et ailleurs.

6. ARABETTE. — ARABIS. Linn.

Calice dressé ; pétales onguiculés , à limbe étalé , entier ; silique linéaire, valves planes ou un peu convexes , à nervure longitudinale plus ou moins marquée ou nulle et remplacée par plusieurs petites veines saillantes ; stigmate obtus , entier ou légèrement échancré, graines sur un seul rang dans chaque loge.

§ 1. Graines non bordées, ou à bord étroit.
— Alomatium. DC.

* Feuilles caulinaires échancrées en cœur , ou prolongées à la base
en deux oreillettes.

1. A. chou. — A. brassicæformis.

Wallroth. Sched. 359. —Gaud. Fl. helv. 4. p. 306.—Koch. Syn. p. 37. — *Erysimum alpinum*. **DC**. Prod. 1. p. 199. Duby, Bot. gall. p. 46. — *Brassica alpina*. Linn. Mant. 95. — DC. Fl. fr. n. 4117. — Lam. Ency. 1. p. 748. Vill. Dauph. tab. 56.

Racine dure, tortueuse, vivace ; tige ferme, cylindrique, feuillée, dressée, haute de 3—5 décim. ; feuilles glauques, très entières, glabres : les radicales oblongues ou un peu arrondies, rétrécies en pétioles : les caulinaires oblongues-lancéolées, un peu obtuses, rétrécies à la base, sessiles, embrassantes, à oreillettes obtuses : les supérieures plus petites, lancéolées, aiguës, en cœur à la base ; fleurs blanches, petites, terminales, formant une grappe qui s'allonge après la fleuraison ; calice blanchâtre ou purpurescent, presque égal à la base ; pétales oblongs, dressés, rétrécis en onglet ; siliques dressées, presque parallèles à l'axe, portées sur des pédoncules grêles, étalés, longs de 9 millim., à valves légèrement convexes, marquées d'une forte nervure ; stigmate déprimé ; graines petites, oblongues, nombreuses, légèrement ailées. ♃ (Juin—août).

Les endroits pierreux des montagnes ; sur la Dôle (Gay). — Sur le Mont-Surchamp, près de la caverne de Balme (Hall. , Gaud.). — Près d'Entreroche (Monnard). — Dans le vallon d'Ardran, près du Reculet (Reut.).

2. A. des Alpes. — *A. Alpina.*

Linn. Sp. 928. — DC. Prod. 1. p. 142. et Fl. fr. n. 4177.— Duby, Bot. gall. p. 29. — Gaud. Fl. helv. 4. p. 300. — Lam. Ency. 1. p. 218. — Koch. Syn. p. 57. — Ser. Mél. 2. n. 3. p. 27.
Lam. illust. tab. 563. fig. 1. — Moris. sect. 3. tab. 7. fig. 4. — J. Bauh. Hist. 2. p. 880. fig. 2. — Clus. Hist. 2. p. 125. fig. 1. — Lob. ic. 2. p. 207. fig. 1.
Racine divisée, blanchâtre ; tiges simples et dressées ou rameuses dès la base, étalées, diffuses, longues de 15—30 centim. , feuillées, velues, blanchâtres, comme toutes les autres parties de la plante, à poils simples et rameux ; feuilles radicales disposées en rosette, oblongues-obovales, rétrécies en pétiole, obtuses, molles, dentées, à dents un peu écartées : les caulinaires ovales, embrassantes, les supérieures en cœur, les florales lancéolées-aiguës, quelquefois entières ;

fleurs assez grandes, blanches, disposées en grappes courtes,
corymbiformes, qui s'allongent après la fleuraison, à pétales
entiers, obovales, à onglet court ; siliques étalées, 3—4 fois
aussi longues que le pédoncule, comprimées, bosselées,
droites ou courbées, à stigmate entier ; graines rousses,
ovales, comprimées, un peu marginées. ⚥ (Mars—juin....
septembre).

Commune à Salins, sur les murs, où *J. Bauhin* l'avait déjà remar-
quée, et sur les montagnes environnantes ; à la source du Lison ; aux
environs de Besançon ; de Dole ; d'Arbois ; à Château-Châlon ; à Thoirette ; Nozeroy ; Orbe ; sur le Larmont, à Pontarlier ; sur le Mont-d'Or ;
la Dôle ; le Marchairuz ; la Faucille ; la chaîne du Colombier ; le Salève,
et sur toutes les sommités du Jura.

β. *Crispata*. Koch. Syn. l. c. — *A. crispata*. Willd. En.
694. — Feuilles caulinaires à dents plus saillantes, ondulées
sur les bords.

3. A. auriculée. — *A. auriculata*.

Lam. Ency. 1. p. 219. — DC. Prod. 1. p. 143. et Fl. fr. n.
4175. — Duby, Bot. gall. p. 29. — Gaud. Fl. helv. 4. p.
509. — Poir. Ency. supp. 1. p. 411. — Koch. Syn. p. 38.
J. Saint-Hil. Pl. fr. tab. 698. — Vill. Dauph. tab. 37. fig. 2.
Racine grêle, souvent oblique, garnie de fibres un peu
épaisses ; tige dressée, haute de 2—3 décim., flexueuse,
feuillée, rameuse dans le haut ou même dès la base, à rameaux dressés-divergents, hérissée, ainsi que les feuilles,
de poils courts, raides, bifurqués ou rameux ; feuilles rudes,
obtusément dentées, blanchâtres, quelquefois rougeâtres en
dessous, ovales ou ovales-oblongues, sessiles, embrassantes,
à oreillettes arrondies, peu saillantes : les radicales oblongues, un peu plus grandes, étalées en rosette, rétrécies à la
base en un court pétiole ; fleurs blanches, petites, disposées
en grappes terminales, d'abord assez courtes, s'allongeant
ensuite, et occupant, à l'époque de la maturité, presque la
moitié de la longueur de la plante ; siliques grêles, longues
d'environ 3 centim., glabres, un peu écartées, dressées-

divergentes, comprimées, presque à 3 nervures, 5—6 fois plus longue que le pédicelle; stigmate entier; graines ovoïdes, brunâtres, non ailées, entourées d'une ligne plus foncée. ① (Mai , juin).

Les rochers et les murs : Salins (Mut.). — Genève, à Salève , au Pas-de-l'Échelle; parmi les débris et dans les rocailles autour du Fort-de-l'Écluse , abondamment (Reut.).

4. A. des rochers. — *A. saxatilis.*

All. Fl. ped. n. 973. — DC. Prod. 1. p. 143. et Fl. fr. n. 4176. — Duby, Bot. gall. p. 28. — Gaud. Fl. helv. 4. p. 307. — Poir. Ency. supp. 1. p. 411. — Koch. Syn. p. 38.

Vill. Dauph. tab. 57. fig. 1. (*auriculæ fol. nimis obtusæ*).

Racine petite, rameuse, non gazonnante; tige dressée, ferme, feuillée, simple ou un peu rameuse dans le haut, hérissée, ainsi que les feuilles, de poils simples ou rameux au sommet, haute de 3—5 décim.; feuilles la plupart cauli-naires, ovales ou ovales-oblongues, sessiles, un peu dentées, profondément échancrées en fer de flèche : les radicales ob-longues, rétrécies en pétiole; corolle blanche; siliques com-primées à 3 nervures peu marquées, un peu écartées et demi-dressées, 3 fois aussi longues que le pédicelle étalé, for-mant, à l'époque de la maturité, une grappe un peu raide, qui atteint à peine le quart de la longueur de la plante; graines étroitement ailées. ② (Mai—juillet).

Parmi les débris des rochers : Mont-Surchamp (Gaud.). — Salève (Rapin). — En quantité, près du Fort-de-l'Écluse, dans les éboule-ments près de la grande route, et le long d'un sentier qui conduit au Fortin, depuis Collonge (Reut.).

5. A. velue. — *A. hirsuta.*

Scop. Carn. ed. 2. 2. p. 50. — Koch. Syn. p. 29. — *A. hir-suta III. sagittata.* Gaud. Fl. helv. 4. p. 315. — *Tur-ritis hirsuta.* Linn. Sp. 930. — *A. sagittata.* DC. Prod. 1. p. 143. et Fl. fr. supp. n. 4179. — Duby, Bot. gall. p. 29.

Racine blanchâtre, simple ou un peu rameuse, donnant naissance à une ou plusieurs tiges simples, raides, hautes de 4—6 décimètres, feuillées, plus ou moins hérissées de poils étalés ordinairement simples; feuilles oblongues, dentelées, parsemées de poils rameux : les radicales rétrécies en pétiole : celles de la tige lancéolées, un peu obtuses, dressées-divergentes, sessiles, tronquées-auriculées ou en cœur à la base; fleurs blanches, petites, en grappe simple, quelquefois rameuse, raide, à la fin allongée; siliques dressées contre la tige, comprimées, marquées de veines longitudinales, avec une nervure saillante; graines non ponctuées, un peu ailées au sommet. ② et ♃ (Mai, juin).

Sur les collines arides et au pied des rochers : Salins, le long de la route de Besançou, au-delà de Saint-Joseph; au château de Vaugrenand; à Belin; à la Châtelaine; à Thoirette, au-dessus de la côte de Chaléat, etc. — A Salève, au Pas-de-l'Échelle, parmi les débris (Reut.). — Bâle, sur les murs exposés au soleil, dans la ville même (Hagenb.).

β. *Longisiliqua*. Koch. Syn. l. c. var. γ. — DC. Prod. 1. l. c. var. ε. — *A. longisiliqua*. Wallr. Sched. 559. — *A. hirsuta IV. glastifolia*.— Gaud. Fl. helv. 4. p. 316.—Feuilles plus profondément échancrées en cœur, à oreillettes étalées, non appliquées contre la tige; silique le double plus longue que dans la var. α.

Salins, le long de la route de Besançon, au-delà de Saint-Joseph et ailleurs. — Nyon, près de Longirod, sur la colline du Signal (Gaud.). — Au pied de Salève, entre Archamp et Veiry (Hornung. in Gaud.). — Bâle, sur le mont Dietisberg, parmi les rochers (Hagenb.).

*** Feuilles caulinaires sessiles ou un peu embrassantes, non échancrées en cœur, ni prolongées en oreillettes.*

6. A. ciliée. — *A. ciliata.*

Wahlenb. Helv. p. 128. — Koch. Syn. p. 59. var. β. *hirsuta.* —*A. hirsuta*. DC. Prod. 1. p. 144. et Fl.fr. supp. n. 4179[a]. (*non Scop.*). — Duby, Bot. gall. p 29. —*A. hirsuta I. sessilifolia.* Gaud. Fl. helv. 4. p. 513.

J. Saint-Hil. Pl. fr. tab. 697. — Moris. sect. 3. tab. 3. fig. 5.

Racine blanchâtre, simple ou un peu rameuse, produisant une ou plusieurs tiges simples, raides, feuillées, hérissées de poils simples, hautes de 3—4 décim.; feuilles d'un vert cendré, plus ou moins dentées, garnies de poils bifurqués, rarement rameux : les radicales obovales ou oblongues, rétrécies en un court pétiole, étalées en rosette : les caulinaires sessiles, un peu rétrécies et légèrement échancrées à la base, presque demi-embrassantes, oblongues, lancéolées, obtuses, dressées; fleurs petites, blanches, d'abord en corymbe, se développant ensuite en grappe raide, allongée ; siliques dressées, serrées contre l'axe, comprimées, marquées de veines longitudinales et d'une nervure saillante sur les valves, bosselées, 3 fois plus longues que les pédicelles ; graines non ponctuées, brunâtres, ovoïdes, non ailées, entourées d'une ligne plus foncée. ② (Juin, juillet).

Le bord des bois, les lieux arides et pierreux des montagnes : Salins, à Belin ; à Château ; au pied de la cascade de Goaille ; sur Poupet ; dans les bois de Myon, sur les places des fourneaux à charbon ; à Boujaille ; à la Châtelaine ; à Besançon ; Poligny ; Thoirette ; Noiraigne, au pied du Creux-du-Vent ; sur le Mont-d'Or ; la chaîne du Colombier ; le Salève, etc. — Les environs de Nyon (Gaud.). — De Bâle (Hagenb.).

β. *Incana. A. hirsuta II. incana.* Gaud. Fl. helv. 4. l. c. et ejusd. Syn. p. 554. — Tige garnie de poils simples ou fourchus; feuilles blanchâtres, à peine dentées : les radicales obovales-spatulées, à poils la plupart fourchus ou rameux-étoilés : les caulinaires elliptiques ou ovales, rétrécies à la base et sessiles, hérissées de poils plus nombreux; fleurs blanches, plus grandes, en grappe penchée, à la fin dressée ; siliques égalant 4—5 fois la longueur des pédicelles.

Les lieux pierreux des montagnes, plus rare : le chemin de la Faucille, au-dessus de Gex, et au bord de la route près de Saint-Cergue (Hornung. in Gaud.) ; au-dessus de Longirod (Gaud.).

Obs. Cette espèce se rapproche beaucoup de l'*A. hirsuta :* on l'en distingue à sa tige plus courte ; à ses feuilles caulinaires sessiles, arrondies à la base, jamais tronquées-auriculées ou en cœur ; à ses fleurs plus petites ; à ses siliques et à sa grappe moins allongée ; à ses graines ovoïdes-arrondies, non ailées, entourées d'une ligne de couleur plus foncée.

7. A. des murs. — *A. muralis.*

Bertoloni. Pl. rar. ital. déc. 2. 2. p. 36. — DC. Prod. 1. p. 144. et Fl. fr. supp. n. 4182ᵃ. — Duby, Bot. gall. p. 29. — Gaud. Fl. helv. 4. p. 318. — Koch. Syn. p. 39.

Racine dure, épaisse, rameuse, produisant une ou plusieurs tiges cylindriques, feuillées, souvent diffuses et ascendantes, hérissées de poils rudes, la plupart déprimés et fourchus ou rameux-étoilés, presque glabres à leur partie supérieure, hautes de 1—2 décim.; feuilles blanchâtres, hérissées de poils semblables, obtusément dentées, quelquefois sinuées-dentées : les radicales oblongues-obovales, spatulées, courtement pétiolées : les caulinaires rapprochées, oblongues, obtuses, dressées, rétrécies à la base, sessiles, et non en cœur; fleurs blanches, plus grandes que dans les deux espèces précédentes, à pédoncules de 5—10 millim., à la fin doubles de la longueur du calice; siliques linéaires, comprimées, longues de 4 centim., marquées de veines longitudinales, avec une nervure saillante, appliquées contre l'axe et disposées en grappe raide, effilée. ♃ (Mai, juin).

Les murs et les rochers des montagnes, dans les lieux chauds : sur les murs près de Carouge et parmi les pierres brisées, au pied de Salève, près du Pas-de-i'Échelle (Hornung et Reut.).

8. A. raide. — *A. stricta.*

Huds. Angl. 292. — DC. Prod. 1. p. 144. et Fl. fr. n. 4183. — Duby, Bot. gall. p. 29. — Gaud. Fl. helv. 4. p. 321. — Koch. Syn. p. 40. — *A. hirta.* Lam. Ency. 1. p. 220. et Poir. supp. 1. p. 413.
Vill. Dauph. tab. 38. fig. 1. (*siliquæ nimis breves*).

Racine grêle, simple ou presque simple, produisant une ou plusieurs tiges simples ou peu rameuses, dressées, souvent flexueuses, hautes de 1—2 décimètres, peu feuillées,

hérissées dans le bas de poils simples, étalés, glabres dans le
haut ; feuilles épaisses, ovales, ciliées, plus ou moins hérissées de poils simples ou bifurqués : les radicales en rosette,
oblongues-obovales, obtuses, rétrécies en pétiole, sinuées-
dentées, souvent rougeâtres en dessous : les caulinaires sessiles, peu nombreuses, plus petites, oblongues, obtuses,
entières, presque glabres vers le sommet de la tige, ciliées;
fleurs blanches, petites, portées sur des pédoncules longs de
5—6 millim. ; calice glabre, à sépales souvent violets dans
leur moitié supérieure, pétales dressés, obovales-cunéiformes, doubles de la longueur du calice ; siliques longues
de 27 millim., linéaires, comprimées, marquées de veines
longitudinales et d'une nervure saillante sur les valves, dressées-divergentes, écartées, raides, terminées par un stigmate
sessile; graines à bords aigus, ailées au sommet. ♃ (Mai,
juin).

Les lieux pierreux et abrités des montagnes : sur le Colombier. —
Au pied de Salève, dans les mêmes lieux que l'espèce précédente, et
au pied du Jura, à Thoiry (Reut.). — Commune sur le mont Thoiry
(Gaud.).

9. A. hybride. — *A. hybrida.*

Reuter cat. supp. p. 8. *cum icone.*

Racine vivace, conservant souvent les restes d'anciennes
tiges et en émettant plusieurs ascendantes, les unes simples,
les autres un peu rameuses, munies de feuilles alternes, sessiles ou un peu embrassantes à la base, crénelées, plus ou
moins hérissées, ainsi que la tige, de poils rameux : les radicales spatulées, grossièrement crénelées, étalées en rosette;
fleurs disposées en grappes s'allongeant beaucoup après la floraison; calice glabre, ainsi que le pédicelle et l'axe de la grappe,
à sépales oblongs, obtus, légèrement membraneux sur les
bords ; pétales droits, cunéiformes, un peu émarginés au sommet, blancs ou un peu rosés en dehors, de moitié environ
plus longs que le calice ; siliques linéaires-obtuses, très comprimées, luisantes, à valves marquées d'une nervure longi-

tudinale peu saillante, avec des veines latérales anastomô-
sées, s'ouvrant à la maturité et ne présentant que des ovules
avortés, dont aucun n'arrive à la perfection. ♃ (Mai).

Les rocailles du pied de Salève, autour des carrières de Verrière et
le long du Pas-de-l'Échelle, mélangée à l'*A. muralis* et à l'*A. stricta*
(Reuter, 1857). — Cette plante est une hybride de ces deux dernières
espèces ; on la distingue facilement de l'*A. muralis* par ses siliques
beaucoup plus courtes, moins exactement dressées contre l'axe, et portées sur des pédicelles un peu divergents : la plante est aussi moins
incane ; et de l'*A. stricta* par ses siliques comprimées, de moitié plus
courtes, moins divergentes et disposées en grappes beaucoup plus longues. — Je ne connais cette plante que par la figure de Reuter, et ma
description est faite sur la sienne.

10. A. à feuilles de serpolet. — *A. serpyllifolia.*

Vill. Dauph. 3. p. 318. — DC. Prod. 1. p. 145. et Fl. fr. n.
4185. — Duby, Bot. gall. p. 30. — Gaud. Fl. helv. 4. p.
310. — Lam. Ency. 1. p. 220. — Koch. Syn. p. 40.
Vill. Dauph. tab. 37. fig. 3.

Racine grêle, simple ou peu rameuse, produisant plusieurs
tiges simples, grêles, redressées, flexueuses, longues de
8—16 centim., hérissées dans le bas de poils étoilés ou bifurqués, presque glabres au sommet ; feuilles velues, comme
le bas de la tige, ciliées, vertes : les radicales disposées en
rosette, oblongues-ovales, obtuses, ou elliptiques, entières
ou ayant seulement quelques dents, rétrécies en court pétiole : les caulinaires sessiles, entières, elliptiques ; fleurs
blanches, médiocres, un peu plus longues que le pédicelle,
disposées en grappe nue, un peu lâche, peu garnie, acquérant une longueur médiocre ; siliques grêles, presque dressées, longues de 13—27 millim., à pédicelles de 3—5 millim., un peu comprimées, marquées sur les valves de veines
longitudinales et d'une nervure saillante ; graines non ailées,
entourées d'une ligne plus foncée. ② (Juin, juillet).

Les fentes des rochers au sommet de la Dôle ; sur le Salève et près de
Saint-George, au-dessus d'Aubonne (Reut.).

11. A. des sables. — *A. arenosa.*

Scop. Carn. ed. 2. 2. p. 52. — DC. Prod. 1. p. 146. — Duby,
Bot. gall. p. 50. — Gaud. Fl. helv. 4. p. 502. — Koch.
Syn. p. 40. — Lam. Ency. 1. p. 222. — *Sisymbrium
arenosum.* Linn. Sp. 919. — DC. Fl. fr. n. 4158.

Scop. Carn. l. c. tab. 40. — Barr. ic. fig. 196. — Moris.
sect. 5. tab. 5. fig. ult. — J. Bauh. Hist. 2. p. 865. fig. 1.
(*mala*).

Racine simple ou divisée, garnie de quelques fibres, produisant une ou plusieurs tiges hautes de 16—27 centimètres,
rameuses quelquefois dès la base, plus ou moins hérissées de
poils simples, étalés, glabres ou presque glabres dans le
haut; feuilles oblongues, velues, à poils bifurqués ou rameux : les radicales étalées en rosette, nombreuses, profondément lyrées-pinnatifides, à lobes ovales, ordinairement
opposés, entiers ou munis de 1—2 dents, le terminal plus
large, simplement denté ou diversement lobé : les caulinaires incisées-pinnatifides, à lobes plus aigus, celles du
sommet linéaires-lancéolées, simplement dentées ou entières; fleurs lilas, quelquefois blanches, plus petites que
celles de la *Cardamine pratensis,* disposées à l'extrémité
de la tige et des rameaux en grappes lâches, corymbiformes,
qui s'allongent après la fleuraison; siliques longues de 3—4
centim., étalées, ainsi que les pédicelles longs de 10—14
millim., linéaires, presque planes, munies d'une nervure
longitudinale fine; graines ovoïdes, rousses, un peu écartées.
② (Avril—juin).

Les rochers, les lieux pierreux des montagnes : Salins, au lieu dit
Moulin-d'Ivrey; sur les rochers au-dessous du Gout-de-Conche, et sur
la crête des rochers qui aboutissent sur la gauche du chemin qui conduit
des Prés-de-Loie à la route de Nans; entre Mouchard et Port-Lesney; à
la source du Lison et à la Grotte-des-Sarrasins; sur les rochers de la
citadelle de Besançon. — Au bord du Doubs, près de la Chaux-de-Fonds;
dans presque toute la vallée de Moutiers-Grand-Val et le long de la Birse,
jusqu'à Bâle (Gaud.).

§ 2. *Graines bordées d'une aile large, membraneuse.*
— Lomaspora. DC.

12. A. tourette. — *A. turrita.*

Linn. Sp. 930. — DC. Prod. 1. p. 146. et Fl. fr. n. 4178.
— Duby, Bot. gall. p. 30. — Gaud. Fl. helv. 4. p. 322.
— Koch. Syn. p. 41. — *A. ochroleuca.* Lam. Ency. 1.
p. 218.

Barr. ic. fig. 853. — Moris. sect. 3. tab. 2. fig. 23. — J.
Bauch. Hist. 2. p. 881. fig. 2. — Clus. Hist. 2. p. 126. fig. 2.

Racine dure, ligneuse, fusiforme ; tige cylindrique, couverte, ainsi que toutes les autres parties de la plante, de
poils mous, blanchâtres, courts, serrés, fourchus et étoilés,
ordinairement simple ou un peu rameuse dans le haut,
feuillée, s'élevant à la hauteur de 4—8 décim. ; feuilles
radicales ovales, elliptiques, rétrécies en un court pétiole,
sinuées-dentelées, d'un vert blanchâtre, quelquefois un peu
rougeâtres en dessous, particulièrement les anciennes qui
sont drapées et semblables aux feuilles de l'*Hieracium la-
natum :* les caulinaires nombreuses, oblongues, obtuses,
un peu dilatées et en cœur à la base, dentelées, à oreillettes
embrassantes, les supérieures lancéolées, aiguës; fleurs
assez grandes, d'un blanc jaunâtre, portées sur des pédicelles
égalant presque la longueur du calice ; siliques pubescentes,
longues de 8—14 centim., comprimées, linéaires, à bords
épaissis, arquées à la base, unilatérales, réfléchies, formant
une grappe allongée ; graines rousses, ovales-orbiculaires,
entourées d'une aile large, membraneuse et de même couleur. ② (Mai, juin).

Les fentes des rochers et les lieux pierreux des bois : Salins, au pied
de la cascade de Goaille ; au château de Vaugrenans ; à Belin ; sur les
rochers de Saint-Joseph et au bois de Folle, près de la Chapelle ; au
Gout-de-Conche : à la Châtelaine ; à Thoirette ; aux environs d'Arbois,
de Besançon, de Flagey, de Bolandoz ; au Locle, à la montagne de la
Tourne ; à Corneau ; à Nod et Moron, dans le comté de Neuchâtel ; à
Salève, près du Pas-de-l'Échelle. — Entre Burtigny et Arcier (Gaud.).
— Çà et là aux environs de Bâle (Hagenb.), etc.

7. CARDAMINE. — *CARDAMINE*. Linn.

Calice égal à la base ; pétales onguiculés, à limbe entier ;
silique sessile, linéaire, comprimée, à valves planes, sans
nervure, ou marquée seulement d'un rudiment de nervure
à la base ; graines ovoïdes, sans marge, sur un seul rang
dans chaque loge.

§ 1. *Feuilles à trois folioles.*

1. C. trifoliée. — *C. trifoliata.*

Linn. Sp. 913. — DC. Prod. 1. p. 150. et Fl. fr. n. 4193. —
    Duby, Bot. gall. p. 31.— Gaud. Fl. helv. 4. p. 291. —
    Lam. Ency. 2. p. 182. — Koch. Syn. p. 45.
Moris. sect. 3. tab. 4. fig. 13. — J. Bauh. Hist. 2. p. 890.
    fig. 1. — Clus. Hist. 2. p. 127. fig. 2. (*ic. Lob.*).— Ta-
    bern. ic. p. 454. fig. 1. — Dalech. Hist. p. 660. fig. 2. —
    Lob. ic. p. 211. fig. 1. (*ead.*).
Racine articulée, rampante ; tige rampante à la base,
produisant des rameaux souterrains grêles, tortueux, souvent dentés ou divisés, simple, haute de 16—20 centim. ,
grêle, cylindrique, ascendante, nue ou garnie, au-dessus
du milieu, d'une petite feuille à 3 divisions étroites, entières, mucronées ; feuilles radicales longuement pétiolées,
assez nombreuses, à 3 folioles rhomboïdales - arrondies,
presque sessiles, un peu anguleuses ou crénelées, à dentelures mucronulées ; fleurs blanches, presque de la grandeur
de celles de l'espèce suivante, formant une sorte de corymbe
terminal, à pétales obovales, étalés, à onglet cunéiforme ;
sépales verts, à bords blanchâtres, membraneux ; siliques
allongées, linéaires, comprimées. ♃ (Mai, juin).

Les lieux ombragés et un peu humides des montagnes : sur le Chasseral, dans un petit vallon situé vers le sommet (Hall.)? — Cette
plante, très rare, n'a pas été retrouvée depuis Haller dans le lieu indiqué : il est douteux qu'elle appartienne au Jura. — Mes échantillons
sont du Jardin-des-Plantes de Paris.

§ 2. *Feuilles la plupart ailées-pinnatifides.*

2. C. amère. — *C. amara.*

Linn. Sp. 915. — DC. Prod. 1. p. 151. et Fl. fr. n. 4197. —
  Duby, Bot. gall. p. 51. — Gaud. Fl. helv. 4. p. 294. —
  Lam. Ency. 2. p. 185. — Koch. Syn. p. 44.
Vill. Dauph. tab. 59. fig. 4. (*mala*). — J. Bauh. Hist. 2. p.
  885. fig. 1. (*mala*).

Racine courte, oblique, garnie de fibres nombreuses ;
tiges ascendantes, souvent un peu radicantes à la base, glabres, anguleuses, hautes de 3—4 décim. ; feuilles glabres,
d'un vert gai, souvent un peu ciliées, ailées, pétiolées : les radicales moins nombreuses, à 7—9 folioles presque arrondies,
légèrement sinuées, la terminale plus grande : les caulinaires portées sur des pétioles plus courts, à folioles ovales-
oblongues, dentées-anguleuses ; fleurs blanches, presque de
la grandeur de celles du *C. pratensis,* disposées en corymbe,
s'allongeant ensuite en grappe ; pétales obovales-arrondis, à
onglet jaunâtre, doubles de la longueur des sépales ; anthères
purpurines ; siliques linéaires un peu bosselées, doubles de la
longueur du pédicelle, terminées par un style filiforme, un
peu oblique, à stigmate aigu ; graines ovoïdes brunâtres. ♃
(Avril, mai).

Le bord des ruisseaux, les fossés et les lieux aquatiques : Salins, au
bord de la Loue, près de la Grange-de-Vaivre ; dans le bois Mouchard,
entre les Arsures et Saint-Cyr, le long d'un petit ruisseau ; dans les
fossés des prés humides, entre Saisenay et la Grange-David ; au-dessous
du petit bois de Raty, près d'Ivory ; le long du ruisseau, dans le bois
de Racine ; au bord du Doubs, à Besançon, en allant à Arcier ; dans les
fossés et marais, près du Locle. — Genève, au bord des ruisseaux, au
pied de Salève et ailleurs (Reut.). — Autour de Promenthod (Gaud.).
— Bâle, çà et là le long des ruisseaux, des eaux vives et des fossés
aquatiques, assez commune (Hagenb.).

β. *Trisecta.* DC. Prod. 1. c. Feuilles à 5 folioles légèrement sinuées, la supérieure arrondie et plus grande.

Au bord de la Furieuse, au-dessous de Saint-Joseph.

3. C. des prés. — *C. pratensis.*

Linn. Sp. 915. — DC. Prod. 1. p. 151. et Fl. fr. n. 4198.—
Duby, Bot. gall. p. 31. — Gaud. Fl. helv. 4. p. 292. —
Lam. Ency. 2. p. 184. — Koch. Syn. p. 44.

J. Saint-Hil. Pl. fr. tab. 547. — Lam. illust. tab. 562. fig. 1.
— Moris. sect. 3. tab. 4. fig. 7. — J. Bauh. Hist. 2. p. 889.
fig. 1. (*pessima*). — Clus. Hist. 2. p. 128. fig. 2. (*ic.
Lob.*). — Tabern. ic. p. 452. fig. 2. — Dalech. Hist. p.
659. fig. 2. — Dod. pempt. p. 592. fig. 2. (*ead.*). —
Lob. ic. p. 210. fig. 1 (*ead.*).

Racine composée d'un grand nombre de fibres blanchâtres ; tige haute de 2—3 décim., dressée, feuillée, presque
simple, glabre, un peu glauque ; feuilles radicales pétiolées,
légèrement velues, ailées, à folioles pétiolulées, arrondies,
anguleuses ou crénelées, souvent ciliées, la terminale plus
grande, un peu en cœur : les caulinaires presque sessiles,
ailées-pinnatifides, à lobes entiers, lancéolés ou linéaires,
obtus ; fleurs de couleur lilas pâle, assez grandes, quelquefois blanches, en corymbe s'allongeant ensuite en grappe, à
pétales étalés, obovales-arrondis, à onglet court, 3 fois plus
longs que les sépales ouverts, à bords blanchâtres ; siliques
linéaires, glabres, longues d'environ 3 centim., portées sur
des pédicelles allongés, à style terminé par un stigmate en
tête. ♃ (Mars, avril).

Commune partout, dans les prés humides, le long des rivières et des
ruisseaux. — Plante antiscorbutique, à feuilles alimentaires. Elle se
trouve à fleurs demi-doubles et à fleurs prolifères, aux environs de Bâle
(Hagenb.). — J'ai récolté dans le bois de taillis d'Onay, près de Salins,
après la coupe, des échantillons de cette espèce, à tige entièrement
nue, à feuilles radicales à 2—3 paires de folioles, dont les 5 supérieures,
surtout la terminale, sont très grandes, arrondies, légèrement sinuées,
et les autres très petites, ce qui les ferait prendre, au premier abord,
pour la C. *trifoliata.*

4. C. velue. — *C. hirsuta.*

Linn. Sp. 915. — DC. Prod. 1. p. 152. et Fl. fr. n. 4199. —
Duby, Bot. gall. p. 51. — Gaud. Fl. helv. 4. p. 295. var.
β. et ejusd. Syn. 549. var. *β.* et *γ.* — Lam. Ency. 2. p.
184. — Koch. Syn. p. 43.

Barr. ic. fig. 455. — Scop. Carn. ed. 2. tab. 38. — Moris.
sect. 3. tab. 4. fig. 1. — J. Bauh. Hist. 2. p. 888. fig. 1.
— Dalech. Hist. p. 659. fig. 2.

Racine grêle, fibreuse, produisant une ou plusieurs tiges
hautes de 1—2 décim., dressées ou ascendantes, simples ou
rameuses, plus ou moins velues et anguleuses; feuilles ailées, pétiolées : les radicales en rosette, à folioles alternes
ou opposées, plus ou moins velues, pétiolulées, ciliées, arrondies, entières ou sinuées, mucronées, plus grandes en
allant vers le sommet : les supérieures presque sessiles, à
folioles plus étroites, oblongues ou lancéolées; fleurs petites,
blanches, rapprochées pendant la fleuraison, se développant
ensuite en grappe allongée; pétales oblongs, doubles de la
longueur du calice; étamines ordinairement 4; siliques
presque dressées, linéaires, glabres, à style égalant la largeur de la silique, terminé par un stigmate déprimé. ①
(Mars—mai).

Commune dans les vignes, les lieux cultivés. — Alimentaire en salade, et se vend souvent avec la doucette ou mâche des vignes. Elle est
également très commune dans nos forêts de sapins, mais plus velue, un
peu blanchâtre.

5. C. des bois. — *C. sylvatica.*

Link in Hoff. phyt. Blatt. 1. p. 50. — DC. Prod. 1. p. 152.
Duby, Bot. gall. p. 31. — Koch. Syn. p. 43. — *C. hirsuta.* var. *α. Sylvatica.* Gaud. Syn. p. 549.

Tige plus ou moins hérissée, anguleuse, feuillée; feuilles
toutes ailées : les inférieures pétiolées, à folioles ovales-arrondies, irrégulièrement sinuées-dentées, pétiolulées, la terminale

plus grande : les supérieures à folioles oblongues, lancéolées, à pétiole sans oreillette ; pétales blanchâtres, obovales,
2 fois aussi longs que le calice, rétrécis en onglet ; siliques
presque dressées, portées sur des pédicelles étalés ; style
égalant la largeur de la silique. Cette espèce, qui a de grands
rapports avec la précédente, en diffère par sa tige plus
feuillée, quelquefois un peu flexueuse, moins raide, fistuleuse ? par les folioles de ses feuilles caulinaires plus larges
et souvent dentées ; enfin par ses siliques dépassant un peu
les fleurs du sommet, et par ses étamines au nombre de 6.
① (Mai—juillet).

Les lieux ombragés des forêts, particulièrement de sapins : Salins,
dans les forêts de la Joux ; de Boujaille ; de Levier, etc. — Sur le
Baule, au-dessous de la Dôle (Gaud.). — Au Creux-du-Vent (Godet.).
— A la montée de l'Envers-de-Renens et près de Ferrière, comté de
Neuchâtel (Gagnebin).

6. C. impatiente. — *C. impatiens.*

Linn. Sp. 914. — DC. Prod. 1. p. 152. et Fl. fr. n. 4201. —
  Duby, Bot. gall. p. 32. — Gaud. Fl. helv. 4. p. 298. —
  Lam. Ency. 2. p. 183. — Koch. Syn. p. 43.
Barr. ic. fig. 155. (*malè*). — Moris. sect. 3. tab. 4. fig. 1.
  J. Bauh. Hist. 2. p. 886. fig. 1.
Racine blanchâtre, rameuse ; tige haute de 2—4 décim.,
dressée ou ascendante, glabre, anguleuse, quelquefois un
peu flexueuse, très feuillée, simple ou rameuse ; feuilles
toutes ailées, les inférieures à folioles ovales, pétiolulées, à
3—5 dents ou lobes : celles des supérieures oblongues-lancéolées, sessiles, dentées, la terminale plus grande; pétioles
des feuilles caulinaires munis à leur base de 2 oreillettes en
fer de flèche, ciliées ; fleurs blanches, petites, nombreuses,
en grappes terminales, d'abord courtes, à la fin très allongées ; pétales très petits, au nombre de 1—4, souvent avortés ; siliques dressées ou demi-étalées, grêles, comprimées,
terminées par un style insensiblement aminci en pointe,
à valves élastiques, s'ouvrant spontanément au contact, ce

qui a fait donner à cette espèce le nom d'*Impatiente*. ②
(Mai, juin).

Les lieux pierreux des bois, quelquefois au bord des chemins : Salins, au pied de la cascade de Goaille ; dans le bois de taillis d'Onay, après la coupe, abondamment ; au bord du bois de Folle, près de la Chapelle ; à la Châtelaine ; le long de la route de Besançon, près de Saint-Joseph ; au pied des rochers, vers la grotte de Château. — A Salève (Reut.). — A la montée des côtes de Trélex et de Saint-Cergue (Gaud.). — Aux environs de Bâle (Hagenb.).

8. DENTAIRE. — *DENTARIA*. Linn.

Calice dressé, presque égal à la base ; pétales onguiculés, à limbe obovale ou presque obcordé ; silique lancéolée-linéaire, à valve plane, sans nervure, ou n'en ayant qu'un rudiment à leur base ; graines sur un seul rang dans chaque loge. Cotylédons accombants, pétiolés, ayant leurs bords repliés longitudinalement en dedans.

1. D. à feuilles digitées. — *D. digitata.*

Lam. Ency. 2. p. 268. — DC. Prod. 1. p. 155. et Fl. fr. n. 4205. — Duby, Bot. gall. p. 32. — Gaud. Fl. helv. 4. p. 285. — Koch. Syn. p. 45. — *D. pentaphyllos*. Linn. Sp. 912. var. β. et γ.

J. Saint-Hil. Pl. fr. tab. 869. — Moris. sect. 3. tab. 10. fig. 2. et 3. — J. Bauh. Hist. 2. p. 900 et 901. fig. 1. — Clus. Hist. 2. p. 122. fig. 1. et 2. (*eæd. ac Bauh.*). — Tabern. ic. p. 113. fig. 1. (*absque floribus*) et fig. 2. — Dalech. Hist. p. 1297. fig. 1. (*foliis*) et fig. 2. (*fl. pentapetalis*). — Dod. pempt. p. 162. fig. 1. (*ic. secunda Clus.*) — Lob. ic. p. 686. fig. 1.

Racine horizontale, blanche, écailleuse ou dentée, à écailles épaisses, arrondies, entremêlées de quelques fibres ; tige dressée, haute de 3—4 décim., simple, glabre, cylindrique, nue dans le bas ; feuilles 2—4, alternes, glabres, longuement pétiolées, à 5 folioles digitées, oblongues-lancéolées, acuminées, grossièrement dentées en scie, glabres, un peu ciliées, les extérieures plus petites : quelquefois à 5 folioles dans les supérieures, rarement à 7 dans les inférieures ; fleurs ordinairement purpurines, quelquefois blanches, grandes, d'un aspect agréable, au nombre de 10--12, portées sur de longs pédoncules filiformes, d'abord en corymbe, puis en grappe terminale ; siliques linéaires ensiformes, longues de 4—5 centim., terminées en bec aigu, à valves également aiguës ; graines ovoïdes, assez grosses, d'un roux clair. ♃ (Mai , juin).

Les bois de montagnes : le Noirmont, du côté de la vallée de Joux ; le Chasseral ; le Creux-du-Vent ; les bois autour de la Faucille ; la Dôle ; le Salève. — A la Combe-de-Valanvron (Hall.). — Les rochers de la Moleta (L. Benoît, cat.). — Les environs de Bonmont, de Saint-Cergue (Gaud.). — Bâle, avec l'espèce suivante, mais plus rare (Hagenb.). — J'ai en herbier un échantillon de cette espèce, que j'ai cueilli à la Faucille, dont la tige, les pétioles et les nervures inférieures des folioles sont pubescents.

2. D. à feuilles ailées. — *D. pinnata.*

Lam. Ency. 2. p. 268. — DC. Prod. 1. p. 155. et Fl. fr. n. 4204. — Duby, Bot. gall. p. 52. — Gaud. Fl. helv. 4. p. 284. — Koch. Syn. p. 46. — *D. pentaphyllos.* var. *α.* Linn. Sp. 912.

J. Saint-Hil. Pl. fr. tab. 870. — Lam. illust. tab. 562. fig. 1. — J. Bauh. Hist. p. 901. fig. 2. — Clus. Hist. 2. p. 123. fig. 1. (*ead.*). — Tabern. ic. p. 112. fig. 2. — Dalech. Hist. p. 1244. fig. 1. (*mala, fl. pentapetalis*). — Dod. pempt. p. 162. fig. 2. — Lob. ic. p. 686. fig. 2. (*ead.*).

Racine et tige presque entièrement semblables à celles de l'espèce précédente ; feuilles également alternes, pétiolées, glabres, ailées, à 5—7, rarement 9, folioles lancéolés, aiguës, dentées en scie, sessiles, légèrement ciliées, les 3 supérieures réunies à la base et décurrentes, les autres à base un peu oblique ; fleurs grandes, très belles, purpurines, souvent blanches ou rougeâtres, disposées en corymbe qui s'allonge en grappe après la fleuraison ; siliques légèrement comprimées, acuminées, à style aigu. ♃ (Mai, juin).

Les bois et les lieux ombragés des montagnes : Salins, derrière les aiguillons de Saisenay ; à Poupet, au pied des rochers du côté d'Ivrey et au pied du rocher appelé *Bonhomme* ; au pied de la cascade de Goaille ; à la Grotte-des-Sarrasins, à Nans ; au bois de Salgret ; dans les forêts de sapins de la Joux ; de Villers ; de Levier, etc. — Entre Foncine et la Chapelle-des-Bois ; sur la Dôle, le Thoiry, au Creux-du-Vent. — Aux environs de Nyon, au-dessus de Bonmont, à Trélex, Saint-Cergue, Longirod, etc. (Gaud.). — A Salève (Reut.). — Aux environs de Bâle (Hagenb.).

TRIBU II. — SISYMBRÉES,

OU SILIQUEUSES NOTORHIZÉES (O ||).

Cotylédons incombants, planes, opposés à la cloison, radicule dorsale.

9. JULIENNE. — *HESPERIS*. Linn.

Calice fermé, à 2 bosses à la base ; pétales presque entiers ; silique linéaire ; stigmate à 2 lamelles dressées-accombantes, planes sur le dos. — Ce genre diffère de tous ceux de cette tribu par son stigmate.

1. J. des dames. — *H. matronalis*.

Lam. Ency. 3. p. 321. — DC. Prod. 1. p. 189. et Fl. fr. n. 4126. — Duby, Bot. gall. p. 45. — Gaud. Fl. helv. 4. p. 352. et ejusd. Syn. p. 562. — Koch. Syn. p. 46.

Lam. illust. tab. 564. fig. 1.

Racine fibreuse ; tige haute de 3—6 décim., dressée, feuillée, simple ou rameuse au sommet, garnie de poils rudes, simples, bi-trifurqués ; feuilles lancéolées ou ovales-lancéolées, acuminées, subpétiolées, dentées, un peu velues, souvent échancrées en cœur à la base ; fleurs purpurines ou lilas, à pétales étalés, obovales, très entiers, légèrement

mucronulés au sommet, disposées en grappe oblongue, simple
ou un peu rameuse à la base, portées sur des pédicelles égaux
au calice ou plus longs ; siliques glabres, bosselées, cylindriques, dressées sur des pédicelles étalées, disposées en grappe
lâche, allongée. ② et ♃ (Mai, juin).

α. *Hortensis*. DC. Prod. 1. l. c. — Gaud. Fl. helv. 4.
l. c. — *H. matronalis*. Linn. Sp. 927. — Moris. sect. 3. tab.
10. fig. 1. — J. Bauh. Hist. 2. p. 878. fig. 1. — Clus. Hist.
1. p. 297. fig. 1. — Dod. pempt. p. 161. fig. 1. — Tige
raide, simple ; feuilles ovales-lancéolées, arrondies ou rétrécies à la base, jamais en cœur ; fleurs odorantes, surtout le
soir et la nuit.

Cultivée dans les jardins, à fleurs doubles, blanches ou purpurines,
sous le nom de *Girarde*.

β. *Sylvestris*. DC. Prod. 1. l. c. — Gaud. Fl. helv. 4. l.
c. — *H. inodora*. Linn. Sp. 927. — J. Bauh. Hist. 2. p.
878. fig. 2. — Tige un peu plus élevée ; feuilles inférieures
demi-embrassantes en cœur à la base ; fleurs purpurines,
odorantes le soir.

En allant de Champagnole à Syam. — Les environs de Jougne
(Girod-Chant.). — Au Pélard, près de Valangin (Hall.). — Avenue
du château de Bossey, entre Celigny et Coppet (Monnard.). — A Rolle
(Rapin). Les envions de Bâle (Hagenb.). — Cultivée dans les jardins,
aux Longevilles-du-Bas, pied du Mont-d'Or.

10. MALCOMIE. — *MALCOMIA*. R. Brown.

Calice fermé ; limbe des pétales obovale ou légèrement
échancré ; siliques linéaires, cylindriques, terminées par un
stigmate conique (formé de 2 lamelles soudées).

1. M. maritime. — *M. maritima,*

R. Brown. Hort. kew. ed. 2. vol. 4. p. 121. — DC. Prod. 1.
p. 187. — Duby, Bot. gall. p. 42. — Koch. Syn. p. 46. —
Hesperis maritima. DC. Fl. fr. n. 4130. — Lam. Ency.
3. p. 324. — *Cheiranthus maritimus*. Linn. Sp. 924.

J. Saint-Hil. Pl. fr. tab. 205. — Barr. ic. fig. 1127. — Moris.
sect. 3. tab. 7. fig. 6. — J. Bauh. Hist. 2. p. 877. fig. 1.
— Dalech. Hist. p. 1560. fig. 1.

Racine petite, fibreuse; tige plus ou moins rameuse, diffuse, rarement simple et dressée, haute de 16—27 centim.;
recouverte, ainsi que les feuilles, de poils appliqués, à 2
pointes sur les tiges et à 3—4 sur les feuilles : celles-ci sont
elliptiques, obtuses, entières ou dentelées, rétrécies à la base
en pétiole court, les supérieures un peu aiguës; fleurs d'un
pourpre violet pâle, peu nombreuses, en grappe dressée,
peu garnie, à pétales obovales, échancrés, à onglet linéaire,
portées sur des pédicelles un peu plus courts que le calice;
siliques cylindriques, dressées, grêles, pubescentes, terminées par un style longuement acuminé. ① (Mai, juin).
Vulg. *Giroflée de Mahon.*

Cette plante, que l'on trouve dans les sables maritimes du midi de la
France, est cultivée en bordure dans les jardins.

11. SISYMBRE. — SISYMBRIUM. Linn.

Calice égal à la base; pétales entiers; silique linéaire, à
valves convexes, à 3 nervures longitudinales; stigmate obtus, entier ou échancré; graines sur un seul rang dans
chaque loge.

§ 1. Fleurs jaunes.

* Siliques subulées, serrées contre l'axe; pédicelles très courts.

1. S. officinal. — S. officinale.

Scop. Carn. ed. 2. vol. 2. p. 26. — DC. Prod. 1. p. 191. et
Fl. fr. n. 4172. — Duby, Bot. gall. p. 43. — Gaud. Fl.
helv. 4. p. 345. — Koch. Syn. p. 47. — *Erysimum offi-
cinale.* Linn. Sp. 922. — Poir. Ency. 8. p. 442.
J. Saint-Hil. Pl. fr. tab. 674. — Bull. Herb. tab. 259. —
Moris. sect. 3. tab. 3. fig. 1. — J. Bauh. Hist. 2. p. 863.
fig. 1. — Tabern. ic. p. 206. fig. 1.

Racine fusiforme, rameuse; tige haute de 3—5 décim., dure,
rameuse, un peu velue, à rameaux étalés, effilés; feuilles
également un peu velues : les radicales étalées en rosette,
pétiolées, lyrées-roncinées, ainsi que les inférieures, à lobes
sinués-anguleux ou grossièrement dentés, le terminal très
grand, triangulaire ou arrondi, obtus, denté ou lobé-denté :
les supérieures beaucoup plus petites, à lobe terminal oblong : celles du sommet souvent hastées ou sagittées, lancéolées, entières ou dentées; fleurs petites, d'un jaune pâle,
courtement pétiolées, presque sessiles, rapprochées en corymbe, se développant, après la fleuraison, en grappe ou
épi grêle, allongé; siliques écartées, pubescentes, linéaires-
subulées, appliquées avec le pédicelle contre l'axe de l'épi.
① (Mars—juillet). Vulg. *Vélar, Herbe au chantre.*

Très commun partout, le long des routes, des chemins, et dans les
lieux incultes et arides. — L'*Erysimum* est antiscorbutique et un peu
incisif; il passe pour être bon contre l'enrouement, d'où lui vient le
nom d'*Herbe au chantre.* Son sirop est encore employé.

** *Siliques cylindriques; graines oblongues ou presque ovoïdes.*

2. S. d'Autriche. — *S. Austriacum..*

Jacq. Aust. 3. tab. 262. — DC. Prod. 1. p. 192. — Duby,
Bot. gall. p. 44. — Koch. Syn. p. 47. — *T. acutangu-
lum II. Tillieri.* et *III. Hyoseridifolium.* Gaud. Fl. helv.
4. p. 337 et 339. — *S. erysimifolium* (Pourr.). DC. Fl.
fr. n. 4170.

All. Fl. ped. tab. 55. fig. 1. — Vill. Dauph. tab. 58. fig. 2.

Racine épaisse, dure, presque ligneuse; tige dressée ou
ascendante, haute de 2—4 décim., lisse, presque cylindrique,
feuillée, assez ferme, rameuse-paniculée au sommet, entièrement glabre, ainsi que toutes les autres parties de la plante,
excepté l'extrémité des sépales qui portent quelques poils;
feuilles un peu épaisses, les radicales assez nombreuses, en
rosette, pétiolées, roncinées-pinnatifides, à lobes triangu-
laires-aigus, irrégulièrement dentés, à dents aiguës, plus

écartés et plus courts vers la base de la feuille , confluents au sommet, à sinus arrondi, le terminal plus grand, presque triangulaire , aigu ou arrondi, lobé-denté : les caulinaires presque sessiles ou courtement pétiolées , à lobes plus étroits , moins nombreux , très aigus , entiers ou dentés , situés à angle droit ou même un peu roncinés , le supérieur lancéolé : celles du sommet entières , lancéolées , souvent hastées : côte moyenne des feuilles à 5 nervures ; fleurs jaunes , assez grandes , disposées , à l'extrémité de la tige et des rameaux, en corymbe se développant , après la floraison , en grappes paniculées ; calice étalé , à sépales jaunâtres , glabres , garnis de quelques poils vers le sommet ; pétales doubles de la longueur du calice , à limbe ovale-arrondi , à onglet plus court que le calice ; siliques très glabres , striées , subtétragones , hosselées , portées sur des pédicelles longs de 6—7 millim. , courbés , un peu épaissis au sommet , nombreuses , dressées , mêlées-contournées , couvrant l'axe , longues d'environ 5 centim. , à stigmate presque sessile ; graine ovoïde , lisse , de couleur rousse. ② (Mai—juillet).

Les collines arides et pierreuses, aux lieux abrités : le pied des rochers au-dessus des vignes de Gily, entre Arbois et le village des Planches, avec le *Thelephium imperati* et le *Sisymbrium sophia.* — Sur le Salève, au-dessous du Pas-de-l'Échelle, dans les lieux où l'on a tiré les pierres pour le pont de Carouge (Reut.). — Cette espèce est très variable quant à la découpure de ses feuilles, dont les lobes sont plus ou moins écartés, plus ou moins allongés, aigus ou obtus, sinués-dentés ou presque entiers, sur des échantillons cueillis ensemble dans le même lieu, ce qui la rend difficile à déterminer.

5. S. Irio. — *S. Irio.*

Linn. Sp. 921. — DC. Prod. 1. p. 192. et Fl. fr. n. 4166. — Duby, Bot. gall. p. 44. — Gaud. Fl. helv. 4. p. 340. — Poir. Ency. 7. p. 215. — Koch. Syn. p. 48.
Moris. sect. 3. tab. 3. fig. 3. — Tabern. ic. p. 449. fig. 1.

Racine grêle, fusiforme; tige dressée, glabre ou légèrement pubescente dans le haut, rameuse, feuillée, haute de 2—3 décim. ; feuilles glabres, oblongues, pétiolées, roncinées-pinnatifides, à 2—4 paires de lanières opposées, étalées ou un peu recourbées, plus ou moins aiguës, plus courtes et presque triangulaires à la base de la feuille, dentées en avant, rarement du côté opposé, lobe terminal plus grand, ordinairement lancéolé, entier ou muni de quelques dents, hasté à la base, plus court et un peu anguleux dans les feuilles radicales; fleurs petites, d'un jaune pâle, en grappes nombreuses, à la fin allongées, portées sur des pédicelles filiformes, glabres ou un peu poilus; pétales dépassant peu le calice ouvert; siliques grêles, 4 fois plus longues que le pédicelle et dépassant dans la jeunesse le sommet fleuri de la grappe; graines petites, nombreuses, oblongues, rousses. ② (Mai—juillet).

Les terrains cultivés de quelques parties du Jura (Clairville). — Mes échantillons ont été récoltés à Paris, aux Champs-Élysées.

4. S. sagesse. — *S. sophia.*

Linn. Sp. 922. — DC. Prod. 1. p. 193. et Fl. fr. n. 4165. — Duby, Bot. gall. p. 44. — Gaud. Fl. helv. 4. p. 342. — Poir. Ency. 7. p. 212. — Koch. Syn. p. 48.

Bull. Herb. tab. 271. — Moris. sect. 3. tab. 4. fig. 6. — J. Bauh. Hist. 2. p. 886. fig. 2. — Lob. ic. p. 738. fig. 1. (*ic. Dod.*). — Tabern. ic. p. 6. fig. 2. et p. 7. fig. 1. — Dalech. Hist. p. 1146. fig. 2.—Dod. pempt. p. 153. fig. 2.

Racine dure, blanchâtre, simple ou divisée; tige dressée, rameuse, haute de 3—6 décim., légèrement pubescente ou presque glabre; feuilles 2 fois ailées-pinnatifides, à lobes étroits, lancéolés ou linéaires, incisés ou dentés; fleurs très petites, peu apparentes, jaunâtres, portées sur de longs pédicelles, disposées en corymbe qui se développe en grappe allongée après la floraison; pétales presque en spatule, quelquefois un peu échancrés, égaux ou plus courts que le calice un peu velu; siliques glabres, cylindriques, dressées, grêles, un peu bosselées, doubles du pédicelle filiforme un peu ouvert; stigmate sessile; graines petites, ovoïdes, rousses. ① (Mai—août). Vulg. *Sagesse des chirurgiens.*

Les lieux arides, les murs, le bord des chemins : au pied des rochers au-dessus des vignes de Gily, près d'Arbois; contre le mur de terrasse en sortant de Jougne, route d'Iverdon. — Salève, parmi les pierres et les décombres, et abondamment sous les voûtes d'en-haut, au Petit-Salève (Reut.). — Aux environs de Nyon (Gaud.). — De Bâle, autour de Saint-Louis; à Michelfeld et au-dessous d'Huningue abondamment (Hagenb.). — Autrefois en grande réputation comme vulnéraire, aujourd'hui inusité.

§ 2. *Fleurs blanches.*

5. S. de Thalius. — *S. Thalianum.*

Gaud. Fl. helv. 4. p. 348. — Koch. Syn. p. 49. — *Arabis Thaliana.* Linn. Sp. 929. — DC. Prod. 1. p. 144. et Fl. fr. n. 4184. — Duby, Bot. gall. p. 50. — Lam. Ency. 1. p. 220. (*excl. Syn. Crantz.*).

Barr. ic. fig. 269. et 270. — Belleval. tab. 196. — Moris. sect. 3. tab. 7. fig. 5. — J. Bauh. Hist. 2. p. 870. fig. 2.

Racine grêle, rameuse, produisant une ou plusieurs tiges hautes de 16—32 centim., grêles, rameuses, cylindriques, hérissées dans le bas de poils simples, étalés, glabres dans le haut; feuilles velues, à poils bi-trifurqués, entières ou munies de dents un peu écartées : les radicales en rosette, oblongues-lancéolées, rétrécies en pétiole à la base, souvent rougeâtres en dessous : les caulinaires peu nombreuses, écartées, sessiles, oblongues ou presque linéaires, obtuses, rarement dentées, ordinairement situées à la base des rameaux; fleurs blanches, petites, portées sur des pédicelles ouverts, filiformes, de 7—10 millim. de longueur, disposées en grappes lâches, terminales, qui s'allongent après la fleuraison; pétales oblongs-cunéiformes, dressés, doubles de la longueur du calice; sépales souvent violets dans leur moitié supérieure; siliques linéaires, ascendantes sur un pédicelle étalé, longues de 14 millim., grêles, surmontées d'un style court; graines petites, ovoïdes, rousses. ① (Avril, mai).

Les murs, les champs sablonneux : Salins, dans les champs de Cramans; de Port-Lesney, etc. — Aux environs de Nyon; de Burtigny; de Genève; de Bâle; de Montbéliard, etc.

12. BRAYA. — *BRAYA*. Sternb. et Hopp.

Calice égal à la base ; pétales entiers ; silique linéaire, cylindrique ou un peu comprimée ; valves convexes, à une seule nervure dorsale ; stigmate obtus ; graines sur 2 rangs dans chaque loge. — Diffère des *Sisymbres* par les graines sur 2 rangs dans chaque loge et par la nervure des valves solitaire ; et des *Barbarées* par les graines sur 2 rangs et les cotylédons incombants.

1. B. couchée. — *B. supina*.

Koch. Syn. p. 50. — *Sisymbrium supinum*. Linn. Sp. 917. — DC. Prod. 1. p. 191. et Fl. fr. n. 4156. — Duby, Bot. gall. p. 45. — Gaud. Fl. helv. 4. p. 547. — Poir. Ency. 7. p. 206.

Racine allongée, tortueuse, garnie de quelques fibres ; tiges longues de 2—5 décim., rameuses, diffuses, étalées, couchées ou tombantes (quelquefois simple et dressée), feuillées, anguleuses, plus ou moins garnies de poils rudes, presque étalés ou réfléchis ; feuilles oblongues, sinuées-pinnatifides, glabres ou un peu velues, à lobes oblongs, obtus, séparés par des sinus arrondis, le terminal plus grand, anguleux ; fleurs blanches, médiocres, presque sessiles ou courtement pédicellées, rapprochées à l'époque de la fleuraison, à calice pubescent, plus court que les pétales oblongs ; siliques dressées, écartées, formant une grappe allongée, garnie de feuilles ou bractées plus longues qu'elles dans le bas de la grappe et plus courtes dans le haut, légèrement pubescentes dans la jeunesse et ensuite glabres, à valves munies d'une seule nervure saillante ; style épais, à stigmate obtus ; graines petites, nombreuses, ovoïdes, rousses. ① (Juin—septembre).

Les graviers et les sables un peu humides : bords du Doubs à Besançon, à Dole ; de la Loue à Mont-sous-Vaudrey et à Villers-Farlay (à tige simple, dressée) ; champs d'Éternoz ; de Busy ; bords du lac de Joux : à l'abbaye et au village du Pont, entre ce village et les Charbonnières et entre le Lieu et le Sentier.

13. VÉLAR. — *ERYSIMUM*. Linn.

Calice fermé ; pétales entiers ; silique linéaire , à valves munies d'une seule nervure saillante qui lui donne une forme quadrangulaire ; stigmate obtus, entier ou échancré ; graines sur un seul rang dans chaque loge.

§ 1. *Pédicelle égalant ou dépassant la longueur du calice.*

1. V. raide. — *E. strictum*.

Koch. Syn. p. 51. — *E. virgatum*. DC. Prod. 1. p. 197. (*non Roth.*). — Duby, Bot. gall. p. 45. — Gaud. Fl. helv. 4. p. 356. var. β. *Juranum*. — *L. hieracifolium*. Linn. Sp. 923. (*non Herb.*). — *Cheiranthus turritoïdes*. Lam. Ency. 2. p. 716.

Racine fusiforme, garnie de fibres ; tige dressée, raide, anguleuse, un peu rude au toucher, ordinairement rameuse à sa partie supérieure, feuillée dans toute sa longueur ; feuilles radicales nombreuses, surtout avant le développement de la tige, promptement marcescentes ainsi que les caulinaires inférieures, oblongues-lancéolées, sinuées-dentelées, rétrécies en pétioles, couvertes de poils bi-trifurquées : les caulinaires lancéolées, dentelées, rétrécies en pétiole dans le bas de la tige, les autres sessiles, fleurs assez grandes, d'un jaune soufré un peu foncé, disposées en corymbe qui s'allonge en grappe après la fleuraison ; calice gibbeux à la base ; pétales doubles du calice, à onglet linéaire presque aussi long que les sépales, à lame obovale en coin, légèrement déprimée au sommet ; pédicelles égalant presque la longueur du calice ; siliques quadrangulaires, légèrement comprimées, pubescentes-rudes, rapprochées de l'axe de la grappe ; style long de 2 millim., à stigmate échancré ou à 2 lobes. ② (Mai , juin).

Le pied des rochers au Creux-du-Vent (Chaillet).

2. V. à longues siliques. — *E. longisiliquosum.*

Willd. Enum. 680.— DC. Prod. 1. p. 197.—Gaud. Fl. helv.
4. p. 558. — Duby, Bot. gall. 2. in app. p. 993. — *E. lon-
gisiliquum.* Schleich. rar. exsic. 3. n. 69. — *E. virgatum.*
β. DC. Fl. fr. n. 4144.

DC. ic. Gall. rar. tab. 56. (opt.).

Racine simple, fusiforme, garnie de fibres; tige simple,
raide, presque cylindrique, rameuse à sa partie supérieure,
haute de 4—5 décim., feuillée et souvent munie dans l'axe
des feuilles de rameaux stériles; feuilles vertes, parsemées
de poils très fins, bi-trifurqués, déprimés : les radicales et
les inférieures oblongues-lancéolées, très entières, rétrécies
en un long pétiole grêle : les supérieures lancéolées, sessiles,
rétrécies aux deux bouts; fleurs d'un jaune pâle, médiocres,
disposées en corymbe qui se développe ensuite en grappe allongée; pédicelles presque de la longueur du calice; siliques
grêles, tétragones, longues de 6—8 centim., dressées, un
peu lâches, couvertes de poils blanchâtres semblables à ceux
des feuilles; style court, à stigmate en tête échancrée. —
Selon Koch. Syn. p. 50, cette espèce n'est qu'une modifica-
tion de l'*E. virgatum.* Roth. à siliques le double plus
longues. ② (Juin, juillet).

Les lieux graveleux, rare : les environs de Genève (Schl.), où
Reuter ne l'a pas encore retrouvée.

3. V. giroflée. — *E. cheiranthoïdes.*

Linn. Sp. 925. — DC. Prod. 1. p. 198. et Fl. fr. n. 4142.
— Duby, Bot. gall. p. 45. — Gaud. Fl. helv. 4. p. 359.
— Koch. Syn. p. 50. — *Cheiranthus sylvestris.* Lam.
Ency. 2. p. 716.

J. Saint-Hil. Pl. fr. tab. 675. — Moris. sect. 3. tab. 5. fig. 7.
— J. Bauh. Hist. 2. p. 894. fig. 1. — Tabern. ic. p. 449.
fig. 2. et p. 866. fig. 1. — Dalech. Hist. p. 1137. fig. 5.

Racine fusiforme, souvent tortueuse et divisée ; tige dressée , ordinairement rameuse , haute de 3—5 décim., feuillée,
un peu anguleuse dans le haut et presque cylindrique dans
le bas, rude , couverte de poils appliqués, souvent bifurqués ;
feuilles oblongues-lancéolées, rétrécies aux deux bouts, vertes,
entières ou munies de quelques dentelures écartées, rudes,
couvertes de poils fins, appliqués, bi-trifurquées : les inférieures
et les radicales marcescentes, rétrécies en pétiole ; fleurs petites , de couleur jaune , disposées en corymbe serrée , se
développant ensuite en grappes allongées ; pédicelles doubles
ou triples de la longueur du calice et presque moitié de la
longueur des siliques vertes , tétragones, un peu comprimées,
dressées sur le pédoncule ouvert ; stigmate petit, en tête
entière ou à peine échancrée ; graines oblongues , rousses.
① (Juin—automne).

Les lieux arides , le long des chemins , le bord des champs : çà et là ,
aux environs de Salins ; dans les champs d'Écleux ; de Mont-sous-Vaudrey ; de Cramans , etc. ; Besançon , au-dessous du pont de Bregille ,
entre les remparts et le Doubs. — Genève , près de Chêne , rare (Reut.).
— Çà et là , aux environs de Bâle (Hagenb.). — Le long du marais
d'Orbe et près de Mathod (Leresche).

§ 2. Pédicelle de moitié au moins plus court que le
calice.

4. V. jaunâtre. — E. ochroleucum.

DC. Fl. fr. n. 4141. — Gaud. Fl. helv. 4. p. 566. et ejusd.
Syn. p. 566. — Duby, Bot. gall. p. 46. — *Cheiranthus
ochroleucus.* DC. Prod. 1. p. 136. — Poir. Ency. supp. 2.
p. 781.—*E. pallens var. β. dentatum.* Koch. Syn. p. 53.

Hall. helv. tab. 14. fig. 4. (*mala; specim. parvum, caule
simplici , foliis profundius dentatis et latioribus, unguiculis calicem non superantibus*).

Racine dure , presque ligneuse , allongée , garnie de quelques fibres , ordinairement divisée en plusieurs souches nues,
tombantes et souvent engagées dans les pierrailles , produi

sant des tiges ascendantes, anguleuses, très feuillées, à feuilles inférieures, nombreuses, étalées en rosette avant le développement de la tige, se fanant et disparaissant promptement après la fleuraison, hautes de 16—32 centim., couvertes, ainsi que les feuilles, de poils simples ou en navette, appliqués et peu apparents, rendant la plante rude au toucher; feuilles oblongues-lancéolées, d'un vert cendré, munies de quelques dentelures glanduleuses écartées, rarement entières : les inférieures ou radicales rétrécies en un long pétiole grêle : les caulinaires supérieures plus étroites, lancéolées-linéaires, aiguës; fleurs grandes, d'une odeur agréable, disposées en corymbe se développant insensiblement en grappe allongée ; pédicelles de moitié plus courts que le calice glabre ou presque glabre, bossu à la base, à sépales dressés ; pétales d'un jaune soufré, à limbes obovales en coin, arrondis, étalés, à onglet linéaire, allongé, très étroit à la base, dépassant le calice ; siliques dures, tétragones, grisâtres, à cause des poils appliqués qui les recouvrent, surtout dans la jeunesse, légèrement bosselées, presque dressées sur les pédicelles ouverts, au moins 4—6 fois plus courts qu'elles, terminées par un style dont la longueur égale 2—3 fois la largeur de la silique, à stigmate en tête, à 2 lobes distincts, arrondis ; graines oblongues, un peu comprimées, rousses, suspendues à un cordon ombilical un peu long. ♃ (Mai, juillet). Vulg. *Violette jaune bâtarde.*

Parmi les rochers, et dans les pierrailles qui sont au pied : le pied des rochers de la Dôle, au-dessus du Chalet ; dans le Creux-du-Vent. — Au pied des rochers du Chasseral (Gaud.). — Au pertuis de la Bise (Clairville). — Au-dessus de Gex (Girod). — Aux environs de Salins.

β. *Strictum.* Gaud. Syn. p. 566. — Tiges dressées; feuilles linéaires, aiguës, légèrement dentelées ; fleurs plus petites.

Commune à Salins, dans les pierrailles du pied de Belin ; de Saint-André ; de Poupet, etc., et sur toutes les montagnes environnantes. — Cette variété de Gaudin se rapporte à notre plante des environs de Salins ; mais la phrase caractéristique qui la distingue de l'espèce ne saurait s'y appliquer généralement, et, d'après un examen attentif de mes échantillons de Salins et du Creux-du-Vent, je ne vois aucune différence essentielle entre ces deux plantes, et c'est celle de Salins que j'ai décrite ci-dessus.

14. ALLIAIRE. — *ALLIARIA*. Adans. Fam.

Calice lâche, égal à la base, caduc; pétales à limbe obovale; silique cylindrique, striée, presque tétragone à cause de la nervure carinale des valves saillante, accompagnée de 2 autres peu marquées; style très court, graine presque cylindrique, striée en long.

1. A. officinal. — *A. officinalis.*

Andrz. crucif. in DC. Syst. nat. 2. p. 489. et Prod. 1. p. 196. — Duby, Bot. gall. p. 45. — Gaud. Fl. helv. 4. p. 354. — *Hesperis alliaria.* Lam. Ency. 3. p. 326. — DC. Fl. fr. n. 4125. — *Erysimum alliaria.* Linn. Sp. 922. — *Sisymbrium alliaria.* Koch. Syn. p. 49.

Chaum. Fl. med. tab. 17. — Bull. Herb. tab. 338. — Moris. sect. 3. tab. 10. fig. 6. — J. Bauh. Hist. 2. p. 889. fig. 1. — Tabern. ic. p. 761 fig. 1. — Dalech. Hist. p. 911. fig. 1. et 2. — Dod. pempt p. 686. fig. 2. — Lob. ic. p. 530. fig. 1. (*ead.*).

Racine fusiforme, rameuse; tige dressée, ordinairement simple, fistuleuse, lisse, feuillée, haute de 4—6 décim.; feuilles pétiolées, larges, en cœur à la base, allant en diminuant de grandeur vers le haut de la tige, grossièrement crénelées ou dentées, répandant une odeur d'ail lorsqu'on les froisse : les supérieures presque triangulaires, courtement pétiolées; fleurs blanches, de grandeur médiocre, disposées en corymbe s'allongeant en grappe après la fleuraison; calice à sépales lâches, tombant avant les pétales obovales, entiers, onguiculés; siliques ascendantes, dépassant plusieurs fois la longueur du pédicelle; valves à 3 nervures longitudinales, la moyenne saillante, ce qui rend la silique un peu tétragone, les 2 autres moins apparentes; stigmate presque sessile, petit, déprimé; graines oblongues, presque cylindriques. ⚇ (Avril, mai).

Commune le long des haies, au bord des chemins et des fossés. — Koch pense que cette espèce est un véritable *Sisymbrium*, à cause de sa silique presque cylindrique et de ses valves à 5 nervures.

TRIBU III. — BRASSICÉES,

OU SILIQUEUSES ORTHOPLOCÉES (⊙»).

Cotylédons incombants, pliés longitudinalement par le milieu sur la radicule placée dans la gouttière.

15. CHOU. — *BRASSICA*. Linn.

Calice dressé, à sépales plus ou moins fermés, rarement étalés; pétales obovales; silique linéaire ou oblongue, à valves convexes, munies d'une nervure dorsale droite, les latérales nulles, ou bien formées de chaque côté de veines s'anastomosant en une espèce de nervure peu apparente ; graines globuleuses, sur un seul rang dans chaque loge.

1. C. cultivé. — *B. oleracea.*

Linn. Sp. 952. — DC. Prod. 1. p. 213. et Fl. fr. n. 4118. (excl. var. *α*.). — Duby, Bot. gall. p. 50. — Gaud. Fl. helv. 4. p. 375. — Lam. Ency. 1. p. 742. — Koch. Syn. p. 54.

Lam. illust. tab. 565. — Tourn. Inst. tab. 106.

Racine dure, rameuse, produisant une souche épaisse, charnue, cylindrique, dressée, garnie de feuilles épaisses, vertes ou violettes, lisses, glabres, même dans la jeunesse, couvertes d'une poussière glauque : les inférieures pétiolées, sinuées ou lobées; du milieu de ces feuilles s'élève une tige rameuse, haute de 6—9 décim., munies de feuilles plus petites, oblongues, entières, embrassantes, à rameaux terminés en un corymbe de fleurs jaunâtres, rarement blanches, qui se développent insensiblement en grappes paniculées; siliques demi-dressées, un peu flexueuses, bosselées, à corne conique à 1—2 graines à la base. ♉ (Mai, juin).

Le chou est généralement cultivé dans les champs et les jardins potagers : on en connaît un grand nombre de variétés dont les principales sont :

α. Acephala (Chou vert, Chou sans tête). — DC. Syst. 2. p. 583. — *B. oleracea viridis.* Lam. Ency. 1. p. 743. n. 2. — Lob. ic. p. 243. fig. 1. — Tige allongée, cylindrique ; feuilles étalées ; grappes paniculées.

β. Bullata (Chou frisé, Chou de Milan). — DC. Syst. 2. p. 584. — Lam. Ency. 1. p. 744. n. 3. var. x. et λ ? — Lob. ic. p. 244. fig. 1. — Tige peu allongée, cylindrique ; feuilles d'abord presque en tête, puis étalées, bullées ou crépues ; grappes paniculées.

γ. Capitata (Chou pommé, Chou cabus). — DC. Syst. 2. p. 585. — Lam. Ency. 1. p. 745. n. 3. — Lob. ic. p. 243. fig. 2. — Tige courte, cylindrique ; feuilles concaves, non bullées, en tête serrées avant la fleuraison ; grappes paniculées.

δ. Caulo rapa (Chou-rave). — DC. Syst. 2. p. 586 — Lam. Ency. 1. p. 745. n. 5. — Lob. ic. p. 246. fig. 1. — Tige renflée et charnue, presque globuleuse, à l'origine des feuilles.

ε. Botrytis (Chou-fleur). — DC. Syst. 2. p. 586. — Lam. Ency. 1. p. 744. n. 4. — Lob. ic. p. 245. fig. 1. — Grappes à pédoncules serrés avant la fleuraison, courts, très charnus ; fleurs souvent avortées.

2. C. rave. — *B. rapa.*

Linn. Sp. 931. — DC. Prod. 1. p. 214. — Duby, Bot. gall. p. 50. — Gaud. Fl. helv. 4. p. 377. — Koch. Syn. p. 54. — *B. asperifolia.* var. γ. — Lam. Ency. 1. p. 746. — DC. Fl. fr. n. 4119. — *Sinapis tuberosa.* Poir. Ency. 4. p. 346.

Racine grêle ou renflée au-dessous du collet, charnue, tendre, d'une saveur douce un peu piquante ; tige dressée,

rameuse, légèrement hispide dans le bas, haute d'environ
6—8 décim.; feuilles radicales vertes, pétiolées, hispides,
particulièrement sur les bords et les pétioles, lyrées, à lobes
arrondis, dentés, le terminal plus grand : les caulinaires
glauques, incisées : les supérieures ovales, acuminées, profondément échancrées en cœur à la base et embrassantes ;
fleurs d'un jaune pâle, disposées en corymbes se développant, après la fleuraison, en grappes paniculées; calice
étalé; siliques longues de 5 centim. ; graines presque globuleuses, d'un brun roussâtre, âcres, presque de moitié plus
petites que celles du chou. ② (Avril, mai).

Cultivée dans les champs et les jardins potagers. — Les raves sont
alimentaires et adoucissantes. Les principales variétés sont :

α. *Depressa (Rave, Rave aplatie)*. — DC. Syst. 2. p.
590. — Lob. ic. p. 197. fig. 1.— Racine globuleuse-dépri-
mée, brusquement terminée en dessous par l'extrémité grêle
de la racine.

β. *Oblonga (Rave oblongue)*. — DC. Syst. 2. p. 591. —
Lob. ic. p. 197. fig. 2. — Racine oblongue, se rétrécissant
insensiblement à l'extrémité.

γ. *Oleifera (Navette)*. — DC. Syst. 2. p. 591. — Lob.
ic. p. 298. fig. 1. — Racine grêle, bisannuelle.

Cultivée en Dauphiné pour faire de l'huile. — Metzger a ramené,
par une culture soignée, cette variété à la précédente, dont la racine
est oblongue. — Koch réunit à cette espèce le β. *præcox* (Waldst. et Kit.)
DC. Syst. 2. p. 593, et en forme sa var. γ. *annua*, dont la racine est
grêle, annuelle, et dont la tige, la silique et les graines sont plus petites que dans la var. γ. ci-dessus.

5. C. navet. — *B. napus.*

Linn. Sp. 931. — DC. Prod. 1. p. 214. — Duby, Bot. gall.
p. 51. — Gaud. Fl. helv. 4. p. 378. — Koch. Syn. p. 51.

Racine fusiforme, grêle ou charnue; tige dressée, feuillée,
glabre, cylindrique, rameuse-divariquée au sommet, haute
de 6—9 décim.; feuilles lisses, glauques : les radicales pé-

tiolées, lyrées, dentées : les caulinaires sessiles embrassantes, pinnatifides, crénelées, obtuses : les supérieures lancéolées, ordinairement entières ; fleurs d'un beau jaune, disposées en corymbes qui se développent, après la fleuraison, en grappes lâches, allongées, paniculées ; siliques longues de 8 centim., étalées-divergentes, presque cylindriques, un peu bosselées à la maturité, terminées par une corne comprimée, conique, longue de 10—12 millim.; graines presque globuleuses, d'un brun roussâtre. ② et ① (Avril, mai).

On cultive trois variétés de cette espèce :

α. *Oleifera (Navette, Navette d'hiver)*. — DC. Syst. 2. p. 592. — Gaud. Fl. helv. 4. l. c. — *B. oleracea arvensis*. Lam. Ency. 1. p. 742. — Lob. ic. p. 200. fig. 2. — Racine grêle, bisannuelle.

La navette est fréquemment cultivée dans la plaine : on en obtient une huile grasse qui sert à l'éclairage ; quelques personnes pauvres s'en servaient autrefois, en la purifiant, comme d'une huile comestible. On la sème en automne, elle fleurit et grène au printemps.

β. *Annua (Colza)*. — Koch. Syn. p. 55. — *B. campestris oleifera præcox*. DC. Syst. 2. p. 588. — Racine grêle, annuelle.

γ. *Esculenta (Navet comestible)*. — DC. Syst. 2. p. 592. — Gaud. Fl. helv. 4. l. c. — Lob. ic. p. 200. fig. 1. — Racine fusiforme, épaissie sous le collet, charnue, comestible, de couleur blanche, jaune ou noirâtre.

4. C. noir. — *B. nigra*.

Koch. D. Fl. 4. p. 713. et Syn. p. 55. — *Sinapis nigra*. Linn. Sp. 933. — DC. Prod. 1. p. 218. et Fl. fr. n. 4109. — Gaud. Fl. helv. 4. p. 583. — Poir. Ency. 4. p. 343. Moris. sect. 3. tab. 3. fig. 1. — J. Bauh. Hist. 2. p. 855. fig. 1. — Lob. ic. p. 202. fig. 2. — Dalech. Hist. p. 646. fig. 1. (*malè*). — Dod. pempt. p. 706. fig. 2.

Racine fusiforme ; tige dressée, haute de 6—10 décim., rameuse, médiocrement feuillée, lisse, quelquefois garnie

de poils épars ; feuilles toutes pétiolées : les inférieures lyrées, dentées, à division terminale très grande, lobée ,
garnies de quelques poils : les supérieures presque glabres ,
lancéolées, ordinairement très entières ; fleurs jaunes, petites, disposées en grappes terminales nues, à la fin allongées ; calice étalé ; siliques très glabres , tétragones, oblongues, doubles de la longueur du pédoncule , appliquées contre
l'axe, terminées par un style filiforme, à base conique ,
graines globuleuses finement ponctuées. ⚲ (Juin, juillet .

Le long des chemins, dans les champs arides et pierreux, dans les
terres cultivées, rare : les vignes (Guyét). — Les bords de l'Ognon,
près de Sauvagney (Girod-Chant.). — Abondamment dans un champ
en allant à Lancy, par le petit pont de bois sur l'Arve (Reut.). — Entre
Longirod et Saint-Georges (Rapin). — Entre Botzingen et Piéterlen
(Gaud.). — Bâle, au bord des champs entre Sierenz et Habsheim et
autour d'Oltingen (Hagenb.). — La graine de cette plante, réduite en
farine, est employée à faire le condiment connu sous le nom de *moutarde :* on s'en sert aussi pour faire des sinapismes, des cataplasmes
résolutifs, des pédiluves ; on en retire une huile anthelmintique ; on en
obtient, par la distillation, une huile volatile très piquante qui, dissoute dans l'eau, agit comme rubéfiant.

16. MOUTARDE. — *SINAPIS.* Linn.

Calice étalé, égal à la base, rarement fermé ; pétales obovales ; silique linéaire ou oblongue ; valves convexes, à
3—5 nervures droites, fortes ; graines globuleuses, sur un
seul rang dans chaque loge. — Ce genre diffère du précédent par les nervures latérales, droites et fortes , des valves
de la silique.

1. M. des champs. — *S. arvensis.*

Linn. Sp. 933. — DC. Prod. 1. p. 219. et Fl. fr. n. 4111. —
Duby, Bot. gall. p. 52. — Gaud. Fl. helv. 4. p. 385. —
Poir. Ency. 4. p. 344. — Koch. Syn. p. 55.
J. Saint-Hil. Pl. fr. tab. 848. — J. Bauh. Hist. 2. p. 844.
fig. 1. — Dod. pempt. p. 675. fig. 1. (*ead.*). — Dalech.
Hist. p. 542. fig. 1.

Racine fusiforme; tige dressée, haute de 4—6 décim.,
rameuse, à rameaux ouverts, presque étalés, médiocrement
feuillée, hispide, surtout à sa partie inférieure; feuilles étalées, un peu rudes et hispides, ovales, inégalement dentées
ou incisées : les inférieures un peu plus grandes, courtement
pétiolées, auriculées à la base ou presque lyrées; fleurs
jaunes, assez grandes, disposées en grappes terminales courtes,
à la fin allongées; calice étalé; pétales obovales, entiers,
à onglet filiforme; siliques longues de 3 centim., très glabres, cylindriques, bosselées, dressées-divergentes, à valves
munies de 3 nervures saillantes, terminées par une corne
comprimée-conique, 3 fois plus petites; graines brunes,
globuleuses. ⊙ (Juin—automne). Vulg. *Sénevé.*

Très commune dans les champs, les vignes et les lieux cultivés.

β. *Orientalis.* — Gaud. Fl. helv. 4. l. c. — Koch. Syn.
p. 55. — *S. orientalis.* DC. Prod. 1. p. 219. et Fl. fr. n.
4112. (et probablement Linn. Sp. 933.). — Silique hérissée
de poils dirigés en arrière.

Souvent mêlée à la var. *α*, mais plus rare : autour de Neuchâtel
(Chaillet). — De Nyon, çà et là, et de Longirod (Gaud.). — Genève,
dans les champs de Pinchat, d'Aïre, etc. (Reut.). — Aux environs de
Salins. — De Bâle (Hagenb.).

Obs. Les graines de cette plante pourraient fournir de l'huile et
remplacer la moutarde noire (*Brassica nigra*), mais elles sont beaucoup plus petites et leurs propriétés sont moins actives.

2. M. blanche. — *S. alba.*

Linn. Sp. 933. — DC. Prod. 1. p. 220. et Fl. fr. n. 4113.
— Duby, Bot. gall. p. 52. — Gaud. Fl. helv. 4. p. 386.
Lam. Ency. 4. p. 510. — Koch. Syn. p. 55.
Lam. illust. tab. 566. — Moris. sect. 3. tab. 3. fig. 2. —
J. Bauh. Hist. 2. p. 856. (*ic Fuchsii.*). — Dalech. Hist.
p. 646. fig. 2. — Dod. pempt. p. 707. fig. 1. — Lob. ic.
p. 203. fig. 1. (*ead.*).

Racine grêle, fusiforme; tige dressée, rameuse au sommet,
haute de 3—6 décim., striée, cylindrique, feuillée, plus ou

moins hispide , à poils réfléchis ; feuilles pétiolées , presque glabres , un peu poilues sur les bords et les nervures dorsales, oblongues, profondément pinnatifides, à lobes oblongs , obtus , étroits , inégalement sinués-dentés ou crénelés , le terminal très grand , le plus souvent à 5 lobes sinués-crénelés : les supérieures lyrées, à dents un peu plus aiguës ; fleurs un peu plus petites que dans l'espèce précédente , jaunes , disposées en corymbe allongé en épi après la fleuraison ; siliques étalées-ascendantes , hérissée de poils blanchâtres , cylindri ques , bosselées , à valves à 3 nervures (DC.), à 5 (Koch.), saillantes , terminées par une longue corne verte , aplatie . en forme d'épée , pubescente à la base et de même largeur qu'elles , portées sur des pédoncules glabres , étalés ; graines globuleuses , grosses , d'un blanc jaunâtre , au nombre de 2—4 dans chaque loge. ① (Juin , juillet).

Çà et là, dans les champs : aux environs de Salins ; de Genève ; de Bâle ; de Besançon , entre le chantier et la Porte-Taillée. — Près de Longirod (Gaud.). — Les graines de cette espèce sont employées à faire la *moutarde blanche*, plus douce que celle que l'on obtient du *Brassica nigra*. Depuis quelque temps , la graine de moutarde blanche est très vantée comme moyen curatif dans un grand nombre de maladies où on l'emploie comme tonique, stomachique, laxative ; on en retire une huile grasse propre à l'éclairage.

3. M. giroflée. — *S. cheiranthus.*

Koch. D. Fl. 4. p. 717. et Syn. p. 55. — *Brassica cheiran-thos* (Vill.). DC. Prod. 1. p. 216. et Fl. fr. n. 4123. — Gaud. Fl. helv. 4. p. 379.

Vill. Dauph. tab. 36. (*flos et fructus*). — J. Bauh. Hist. 2. p. 858. fig. 2.

Racine fusiforme, un peu dure, simple ou un peu rameuse ; tige haute de 3—6 décim. , striée, feuillée, ordinairement rameuse , cylindrique , un peu hérissée , surtout dans le bas et sur les jeunes feuilles, de poils raides , blanchâtres ; feuilles pétiolées , toutes profondément pinnatifides ou ailées, à lanières oblongues , inégalement dentées : les radicales presque

lyrées à la base, étalées en rosette : les supérieures à lobes
très écartés, étroits, linéaires, entiers ou presque entiers,
le terminal plus grand, linéaire-lancéolé, un peu obtus ;
fleurs jaunes, assez grandes, disposées en grappes à la fin
allongées ; calice dressé, fermé, presque de la longueur du
pédicelle ; pétales doubles du calice, à lame arrondie, étalée,
à onglet de la longueur des sépales ; siliques dressées-étalées,
3—4 fois plus longues que le pédicelle, cylindriques, bosselées, à valves à 3 nervures saillantes, terminées par une
corne comprimée-conique, aiguë, renfermant ordinairement
une graine à la base ; graines un peu grosses, globuleuses.
② (Juin—août).

Les champs arides, sablonneux ou pierreux, rare : Bâle, sur les
bords sablonneux du Rhin, autour de Neudorf (Hagenb.). — La Bresse,
le Bugey (Vill.).

17. ÉRUCASTRE. — *ERUCASTRUM.* Schimp. et Spenn.

Calice plus ou moins ouvert ou étalé ; pétales obovales ou
arrondis ; siliques linéaires, à valves convexes munies d'une
seule nervure ; graines ovales, oblongues, comprimées, sur
un seul rang dans chaque loge.

1. E. à angle obtus. — *E. obtusangulum.*

Reichemb. Fl. excurs. p. 693. — Koch. Syn. p. 56. — *Sisymbrium obtusangulum.* DC. Prod. 1. p. 192. et Fl. fr.
n. 4171. — Duby, Bot. gall. p. 44. — Poir. Ency. 7. p.
216. — *Brassica erucastrum.* var. *α.* Gaud. Fl. helv. 4.
p. 580.
Gaud. Fl. helv. 4. tab. 4. — Vill. Dauph. tab. 36. — Moris.
sect. 3. tab. 3. fig. 10. — J. Bauh. Hist. 2. p. 862. fig. 3.
— Tabern. ic. p. 448. fig. 1. — Dod. pempt. p. 708.
fig. 2?

Racine fusiforme, dure, blanchâtre, simple ou un peu rameuse ; tige dressée, anguleuse, feuillée, ordinairement
rameuse, haute de 3 - 6 décim., plus ou moins hérissée,

dans le bas, de poils réfléchis; feuilles un peu épaisses, presque glabres, ou garnies, sur les bords et les nervures dorsales, de quelques poils semblables à ceux de la tige : les inférieures pétiolées, profondément pinnatifides, presque lyrées, à lobes oblongs, rectangulaires, obtus, inégalement sinués-dentés, à sinus arrondis, devenant confluents vers le sommet de la feuille, le terminal plus grand, incisé-denté : les supérieures à lobes plus étroits, plus écartés, moins obtus, embrassant la tige par 2 oreillettes; fleurs d'un jaune pâle, assez grandes, en grappe insensiblement allongée, dépourvues de bractées; calice à la fin étalé en croix, à sépales garnis de poils au sommet; pétales doubles de la longueur des sépales, arrondis, à onglet un peu plus court que le calice; étamines s'écartant du pistil au sommet; siliques demi-dressées, lisses, bosselées; stigmate en tête; graines ovoïdes, d'un brun roux. ② Gaud. ♃ Koch. (Juin—août).

Le pied des murs, les décombres, les lieux graveleux : Genève, très commune parmi les décombres, au bord des chemins et des haies, partout dans la plaine (Reut.). — Aux environs de Neuchâtel et de Bâle (Gaud.). — Je l'ai trouvée abondamment aux environs de Martigny, dans le Valais.

2. E. de Pollich. — *E. Pollichii.*

Schimper. et Spenner. Fl. frib. 3. p. 946. — Koch. Syn. p. 56. — *Brassica erucastrum.* var. β. *ochroleuca.* Gaud. Fl. helv. 4. p. 381. —*Erucastrum inodorum.* Reichenb. Fl. excurs. p. 693. — *Sisymbrium erucastrum.* Poll. Pal. 3. p. 254. —Vill. Dauph. 3. p. 342. — *Brassica euchroleuca.* Soyer-Villemet. Obs. in Ann. sc. nat. août 1834. p. 116.

Cette espèce diffère de la précédente par ses fleurs plus petites, d'un jaune plus pâle, à calice peu ouvert et non étalé en croix, à sépales moins caducs; à pétales d'un tiers plus longs que le calice et non d'une longueur double, à étamines appliquées au pistil et non écartées, à pédoncules inférieures ordinairement accompagnés de petites feuilles

bractéales qui rendent la grappe un peu feuillée à la base.
② souvent. ① Gaud. ♃ Koch (Avril—été).

Commun dans les champs et les lieux sablonneux ou graveleux de
Mont-sous-Vaudrey et d'Écleux, près de la Loue, abondamment; les
champs, au bord de l'Ain, à Thoirette; au bord du lac à Iverdon; au
bord de l'Arve, entre Carouge et son embouchure dans le Rhône; au
bord de la Birse, près de Saint-Jacob, à Bâle. — A l'embouchure du
Boiron et à Promenthod (Gaud.).

5. E. blanchâtre. — *E. incanum.*

Koch. Syn. p. 56. — *Sinapis incana.* Linn. Sp. 934. — DC.
Prod. 1. p. 220 ! (*ex Reut.*) et Fl. fr. n. 4114. — Duby,
Bot. gall. p 52. — Gaud. Fl. helv. 4. p. 388. — Poir.
Ency. 4. p. 344.

Racine fusiforme, blanchâtre, un peu rameuse; tige
dressée, striée, haute de 3—6 décim., rameuse, à rameaux
effilés, hérissée, surtout dans le bas, de poils réfléchis;
feuilles d'un vert cendré, un peu rudes et hérissées de poils
blanchâtres : les radicales et les inférieures pétiolées, lyrées,
à lobes peu nombreux, ovales, écartés, élargis à la base,
étalés, quelquefois dirigés en arrière, le terminal très grand,
ovale, obtus ou arrondi, sinué-denté : les caulinaires linéaires-lancéolées, un peu aiguës; fleurs petites, jaunes,
disposées en grappes courtes, à la fin allongées, effilées; pétales doubles du calice étalé, à limbe obovale; siliques doubles du pédicelle, appliqués l'un et l'autre contre l'axe
de la grappe, bosselées, terminées par une corne lancéolée,
longue de 3 millim., à 1, plus rarement 2 graines à la
base; graines globuleuses. ② (Mai—juillet).

Les collines pierreuses et les décombres : Bâle, dans les champs,
vers Altschwyler, près du sentier (Lach.).—Au bord du Rhin, près de
la porte Saint-Jean, et à Mulhouse (Hagenb.). — Genève, dans les
champs à gauche en montant les tranchées, depuis Rive (Reut.).

18. DIPLOTAXE. — *DIPLOTAXIS*. DC. Syst.

Calice lâche, égal à la base ; pétales entiers ; silique linéaire ou lancéolée-linéaire , à valves convexes munies d'une
seule nervure ; graines ovales ou oblongues , un peu comprimées, sur 2 rangs dans chaque loge.

1. D. à feuilles menues. — *D. tenuifolia*.

DC. Syst. 2. p. 632. et ejusd. Prod. 1. p. 222. — Duby, Bot.
gall. p. 53. — Gaud. Fl. helv. 4. p. 570. — Koch. Syn. p.
57. — *Sisymbrium tenuifolium*. Linn. Sp. 632. — DC.
Fl. fr. n. 4159. — Poir. Ency. 7. p. 204.

Bull. Herb. tab. 535. — Moris. sect. 3. tab. 3. fig. 5. —
J. Bauh. Hist. 2. p. 861. fig. 1. — Dalech. Hist. p. 646.
fig. 5. — Dod. pempt. p. 707. fig. 2. — Lob. ic. p. 205.
fig. 2. (*ead.*). — Fuchs, Hist. p. 262. (*ead. ac Bauh.*).

Racine dure, presque ligneuse, fusiforme ; tige haute de
4—8 décim., glabre, quelquefois vaguement poilue, feuillée,
dressée, rameuse, cylindrique ; feuilles glabres, un peu
épaisses, de formes variables, tantôt simples, oblongues ou
lancéolées, entières ou grossièrement dentées (comme dans
la var. β.), tantôt pinnatifides, à lobes linéaires, entiers ou
sinués-dentés : les supérieures demi-pinnatifides, rarement
entières : les radicales pétiolées, les autres sessiles ; fleurs
grandes, jaunes, odorantes, de moitié plus courtes que les
pédoncules, disposées en grappe terminale à la fin allongée ;
pétales doubles du calice, à limbe obovale, étalé, légèrement
échancrées, à onglet linéaire, court ; siliques linéaires, comprimées, légèrement bosselées, longues de 4 centim., presque
dressées sur un pédoncule oblique, demi-étalé ; graines
nombreuses, ovoïdes, d'un brun roux. ♃ (Juin—octobre).

Les collines incultes, les chemins, les murs : commune aux environs
de Genève et sur les remparts de la ville ; au fort de l'Écluse. — Aux
allées de Colombier ; au pont de Thièle (L. Benoît, cat.). — A Nyon,
à Allamand, etc. (Gaud.). — Bâle, aux environs de Neudorf, et dans
les champs, le long des chemins (Hagenb.).

β. *Integrifolia.* Koch. Syn. l. c. — Feuilles entières, oblongues ou lancéolées, grossièrement dentées.

Mêlée à la var. α.

2. D. des murs. — *D. muralis.*

DC. Syst. 2. p. 634. et Prod. 1. p. 222. — Duby, Bot. gall. p. 53. — Gaud. Fl. helv. 4. p. 372. — Koch. Syn. p. 57. — *Sisymbrium murale.* Linn. Sp. 918. — DC. Fl. fr. n. 4154. — Poir. Ency. 7. p. 208.

Barr. ic. fig. 131. — J. Bauh. Hist. 2. p. 862. fig. 2. (*ex Gaud., ad D. vimineam Candollio relata*).

Racine grêle, dure, quelquefois divisée ; tiges hautes de 15—30 centim., ordinairement simples, ascendantes, grêles, cylindriques, feuillées à la base, hérissées, surtout dans le bas, de poils courts, réfléchis ; feuilles un peu épaisses, pétiolées, presque glabres ou parsemées de poils appliqués, oblongues, sinuées-dentées ou pinnatifides, à lobes ovales ou oblongs, dentés, le terminal obovale, denté-anguleux ; fleurs jaunes, presque de moitié plus petites que dans l'espèce précédente, disposées en grappe terminale à la fin très allongée, lâche et peu garnie, occupant alors la plus grande partie de la tige ; pédoncules de la longueur des fleurs ; pétales obovales-arrondis, rétrécis en onglet court ; siliques presque dressées sur des pédoncules obliques plus courts qu'elles ; graines petites, ovoïdes, d'un brun roux. ① ou ② (Juin—octobre).

Les lieux graveleux, le pied des murs, les décombres : Nyon, sur la promenade des Marroniers et au pied des murs ; près du pont Morand (Gaud.). — Genève, dans les champs sablonneux au bord de l'Arve et du Rhône (Reut.). — Bâle, autour de Neudorf et d'Huningue ; çà et là, le long de la Birse et du Rhin (Hagenb.).

19. ROQUETTE. — *ERUCA.* DC.

Calice dressé ; pétales entiers ; silique oblongue, à peine plus longue que le style en forme d'épée, dépourvu de graine à la base; valves convexes, à une seule nervure; graines globuleuses, sur 2 rangs dans chaque loge.

1. R. cultivée. — *E. sativa.*

Lam. Fl. fr. 2. p. 496. — DC. Prod. 1. p. 223. — Duby, Bot. gall. p. 53. — Gaud. Fl. helv. 4. p. 373. — Koch. Syn. p. 57. — *Brassica eruca.* Linn. Sp. 496. — DC. Fl. fr. n. 4121. — Lam. Ency. 1. p. 747.

J. Saint-Hil. Pl. fr. tab. 325. — Bull. Herb. tab. 315. (*fl. luteis*). — Moris. sect. 3. tab. 5. fig. 1. — J. Bauh. Hist. 2. p. 859. fig. 1. — Dalech. Hist. p. 649. fig. 1.

Racine blanchâtre, un peu divisée, fibreuse; tige haute de 3—5 décim., hispide, rameuse; feuilles tendres, un peu épaisses, presque glabres, oblongues, pétiolées, pinnatifides ou lyrées, à lobes peu nombreux, oblongs, entiers ou dentés, les inférieurs plus petits, le terminal très grand, ovale ou arrondi, inégalement incisé-denté; fleurs grandes, blanches, ou d'un jaune soufré dans quelques variétés cultivées, disposées en grappe à la fin allongée; pétales à limbe étalé, obovales-cunéiformes, à peine échancrés, élégamment réticulés par des veines d'un violet noirâtre; siliques dressées, hispides, un peu comprimées, terminées par une corne en forme d'épée; graines nombreuses, pâles, globuleuses. ① (Mai, juin).

Le bord des chemins, les décombres : je l'ai récoltée en face du pont de Branson, dans le Valais. Cette plante est cultivée dans les jardins, mais rarement : son goût est âcre et piquant.

SOUS-FAMILLE II. — LATISEPTÉES.

Silicule bivalve, déhiscente, enflée, oblongue, ovoïde ou globuleuse, ou bien comprimée sur le dos, ou aplanie; cloison de la largeur du plus grand diamètre transversal de la silicule, ou un peu plus étroite dans les silicules très enflées.

TRIBU IV. — ALYSSINÉES,

OU LATISEPTÉES PLEURORHIZÉES (O ═).

Cotylédons accombants.

20. ALYSSON. — *ALYSSUM*. Linn.

Calice égal à la base ; pétales onguiculés , à limbe presque entier ; silique orbiculaire ou ovale, comprimée sur le dos, à valves planes ou convexes vers le centre ; loges à 1—4 graines, ovoïdes, comprimées ; filets des étamines tous , ou quelques-uns seulement, dentés.

1. A. de montagne. — *A. montanum.*

Linn. Sp. 907.— DC. Prod. 1. p. 162. et Fl. fr. n. 4220. — Duby, Bot. gall. p. 34. — Gaud. Fl. helv. 4. p. 244. — Lam. Ency. 1. p. 97. — Koch. Syn. p. 59.
Lam. illust. tab. 559. fig. 2. — Moris. sect. 3. tab. 16. fig. 5. — J. Bauh. Hist. 2. p. 929. fig. 1. — Lob. ic. p. 220. fig. 1.

Racine rameuse , dure, ligneuse, produisant plusieurs tiges un peu ligneuses à leur partie inférieure , rameuses, tombantes, diffuses, ascendantes , cylindriques , très feuillées , longues de 1—2 décim. , couvertes, ainsi que les autres parties de la plante , de poils étoilés et blanchâtres ; feuilles rudes , blanchâtres , surtout dans la jeunesse : les inférieures obovales ou en spatule : les supérieures oblongues ou lancéolées , ponctuées à leur face supérieure ; fleurs jaunes , assez grandes , nombreuses, disposées en corymbe se développant insensiblement en grappe terminale allongée ; pétales obtus ou déprimés ; étamines à filets les plus longs ailés, les plus courts ailés-appendiculés à la base ; silicules orbiculaires, convexes au milieu , déprimées sur les bords , légèrement échancrées au sommet , pubescentes-étoilées , blanchâtres , surmon-

tées d'un style filiforme, long de 2—3 millim.; graines pyriformes, entourées d'un rebord très mince. ♃ (Mai, juin).

Cette jolie plante, qui forme de belles touffes d'un jaune doré à
l'époque de la fleuraison, se trouve au pied et au sommet des rochers,
à la source de la Cuisance; et au-dessus des rochers de Gily, près
d'Arbois. — Bâle, sur les rochers autour de Birsec, abondamment; au
bord du Rhin, au-dessous de la ville, dans les lieux sablonneux, etc.
(Hagenb.).

2. A. à calice persistant. — *A. calicinum*.

Linn. Sp. 908. — DC. Prod. 1. p. 163. et Fl. fr. n. 4221. —
Duby, Bot. gall. p. 34. — Gaud. Fl. helv. 4. p. 241. —
Poir. Ency. 1. p. 307. — Koch. Syn. p. 60.
Lam. illust. tab. 559. fig. 1. — Moris. sect. 3. tab. 16. fig. 2?
— J. Bauh. Hist. 2. p. 928. fig. 1. — Clus. Hist. 2. p.
133. fig. 2. — Tabern. ic. p. 466. fig. 2. — Lob. ic. p.
213. fig. 2.

Racine grêle, simple ou presque simple, produisant plusieurs tiges diffuses, ascendantes, ordinairement rameuses,
couvertes, comme toutes les autres parties de la plante,
de poils blanchâtres, simples et étoilés, longues de 8—16
centim.; feuilles d'un vert cendré en dessus, blanchâtres
en dessous, caduques, les inférieures obovales, les autres
lancéolées, rétrécies à la base; fleurs petites, d'un jaune pâle,
devenant blanchâtres en se flétrissant, disposées en grappes
courtes, serrées, à la fin allongées; pétales petits, à peine
plus longs que le calice persistant, à limbe dressé, légèrement échancré; étamines à filets, les plus longs dépourvus
de dents; silicules orbiculaires, pubescentes-étoilées, à la fin
presque glabres, un peu échancrées; style court, dépassant
à peine l'échancrure; graines d'un brun roux, entourées d'un
bord mince, plus pâle. ① (Mai, juin).

Commun au bord des champs et dans les lieux arides et pierreux. —
On cultive dans les jardins, sous le nom de *Corbeille dorée*, l'*A. saxatile*. Linn., originaire d'Allemagne et de Russie : cette plante, qui
fleurit dès le commencement du printemps, forme de larges touffes de
fleurs d'un beau jaune doré.

21. LUNAIRE. — *LUNARIA.* Linn.

Calice fermé, à 2 bosses à la base ; pétales onguiculés , à limbe obovale; silicule presque orbiculaire ou oblongue , comprimée-aplanie , déhiscente, pédicellée sur le réceptacle, funicules latéraux, soudés à la cloison ; filets des étamines non dentés.

1. L. vivace. — *L. rediviva.*

Linn. Sp. 911. — DC. Prod. 1. p. 156. et Fl. fr. n. 4207. — Duby, Bot. gall. p. 33. — Gaud. Fl. helv. 4. p. 256. — Desrouss. in Ency. 3. p. 616. — Koch. Syn. p. 61.

Lam. illust. tab. 561. fig. 1. — Mill. illust. tab. 54. — Moris. sect. 3. tab. 9. fig. 3. — J. Bauh. Hist. 2. p. 882. fig. 2. — Clus. Hist. 1, p. 297. fig. 2. — Lob. ic. p. 278. fig. 1.

Racine vivace, rameuse, garnie de fibres ; tige dressée , feuillée, cylindrique, fistuleuse, striée, rameuse, légèrement velue à sa partie supérieure, haute de 3—6 décim. ; feuilles toutes pétiolées, grandes, ciliées, à peine pubescentes, ovales en cœur, acuminées, grossièrement dentées en scie , à dents mucronées : les inférieures opposées, les supérieures alternes ; fleurs grandes, odorantes, violettes ou lilas, disposées en corymbe , puis en grappe fructifères axilaires et terminales paniculées ; pétales beaucoup plus grands que le calice, à limbe ovale, entier, étalé, à onglet de la longueur des sépales ; silicule stipitée, grande , oblongue-elliptique, rétrécie aux deux bouts, terminée par un style long de 4—5 millim., à valves minces, finement veinées-réticulées ; graine réniforme, d'une largeur double de sa longueur. ♃ (Mai, juin).

Le pied des rochers, dans les bois ombragés des montagnes : Salins, au pied des rochers de Bois-Franc ; de la cascade de Goaille ; au-dessous de la grange de Poupet; entre le moulin d'Ivrey et la Chapelle; à la source du Lison , au Creux-Billard et au bas du ruisseau de la Grotte-de-sSarrasins ; au Creux-du-Vent ; au Trou-d'Enfer , au-dessous de Morre , à Besançon. — Dans les rochers au pied de la Grande-Gorge , au-dessus du hameau du Coin, à Salève (Reut.). — Dans le petit vallon d'Ardran, situé à gauche en montant au Reculet, depuis le village de Thoiry. — Aux combes Biose et des Ponts (L. Benoît, at.). — Au-dessus de Bonmont, de Saint-Cergue, de Longirod, etc. (Gaud.). — Sur le mont Wasserfall (Lachenal), etc.

2. L. bisannuelle. — *L. biennis.*

Mœnch. Meth. p. 126. — DC. Prod. 1. p. 156. — Duby, Bot. gall. p. 55. — Gaud. Fl. helv. 4. p. 258. — Koch. Syn. p. 61. — *L. annua.* Linn. Sp. 911. — DC. Fl. fr. n. 4206. — Desrouss. in Ency. 5. p. 616.

J. Saint-Hil. Pl. fr. tab. 222. — Lam. illust. tab. 561. fig. 2. — Moris. sect. 3. tab. 9. fig. 1. — J. Bauh. Hist. 2. p. 882. fig. 1. — Tabern. ic. p. 513. fig. 2. — Dalech. Hist. p. 805. fig. 1. — Dod. pempt. p. 161. fig. 2. — Lob. ic. p. 322. fig. 2.

Racine simple, presque fusiforme, épaisse, un peu rameuse, bisannuelle; tige dressée, raide, cylindrique, rameuse, hérissée de poils rudes, haute d'environ 6 décim.; feuilles inférieures en cœur, acuminées, opposées, pétiolées, inégalement dentées-crénelées : les supérieures alternes, sessiles, ovales-acuminées; fleurs inodores, de couleur violette, plus foncée que dans l'espèce précédente, disposées en corymbe, puis en grappes fructifères axilaires et terminales paniculées; silicule stipitée, plane, orbiculaire, obtuse aux deux bouts, terminée par un style long d'environ un centim.; graines en cœur arrondi d'une longueur égale à sa largeur. ② (Avril, mai).

Cette plante, qui se trouve dans les bois montueux de l'Alsace et de la Suisse, est cultivée dans les jardins sous le nom de *Grande Lunaire, Passe-satin,* à cause de ses silicules grandes, arrondies, d'un blanc satiné : elle se reproduit souvent spontanément.

22. DRAVE. — *DRABA.* Linn.

Calice presque dressé, égal à la base; pétales entiers ou bifides; silicule ovale, oblongue ou elliptique, plane ou légèrement convexes ; graines nombreuses, non bordées, sur 2 rangs dans chaque loge, à funicule libre.

§ 1. *Pétales entiers.*

* *Fleurs jaunes.*

1. D. aizoïde. — *D. aizoïdes.*

Linn. Mant. 91. — DC. Prod. 1. p. 166. et Fl. fr. n. 4225. — Duby, Bot. gall. p. 35. — Gaud. Fl. helv. 4. p. 249. Lam. Ency. 2. p. 326. — Koch. Syn. p. 62. Moris. sect. 3. tab. 20. fig. 9. — Clus. Hist. 2. p. 62. fig. 2. — Dalech. Hist. p. 1196. fig. 2. — Lob. ic. p. 381. fig. 1.

Racine grêle, dure, presque ligneuse, peu rameuse, se divisant au collet en plusieurs souches courtes, gazonnantes, presque ligneuses, portant au sommet des rosettes serrées, arrondies, composées d'un grand nombre de feuilles raides, linéaires, aiguës, glabres, épaisses, à nervure en carène, ciliées sur les bords, à cils raides, blanchâtres, étalés, du milieu desquelles s'élève une hampe nue, glabre, haute de 6—12 centim., terminé par un corymbe de fleurs jaunes, assez grandes, pédicellées, odorantes, à pétales à peine échancrés au sommet, s'allongeant en grappe après la fleuraison ; silicule ovale-lancéolée, aiguë aux deux bouts, comprimée, ciliée, terminée par un style dont la longueur égale le diamètre transversal de la silicule ; graines obovoïdes, rousses, à funicule allongé. ♃ (Mars—juin).

Cette plante n'est pas rare dans les fentes des rochers : sur les montagnes aux environs de Salins ; de Besançon ; d'Arbois ; de Poligny ; de Matafélon, près de Thoirette ; sur le Reculet ; le Salève ; le Suchet ; le Chasseron ; le Creux-du-Vent. — Sur la montagne de la Tourne et des Moutus, comté de Neuchâtel (L. Benoit, cat.). — Et sur les montagnes du canton de Bâle (Hagenb.).

** *Fleurs blanches.*

2. D. des murs. — *D. muralis.*

Linn. Sp. 643. — DC. Prod. 1. p. 171. et Fl. fr. n. 4231.
— Duby, Bot. gall. p. 36. — Gaud. Fl. helv. 4. p. 259. —
Lam. Ency. 2. p. 327. — Koch. Syn. p. 65.

Lam. illust. tab. 556. fig. 2. — Barr. ic. fig. 816. — Moris.
sect. 3. tab. 20. fig. 5. — J. Bauh. Hist. 2. p. 939. fig. 1.

Racine simple, grêle, blanchâtre, garnie de quelques
fibres ; tige simple ou un peu rameuse dans le haut, grêle,
dressée, cylindrique, haute de 1—3 décim., feuillée, plus
ou moins hérissée, surtout dans le bas, de poils la plupart
rameux, ce qui la rend un peu blanchâtre ; feuilles ciliées et
hispides, à poils simples et fourchus : les radicales disposées
en rosette, ordinairement peu nombreuses, ovales ou oblongues, rétrécies en pétiole, entières ou dentées au sommet :
les caulinaires moins longues, alternes, sessiles, ovales, un
peu aiguës, dentées en scie, un peu en cœur et embrassantes à la base ; fleurs blanches, petites, pédonculées, disposées en corymbe se développant, après la fleuraison, en
grappe allongée ; pétales à peu près doubles de la longueur
du calice, à limbe obovale-arrondi, cunéiforme ; pédoncules
et axe de la grappe glabres ; silicules ovales-oblongues, comprimées, également glabres, terminées par un style court,
sans stigmate apparent. ① (Mai, juin).

Les murs ombragés, le penchant rocailleux des montagnes : les joints
des murs et les terres infertiles (Girod-Chant.). — Çà et là, dans le
canton de Bâle, où elle se propage toujours davantage (Hagenb.).

§ 2. *Pétales bifides.*

3. D. printanière. — *D. verna.*

Linn. Sp. 896. — DC. Fl. fr. n. 4223. — Gaud. Fl. helv.
4. p. 251. — Lam. Ency. 2. p. 526. — Koch. Syn. p. 65.

— *Erophila vulgaris*. DC. Syst. 2. p. 356. et Prod. 1. p. 172. — Duby. Bot. gall. p. 56.

Moris. sect. 3. tab. 20. fig. 6. — Tabern. ic. p. 708. fig. 2. — Dalech. Hist. p. 1214. fig. 1. — Dod. pempt. p. 112. fig. 2. (*ead.*). — Lob. ic. p. 469. fig. 1. (*ead.*).

Racine filiforme, blanchâtre ; feuilles toutes radicales, petites, ovales - lancéolées, rétrécies en pétiole, velues, entières, formant sur la terre une rosette étalée, du milieu de laquelle s'élève une ou plusieurs hampes nues, grêles, d'abord très courtes, acquérant ensuite 8—12 centim. de hauteur, rougeâtres à leur partie inférieure, légèrement velues ; fleurs petites, blanches, disposées en corymbe qui s'allonge en grappe fructifère ; pétales bifides, plus longs que le calice ; silicule oblongue, comprimée, glabre, à style court ; graines nombreuses, rousses, ovoïdes-comprimées. ① (Mars, avril).

Très commune sur les murs, dans les pâturages, au bord des chemins, parmi les gazons.

β. *Foliis incisis.* Gaud. Fl. helv. 4. l. c. — Lam. illust. tab. 556. fig. 1. — Moris. sect. 3. tab. 20. fig. 7. — J. Bauh. Hist. 2. p. 957. fig. 2. — Feuilles munies de 2—3 grosses dents au sommet.

Moins commune.

23. CRANSON. — COCHLEARIA. Linn.

Calice étalé, égal à la base ; pétales obovales, obtus ; silicule globuleuse, ovoïde ou oblongue, à cloison mince, à valves ventrues, terminée par un style court, à 2 loges ordinairement polyspermes.

§ 1. Silicule globuleuse, à valves dures, à stigmate
échancré. — Kernera. DC.

1. C. des rochers. — C. saxatilis.

Lam. Ency. 2. p. 165. — DC. Prod. 1. p. 172. — Duby, Bot. gall. p. 37. — Gaud. Fl. helv. 4. p. 269 — *Mya-*

grum saxatile. Linn. Sp. 894. — DC. Fl. fr. n. 4270. — *Kernera saxatilis.* Koch. Syn. p. 67.

Moris. sect. 5. tab. 16. fig. 9.

Racine dure, fusiforme, un peu fibreuse, donnant naissance à une ou plusieurs tiges glabres, hautes de 1—2 décim., grêles, dressées, flexueuses, rameuses au sommet, souvent rougeâtres à la base ; feuilles radicales nombreuses, étalées en rosette, pétiolées, spatulées, obtuses, entières ou dentées, garnies en dessous de poils rudes, appliqués : les caulinaires sessiles, oblongues-lancéolées, entières, glabres, obtuses, dressées, rétrécies à la base ; fleurs d'un blanc pur, disposées en corymbes terminaux, se développant ensuite en grappes fructifères : silicules obovoïdes-globuleuses, petites, dures, 3—4 fois plus courtes que les pédicelles étalés ; graines ovoïdes, d'un brun roux. ♃ (Juin—août).

Les fentes des rochers, sur les montagnes du haut Jura ; sur le Thoiry ; la Dôle ; le Montendre ; le Salève ; le Mont-d'Or ; le Creux-du-Vent ; le bord de la route au-dessus de Noiraigne ; le Chasseral ; le Wasserfall et les montagnes du canton de Bâle, etc.

β. *Lyrata.* Gaud. Fl. helv. 4. l. c. var. γ. — DC. Prod. 1. l. c. var. β. *incisa.* et Fl. fr. supp. n. 4270. — Moris. sect. 5. tab. 17. fig. ult. — Feuilles radicales pinnatifides ou lyrées.

Comté de Neuchâtel (Chaillet).

γ. *Auriculata.* Gaud. Fl. helv. 4. l. c. var. δ. — *Kernera saxatilis.* var. β. Koch. Syn. p. 67. — *C. auriculata.* Lam. Ency. 2. p. 165. — DC. Prod. 1. p. 172. — Feuilles caulinaires auriculées à la base.

Cette variété n'est pas rare dans les fentes des rochers, aux environs de Salins, où la variété α. ne se trouve point. — Sur le Salève (Seringe). — Aux environs de Bâle (Hagenb.).

§ **2.** *Silicule ellipsoïde, à valves minces; stigmate plan, discoïde.* — Armoracia. **DC.**

2. C. de Bretagne. — *C. Armoracia.*

Linn. Sp. 904. — **DC.** Prod. 1. p. 173. et Fl. fr. n. 4235. — Duby, Bot. gall. p. 37. — Gaud. Fl. helv. 4. p. 272. — Lam. Ency. 2. p. 164. — *Armoracia rusticana.* Koch. Syn. p. 66.

J. Saint-Hil. Pl. fr. tab. 947. — Moris. sect. 3. tab. 7, fig. 2. — **J.** Bauh. Hist. 2. p. 152. fig. 1. — Tabern. ic. p. 416. fig. 1. — Dalech. Hist. p. 636. fig. 2. — Dod. pempt. p. 678. fig. 1. — Lob. ic. p. 320. fig. 1. et 2.

Racine très grosse, longue, blanche, charnue, d'une saveur âcre; tige haute de 6—10 décim., dressée, anguleuse, rameuse dans le haut; feuilles glabres, d'un vert gai : les radicales très grandes, pétiolées, oblongues, un peu en cœur à la base, ondulées-crénelées, assez semblables à celles du *Rumex aquaticus.* Linn. : les caulinaires plus petites, les inférieures pétiolées, pinnatifides, les supérieures sessiles, étroites, insensiblement rétrécies à la base, grossièrement dentées en scie, à dents obtuses, rarement entières; fleurs blanches, odorantes, de grandeur médiocre, disposées en grappes nombreuses, axilaires et terminales, courtes, à la fin allongée, formant au sommet de la tige une panicule terminale; silicules ellipsoïdes, beaucoup plus courtes que les pédoncules, à style très court, épais, à stigmate presque orbiculaire. ♃ (Juin, juillet). Vulg. *Grand Raifort, Raifort sauvage.*

J'ai trouvé cette plante sur le bord du lac à Iverdon ; dans les fossés au bord de la route entre Couvet et Saint-Sulpice, au Val-Travers ; et au bord de la route en allant de Bâle à Saint-Jacob. Cette plante est rarement cultivée dans les jardins: ses feuilles sont antiscorbutiques, stimulantes, employées dans la préparation des eaux dentifrices.

§ 3. *Silicule ovoïde-globuleuse, à valves un peu charnues; stigmate en tête, entier.* — Cochlearia. DC.

3. C. officinale. — *C. officinalis.*

Linn. Sp. 903. — DC. Prod. 1. p. 173. et Fl. fr. n. 4233. — Duby, Bot. gall. p. 57. — Gaud. Fl. helv. 4. p. 271. — Lam. Ency. 2. p. 164. — Koch. Syn. p. 66.

J. Saint-Hil. Pl. fr. tab. 100. — Chaum. Fl. méd. tab. 125. — Lam. illust. tab. 558. fig. 1. — Moris. sect. 3. tab. 20. fig. 1. — J. Bauh. Hist. 2. p. 942. fig. 1. — Dalech. Hist. p. 1320. fig. 1. — Dod. pempt. p. 594. fig. 1. — Lob. ic. p. 293. fig. 2. (*ead.*).

Racine épaisse, allongée, blanchâtre, fibreuse, produisant une ou plusieurs tiges dressées ou ascendantes, hautes de 16—27 centim., épaisses, feuillées, tendres, rameuse en corymbe, anguleuse; feuilles radicales longuement pétiolées, largement ovales, légèrement échancrées en cœur à la base, un peu sinuées, souvent un peu concaves ou creusées en cuillère : les caulinaires ovales ou oblongues, sinuées-anguleuses : les supérieures sessiles, embrassantes, à oreillettes aiguës; fleurs blanches, assez grandes, disposées en corymbe qui se développe en grappe fructifère; silicules globuleuses, lisses, un peu ridées, de moitié plus courtes au moins que le pédoncule, à cloison largement ovale, renfermant 4—6 graines dans chaque loge. ② (Mai, juin). Vulg. *Cochlearia, Herbe aux cuillères.*

Le pied des rochers, dans la vallée de Moutiers-Grandval : aux rochers de Moutiers, près de la grande cascade de la Birse (Gaud.). — Bâle, parmi les décombres des jardins, dans les fossés des chemins près de la ville (Hagenb.). — Près de Pierre-Pertuis (Zeiherus). — La saveur de cette plante est piquante, sans être désagréable; ses propriétés sont éminemment antiscorbutiques; son suc enlève, dit-on, les taches du visage. On la cultive quelquefois dans les jardins.

TRIBU V. — CAMÉLINÉES,

OU LATISEPTÉES NOTORHIZÉES (○‖).

Cotylédons incombants.

24. CAMELINE. — *CAMELINA*. Crantz.

Calice égal à la base; pétales entiers; silicule enflée, pyriforme, à valves très convexes, ayant une petite nervure
sur le dos, fendant le style en s'ouvrant; loges à plusieurs
graines oblongues, non marginées.

1. C. cultivée. — *C. sativa.*

Crantz. Aust. 10. — **DC.** Prod. 1. p. 202. — Duby, Bot.
gall. p. 46. — Gaud. Fl. helv. 4. p. 267. — Koch. Syn.
p. 67. — *Myagrum sativum.* Linn. Sp. 894. — **DC.** Fl.
fr. n. 4269. — Lam. Ency. 1. p. 570.
Moris. sect. 3. tab. 21. fig. 1. (*series* 2.). — J. Bauh. Hist.
2. p. 892. fig. 1. et p. 921. fig. 2. (*excl. descript.*). —
Dalech. Hist. p. 1156. fig. 1. et 1157. fig. 2. — Dod.
pempt. p. 552. fig. 1. — Lob. ic. p. 224. fig. 2. (*ead.*).
Racine grêle; tige dressée, cylindrique, feuillée, simple
ou rameuse, haute de 3—6 décim., presque glabre, ainsi
que les feuilles, ou hérissée de poils simples et plus ou moins
rameux; feuilles caulinaires oblongues-lancéolées, aiguës,
presque entières ou à peine dentelées, embrassantes : les radicales un peu obtuses, rétrécies en pétioles : les supérieures
plus étroites, lancéolées-sagittées, à oreillettes aiguës; fleurs
petites, d'un jaune pâle, disposées en corymbe qui se développe, après la fleuraison, en grappe allongée, peu garnie;
silicule enflée, pyriforme, bordée par la cloison qui la dépasse un peu; graines petites, ovoïdes, d'un brun roux, à
peine comprimées, finement granulées. ☉ (Mai, juin).

Les champs cultivés, graveleux ou sablonneux.

α. *Pilosa*. DC. Prod. 1. 1. c. — Koch. Syn. 1. c. — *C. sylvestris* (Wallr.). Hagenb. Fl. basil. 2. p. 158. — Moris. sect. 3. tab. 21. fig. 2. — Tige et feuilles hérissées de poils courts, la plupart rameux.

Salins, dans les champs de Cernans; d'Ivory; de la Chapelle; de Villers-Farlay; de Mont-sous-Vaudrey; de Chavanne, près de Sellières. — Autour de Ferrières; près de Monchérand; entre Longirod et Marchissy (Gaud.). — Genève, à Saint-Georges (Reut.). — Aux environs de Bâle (Hagenb.).

β. *Glabrata*. DC. Prod. 1. 1. c. — *C. saliva*. var. β. *subglabra*. Koch. Syn. 1. c. — Tige et feuilles glabres ou presque glabres.

Cette variété est cultivée, mais assez rarement, comme plante oléagineuse.

2. C. dentée. — *C. dentata*.

Pers. Ench. 2. p. 191. — DC. Prod. 1. p. 201. — Duby, Bot. gall. p. 47. — Gaud. Fl. helv. 4. p. 268. — Koch. Syn. p. 67. — *Myagrum sativum*.γ. Linn. Sp. 894. — DC. Fl. fr. n. 4269. var. β.
J. Bauh. Hist. 2. p. 893. fig. 1.

Cette espèce a de grands rapports avec la précédente et a souvent été confondue avec elle, ou lui a été réunie comme variété. Elle en diffère par ses feuilles plus étroites, linéaires-oblongues, d'un vert gai, sinuées-dentées, ou pinnatifides, sagittées, à oreillettes triangulaires, plus allongées, aiguës, divergentes. Ses silicules sont très enflées, globuleuses-pyriformes, à graines un peu plus grosses, légèrement chagrinées. ① (Juin, juillet).

Les champs cultivés, parmi les lins: Salins, çà et là, dans les champs de la Chapelle, où elle est sans doute cultivée. — Très commune entre Arzier et Longirod (Gaud.). — Genève, très abondante dans un champ de lin, au bord du Rhône, sous le bois de Ray, près de Penex (Reut.). — Bâle, çà et là dans les champs, surtout parmi les lins : aux environs de Delémont (Hagenb.).

SOUS-FAMILLE III. — ANGUSTISEPTÉES.

Silicule bivalve, déhiscente, comprimée, à valves en carène ou ailées sur le dos, à cloison linéaire ou lancéolée, de la largeur du plus petit diamètre.

TRIBU VI. — THLASPIDÉES,

OU ANGUSTISEPTÉES PLEURORHIZÉES (O ═). ◆

Cotylédons accombants.

25. TABOURET. — *THLASPI*. Linn.

Calice ordinairement égal à la base; pétales entiers, égaux ou presque égaux; silicule comprimée, ovale ou obovale, plus ou moins échancrée au sommet, à valves en carène aiguë ou ailée sur le dos, à cloison étroite, à 2 loges, renfermant chacune 2 ou plusieurs graines ovoïdes, non marginées.

§ 1. *Silicule presque orbiculaire ; graines striées.*

1. T. des champs. — *T. arvense.*

Linn. Sp. 901. — DC. Prod. 1. p. 175. et Fl. fr. n. 4250. — Duby, Bot. gall. p. 58. — Gaud. Fl. helv. 4. p. 226. — Poir. Ency. 7. p. 559. — Koch. Syn. p. 68.
J. Saint-Hil. Pl. fr. tab. 705. — Lam. illust. tab. 557. fig. 1. — Moris. sect. 5. tab. 17. fig. 12. — J. Bauh. Hist. 2. p. 923. fig. 1. — Dalech. Hist. p. 662. fig. 2. — Tabern. ic. p. 458. fig. 1. — Dod. pempt. p. 712. fig. 2. — Lob. ic. p. 212. fig. 2. (*ead.*).
Racine simple, fusiforme, blanchâtre, garnie de quelques fibres ; tige haute de 2—3 décim., glabre, dressée, striée, simple ou un peu rameuse dans le haut ; feuilles également glabres, un peu épaisses : les inférieures petites, obovales-

cunéiformes, pétiolées, marcescentes : les caulinaires oblongues, obtuses, sessiles, sinuées, peu dentées, prolongées à
leur base en 2 oreillettes aiguës ; fleurs médiocres, blanches,
à pétales doubles du calice, disposées en corymbe, puis en
grappe fructifère allongée ; silicule plane, orbiculaire, lisse,
à valves largement ailées sur le dos, étroitement échancrées
au sommet ; style très court au fond de l'échancrure ; graines
5—6 dans chaque loge, oblongues, d'un brun foncé, striées
par des sillons concentriques. ① (Mai—automne).

Çà et là, dans les moissons et les champs cultivés : Salins, dans les
champs de Cramans ; de Chilly ; de Saisenay ; de Saint-Thiébaud et
d'Onay ; de la Chapelle ; de Besançon ; de Pontarlier ; du Val-Travers,
à Noiraigne, au Brot, etc. — Nyon ; Crans ; Salève ; Bois-Bougis
(Gaud.). — Bâle, dans les champs, les vignes, le long des chemins,
assez commun (Hagenb.). — Genève, çà et là, dans les lieux cultivés
(Reut.).

§ 2. *Silicule presque obovale ; graines non striées.*

2. T. perfolié. — *T. perfoliatum.*

Linn. Sp. 902. — DC. Prod. 1. p. 176. et Fl. fr. n. 4253. —
Duby, Bot. gall. p. 58. — Gaud. Fl. helv. 4. p. 225. —
Poir. Ency. 7. p. 555. — Koch. Syn. p. 68.

Barr. ic. fig. 815. — Moris. sect. 3. tab. 17. fig. 15. —
J. Bauh. Hist. 2. p. 958. fig. 1. — Tabern. ic. p. 462. fig. 2.

Racine grêle, blanchâtre, fibreuse, produisant une ou
plusieurs tiges simples ou rameuses, glabres, un peu glauques, ainsi que les feuilles, hautes de 12—24 centimètres,
feuillées, à rameaux axilaires ; feuilles radicales ovales, rétrécies en pétiole : les caulinaires ovales-oblongnes, sessiles,
en cœur à la base, embrassantes, à oreillettes obtuses, entières ou un peu dentées ; fleurs blanches, petites, disposées
en corymbe à l'extrémité de la tige et des rameaux, et à la
fin en grappe fructifère allongée ; pétales entiers, obovales,
un peu plus longs que le calice ; silicule en cœur renversé,
obtusément triangulaire, ailée au sommet, à 6—8 graines

lisses, ovoïdes, rousses ; stigmate presque sessile au fond de l'échancrure. ① (Avril, mai).

Commun dans les vignes, les champs, sur les collines, et dans les terres cultivées un peu graveleuses.

β. *Minus*. Clus. Hist. 2. p. 131. fig. 2. (*ad dextram*). — Tige très simple, grêle, haute de 5—10 centim.

Dans les champs graveleux, maigres et arides.

3. T. de montagne. — *T. montanum*.

Linn. Sp. 902. — DC. Prod. 1. p. 176. et Fl. fr. n. 4254. — Duby, Bot. gall. p. 38. — Gaud. Fl. helv. 4. p. 222. — Poir. Ency. supp. 5. p. 277. in Obs. n. 4. (*non Ency.*). Barr. ic. fig. 1305. n. 2. — Moris. sect. 3. tab. 18. fig. 24. — J. Bauh. Hist. 2. p. 926. fig. 1. — Clus. Hist. 2. p. 131. fig. 1. — Tabern. ic. p. 463. fig. 1.

Racine vivace, dure, produisant une ou plusieurs tiges simples, hautes de 16—20 centim., dressées, feuillées, glabres ; feuilles un peu épaisses, également glabres : les radicales obovales en coin, obtuses, pétiolées, entières ou à peine dentées, disposées en rosette, d'où partent souvent des jets rampants : les caulinaires plus petites, dressées, oblongues, sessiles, obtuses, embrassantes, prolongées à la base en 2 petites oreillettes courtes, obtuses ; fleurs grandes, blanches, à pétales 1—2 fois plus longs que le calice, disposées en corymbe se développant insensiblement en grappe fructifère allongée ; silicule arrondie en cœur renversé, souvent à peine échancrée, à sinus très ouvert, dépassé par le style, à valves ailées sur le dos, renfermant, dans chaque loge, 1—2 graines lisses, orbiculaires, d'un brun roux. ♃ (Avril—juin).

Les lieux arides et pierreux des montagnes : Salins, à Poupet, au pied des rochers au-dessus de Pré-Rond, au bord des rochers au-dessus de Combelle, et parmi les buissons des pâturages au-dessus de Saint-Thiébaud ; à la Châtelaine, sur les rochers au-dessous de la source de la Cuisance ; sur la crête des rochers au-dessous du château de Vaugre-

nans, etc. ; sur le Chasseral ; au Creux-du-Vent ; au Cul-des-Roches,
près du Locle ; sur la Dôle. — Le Wasserfall ; le mont Dornac ; autour
de Delémont ; entre Sonceboz et la Hutte ; au Pertuis (Gaud.). — Bâle,
sur le mont Mutet ; autour de Sainte-Ursanne ; dans le val de Laufen, etc. (Hagenb.).

4. T. alpestre. — *T. alpestre*.

Linn. Sp. 903. — DC. Prod. 1. p. 176. et Fl. fr. n. 4255. —
  Duby, Bot. gall. p. 38. — Gaud. Fl. helv. 4. p. 225. —
  Poir. Ency. 7. p. 557. — Koch. Syn. p. 68.
Moris. sect. 3. tab. 17. fig. 16. — Clus. Hist. 2. p. 151.
  fig. 2.

Cette espèce se rapproche beaucoup du *T. perfoliatum* et
encore plus du *T. montanum,* ce qui rend sa synonymie
difficile à établir à l'égard des anciens auteurs. Elle diffère
du premier par sa silicule faiblement échancrée, à échancrure dilatée, dépassée de beaucoup par le style filiforme,
et par ses anthères purpurines, presque saillantes (jaunes
dans les deux espèces ci-dessus) ; elle diffère du second par
sa silicule obcordée-triangulaire, rétrécie à la base, renfermant 4—6 graines dans chaque loge (au lieu de 1—2), et
par ses fleurs plus petites, dont les pétales dépassent à peine
le calice. ♃ (Mai, juin).

Çà et là, dans les pâturages fertiles, au voisinage des chalets : au
Creux-du-Vent. — Au Baule, au-dessus de Bonmont ; près de Sainte-
Ursanne (Gaud.). — Près de la Dôle et du Reculet (Reut.). — Dans
la vallée de Joux (Muret, in Rapin.).

26. TÉESDALIE. — *TEESDALIA*. R. Brown.

Calice caduc, à sépales un peu soudés à la base ; pétales
entiers, égaux ou inégaux ; étamines les plus grandes, munies en dedans d'une écaille à la base ; silicule ovale,
échancrée, à valves en carène, étroitement ailées ; style
presque nul ; loges à 2 graines orbiculaires.

1. T. à tige nue. — *T. nudicaulis.*

R. Brown. Hort. kew. ed. 2. p. 83. — Koch. Syn. p. 69. — *Iberis nudicaulis.* Linn. Sp. 907. — Lam. Ency. 3. p. 223. — *Thlaspi naudicaule.* α. DC. Fl. fr. n. 4248. et *Guepinia Iberis.* supp. n. 4258ᵇ. — *Teesdalia Iberis.* DC. Prod. 1. p. 178. — Duby, Bot. gall. p. 39. — Gaud. Fl. helv. 4. p. 252.

Moris. sect. 3. tab. 19. fig. 5. — J. Bauh. Hist. 2. p. 937. fig. 1. — Tabern. ic. p. 451. fig. 2. — Dod. pempt. p. 103. fig. 2. — Lob. ic. p. 221. fig. 2. (*ead.*).

Racine simple, blanchâtre, un peu fibreuse, produisant plusieurs tiges hautes de 8—16 centim., les extérieures ascendantes un peu courtes, ordinairement un peu feuillées, celles du centre dressées, simples, nues; feuilles radicales étalées en rosette, pétiolées, lyrées-pinnatifides, à lobes peu nombreux, obovales, obtus, le terminal plus grand, arrondi : les caulinaires petites, sessiles, souvent entières, un peu aiguës; fleurs blanches, petites, disposées en corymbe serré, presque en tête, se développant ensuite en grappe fructifère, à pétales inégaux, 2 extérieurs oblongs, obtus, presque doubles des autres; silicule largement ovoïde, courtement échancrée, à échancrure étroite, à valves un peu ailées au sommet, à stigmate presque sessile; loges à 2 graines petites, orbiculaires, comprimées, d'un brun roux. ① (Avril, mai).

Les champs et les lieux sablonneux : les pelouses sèches de nos montagnes (Girod-Chant.). — Parmi les moissons autour de Thoiry et à Salève (Ray). — Dans les champs près de Colombier et Areuse (Hall.). — Bâle, dans les champs près de la Maison-Neuve (C. Bauh.). — Près de Balstall, etc. (Hagenb.).

27. IBÉRIDE. — *IBERIS.* Linn.

Calice égal à la base ; pétales 4, les 2 extérieurs plus grands ; étamines non dentées ; silicule ovoïde ou obovoïde, comprimée par les côtés, presque plane, échancrée, à valves en carène ailée ; loges à une graine pendante.

§ 1. *Graines non bordées; cloison simple. —*
Iberidium. DC.

* *Silicules en corymbe; tige herbacée.*

1. I. en ombelle. — *I. umbellata.*

Linn. Sp. 906. — DC. Prod. 1. p. 179. et Fl. fr. n. 4265. — Duby, Bot. gall. p. 40. — Gaud. Fl. helv. 4. p. 250. — Lam. Ency. 3. p. 223. — Koch. Syn. p. 70.

J. Saint-Hil. Pl. fr. tab. 194. — Lam. illust. tab. 557. fig. 1. — Barr. ic. fig. 895. n. 1. — Moris. sect. 3. tab. 17. fig. 21. — J. Bauh. Hist. 2. p. 924. fig. 1. — Dalech. Hist. p. 664. fig. 1. — Dod. pempt. p. 715. fig. 2. — Lob. ic. p. 216. fig. 1.

Racine simple, blanchâtre, un peu rameuse ; tige herbacée, dressée, striée, glabre, ainsi que les feuilles, haute de 16--52 centim., simple ou rameuse ; feuilles un peu épaisses, lancéolées, étroites : les inférieures plus ou moins dentées en scie, les supérieures entières ; fleurs purpurines, quelquefois blanches, assez grandes, disposées en corymbe qui ne s'allonge pas en grappe après la fleuraison, à pétales extérieurs beaucoup plus grands que les autres ; silicule comprimée, ovale à la base, profondément échancrée au sommet, à sinus aigu, à lobes triangulaires, aigus, de la longueur des loges ; style filiforme, long de 4—5 millim., égalant presque les lobes ; graines pyriformes, pendantes, solitaires dans chaque loge. ① (Juin, juillet). Vulg. *Thlaspi, Taraspi.*

Cette plante, qui croît spontanément dans les environs de Nice et de Montpellier, est assez généralement cultivée, dans les jardins, comme plante d'ornement. Gaudin l'a trouvée dans les champs des environs de Nyon, entre le Bois-Bougis et la route de Genève, mais il pense que les graines avaient été apportées avec celles des céréales semées : je l'ai aussi trouvée plusieurs fois sur les graviers du bord de la Furieuse, au-dessous de Saint-Joseph, mais provenant, bien certainement, de graines de jardins entraînées par les eaux.

** *Silicule en grappe ; tige herbacée.*

2. I. pinnatifide. — *I. pinnata.*

Linn. Sp. 907. — DC. Prod. 1. p. 180. et Fl. fr. n. 4263.—
Duby, Bot. gall. p. 40. — Gaud. Fl. helv. 4. p. 229. —
Lam. Ency. 3. p. 223. — Koch. Syn. p. 70.
Barr. ic. fig. 1306. (*mala*). — Moris. sect. 3. tab. 17. fig.
19. (*mala*). — J. Bauh. Hist. 2. p. 925. fig. 1. (*excl.
planta majore*). —Tabern. ic. p. 461. fig. 2. (*malè*). —
Dalech. Hist. p. 655. fig. 2. et p. 1183. fig. 2. (*malè*) —
Lob. ic. p. 217. fig. 2.

Racine grêle ; tige haute de 16—28 centim., dressée, un peu poilue, ordinairement rameuse dès la base, à rameaux ascendants, quelquefois simple à la base et un peu rameuse au sommet ; feuilles un peu épaisses, ciliées, linéaires-pin-natifides, rétrécies en pétiole, à lobes ovales, obtus dans les inférieures, un peu plus écartés, linéaires, et un peu aigus dans les supérieures ; fleurs blanches, disposées en ombelles serrées, s'allongeant en grappes courtes après la fleuraison ; silicule ovale à la base, largement échancrée au sommet, à lobes divergents, élargis-triangulaires, un peu aigus, dé-passés par le style allongé. ① (Mai, juin).

Dans les champs et parmi les moissons : Nyon, près de Bois-Bougis (Gaud.). — Entre Trélex et Gingins ; à Iverdon (Gai). — Les moissons dans le vallon de Monetier, du côté du Petit-Salève ; dans les champs sablonneux au bord du Rhône, sous Aïre (Reut.).

3. I. amère. — *I. amara.*

Linn. Sp. 906. — DC. Prod. 1. p. 180. et Fl. fr. n. 4262.
— Duby, Bot. gall. p. 40. — Gaud. Fl. helv. 4. p. 228.
— Lam. Ency. 3. p. 222. — Koch. Syn. p. 70.

Moris. sect. 5. tab. 17. fig. 18. — J. Bauh. Hist. 2. p. 925. fig. 1. (*excl. planta minore*). — Tabern. ic. p. 462. fig. 2.

Racine blanchâtre, simple ou un peu divisée; tige dressée, dure, anguleuse, rameuse au sommet et souvent dès la base, à rameaux ascendants, feuillée, haute de 16—22 centim.; feuilles alternes, oblongues, obtuses, rétrécies en pétiole, munies de chaque côté, à leur partie supérieure, de 2—5 grosses dents écartées; fleurs assez grandes, blanches ou purpurines, disposées en corymbe terminal, s'allongeant, après la fleuraison, en grappe courte; silicule plane, orbiculaire, étroitement ailée, échancrée au sommet, à lobes triangulaires, aigus, peu divergents, à peine dépassés par le style; graines ovoïdes, d'un brun roux, ponctuées. ⨀ (Juin, juillet).

Les champs, les moissons, dans les terres légères et graveleuses : Salins, çà et là, sur Arèle; à la Grange-Feuillet; à Ivory; Cramans; Villers-Farlay; Mont-sous-Vaudrey; aux environs de Dole; de Besançon; de Thoirette; de Nyon; de Longirod; de Monchérand; de Bâle; entre Saint-Genis et Thoiry; le long de la route au-dessus de Noiraigne, etc., etc.

β. *Minor*. Koch. Syn. 1. c. — Tige purpurescente; feuilles plus étroites; calice et pétales de couleur violette plus ou moins foncée.

Se trouve avec la var. α., mais beaucoup plus rarement.

*** *Silicules en grappe; tige ligneuse.*

4. I. des rochers. — *I. saxatilis.*

Linn. Sp. 905. — DC. Prod. 1. p. 180. et Fl. fr. n. 4261. — Gaud. Fl. helv. 6. in append. p. 558. — Lam. Ency. 3. p. 220. — Koch. Syn. p. 70.

Lam. illust. tab. 557. fig. 2. — Moris. sect. 3. tab. 18. fig. 51. et 52. — J. Bauh. Hist. 2. p. 981. fig. 1. (*mala*). — Dalech. Hist. p. 1181. fig. 3. — Lob. ic. p. 217. fig. 1.

Arbrisseau tortueux, diffus, très rameux, haut d'environ 5 décim., à rameaux ligneux, grêles, dépourvus de feuilles, à écorce grise ou un peu brunâtre, rudes par l'effet des cicatrices qu'ont laissées les feuilles anciennes, divisés au sommet en rameaux plus petits, verdâtres, herbacés, glabres, à peine de la longueur du doigt, garnis à la base de feuilles nombreuses, sessiles, linéaires, aiguës ou un peu obtuses, longues de 2 centim. et à peine large de 2—3 millim., un peu élargies au sommet et rétrécies à la base, d'un vert gai, un peu épaisses, presque entièrement glabres, très entières; fleurs assez grandes, blanches, à pétales oblongs, entiers, beaucoup plus grands que le calice, disposées en corymbe terminal, se développant, après la fleuraison, en grappe courte; silicule de la longueur du pédicelle, comprimée, ovale à la base, échancrée au sommet, à sinus aigu, à lobes obtus, à peine dépassés par le style. ♄ (Mai, juin).

Commune dans les fentes des rochers des montagnes du Jura, aux environs de Soleure (Gaud.). — Et sur les rochers qui couronnent la cime du Lomont, près de Blamont (Girod-Chant.).

§ **2.** *Graines à peine bordées; cloison presque double.* — Iberidastrum. **DC.**

5. I. toujours fleurie. — *I. semperflorens.*

Linn. Sp. 904. — DC. Prod. 1. p. 181. et Fl. fr. n. 4259. — Duby, Bot. gall. p. 41. — Lam. Ency. 3. p. 220.

Bocc. Sicil. p. 55. tab. 29. (*excl. ic.* P. Q. R.). — Moris. sect. 3. tab. 25. fig. 5.

Arbrisseau ligneux, haut de 3—6 décim., rameux; feuilles un peu épaisses, glabres, très entières, oblongues, obtuses, rétrécies en coin ou en spatule; fleurs blanches, odorantes, disposées en corymbe s'allongeant en grappe courte après la fleuraison; silicule comprimée, longue de 7 millim., large de 11, tronquée-échancrée au sommet, à style très court; graines orbiculaires, d'un brun roux, assez grosses, com-

primées, entourées d'une bordure d'un roux moins foncé. ♃
(Toute l'année).

Originaire de Sicile, cultivé dans les jardins comme plante d'ornement : cet arbuste demande l'orangerie pendant l'hiver. On cultive
encore dans les jardins l'*I. sempervirens*, qui est un arbrisseau plus
petit et plus rustique que le précédent : il passe l'hiver en pleine terre,
quoique sensible aux froids rigoureux. On le trouve près de Nice.

28. LUNETIÈRE. — *BISCUTELLA*. Linn.

Calice égal à la base ou à sépales extérieurs plus ou moins
gibbeux; pétales égaux et entiers; silicule plane-comprimée
par les côtés, échancrée à la base et au sommet, à 2 loges
monospermes; valves orbiculaires, bordées, attachées latéralement à l'axe, se séparant par la base, dépassées par le
style allongé persistant.

1. L. lisse. — *B. lævigata.*

Linn. Mant. 225. — DC. Prod. 1. p. 182. et Fl. fr. n. 4209.
— Duby, Bot. gall. p. 41. — Lam. Ency. 3. p. 618. —
Koch. Syn. p. 71. — *B. lævigata. 1. vulgaris.* Gaud. Fl.
helv. 4. p. 253.
DC. ic. Gall. rar. p. 11. tab. 38. — *Icones veterum* (Moris.
sect. 3. tab. 9. fig. 10. — J. Bauh. Hist. 2. p. 933. fig. 1.
— Clus. Hist. 2. p. 133. fig. 1. — Tabern. ic. p. 466.
fig. 1. — Dalech. Hist. p. 1314. fig. 2.) *omnes incertæ
sunt. Æquo enim jure ad B. saxatilem, aut ad alias
affines species, ac ad B. lævigatum trahi possunt.*

Racine épaisse, dure, tortueuse; tige haute de 2—3 décim., dressée, peu feuillée, ordinairement rameuse-paniculée
dans le haut, poilue dans sa moitié inférieure, lisse dans le
reste de sa longueur; feuilles presque toutes radicales, oblongues, dressées, un peu obtuses, velues et rudes sur les deux
faces, à poils simples, ordinairement dentées ou sinuées-
dentées, rarement entières, rétrécies en pétiole à la base :
les caulinaires petites, écartées, plus étroites, les supérieures

linéaires, ciliées; fleurs jaunes, disposées en corymbes, se développant en grappes lâches, paniculées, s'allongeant peu après la fleuraison, à pétales ouverts, doubles de la longueur du calice, munis de 2 petites oreillettes à la base; silicule grande, didyme, à 2 loges orbiculaires, monospermes, comprimées, glabres, lisses, à veines réticulées, à style filiforme, allongé, persistant; graines attachées latéralement par un funicule horizontal. ♃ (Juillet, août).

Les lieux chauds et arides des montagnes : sur les montagnes du Jura (DC.). — Bâle, autour de Blotzheim (Lachenal, in Gaud.).

TRIBU VII. — LÉPIDINÉES,

OU ANGUSTISEPTÉES NOTORHIZÉES (○‖).

Cotylédons incombants.

29. PASSERAGE. — *LEPIDIUM*. Linn.

Calice égal à la base; pétales égaux; silicule comprimée par les côtés, oblongue, arrondie ou ovoïde; loges à une seule graine; valves en carène aiguë ou ailée; étamines à filets non dentés.

§ 1. *Silicule suborbiculaire, échancrée, ailée sur la carène; feuilles divisées.*

1. P. cultivé. — *L. sativum.*

Linn. Sp. 899.— DC. Prod. 1. p. 204. — Duby, Bot. gall. p. 48. — Gaud. Fl. helv. 4. p. 206. — Koch. Syn. p. 72. — *Thlaspi sativum*. DC. Fl. fr. n. 4247. — Poir. Ency. 7. p. 542.

Moris. sect. 3. tab. 19. fig. 1. — J. Bauh. Hist. 2. p. 912. fig. 1. — Lob. ic. p. 212. fig. 1. (*ic. Dod.*). — Tabern. ic. p. 450. fig. 1. — Dalech. Hist. p. 655. fig. 1. — Dod. pempt. p. 711. fig. 1.

Racine grêle, fibreuse ; tige dressée, cylindrique, glauque et glabre, ainsi que les autres parties de la plante, rameuse à sa partie supérieure, haute de 3—4 décim. ; feuilles oblongues, alternes, diversement pinnatifides ou multifides, à lobes entiers ou dentés, obtus : les supérieures sessiles, linéaires, ordinairement entières ; fleurs blanches, petites, disposées en corymbe, se développant à la fin en grappe allongée, à pétales un peu plus longs que le calice, à limbe arrondi, étalé, à onglet linéaire ; silicule de la longueur du pédicelle, comprimée, ovoïde, presque arrondie, échancrée au sommet, à valves en carène un peu ailée, à style court, persistant, de la longueur des lobes ; loges à une graine oblongue, un peu comprimée, d'un brun roux. ① (Mai, juin). Vulg. *Cresson alénois.*

Originaire d'Orient : cultivé dans les jardins, d'où il s'échappe souvent et se retrouve aux environs et dans les décombres.

β. *Crispum.* DC. Prod. 1. l. c. — Gaud. Fl. helv. l. c. — Koch. Syn. l. c. — J. Bauh. Hist. 2. p. 913. fig. 1. — Feuilles plus larges, laciniées et crépues sur les bords.

Également cultivée dans les jardins.

γ. *Latifolium.* DC. Prod. 1. l. c. — Koch. Syn. l. c. — Moris. sect. 3. tab. 19. fig. 2. — Feuilles planes, plus larges, peu divisées.

Cultivée comme les variétés précédentes. — Le cresson alénois est antiscorbutique, légèrement stimulant ; sa saveur est un peu âcre et piquante : ses feuilles sont condimentaires en salade.

§ 2. *Silicule suborbiculaire, échancrée, à carène ailée à la partie supérieure ; feuilles indivises.*

2. P. des campagnes. — *L. campestre.*

R. Brown. Hort. kew. 4. p. 465. — DC. Prod. 1. p. 204. — Duby, Bot. gall. p. 48. — Gaud. Fl. helv. 4. p. 207. — Koch. Syn. p. 72. — *Thlaspi campestre.* Linn. Sp. 902. DC. Fl. fr. n. 4257. — Poir. Ency. 7. p. 557.

J. Saint-Hil. Pl. fr. tab. 704. — Moris. sect. 5. tab. 17. fig.
14. — J. Bauh. Hist. 2. p. 921. fig. sup. — Tabern. ic.
p. 458. fig. 2. — Dalech. Hist. p. 662. fig. 1. (*fol. integris*). — Dod. pempt. p. 712. fig. 5. (*fol. integris*).
— Lob. ic. p. 215. fig. 1. (*ead.*).

Racine fusiforme ; tige dressée, haute de 2—4 décim.,
très feuillée, pubescente, rameuse au sommet ; feuilles d'un
vert pâle et cendré, pubescentes, oblongues, obtuses : les
radicales rétrécies en pétiole, garnies de quelques dents
écartées, quelquefois incisées ou lyrées à la base : les caulinaires plus étroites, lancéolées-sagittées, dentelées ou presque
entières, à oreillettes triangulaires divergentes ; fleurs blanches, petites, disposées en grappe serrée qui se développe
et s'allonge ensuite insensiblement ; silicules comprimées,
une fois plus courtes que le pédicelle presque à angle droit
sur l'axe, ailées au sommet, couvertes d'une poussière
écailleuse, étroitement échancrées, à lobes obtus, dépassés
par le style ; loges à une seule graine oblongue, ponctuée.
② (Juin, juillet).

Commun le long des chemins, dans les champs, les vignes et les
lieux cultivés.

§ 5. *Silicule entière ou à peine échancrée, à valves
carénées, non ailées ; feuilles petites, indivises ou
pinnatifides.*

5. P. des décombres. — *L. ruderale.*

Linn. Sp. 900. — DC. Prod. 1. p. 205. — Duby, Bot. gall.
p. 48. — Gaud. Fl. helv. 4. p. 209. — Koch. Syn. p. 72.
— *Thlaspi ruderale.* DC. Fl. fr. n. 4246. — Poir. Ency.
7. p. 544.

Moris. sect. 5. tab. 19. fig. 7. — J. Bauh. Hist. 2. p. 914.
fig. 1. — Lob. ic. p. 214. fig. 1. — Tabern. ic. p. 465.
fig. 2. — Dod. pempt. p. 715. fig. 1. — Dall. Hist. p.
662. fig. 5.

Racine simple ou peu rameuse ; tige dressée, haute de
2—3 décim., blanchâtre, légèrement pubescente, très rameuse, à rameaux diffus ; feuilles glabres, un peu épaisses :
les inférieures pétiolées, pinnatifides, à lobes alternes, linéaires, dentés : les supérieures sessiles, linéaires, un peu
obtuses, rarement dentées ; fleurs petites, blanches, diandres, souvent apétales, en grappes nombreuses, à la fin
allongées, un peu effilées ; silicule ovoïde arrondie, à peine
échancrée, à stigmate presque sessile, de moitié plus courte
que le pédicelle ; graine solitaire dans chaque loge, ovoïde,
d'un roux clair. ☉ (Juin—août).

Le bord des chemins et des murs, les décombres : Genève, à Cham-
bésy, près de la campagne Panchaud (Reut.). — Bâle, dans les lieux
sablonneux, près du pont de la Birse ; aux environs de Saint-Jacob et
le long des chemins près d'Huningue ; sur les murs des fossés intérieurs
de la ville (*olim*) (Hagenb.).

4. P. à feuilles de gramen. — *L. graminifolium.*

Linn. Sp. 900. — Gaud. Fl. helv. 4. p. 210. — Koch. Syn.
  p. 72. — *L. Iberis.* DC. Prod. 1. p. 207. et Fl. fr. n. 4241.
  et ejusd. Ency. 5. p. 47.
Lam. illust. tab. 556. fig. 1. — Moris. sect. 3. tab. 21. fig.
  1. — J. Bauh. Hist. 2. p. 918. fig. 1. — Tabern. ic. p.
  457. fig. 1. — Dod. pempt. p. 714. fig. 1. — Lob. ic. p.
  225. fig. 2. (*ead.*).

Racine dure, tortueuse ; tige haute de 6—9 décimètres,
feuillée, dure, raide, lisse, très rameuse, à rameaux diffus,
effilés ; feuilles radicales oblongues ou en spatule, longuement pétiolées, dentées ou pinnatifides à la base : les caulinaires dressées, linéaires, étroites, un peu aiguës, très entières, longues de 14—27 millim. ; fleurs petites, blanches,
en corymbe, se développant, après la fleuraison, en grappe
fructifère grêle, allongée ; étamines 6, écartées ; silicule une
fois plus courte que le pédicelle, ovoïde, aiguë, entière,
terminée par un stigmate presque sessile, à 2 loges, à valves
en carène non ailée, renfermant chacune une graine ob-

ovoïde, d'un roux foncé, finement ponctuée à la loupe. ♃
(Juillet , août).

Les lieux arides et incultes, le bord des chemins, les décombres :
Genève, sur le mur de l'ancien jardin de Micheli (Girod, in Reut.).—
Cimetière de Rolle (Rapin). — Bâle, autour de Saint-Jacob (Hall.).
— J'ai trouvé cette plante abondamment, en 1855, sur les glacis du
château de Vincennes et au bois de Boulogne. — Le *Lepidium iberis*.
Linn. diffère de cette espèce par ses fleurs diandres.

§ 4. *Silicule ovoïde, très entière, à valves carénées,*
non ailées; feuilles amples, indivises.

5. P. à larges feuilles. — *L. latifolium.*

Linn. Sp. 899. — DC. Prod. 1. p. 207. et Fl. fr. n. 4240.
et ejusd. Ency. 5. p. 45. — Duby, Bot. gall. p. 49. —
Gaud. Fl. helv. 4. p. 211. — Koch. Syn. p. 73.
Moris. sect. 3. tab. 21. fig. 1. — J. Bauh. Hist. 2. p. 940.
fig. 1. et 2. (*pessima*). — Tabern. ic. p. 456. fig. 1. —
Dalech. Hist. p. 666. fig. 2. — Dod. pempt p. 716. fig. 1.
— Lob. ic. p. 518. fig. 2. (*cad.*).

Plante entièrement glabre. Racine jaunâtre, assez épaisse;
tige dressée, cylindrique, légèrement striée, haute de 6—9
décim. , rameuse-paniculée à sa partie supérieure ; feuilles
simples, amples, diminuant de grandeur de la base au sommet de la tige : les radicales ovales, obtuses, longuement pétiolées, crénelées-dentées en scie : les caulinaires inférieures
rétrécies à la base en pétiole court, acuminées, les supérieures
sessiles, ovales-lancéolées, entières ou garnies de quelques
dents, celles des rameaux florifères beaucoup plus petites,
étroites, lancéolées, entières, aiguës ; fleurs très petites et
très nombreuses, portées sur des pédicelles capillaires 2—3
fois plus longs qu'elles, disposées en grappes nombreuses,
formant une vaste panicule au sommet de la plante; silicules
petites, pubescentes, ovoïdes-elliptiques, à stigmate sessile,
mucroné. ♃ (Juin , juillet).

Les lieux ombragés et humides , les décombres : Salins, le long des
bords de la Furieuse , à son embouchure et près du pont de Saint-

Joseph (où elle ne se trouve plus) : à Goaille, au pied des murs de
l'ancienne abbaye. — Aux environs de Grand-Vaire (Girod-Chant.).
— Au Signal d'Orbe (Muret). — Genève, près d'une ferme entre Sionnet
et Vandœuvre, en assez grande quantité (Reut.). — Bâle, le long des
haies près de Kleinrichen (Hagenb.). — Sa racine est très amère, d'un
goût désagréable, nauséabonde et un peu piquant ; elle est antiscorbutique et dépurative : on la croyait propre à guérir la rage.

30. HUTCHINSIE. — *HUTCHINSIA*. R. Brown.

Calice dressé, égal à la base ; pétales égaux et entiers ;
silicule comprimée par les côtés, oblongue ou presque arrondie, entière ou légèrement échancrée ; loges à 2 graines,
valves en nacelle, non ailées ; filets des étamines non dentés.

1. H. des Alpes. — *H. Alpina*.

R. Brown. Hort. kew. 4. p. 82. — DC. Prod. 1. p. 178. —
Duby, Bot. gall. p. 59. — Koch. Syn. p. 75. — *Lepidium
Alpinum*. Linn. Sp. 898. — Gaud. Fl. helv. 4. p. 212. —
DC. Fl. fr. n. 4242. et Ency. 5. p. 49.

Moris. sect. 5. tab. 19. fig. 10. — J. Bauh. Hist. 2. p. 919.
fig. 1. — Clus. Hist. 2. p. 128. fig. 1. — Tabern. ic. p.
454. fig. 2. — Dalech. Hist. p. 1180. fig. 2.

Racine grêle, gazonnante, donnant naissance à plusieurs
tiges simples, légèrement pubescentes, feuillées à leur partie
inférieure, nues dans le reste de leur longueur ou quelquefois munies d'une petite foliole pinnatifide, hautes de 5—8
centim. ; feuilles glabres, presque en rosette à la base des
tiges, pétiolées, pinnatifides, à lobes ovales-oblongs, petits,
écartés, aigus ou mucronés ; fleurs blanches, assez grandes,
disposées en corymbe qui s'allonge en grappe après la fleuraison, à pétales cunéiformes, doubles de la longueur du
calice, à limbe entier, ovale-arrondi ; silicule oblongue, aiguë
aux deux bouts, plus courte que le pédoncule, terminée par
le style court, persistant ; graines ovoïdes, d'un brun roux,
suspendues à un funicule assez long. ♃ (Juin—août).

J'ai trouvé cette plante au bord de la neige, dans une grande crevasse où elle séjourne ordinairement toute l'année, sur la montagne au-dessus d'Allamogne, près du Reculet; et au pied des rochers, près de la Faucille, le long de la route des Rousses. — Sur le Thoiry (Gaud.). — Rai l'a trouvée autrefois sur la Dôle (Gaud.). — Au Reculet (Reut.).

2. H. des rocailles. — *H. petræa.*

R. Brown. Hort. kew. 4. p. 82. — DC. Prod. 1. p. 178. — — Duby, Bot. gall. p. 59. — Koch. Syn. p. 73. — *Lepidium petræum.* Linn. Sp. 899. — DC. Fl. fr. n. 4243. et Ency. 5. p. 48. — Gaud. Fl. helv. 4. p. 214. Moris. sect. 3. tab. 19. fig. 6.

Racine grêle, produisant une ou plusieurs tiges feuillées, rameuses, dressées ou ascendantes, légèrement pubescentes, hautes de 5—8 centim.; feuilles glabres : les radicales étalées en rosette, courtement pétiolées, oblongues, ailées-pinnatifides, à folioles petites, ovales, aiguës, un peu épaisses : les caulinaires sessiles, à folioles moins nombreuses, plus étroites, oblongues ou lancéolées, aiguës; fleurs blanches, petites, disposées en corymbe s'allongeant en grappe après la fleuraison, à pétales étroits, à peine plus longs que le calice; silicules petites, ovoïdes, un peu obtuses, terminées par un stigmate presque sessile, portées sur des pédicelles étalés, doubles de leur longueur; graines petites, ovoïdes, d'un roux clair, à funicule assez long. ④ (Avril, mai).

Les lieux stériles et pierreux : Salins, au pied des pierrailles au bord de la route, au-dessus de Remeton ; Poupet, au pied du rocher appelé *Bonhomme* ; au pied des rochers, à la source de la Cuisance, près d'Arbois; Besançon, au pied des rochers de la citadelle. — Genève, à Salève, au Pas-de-l'Échelle ; au bord du lac, entre Genthod et Versoix (Reut.). — Nyon, au bord du lac, à l'embouchure du Boiron et le long des lagunes de sa rive droite, et près de Promenthod (Gaud.). — La radicule dans cette espèce est demi-incombante, se dirigeant souvent vers le bord des cotylédons, et, selon M. Gay (*Ann. Sc. nat.*, avril 1826, p. 403, note 5), elle est toujours accombante.

31. CAPSELLE. — *CAPSELLA*. Medikus.

Calice égal à la base ; pétales entiers ; silicule comprimée
par les côtés, triangulaire, tronquée au sommet, à peine
échancrée, à valve en carène, non ailée, à loges polyspermes.

1. C. bourse à pasteur. — *C. bursa pastoris*.

Mœnch. Méth. 271. — DC. Prod. 1. p. 177. — Duby, Bot.
gall. p. 48. — Gaud. Fl. helv. 4. p. 227. — Koch. Syn. p.
73. — *Thlaspi bursa pastoris*. Linn. Sp. 903. — DC. Fl.
fr. n. 4249. — Poir. Ency. 7. p. 534.

J. Saint-Hil. Pl. fr. tab. 705. — Bull. Herb. tab. 223. —
Lam. illust. tab. 557. fig. 2. — Moris. sect. 3. tab. 20. fig.
2. — J. Bauh. Hist. 2. p. 936. fig. 1. — Tabern. ic. p.
198. fig. 2. — Dalech. Hist. p. 1097. fig. 1. — Dod.
pempt. p. 703. fig. 1. — Lob. ic. p. 221. fig. 1. (*ead.*),

Racine fusiforme, simple ou un peu divisée ; tige haute de
15—50 centim., légèrement poilue ou glabre, rameuse ;
feuilles garnies de poils rudes, épars, un peu ciliées : les
radicales oblongues, rétrécies en pétiole à la base, étalées en
rosette, tantôt presque entières, dentées ou laciniées, tantôt
plus ou moins profondément pinnatifides ou lyrées, à lobes
ovales-triangulaires, aigus, entiers ou dentés : les caulinaires
moins grandes, dressées, lancéolées, embrassantes-auricu-
lées, à oreillettes courtes, arrondies ; fleurs blanches, petites, disposées en corymbe qui se développe en grappe
fructifère allongée ; silicule obcordée-triangulaire, largement
échancrée au sommet, à valves comprimées en carène, non
ailées, à style plus court que les lobes de l'échancrure ; loges
à plusieurs graines oblongues, lisses. ☉ (Presque toute
l'année).

Commune le long des chemins et dans les terres cultivées.

β. *Minor*. DC. Prod. 1. l. c. — Tabern. ic. p. 199. fig. 1
- - Feuilles pinnatifides, tige plus courte.

γ. *Integrifolia*. DC. Prod. 1. l. c. — Moris. sect. 3. tab. 20. fig. 2. (n. 1. *folium*). — Feuilles oblongues, indivises.

δ. *Coronopifolia*. DC. Prod. 1. l. c. — Feuilles presque lyrées-pinnatifides.

ε. *Apetala*. DC. Prod. 1. l. c. — Monstruosité, à fleurs apétales, décandres, les pétales s'étant changés en étamines.

Obs. Girod-Chantrans indique la *Capsella procumbens* (Fries). Koch. Syn. p. 74. — *Lepidium procumbens*. Linn., dans les forêts près des bords de l'Ognon; mais je crains qu'il n'ait confondu cette espèce avec l'*Hutchinsia petræa*, à laquelle elle ressemble beaucoup et qu'il n'indique point. On la reconnaîtra à ses feuilles profondément pinnatifides, à lanières très entières, lancéolées ou elliptiques, la terminale plus grande; à ses silicules ovoïdes, oblongues, obtuses ou un peu tronquées, en grappe allongée; à ses graines ovoïdes, comprimées, très petites, d'un roux pâle, au nombre de 6—8 dans chaque loge.

32. ÉTHIONÈME. — ÆTHIONEMA. R. Brown.

Calice un peu inégal à la base; pétales entiers; silicule comprimée par les côtés, ovoïde ou presque arrondie, échancrée, à 2 valves en carène ailée, à loges renfermant 2—6 graines; filets des étamines non dentés.

1. E. des rochers. — A. saxatilis.

R. Brown. Hort. kew. ed. 1. 4. p. 80. — DC. Prod. 1. p. 209. — Duby, Bot. gall. p. 49. — Gaud. Fl. helv. 4. p. 217. — — Koch. Syn. p. 74. — *Thlaspi saxatile*. Linn. Sp. 901. DC. Fl. fr. n. 4250. — Poir. Ency. 7. p. 540.

Barr. ic. fig. 845. — Moris. sect. 3. tab. 18. fig. 29. — J. Bauh. Hist. 2. p. 918. fig. 2. (*habitum non malè exprimit, sed siliculas habet acutiusculas, integras*).

Racine ligneuse, simple ou rameuse, tortueuse, produisant plusieurs tiges simples ou rameuses, glabres, ascendantes, ligneuses à la base, très feuillée, hautes de 12—16 centim.; feuilles glauques, un peu épaisses, toutes caulinaires, nombreuses, éparses, presque sessiles, linéaires, oblongues, obtuses, très entières : les inférieures un peu plus courtes et plus larges, ovales ou obovales, courtement pétiolées ; fleurs petites, rosées, disposées en corymbe serré , à la fin en grappe fructifère lâche ; pétales plus grands que le calice, étalés , arrondis ; silicule presque orbiculaire , profondément échancrée en cœur , largement ailée , à style beaucoup plus court que les lobes de l'échancrure. ♃ (Mai, juin).

Parmi les rochers et dans les lieux pierreux des montagnes : les rochers autour de Ruchenelte, dans le val Saint-Imier (Neuhaus.). — Abondamment parmi les rocailles autour du Fort-de-l'Écluse , surtout en venant du côté de Collonge (Chavin , in Reut.).

TRIBU VIII. — BRACHYCARPÉES,

OU ANGUSTISEPTÉES DIPLÉCOLOBÉES (O || |||).

Cotylédons linéaires incombants , pliés deux fois transversalement.

53. SÉNÉBIÈRE. — *SENEBIERA.* Pers.

Calice étalé, égal à la base ; pétales entiers ; silicule comprimée par les côtés, presque réniforme , subdidyme , indéhiscente , à 2 loges monospermes, à valves ridées ou dentées en crête. — Cotylédons incombants, repliés au milieu (Koch.).

1. S. corne-de-cerf. — *S. coronopus.*

Poir. Ency. 7. p. 76. — DC. Prod. 1. p. 203. — Duby, Bot. gall. p. 47. — Koch. Syn. p. 75. — *Coronopus vulgaris.* — DC. Fl. fr. n. 4239. — *C. Ruellii.* — Gaud. Fl. helv. 4. p. 202. — *Cochlearia coronopus.* Linn. Sp. 904.

J. Saint-Hil. Pl. fr. tab. 898. — Lam. illust. tab. 558. — Moris. sect. 3. tab. 19. fig. 9. — J. Bauh. Hist. 2. p. 919. fig. 2. — Tabern. ic. p. 103. fig. 2. — Dalech. Hist. p. 670. 671. et 1148. fig. 1. — Dod. pempt. p. 110. fig. 1. (ic. p. 671. *Dalech.*) — Lob. ic. p. 238. fig. 1. (cad.).

Racine grêle, blanchâtre, produisant plusieurs tiges longues de 1—2 décim., étalées sur la terre, diffuses, glabres,
feuillées, rameuses ; feuilles oblongues, glabres, profondément pinnatifides, un peu glauques, à lobes entiers, dentés
ou incisés : les radicales étalées en rosette ; fleurs blanches,
petites, disposées en tête, latérales, pauciflores, opposées
aux feuilles, se développant en grappe oblongue, courte,
composée de silicules comprimées, un peu en cœur à la base,
plus larges que hautes, presque réniformes, ridées en réseau, à bord denté-tuberculeux en crête ; stigmate presque
sessile ; valves concaves, coriaces ; loges monospermes. ①
(Juin—août).

Le long des chemins, au bord des rues dans les villages, autour des
fumiers : Salins, derrière la Tour-Ronde ; le long du chemin ou promenade de Chambenoz ; bord des fossés aux Capucins, et de la Furieuse
à Saint-Joseph, etc. ; le long des chemins, dans les villages d'Ounans ;
de Mont-sous-Vaudrey ; de Cramans ; aux environs de Nyon ; de Genève ; de Besançon ; de Bâle, etc.

SOUS-FAMILLE IV. — NUCAMENTACÉES.

Silicule indéhiscente, devenant quelquefois uniloculaire
par l'avortement de la cloison.

TRIBU IX. — ISATIDÉES,

OU NUCAMENTACÉES NOTORHIZÉES (○ ||).

Cotylédons oblongs, incombants.

54. PASTEL. — *ISATIS*. Linn.

Calice presque étalé, égal à la base ; pétales entiers ; silicule comprimée-aplanie par les côtés, indéhiscente, uniloculaire par l'avortement de la cloison, monosperme. — Cotylédons incombants, un peu canaliculés.

1. P. des teinturiers. — *I. tinctoria*.

Linn. Sp. 936. — DC. Prod. 1. p. 211. et Fl. fr. n. 4279
— Duby, Bot. gall. p. 49. — Gaud. Fl. helv. 4. p. 200.
— Poir. Ency. 5. p. 50. — Koch. Syn. p. 75.
J. Saint Hil. Pl. fr. tab. 292. — Lam. illust. tab. 554. fig. 1.
— Moris. sect. 5. tab. 15. fig. *ultima*. — J. Bauh. Hist.
2. p. 909. fig. 1. (*sativa*). et fig. 2. (*spontanea*). — Tabern. ic. p. 737. fig. 2. (*spont.*). — Dalech. Hist. p. 499.
fig. 1. (*sativa*) et fig. 2. (*spont.*). — Dod. pempt. p. 79.
fig. 1. (*sativa*) et fig. 2. (*spont.*). — Lob. ic. p. 552.
fig. 1.

Racine bisannuelle ; tige dressée, glabre, feuillée, haute
de 6—9 décim., raide, très rameuse au sommet, à rameaux
paniculés ; feuilles glauques, les radicales rétrécies en pétiole, un peu velues, oblongues elliptiques, obtuses, crénelées : les caulinaires dressées, un peu écartées, presque
entièrement glabres, lancéolées, aiguës, très entières, embrassantes, sagittées, à oreillettes étroites, très aiguës; fleurs
jaunes, petites, très nombreuses, formant une vaste panicule au sommet de la plante ; silicules pendantes, presque en
spatule, très obtuse au sommet, acuminées à la base, 5 fois
aussi longues que larges, à une seule graine lisse, oblongue,
elliptique. ② (Mai, juin).

Genève, à Sécheron, dans une haie (Reut.). — Bâle, dans les
champs aux environs d'Huningue; de Saint-Louis; près de Wallenburg, etc. (Hagenb.). — C'est de cette plante que l'on retire l'*Indigo-
pastel*.

35. MYAGRE. — *MYAGRUM*. Linn.

Calice demi-dressé; pétales oblongs ; silicule obcordée,
didyme, indéhiscente, à 3 loges, les 2 supérieures collatérales, vides, l'inférieure monosperme, à graine oblongue,
pendante. — Cotylédons incombants, infléchis-canaliculés,
de sorte que ce genre se trouve intermédiaire entre les noto-
rhizées et les orthoplocées.

1. M. perfolié. — *M. perfoliatum.*

Linn. Sp. 893. — DC. Prod. 1. p. 212. — Duby, Bot. gall.
  p. 50. — Gaud. Fl. helv. 4. p. 194. — Lam. Ency. 1.
  p. 569. var. *α.* — Koch. Syn. p. 76. — *Cakile perfoliata.*
  DC. Fl. fr. n. 4274.
Lam. illust. tab. 553. fig. 1. — Moris. sect. 3. tab. 21. fig.
  antepenult. — J. Bauh. Hist. 2. p. 894. fig. 2. — Scop.
  Carn. ed. 2. tab. 35. — Tourn. Inst. tab. 99. (*Myagrum,*
  litt. B, F, G, H).

Racine fusiforme, blanchâtre ; tige glabre, cylindrique,
feuillée, rameuse dans le haut, raide, dressée, haute de
3—5 décim. ; feuilles glabres, un peu glauques : les radicales
oblongues, étalées, rétrécies en pétiole à la base, plus ou
moins profondément sinuées, quelquefois presque lyrées :
les caulinaires allongées, presque lancéolées, souvent un
peu dentelées, embrassantes-sagittées, à oreillettes arrondies
dépassant un peu la tige ; fleurs d'un jaune pâle, petites,
réunies à l'extrémité de la tige et des rameaux, et formant
à la fin des grappes raides, allongées ; silicules écartées, dressées, glabres, portées sur des pédoncules épais, un peu plus
longs qu'elles, pyriformes, monospermes, inarticulées, à 3
loges, les 2 supérieures collatérales stériles, l'inférieure à
une graine ovoïde ; style long de 2—3 millim., persistant ;
un peu conique. ① (Mai, juin).

Dans les champs, parmi les moissons : Salins, dans les champs de
Villers-Farlay et de Chissey. — Autour de Bielbenken, canton de Bâle
(J. Hagenb.), où il n'a pas été retrouvé depuis. — Dans les champs
autour de Delémont (Hagenb.).

56. NESLIE. — *NESLIA.* Desv.

Calice étalé, égal à la base ; pétales entiers ; silicule coriace, indéhiscente, presque globuleuse, uniloculaire, surmontée par le style, renfermant une seule graine pendante,

1. N. paniculée. — *N. paniculata.*

Desv. Journ. bot. 3. p. 162. — DC. Prod. 1. p. 202. —
Duby, Bot. gall. p. 47. — Gaud. Fl. helv. 4. p. 196. —
Koch. Syn. p. 76. — *Bunias peniculata.* DC. Fl. fr. n.
4276. — *Myagrum paniculatum.* Linn. Sp. 894. — Lam.
Ency. 1. p. 570.

Moris. sect. 3. tab. 21. fig. ultima.

Racine fusiforme, blanchâtre, ordinairement simple,
garnie de fibres; tige simple, cylindrique, feuillée, plus
ou moins rameuse dans le haut, pubescente, ainsi que les
feuilles, à poils fins, bifurqués ou rameux, haute de 3—5
décimètres; feuilles éparses, oblongues-lancéolées ou lancéolées, aiguës, dressées, embrassantes-sagittées, ordinairement entières, à oreillettes aiguës, allongées : les supérieures
plus étroites et plus courtes : les radicales oblongues, obtuses, dentées, à dents écartées, rétrécies en pétiole à la
base ; fleurs petites, d'un jaune pâle, disposées en corymbe
à l'extrémité de la tige et des rameaux, se développant ensuite en grappes lâches, allongées, formant au sommet de la
plante une panicule étalée; silicule presque globuleuse, un
peu comprimée, indéhiscente, dure, ridée en réseau, à une
seule graine par avortement, terminée par le style long de
2—3 millim. ① (Juin, juillet).

Cette espèce n'est pas rare parmi la moisson, dans les terres légères
et graveleuses : Salins, dans les champs d'Arèle ; d'Ivory ; de Cernans ;
de Cramans ; de Villers-Farlay ; d'Ounans ; de Myon, etc. ; et aux environs de Besançon ; de Pontarlier ; d'Orbe ; dans le Val-Travers; à
Bois-d'Amont, vallée de Joux. — A Monetier, sur le Salève ; à Saint-
Cergue (Reut.). — A Nyon, près de Longirod ; à Montchérand : Neuchâtel (Gaud.). — A Vallorbes ; à Sainte-Croix (Rapin).

TRIBU X. — ZILLÉES,

OU NUCAMENTACÉES ORTHOPLOCÉES (O≫).

Cotylédons incombants, condupliqués.

57. CALÉPINE. — *CALEPINA*. Desv.

Calice demi-étalé , égal à la base ; pétales obovales , les extérieurs un peu plus grands ; silicule ovoïde , enflée , uniloculaire , monosperme, indéhiscente, acuminée par le style court , épais. — Cotylédons incombants, ondulés-convolutés.

1. C. Faux-Cranson. — *C. corvini.*

Desv. Journ. bot. 3. p. 158. — DC. Prod. 1. p. 225. — Duby, Bot. gall. p. 54. — Gaud. Fl. helv. 4. p. 197. — Koch. Syn. p. 76. — *Bunias cochlearioïdes.* DC. Fl. fr. n. 4277. — *Cochlearia auriculata.* Lam. Ency. 2. p. 165, Barr. ic. fig. 894. n. 1. et fig. 1252. — J. Bauh. Hist. 2. p. 895. fig. 1.

Racine grêle , blanchâtre ; tige glabre , ainsi que les feuilles , simple ou rameuse , feuillée, dressée, haute de 2—3 décim. ; feuilles radicales étalées en rosette , oblongues ou obovales , rétrécies en pétiole , très obtuses , sinuées-dentées ou lyrées : les supérieures oblongues , embrassantes , un peu obtuses , dressées , dentelées , à oreillettes aiguës , un peu divergentes ; fleurs blanches , petites , plus courtes que le pédoncule , réunies à l'extrémité de la tige et des rameaux , se développant ensuite en grappes lâches , allongées ; silicule ovoïde , rétrécie au sommet , obtuse , ridée en réseau , dure , uniloculaire , monosperme ; graine blanchâtre , globuleuse. ① (Mai , juin).

Genève, parmi les décombres, au bord du chemin qui traverse l'ancienne campagne Carey , aux Paquis , en face de l'hôtel de la Navigation (Reut.).

TRIBU XI. — BUNIADÉES,

OU NUCAMENTACÉES SPIROLOBÉES (O || ||).

Cotylédons incombants, roulés en spirale.

58. BUNIAS. — *BUNIAS*. Linn.

Calice égal à la base ; pétales onguiculés, à limbe obcordé ; silicule enflée, ovoïde, arrondie ou presque tétraèdre, indéhiscente, à 4 loges monospermes, superposées par paires.

1. B. Fausse-Roquette. — *B. erucago*.

Linn. Sp. 955. — DC. Prod. 1. p. 229. et Fl. fr. n. 4275. — Duby, Bot. gall. p. 55. — Gaud. Fl. helv. 4. p. 198. — Koch. Syn. p. 77. — *Myagrum erucago*. Lam. Ency. 1. p. 571.

Barr. ic. fig. 1016? — J. Bauh. Hist. 2. p. 858. fig. 4. — Dalech. Hist. p. 647. fig. 1. (*mala : folia nimis augusta; forma silicularum pessimè expressa*).

Racine annuelle; tige dressée, rameuse, un peu velue, glanduleuse, haute de 3—6 décim.; feuilles pubescentes, à poils la plupart fourchus : les radicales promptement marcescentes, étalées en rosette, pétiolées, oblongues, découpées jusqu'à la côte en lobes roncinés, larges, triangulaires, dentés, le terminal à peine plus grand : les caulinaires inférieures roncinées, à lobes plus étroits, le terminal plus grand, les supérieures lancéolées, aiguës, dentées à la base; fleurs jaunes, médiocres, en grappe terminale, multiflore, à la fin allongée, très lâches; pétales à onglet de la longueur du calice, à limbe étalé, obtus, presque en cœur renversé; silicule irrégulière, tétragone, ailée en crète sur les angles, à 4 loges à 4 graines, terminée par un style conique, allongé. ⊙ (Juin, juillet). Vulg. *Masse au bedeau*.

Dans les champs parmi les moissons : Genève, près de Compésière (Chavin, in Reut.). — Commune dans les environs de Morges et de Cossonay (Rapin). — Orbe (Monnard).

SOUS-FAMILLE V. — LOMENTACÉES.

Silique ou silicule se séparant transversalement en articles monospermes.

TRIBU XII. — RAPHANÉES,

OU LOMENTACÉES ORTHOPLOCÉES (◯≫).

Cotylédons incombants, condupliqués.

39. RAPISTRE. — *RAPISTRUM*. Boërhave.

Calice dressé ; pétales entiers ; silicule formée de 2 articles monospermes, indéhiscents, l'inférieur en forme de pédicelle, le supérieur presque globuleux, acuminé en style ; graine suspendue à un court funicule. — Cotylédons condupliqués.

1. R. ridé. — *R. rugosum*.

All. ped. 1. p. 257. — **DC.** Prod. 1. p. 227. — Duby, Bot. gall. p. 54. — Koch. Syn. p. 78. — *Cakile rugosa*. DC. Fl. fr. n. 4275. — Gaud. Fl. helv. 4. p. 193. — *Myagrum rugosum*. Linn. Sp. 893. — Lam. Ency. 1. p. 569. All. ped. tab. 78. — J. Bauh. Hist. 2. p. 845. fig. 1.

Racine grêle, fusiforme, blanchâtre ; tige dressée, très rameuse, haute de 3—5 décim., un peu velue, à poils courts, épars, peu feuillée, à rameaux effilés, divariqués ; feuilles radicales oblongues, obtuses, pétiolées, légèrement velues, sinuées-dentées, presque lyrées à la base, à lobe terminal ovale, très grand, promptement marcescentes : les caulinaires peu nombreuses, plus étroites et plus courtes, oblongues ou lancéolées, dentées, sessiles ; fleurs jaunes, petites, disposées en corymbe très court qui se développe, après la fleuraison, en grappe effilée, très longue ; silicules pubescentes, éparses, appliquées contre l'axe, à 2 loges, la supérieure globuleuse, ridée, plus courte que le style conique à la base, l'inférieure ordinairement avortée, cylindrique ; graine ovoïde-oblongue, rousse. ① (Juin—août).

Les champs, les lieux cultivés : Genève, dans les champs près des bords du lac, jusqu'à Morges ; à Cossonay (Rapin). — Nyon, près de Changin (Gaud.). — Bâle, autour de Neudorf; de Michelfeld, de la Maison-Rouge, etc., etc. (Hagenb.).

40. RAIFORT. — *RAPHANUS*. Linn.

Calice dressé, gibbeux à la base ; pétales à limbe obovale ou obcordé ; silique oblongue-linéaire ou presque conique, acuminée, divisée transversalement en plusieurs loges, ou se séparant en plusieurs articles monospermes ; graines globuleuses, peu nombreuses.

1. R. cultivé. — *R. sativus*.

Linn. Sp. 935. — DC. Prod. 1. p. 228. et Fl. fr. n. 4107. — Duby, Bot. gall. p. 55. — Gaud. Fl. helv. 4. p. 589. — Poir. Ency. 6. p. 56. — Koch. Syn. p. 78.

J. Saint-Hil. Pl. fr. tab. 819. — Chaum. Fl. méd. tab. 292. Lam. illust. tab. 566. — Moris. sect. 3. tab. 15. fig. 2. — Dod. pempt. p. 676. fig. 1. et 2.

Racine fusiforme, renflée au-dessous du collet, charnue, de couleur blanche, rose, violette ou noirâtre ; tige dressée, haute de 6—9 décim., recouverte, ainsi que les feuilles, de poils rudes, épars ; feuilles inférieures pinnatifides ou lyrées, à lobes oblongs, dentelés, le terminal très grand, presque entier, sinué-denté : les supérieures ovales ou lancéolées, dentées ; fleurs blanches, rougeâtres ou violettes, disposées en corymbe se développant, après la fleuraison, en grappe fructifère ; siliques grosses, renflées à la base, ce qui leur donne une forme un peu conique, peu ou point noueuses, à peine plus longues que les pédicelles, terminées par un style conique; graines arrondies. ① et ② (Juin, juillet).

On cultive plusieurs variétés de cette espèce :

α. Radicula. (—) DC. Prod. 1. l. c. var. A., *α.* et *β.* — Gaud. Fl. helv. 4. l. c. — Racine charnue, blanche, rose ou rouge, tantôt arrondie, presque globuleuse, tantôt oblongue.

Cultivé sous le nom de *Radis, Petite-Rave, Ravonet.*

β. Oleifera. DC. Prod. 1. l. c. var. A., *γ.* — Gaud. Fl. helv. 4. l. c. — *R. chinensis.* Mill. Dict. n. 5. — Racine grêle, allongée, à peine charnue.

Cultivé comme plante oléagineuse : j'ignore si on le cultive dans le Jura.

γ. Niger. DC. Prod. 1. l. c. var. B. — Gaud. Fl. helv. 4. l. c. — Racine charnue-compacte, dure, oblongue, arrondie ou presque globuleuse, blanche, noire ou grise, d'une saveur piquante.

Cultivé sous le nom de *Radis noir*, *Raifort des Parisiens.*
La racine de cette plante, originaire de diverses contrées de l'Asie, est alimentaire, stomachique, excitante, antiscorbutique et diurétique.

2. R. sauvage. — *R. raphanistrum.*

Linn. Sp. 955.— DC. Prod. 1. p. 229. et Fl. fr. n. 4108. — Duby, Bot. gall. p. 55. — Gaud. Fl. helv. 4. p. 390. — Poir. Ency. 6. p. 54. — Koch. Syn. p. 78.
J. Saint-Hil. Pl. fr. tab. 820. — Moris. sect. 5. tab. 13. fig. 1. 2. et 4. — J. Bauh. Hist. 2. p. 851. fig. 1. — Lob. ic. p. 199. fig. 1.
Racine grêle, fusiforme ; tige dressée, rameuse, feuillée, haute de 5—5 déc., hérissée, ainsi que les feuilles, de poils simples, rudes ; feuilles radicales et inférieures lyrées, à lobes peu nombreux, plus ou moins dentés, le terminal très grand, ovale ou arrondi, crénelé-denté : les supérieures ordinairement indivises, oblongues, grossièrement dentées ;

fleurs blanches, rarement jaunâtres, disposées en grappes lâches qui s'allongent après la fleuraison ; pétales au moins doubles du calice, longuement onguiculés, à lame obovale, étalée, un peu échancrée, veinée de lignes réticulées d'un pourpre violet ; siliques presque dressées, striées, articulées, terminées par une corne conique, se séparant, à la maturité, en articles monospermes, à graine globuleuse, finement réticulée. ① (Juin, juillet).

Commun dans les champs et les lieux cultivés.

β. *Ochroleucis*. Koch. Syn. l. c. — Fleurs d'un jaune pâle, veinées de violet.

Rare.

γ. *Sulphureis*. Koch. Syn. l. c. — Fleurs d'un jaune pâle, veinées de jaune.

Très rare.

FAMILLE VII.

Cistinées. Dunal in DC.

CALICE à 5 sépales dont 2 extérieurs plus petits, quelquefois nuls, les 3 autres à estivation tordue ; pétales 5, caducs, à estivation tordue, mais en sens contraire des sépales ; étamines hypogynes, nombreuses ; ovaire libre ; capsule polysperme, à une seule loge, lorsque les cloisons sont nulles ou incomplètes, et à placentas au milieu des valves ; à plusieurs loges lorsque les cloisons sont complètes et à placentas centraux. Embryon courbé ou en spirale au milieu d'un périsperme farineux. — Plante herbacée ou ligneuse ; feuilles simples, opposées, quelquefois alternes, nues ou munies de stipules ; fleurs en grappe unilatérale ou en corymbe.

1. HÉLIANTHÈME. — *HELIANTHEMUM*. Tourn.

Calice à 5 sépales, les 2 extérieurs plus petits ou nuls ; corolle à 5 pétales caducs ; étamines nombreuses ; capsule à

5 valves, portant sur le milieu les placentas des graines ou les cloisons séminifères.

§ 1. *Feuilles dépourvues de stipules, au moins les inférieures.*

1. H. Fumana. — *H. Fumana.*

Mill. Dict. n. 6. — Dunal in DC. Prod. 1. p. 274. et Fl. fr. n. 4484. — Duby, Bot. gall. p. 60. — Gaud. Fl. helv. 5. p. 443. — Koch. Syn. p. 80. — *Cistus fumana.* Linn. Sp. 740. — Lam. Ency. 2. p. 21.

Barr. ic. fig. 286. *repetita* fig. 446. — J. Bauh. Hist. 2. p. 18. fig. 1 ? (*ex Clusio*) et fig. 5. (*bené*). — Clus. Hist. 1. p. 75. fig. 1 ? — Dalech. Hist. p. 187. fig. 2.

Sous-arbrisseau ordinairement très rameux, à rameaux tortueux, diffus, couchés, ascendants, feuillés et un peu velus dans la jeunesse, longs de 8—16 centim., ligneux à la base ; feuilles éparses, sessiles, linéaires, étroites, un peu roulées et rudes sur les bords : les inférieures plus courtes et plus rapprochées ; fleurs jaunes, petites, presque terminales, solitaires sur un pédoncule long de 8 millim., au nombre de 1—2 sur chaque rameau ; calice à 5 sépales, les 2 extérieurs verts, presque semblables aux feuilles, les 3 autres ovales-lancéolées, grands, à 3 côtés ou nervures saillantes, d'un vert purpurescent ; pétales obovales, petits, dépassant cependant le calice, s'ouvrant dans la matinée ; capsule globuleuse, lisse et luisante, assez grosse, penchée, recouverte par le calice, à 3 valves à 3 loges, renfermant des graines assez grosses, arrondies presque trigones, lisses, d'un brun foncé. ♄ (Mai—juillet).

Sur les collines, dans les lieux arides, exposés au soleil : Salins, dans les pâturages d'Arèle ; de Saint-Thiébaud ; au-dessus des rochers de Goaille ; à Thoirette, en allant à l'embouchure de la Valouse. — Autour de Monchéran, de Nyon (Gaud.). — Au rocher de Vausayon (L. Benoit, cat.). — Cret Taconière, à Neuchâtel (Depierre, cat.). — Au pied du Salève et du Jura ; au bord du Rhône, au bois de Bray et dans les sables d'Aïre (Reut.).

2. H. alpestre. — *H. alpestre.*

Dunal in DC. Prod. 1. p. 276. — Duby, Bot. gall. p. 61. —
H. œlandicum. var. *α.* Gaud. Fl. hel v. 3. p. 446. —
Koch. Synops. p. 80. var. *β. hirta.* — *Cistus alpestris.*
(Scop.). Crantz. Aust. 103. — *C. œlandicus.* Lam. Ency.
2. p. 20.

Scop. Carn. ed. 2. tab. 25. — J. Bauh. Hist. 2. p. 17. fig.
2. (*ic. ex Clusio*). — Clus. Hist. 1. p. 75. fig. 2. — Tabern. ic. p. 1061. fig. 1.

Plante ligneuse, divisée dès la base en rameaux grêles,
velus, ascendants, diffus, longs de 10—15 centim., souvent
rougeâtres à leur partie inférieure, étalés sur la terre, portant les cicatrices des anciennes feuilles, à rameaux annuels
herbacés, recouverts de poils cotonneux, blanchâtres;
feuilles petites, oblongues-elliptiques, vertes sur les deux
faces, ciliées, plus ou moins garnies, particulièrement en
dessous, de poils blanchâtres, presque fasciculés : les inférieures rétrécies en pétiole, les autres sessiles; fleurs jaunes,
médiocres, pédonculées, disposées à l'extrémité des rameaux
en grappe courte, lâche, peu fournie, à calice et pédoncule
garnis de poils blanchâtres; pétales presque entiers, une
fois plus longs que les sépales. ♄ (Juin, juillet).

Les lieux arides et pierreux des montagnes : sur le Jura (Gay).
— Bâle, sur les monts Schaffmatt; Wasserfall; Vogelberg, etc.
(Hagenb.).

3. H. blanchâtre. — *H. canum.*

Dunal in DC. Prod. 1. p. 277. n. 67. et *H. vineale* (Pers.)
ibidem. n. 66. — Duby, Bot. gall. p. 61. — Gaud. Fl.
helv. 3. p. 445. — *H. marifolium.* var. *γ. oblongifo-
lium.* DC. Fl. fr. supp. n. 4487. — *Cistus canus.* Linn. Sp.
740. — *C. myrtifolius.* Lam. Ency. 2. p. 20. (*excl. var.
γ.*). — *Helianthemum œlandicum.* var. *γ. tomentosa.*
Koch. Syn. p. 81.

All. Fl. ped. tab. 45. fig. 3. — J. Bauh. Hist. 2. p. 18. fig. 2.
(*ic. ex Clus. malè imitata*). — Clus. Hist. 1. p. 74. fig. 1.

Sous-arbrisseau très rameux, divisé dès la base en rameaux ligneux, couchés, ascendants, diffus, longs d'environ 16 centim., nus à leur partie inférieure et portant les cicatrices des anciennes feuilles, à rameaux annuels herbacés, poilus-cotonneux, blanchâtres ; feuilles oblongues-elliptiques ou presque ovales-obtuses, opposées, couvertes en dessus de poils longs, appliqués, plus ou moins nombreux, blanchâtres-cotonneuses en dessous, très blanches dans la jeunesse, rétrécies à la base en pétiole court, plus longues, ainsi que les pétioles, dans les rameaux stériles ; fleurs petites, jaunes, disposées en grappe courte, peu fournie, souvent un peu flexueuse ; calice garni de longs poils couchés, blanchâtres, à sépales ovales, striés, les extérieurs petits, linéaires, étroits ; pétales entiers, arrondis, étalés, au moins doubles du calice ; capsules recouvertes par les sépales ; graines d'un roux clair, un peu chagrinées, à 3 faces triangulaires presque pyramidales. ♄ (Juin, juillet).

Sur les montagnes, dans les lieux arides et pierreux : Salins, sur les rochers au-dessus des vignes d'Ivrey ; Arbois, sur les rochers au-dessus des vignes de Gily et à la Châtelaine ; sur le Mont-d'Or ; la Dent-de-Vaulion ; le Montendre ; la Dôle ; la chaîne du Colombier ; le Creux-du-Vent ; le Chasseron ; le Chasseral ; le pied du Salève, près du Pas-de-l'Échelle, etc. — Les échantillons des environs de Salins et d'Arbois sont plus cotonneux et plus blancs que ceux du haut Jura.

§ 2. *Feuilles toutes munies de stipules à la base.*

4. H. commun. — *H. vulgare.*

Desf. Cat. H. P. p. 153 (1804). — Dunal in **DC**. Prod. 1. p. 280. — **DC**. Fl. fr. n. 4495. — Duby, Bot. gall. p. 62. — Gaud. Fl. helv. 3. p. 448. — *H. vulgare var. α. tomentosum.* Koch. Syn. p. 81. — *Cistus helianthemum.* Linn. Sp. 744. — Lam. Ency. 2. p. 24.
J. Saint-Hil. Pl. fr. tab. 184. — Lam. illust. tab. 477. fig. 1. — J. Bauh. Hist. 2. p. 15. fig. 2. (*ex Clusio*). — Clus.

Hist. 1. p. 75. fig. 1. (*ic. Lob.*). — Dalech. Hist. p. 740.
· fig. 3. et p. 869. fig. 1. — Lob. ic. 2. p. 117. fig. 1.

Sous-arbrisseau ligneux, divisé dès la base en plusieurs
tiges longues de 14—20 centim., couchées, nues à leur
partie inférieure, portant les cicatrices des anciennes feuilles,
à rameaux fructifères herbacés, pubescents, redressés ;
feuilles opposées, pétiolées, oblongues, elliptiques, obtuses,
à peine roulées par les bords, vertes et garnies de poils
couchés simples ou fasciculés en dessus, cotonneuses-pu-
bescentes et d'un gris blanchâtre en dessous, à poils courts,
étoilés : les inférieures plus courtes, ovales-arrondies ; stipules
opposées, oblongues-linéaires, ciliées, plus longues que le
pétiole ; fleurs jaunes, assez grandes, penchées avant l'épanouissement, disposées en grappe terminale courte, pauciflore ; calice et pédoncule pubescents, à sépales ovales-aigus,
à côtes purpurescentes. ♄ (Juin—août).

Les collines, les pâturages secs et arides : Salins, sur les collines au-
dessus de Pagnoz et des Arsures. — Genève, dans le grand ravin dit le
Nant-de-Lagnon, près de Bernex et à la campagne d'Ivernois (Reut.).
— Bâle, les lieux sablonneux, en allant à Bruglingen, rare dans le Jura

5. H. à grandes fleurs. — *H. grandiflorum*.

DC. Fl. fr. n. 4496. — Dunal in DC. Prod. 1. p. 280. —
Duby, Bot. gall. p. 62. — Gaud. Fl. helv. 3. p. 449. —
H. vulgare. var. δ. grandiflorum. Koch. Syn. p. 81. —
Cistus helianthemum. var. β. Lam. Ency. 2. p. 21.
Scop. Carn. ed. 2. tab. 25.

Sous-arbrisseau de 2—5 décim., divisé dès la base en
tiges ascendantes, longuement ligneuses dans le bas ; feuilles
larges, ovales-oblongues, planes ou presque planes, à peine
roulées par les bords, vertes et poilues sur les deux faces, à
poils épars, longs, fasciculés, étalés, jamais étoilés-pubes-
cents : celles des rameaux stériles plus petites, ovales-arrondies ; stipules étroites, lancéolées, aiguës, ciliées, plus longues que le pétiole ; fleurs jaunes, grandes, atteignant
quelquefois 27 millim. de diamètre, à pédoncule velu, ac-

compagné de bractées semblables aux stipules ; sépales à
3 côtes d'un vert purpurescent, hérissées de longs poils
blanchâtres, étalés ; capsule recouverte de poils courts, rap
prochés. ♄ (Juin — août).

Les lieux arides et pierreux des hautes sommités du Jura : sur l
Mont-d'Or ; la Dôle ; le Colombier ; le Reculet ; le Salève et les monta
gnes du canton de Bâle.

β. *Angustifolium*. Gaud. Fl. helv. 3. l. c. — Feuille
allongées-elliptiques.

Sur le Chasseral, le Colombier, etc.

γ. *Obscurum*. Gaud. Fl. helv. 3. l. c. — *H. obscurum*
Pers. Syn. 2. p. 79. — DC. Fl. fr. supp. n. 4495ᵃ. var. α
— Dunal in DC. Prod. 1. p. 280. — *H. vulgare. var. β
hirsutum*. Koch. Syn. l. c. — Tiges et fleurs plus petites, à
poils des sépales plus courts.

Commune dans les lieux arides de la plaine et des montagnes.

δ. *Albiflorum*. Feuilles oblongues-linéaires, planes , à
peine roulées par les bords , vertes sur les deux faces ; fleur
blanches.

Salins , dans le même lieu que l'espèce suivante.

Obs. Cette espèce a de très grands rapports avec la précédente , sur
tout la var. γ. *obscurum*, qui , ayant absolument le même port et le
fleurs de même grandeur , semble faire le passage de l'une à l'autre
mais , dans l'espèce ci-dessus , les feuilles sont vertes sur les deux face
et non blanchâtres-cotonneuses en dessous, comme dans la précédente
de sorte que si l'on veut, à l'exemple de Koch , sans avoir égard à ce
caractère , réunir cette espèce à la précédente, il faudra aussi nécessairement réunir l'*H. alpestre* à l'*H. canum*.

6. H. des Apennins. — *H. Apenninum*.

DC. Fl. fr. n. 4502. — Dunal in DC. Prod. 1. p. 282. —
Duby, Bot. gall. p. 62. — Gaud. Fl. helv. 3. p. 450. —
Cistus hispidus. var. β. Lam. Ency. 2. p. 26. — *C. Apen-
ninus*. Linn. 744 ? — *H. polifolium.* Koch. Syn. p. 82.
(*ex Syn. Gaud.*).
Tabern. ic. p. 1062. fig. 2.

Sous-arbrisseau très rameux, à rameaux brunâtres à la base, étalés, ascendants, longs d'environ 18—20 centim., grêles, pubescents, d'un vert blanchâtre, herbacés à leur partie supérieure ; feuilles oblongues-lancéolées, obtuses au sommet, quelquefois presques linéaires, étant roulées en dessous par les bords, particulièrement dans la jeunesse, planes et à peine roulées dans leur entier développement, d'un vert pâle et plus ou moins garnies, en dessus, de poils rayonnants, appliqués, devenant presque glabres dans un âge avancé, marquées d'un sillon longitudinal saillant sur la face inférieure : celle-ci est blanchâtre et recouverte d'un duvet cotonneux, rayonnant, très court ; stipules caduques, lancéolées-linéaires, plus longues que le pétiole, mais 3—4 fois plus courtes que les feuilles ; fleurs blanches, assez grandes, disposées en grappe lâche terminale, à pédoncules cotonneux, munis de bractées semblables aux stipules ; calice blanchâtre, étoilé-pubescent, à sépales ovales, obtus, à 5 côtes ; pétales beaucoup plus grands que le calice, étalés, arrondis, dentelés, à onglet jaunâtre ; capsule assez grosse, pubescente, à poils fasciculés-rayonnants, très courts ; graines d'un brun foncé, légèrement ponctuées, à la loupe. ♄ (Été).

Sur les collines, dans les lieux arides et pierreux exposés au soleil : Salins, au pied des rochers de la colline qui s'élève de Pagnoz au château de Vaugrenans. — Abondamment dans les rocailles près du fort de l'Écluse, et au Vouache du côté occidental (Reut.).

β. *Angustifolium*. Dunal in DC. Prod. 1. l. c. var. β. — Feuilles linéaires, étroites, étant roulées en dessous par les bords.

Salins, même lieu.

FAMILLE VIII.

Violariées. DC.

Calice à 5 sépales ; corolle irrégulière ou inégale, à 5 pétales ; étamines 5, insérées sur un disque hypogyne, à anthères libres ou cohérentes, appliquées contre l'ovaire,

soudées sur le côté interne des filets prolongés au sommet
en une membrane sèche ; ovaire uniloculaire ; placentas 3,
pariétaux ; style 1 ; capsule polysperme, à 3 valves. Périsperme charnu ; embryon droit ; radicule tournée vers l'ombilic. — Feuilles alternes, munies de stipules.

1. VIOLETTE. — *VIOLA*. Linn.

Calice à 5 sépales persistants, prolongés à la base en appendice ; pétales 5, inégaux, l'inférieur prolongé en éperon
creux ; étamines dilatées, rapprochées en cylindre, mais non
soudées, les 2 inférieures munies à la base d'un appendice
prolongé dans l'éperon ; capsule uniloculaire, polysperme
à 3 valves.

§ 1. *Stigmate plus ou moins aigu et courbé, percé d'un
trou au sommet.* — Nomimium. **Ging. in DC.**

* *Tige nulle, souche oblique ou rampante.*

1. V. des marais. — *V. palustris.*

Linn. Sp. 1324. — Gingins in DC. Prod. 1. p. 294. — DC.
Fl. fr. n. 4458. — Duby, Bot. gall. p. 63. — Gaud. Fl.
helv. 2. p. 198. — Poir. Ency. 8. p. 626. — Koch. Syn.
p. 83.
Moris. sect. 5. tab. 35. fig. 5.
Racine blanche, grêle, rampante, articulée, écailleuse,
garnie de fibres ; feuilles de grandeur variable, les unes
assez grandes, d'autres plus petites, longuement pétiolées,
glabres, nerveuses en dessous, arrondies-réniformes, crénelées ; stipules libres, ovales, acuminées, scarieuses, den-
telées-glanduleuses ; fleurs petites, penchées, d'un bleu
pâle, rayées de lignes plus foncées, portées sur des pédoncules glabres, ordinairement plus grands que les feuilles,
munis, vers le milieu, de 2 petites bractées linéaires-lancéolées ; sépales obtus ; pétales arrondis au sommet ; éperon
très court, dépassant à peine les appendices du calice ; cap-

sule glabre, oblongue, légèrement trigone, un peu obtuse, penchée; graines lisses, ovoïdes, d'un noir verdâtre. ♃ (Mai—juillet).

La plupart des tourbières du Jura : dans les tourbières de Pontarlier; des Rousses; du pied du Mont-d'Or; de Bief-du-Four; de Vaux; de Grand-Châlem; d'Entre-Côtes; du Brassus et du Sentier; de Sainte-Croix; de la Brevine; de la Chaux-d'Abel; de Noiraigue, etc.

2. V. hérissée. — *V. hirta.*

Linn. Sp. 1524. — Ging. in DC. Prod. 1. p. 295. — DC. Fl. fr. n. 4459. — Duby, Bot. gall. p 63. — Gaud. Fl. helv. 2. p. 197. — Poir. Ency. 8. p. 627. — Koch. Syn. p. 83.

Moris. sect. 5. tab. 35. fig. 4.

Racine ou souche oblique, dure, noueuse, un peu épaisse, fibreuse, dépourvue de jets rampants; tige nulle ou très courte; feuilles ovales en cœur, presque triangulaires, obtuses, profondément échancrées à la base, crénelées, longuement pétiolées, plus ou moins hérissées, particulièrement sur les bords, les nervures et les pétioles, de poils un peu rudes, souvent peu apparents dans leur entier développement, très velues, au contraire, dans la jeunesse; stipules membraneuses, blanchâtres, lancéolées, aiguës, entières ou garnies de quelques cils courts, glanduleux; pédoncules ordinairement glabres, presque de la longueur des feuilles, portant un peu au-dessous du milieu 2 petites bractées blanchâtres, linéaires-lancéolées, à bords souvent un peu glanduleux; fleurs grandes, bleues ou blanches, inodores, penchées; sépales oblongs, obtus, glabres; pétales obovales, arrondis, légèrement échancrés, les 2 latéraux barbus à la base; capsule renflée, velue; graines brunes. ♃ (Avril, mai).

Commune dans les prés secs, parmi les buissons et au bord des bois.

β. *Minor.* Gaud. Fl. helv. 2. l. c. var. δ. — Feuilles petites, plus minces, plus courtes que les pédoncules, à limbe ordinairement plus long que le pétiole; fleurs d'un bleu pâle.

Très commune le long des chemins et dans les prés arides des environs de Nyon (Gaud.).

γ. *Alba*. Reut. cat. (non Ging. in **DC**. Prod. 1. l. c.) — Racine dépourvue de jets rampants ; fleurs blanches, à éperon d'un blanc un peu verdâtre.

Salins', bord du bois dé Bagney et ailleurs. — Genève, près d'Aïre (Reut.).

δ. *Apetala*. Bast. supp. 28. in **DC**. Fl. fr. supp. n. 4455. — Gaud. Fl. helv. l. c. var. β. — Plante ayant quelques-unes de ses fleurs dépourvues de corolle ou dont les pétales égalent à peine le calice, et cependant fertiles.

Les haies, le bord des bois, aux environs de Salins. — De Promenthod (Gaud.).

3. V. à fleurs blanches. — *V. leucantha*.

V. martia flore albo non odorato. J. Bauh. Hist. 3. p. 2. p. 543. (*sine ic.*). — *V. alba*. Besser. Fl. galic. 1. p. 117. — *V. odorata*. β. *alba*. Ging. in **DC**. Prod. 1. p. 296. — *V. odorata. var.* β. *leucantha*. Gaud. Fl. helv. 2. p. 196. — Reut. cat. p. 21.

Cette espèce tient si exactement le milieu entre la *V. odorata* et la *V. hirta,* qu'il serait très difficile de la rapporter à l'une de ces deux espèces plutôt qu'à l'autre, possédant des caractères qui, appartenant à chacune d'elles, l'excluent nécessairement de l'autre qui ne les a pas. Elle semblerait confirmer l'opinion de Schimper et Spenner, Fl. frib., qui réunissent les *V. odorata* et *hirta* sous le nom de *V. martii.* Cette espèce, en effet, possède des jets rampants très allongés, qui la rapprochent évidemment de la *V. odorata,* mais sa souche est plus allongée et plus dure, souvent divisée, ses fleurs ne sont nullement odorantes ou n'ont qu'une faible odeur d'herbe, ses pétioles et ses feuilles sont hérissés, un peu plus aiguës, et semblables à celles de la *V. hirta.* Elle diffère en outre de l'une et de l'autre des deux espèces ci-desssus, par ses feuilles anciennes ou de l'année précédente, très grandes, très longuement pétiolées, ovales en cœur, un peu aiguës, hérissées de poils étalés, blanchâtres, et prenant souvent une teinte violette sur la fin de leur vie ; la capsule est arrondie, presque globuleuse, hérissée de poils blanchâtres ; les graines sont turbinées, lisses, blanchâtres, presque luisantes. Cette espèce fleurit de très bonne heure et avant toutes les autres. ♃ (Février, mars).

Çà et là, aux environs de Salins, dans les lieux secs et arides, exposés au soleil : bord du bois de Bagney ; pâturages d'Onay, parmi les buissons ; penchant du bois de Chaudreux aboutissant au ruisseau, à l'entrée du bois de Racine ; les buissons et les haies, aux environs de Saint-Joseph et ailleurs ; le bord du bois de Château, etc.

β. *Lilacina. V. hirta.* var. *δ. alba.* Ging. in DC. Prod. 1. l. c. — Fleurs blanchâtres, à éperon d'un violet pâle, à pétales supérieurs quelquefois légèrement lavés de violet, l'inférieur marqué de lignes violettes.

Salins, dans les mêmes lieux, mais plus rare.

4. V. odorante. — *V. odorata.*

Linn. Sp. 1324. — Ging. in DC. Prod. 1. p. 296, — DC. Fl. fr. n. 4456. — Duby, Bot. gall. p. 63. — Gaud. Fl. helv. 2. p. 196. — Poir. Ency. 8. p. 631. — Koch. Syn. p. 84. Chaum. Fl. méd. tab. 348. — Bull. Herb. tab. 169. — J. Saint-Hil. Pl. fr. tab. 395. — J. Bauh. Hist. 3. p. 542. fig. 1. (*mala*) et p. 543. fig. 1. (*fl. pleno*). — Tabern. ic. p. 301. fig. 1. et 2. (*fl. albo et purpureo*) et p. 302. fig. 1. et 2. (*fl. pleno*). — Dalech. Hist. p. 798. fig. 1. — Dod. pempt. p. 156. fig. 1. et 2. (*fl. pleno*). — Lob. ic. p. 608. fig. 2.

Racine ou souche garnie de fibres, émettant de son collet des jets rampants qui multiplient la plante ; feuilles presque glabres ou légèrement pubescentes, en cœur élargi, presque arrondies, crénelées, les primordiales en cœur-réniforme, portées sur de longs pétioles glabres ou un peu pubescents ; fleurs odorantes, d'un pourpre violet foncé, à pédoncule grêle, glabre ou légèrement pubescent, muni, un peu au-dessus du milieu , de 2 petites bractées lancéolées-acuminées ; calice glabre, à sépales oblongs, obtus ; pétale inférieur échancré, les autres obtus, arrondis, un peu plus étroits ; éperon plus long que les appendices des sépales, très obtus ; capsule arrondie, hérissée ; graines blanchâtres, turbinées. ♃ (Mars, avril).

Salins, çà et là, dans les chemins des vignes, le long des haies et au pied des murs : je l'ai trouvée abondamment à la grotte de Goaille. — Genève, commune le long des haies et au bord des bois (Reut.). — Bâle, les prés, les buissons, les haies (Hagenb.). — Cette plante, connue de tout le monde, est généralement cultivée : elle varie à fleurs violettes ou blanches, simples ou doubles. La violette est l'emblème de la modestie : ses fleurs se cachent souvent parmi les feuilles, mais leur odeur douce et suave les décèle et les fait rechercher. — Elles sont pectorales et adoucissantes; on en fait un sirop antispasmodique et béchique qui calme la toux : il lâche le ventre aux enfants ; les feuilles sont émollientes et les racines émétiques et purgatives : on les avait proposées comme succédanée indigène de l'*ipécacuanha*.

**** *Plante adulte , munie d'une tige.***

5. V. des sables. — *V. arenaria.*

DC. Fl. fr. n. 4463. — Ging. in DC. Prod. 1. p. 298. — Duby, Bot. gall. p. 64. — Gaud. Fl. helv. 2. p. 202. — Poir. Ency. 8. p. 655. — Koch. Syn. p. 84.

V. Allionii. Pio Dissert. p. 20. tab. 1. fig. 2. (*ex Gaud.*).

Racine ou souche allongée, dure, plus ou moins fibreuse, brunâtre, donnant naissance à plusieurs tiges longues de 5—6 centim., étalées, diffuses, ascendantes, couvertes, comme toutes les autres parties de la plante, d'un duvet grisâtre qui lui donne un aspect pulvérulent, ou glabres; feuilles d'un vert cendré, glabres ou presque glabres, arrondies en cœur ou à peine rétrécies au sommet, obtuses, légèrement crénelées, munies d'un pétiole pubescent, canaliculé, un peu plus long que le limbe; stipules oblongues-lancéolées, fimbriées-dentées en scie ; pédoncules axilaires, également ment pubescents, plus longs que les feuilles, munis, vers le haut, de 2 petites bractées presque opposées, linéaires subulées ; fleurs penchées, d'un bleu pâle, presque semblables à celles de la *V. hirta*, à pétales larges, obtus, striés ; éperon épais, très obtus, plus long que les appendices des sépales oblongs-lancéolés, aigus ; stigmate courbé, aigu ; capsule ovoïde, obtuse, mucronée, pubescente ; graines ovoïdes, lisses, un peu luisantes, d'un brun marron. ♃ (Mai, juin).

Les lieux sablonneux et aussi les montagnes : j'ai récolté mes échantillons du Jura sur le Colombier ; dans les sables du bord de l'Ain, à Thoirette ; et au confluent de l'Arve et du Rhône à Genève, parmi les hippophaë en 1842, après M. Métert en 1857. — Ceux du Colombier sont couverts d'un duvet grisâtre sur toutes leurs parties, et ceux des autres localités sont presque glabres.

6. V. sauvage. — *V. sylvestris*.

Lam. Fl. fr. 2. p. 680. — Koch. Syn. p. 84. — *V. canina*. Auct. (*non Linn.*). — Ging. in DC. Prod. 1. p. 298. — DC. Fl. fr. n. 4464. — Duby, Bot. gall. p. 64. — Gaud. Fl. helv. 2. p. 199. — Poir. Ency. 8. p. 656.
Barr. ic. fig. 695. — J. Bauh. Hist. 3. p. 544. fig. 1. (*mala*). — Tabern. ic. p. 504. fig. 2. — Dod. pempt. p. 156. fig. 3. — Lob. ic. p. 609. fig. 2. (*cad.*).

Cette espèce, qui est la *V. canina* de la plupart des auteurs, mais non de Linné, d'après les observations des botanistes allemands, se reconnaît facilement aux caractères suivants : racine ou souche brune, oblique, garnie de fibres, produisant plusieurs tiges d'abord presque nulles, mais se développant bientôt et acquérant 1—3 décim. de longueur, glabres, tombantes et ascendantes ou dressées, anguleuses, presque triangulaires, souvent flexueuses, portant à chaque nœud une feuille et ordinairement une fleur axilaire ; feuilles glabres ou presque glabres, alternes, ovales en cœur, crénelées, courtement acuminées, les inférieures obtuses, à pétiole non ailé ; stipules lancéolées-acuminées, fimbriées-dentées en scie, beaucoup plus courtes que les pétioles ; fleurs penchées, d'un violet pâle, inodores, à éperon épais, obtus , plus coloré que dans la *V. canina,* doubles des appendices des sépales lancéolés-acuminés, à pétales latéraux barbus, portées sur des pédoncules axilaires plus longs que les feuilles, munis, vers le milieu, de 2 petites bractées linéaires-acuminées ; capsule glabre, oblongue, aiguë ; graines lisses, turbinées, d'un gris brunâtre. ♃ (Avril—juin).

Très commune dans les bois, le long des haies et parmi les buissons.

β. *Alba.* Ging. in **DC. Prod.** 1. l. c. — Gaud. Fl. helv. 2. l. c. var. *αβ.* — Fleurs blanches.

Mêmes lieux , beaucoup plus rare.

γ. *Riviniana.* Koch. Syn. l. c. var. *β.* — Gaud. Syn. p. 194. var. *β.* —*V.Riviniana.* Reichenb. — Feuilles en cœur, presque réniformes, un peu obtuses ; fleurs plus grandes , d'un bleu clair, à éperon de couleur pâle, blanchâtre, un peu échancré au sommet ; appendices des sépales anguleux.

Mêmes lieux , plus rare : elle fleurit un peu plus tard.

δ. *Minor.* DC. Fl. fr. supp. var. *β.* — Ging. in **DC. Prod.** 1. l. c. — *V. canina. var. γ. pygmœa.* Gaud. Fl. helv. 2. l. c. — Tige très courte, grêle , quelquefois presque nulle ; feuilles petites , en cœur , un peu aiguës , les inférieures un peu plus petites , arrondies en cœur.

Les pâturages des montagnes : Salins , sur Poupet ; Belin ; à Villeneuve-d'Amont ; à la Châtelaine ; aux environs de Champagnole. — Sur la montagne de la Tourne (Chaillet). — Sur le Thoiry (Gaud.).

ε. *Apetala.* Gaud. Fl. helv. 2. l. c. var. *β.* — Fleurs supérieures dépourvues de pétales.

Les bois des environs de Salins ; de Poligny ; de Sellières , etc.

7. V. des bruyères. — *V. canina.*

Linn. Sp. 1324. (*ex diagnosi optima.* Koch.). — Koch. Syn. p. 85. — *V. pumila. var. β. ericetorum.* Ging. in DC. Prod. 1. p. 299. — Duby, Bot. gall. p. 64. — Gaud. Fl. helv. 2. p. 201. var. *γ.* — Ser. Mél. 2. n. 3. p. 37.

Cette plante, qui paraît être la vraie *V. canina*. Linn., se rapproche beaucoup de la var. *δ. minor* de l'espèce précédente, dont elle est cependant distincte. Tiges ascendantes ou dressées, glabres ou légèrement pubescentes; feuilles oblongues-ovales, insensiblement rétrécies vers le sommet, un peu aiguës et non acuminées, les bords étant légèrement convexes, en cœur à la base, à pétiole non ailé, les inférieures obtuses; stipules oblongues-lancéolées, fimbriées-dentées en scie, beaucoup plus courtes que le pétiole; fleurs d'un bleu vif, à sépales ovales-lancéolées, acuminées, à éperon d'un blanc jaunâtre, d'une longueur double des appendices du calice; capsule oblongue, obtuse, presque tronquée, mucronée. ⚥ (Mai, juin).

Les bruyères, les pâturages et quelquefois les lieux tourbeux : les pâturages arrosés des sommités au-dessus de Thoiry (Gaud.). — Les pâturages de la Dôle (Rapin). — Sur le Salève, près des pitons et dans les plaines derrière le bois de la Bâtie (Reut.). — Près de Sainte-Croix (Petitpierre). — Sur la montagne de la Tourne (Chaillet).

8. V. des marais. — *V. stagnina.*

Kitaibel in Schult. OEstr. Fl. 1. p. 426. — Koch. Syn. p. 85. — Hagenb. Fl. basil. 2. append. p. 495. — *V. montana. III. Ruppii.* Gaud. Fl. helv. 2. p. 206.

Tige de 1—2 décim., grêle, dressée, glabre; feuilles inférieures ovales, crénelées, les autres ovales-oblongues ou oblongues-lancéolées, dentées, obtuses, toutes plus ou moins échancrées en cœur, à peine décurrentes sur le pétiole allongé; stipules lancéolées, fimbriées-dentées en scie, de moitié plus courtes que le pétiole; fleurs petites, blanches ou légèrement bleuâtres, rayées, longuement pédonculées, à sépales aigus, à éperon verdâtre, court, conique, dépassant à peine les appendices du calice. ⚥ (Mai, juin).

Les marais tourbeux, les lieux inondés : bord du lac entre Yverdon et Grandson. — Près d'Orbe (Muret.). — Marais de Sionet, dans les lieux très humides, entre les touffes du *Carex stricta;* marais de Roelbot, abondamment; et dans un petit marais à droite de la route, en allant de Fernex à Versoix (Reut.).

9. **V**. des prés. — *V. pratensis.*

Mertens et Koch. **D. Fl. 2**. p. 267. — Koch. Syn. p. 86. —
 V. persicifolia. Roth. tent. Fl. germ. p. 271. — Hagenb.
 Fl. basil. 1. p. 222. — *V. montana. var. β.* **DC**. Fl. fr.
 supp. n. 4466.
Tabern. ic. p. 505. fig. 1. (*opt.*).

Tige de 10—15 centim. et davantage, dressée, très
glabre, ainsi que les feuilles : celles-ci sont lancéolées, ovales
à la base ou en coin, décurrentes sur le pétiole, dentées en
scie ; stipules du milieu et de la partie inférieure de la tige
foliacées, oblongues-lancéolées, incisées-dentées, de la longueur du pétiole ou plus longues que lui ; fleurs d'un bleu
clair, à sépales aigus, à éperon un peu plus long que les appendices du calice. ⚥ (Mai, juin).

Les prés humides : Genève, çà et là, dans la prairie du Petit-Sac-
conex et dans un pré le long du chemin de la Paumière (Reut.). —
Bâle, dans un bois humide, au-dessous de Michelfeld (Miége, in Hagenb.).

10. **V**. plus élevée. — *V. elatior.*

Fries Nov. Fl. succ. ed. 2. p. 277. — Koch. Syn. p. 86. —
 V. montana. α. stricta. Ging. in DC. Prod. 1. p. 299. —
 Gaud. Fl. helv. 2. p. 204. — *V. montana. α.* DC. Fl. fr.
 n. 4466. — Poir. Ency. 8. p. 638.

Tige dressée, haute de 16—52 centim. et plus, raide,
pubescente à sa partie supérieure ; feuilles oblongues lancéolées, pubescentes, tronquées à la base ou légèrement échancrées en cœur, longuement décurrentes sur le pétiole, dentées en scie ; stipules grandes, foliacées, oblongues-lancéolées,
incisées-dentées à la base, plus longues que le pétiole ; fleurs
médiocres, d'un bleu pâle, blanches au centre, inodores, à
sépales aigus, à éperon obtus, dépassant peu les appendices
du calice. ⚥ (Mai, juin).

Les marais, les prés humides : aux environs de la Chaux-de-Fonds
(Hall.). — Dans le marais d'Orbe (Muret, in Rapin.).

11. V. singulière. — *V. mirabilis.*

Linn. Sp. 1326. — Ging. in DC. Prod. 1. p. 297. — DC. Fl.
fr. n. 4462. — Duby, Bot. gall. p. 63. — Gaud. Fl. helv.
2. p. 205. — Poir. Ency. 8. p. 634. — Koch. Syn. p. 86.

Racine épaisse, dure, brune, garnie d'écailles roussâtres,
donnant naissance à une ou plusieurs tiges dressées ou ascendantes, raides, triangulaires, feuillées, poilues sur une
ligne droite, haute de 1—2 décim.; feuilles largement en
cœur, nerveuses, crénelées, courtement acuminées, presque
entièrement glabres sur les deux faces : les radicales subréniformes, portées sur de longs pétioles égalant presque la
tige et garnis d'une ligne de poils sur la carène; stipules oblongues-lancéolées, acuminées, les supérieures ciliées;
fleurs radicales courtement pédonculées, blanchâtres ou
d'un pourpre-lilas clair, avortant ordinairement, assez semblables à celles de la violette odorante, mais inodores : celles
de la tige axilaires, les inférieures souvent munies de corolle, tandis que les supérieures en sont dépourvues, mais
fertiles; calice glabre, à sépales larges, oblongs, un peu
aigus; éperon presque cylindrique, dépassant peu les appendices du calice; capsule glabre, ovoïde, à valves acuminées;
graines brunes, pyriformes. ♃ (Avril, mai).

Les bois des montagnes : parmi les broussailles au pied du Salève; se
retrouve à la campagne d'Ivernois (Reut.). — Bâle, au-dessus de
Münchenstein; autour d'Aristorf, etc. (Hagenb.).

§ 2. *Stigmate à deux lobes peu marqués, percés entre
eux d'un trou.* — Dischidium. Ging. in DC.

12. V. à deux fleurs. — *V. biflora.*

Linn. Sp. 1326. — Ging. in DC. Prod. 1. p. 300. et Fl. fr.
n. 4467. — Duby, Bot. gall. p. 64. — Gaud. Fl. helv. 2,
p. 207. — Poir. Ency. 8. p. 632. — Koch. Syn. p. 86.

Moris. sect. 5. tab. 7. fig. 6. (*ex Clus.*). — J. Bauh. Hist. 3.
p. 2. p. 545. fig. 1. — Clus. Hist. 1. p. 309. fig. 2.

Racine formée d'une souche oblique, fibreuse, brunâtre,
produisant ordinairement plusieurs tiges grêles, tendres,
faibles, dressées ou ascendantes, hautes de 6—10 centim.,
nues dans le bas, garnies dans le haut de 2—3 feuilles munies à la base de stipules membraneuses ovales, entières,
aiguës ; feuilles réniformes, tendres, échancrées en cœur à
la base, obtuses, presque glabres ou légèrement pubescentes,
crénelées-dentées en scie : les radicales longuement pétiolées : les supérieures plus petites, portées sur des pétioles
qui diminuent de grandeur vers le sommet de la plante, où
ils sont plus courts que le limbe ; fleurs jaunes, petites, au
nombre de 1—2 sur chaque tige, à pétale inférieur marqué
de lignes brunâtres, à sépales étroits, linéaires-lancéolés, à
éperon obtus, très court, dépassant peu les appendices du
calice ; capsule ovoïde-oblongue, glabre, trigone, à valves
droites ; graines ovoïdes-arrondies, brunes, obscurément
ponctuées. ♃ (Mai, juin).

Les lieux humides des plus hautes sommités du Jura : sur le Montendre, le Colombier et le Reculet.

§ 3. *Stigmate presque globuleux, percé latéralement
d'une ouverture munie d'une lèvre à la base et d'un
faisceau de poils de chaque côté.* — Melanium. **DC.**

15. V. pensée. — *V. tricolor.*

Linn. Sp. 1326. — Ging. in DC. Prod. 1. p. 303. — Duby,
Bot. gall. p. 65. — Gaud. Fl. helv. 2. p. 209. — Poir.
Ency. 8. p. 640. — Koch. Syn. p. 86.

Racine grêle, presque simple, produisant plusieurs tiges
anguleuses, diffuses, plus ou moins rameuses, glabres, ascendantes, feuillées, hautes de 6—30 centim.; feuilles crénelées, ovales-oblongues, les inférieures ovales en cœur
plus longuement pétiolées; stipules allongées, un peu ciliées,
plus grandes que le pétiole, lyrées-pinnatifides, à lobe terminal grand, oblong, crénelé; pédoncules allongés, munis
dans le haut de 2 petites bractées; fleurs de grandeur va-

riable, très grande dans la var. *α.*, à sépales lancéolés ou ovales-lancéolés, aigus, à pétales jaunes, d'un bleu violet à leur partie supérieure, rayés à la base par des lignes de même couleur, à éperon obtus, un peu courbé, à peine plus long que les appendices du calice. ① (Mai—octobre).

α. Hortensis. Ging. in DC. Prod. 1. l. c. — *V. tricolor. I. subalpina. var. β. hortensis.* Gaud. Fl. helv. 2. l. c. — J. Saint-Hil. Pl. fr. tab. 396. — Lam. illust. tab. 725. fig. 2. — Tabern. ic. p. 306. fig. 2. — Corolle très grande, à pétales supérieurs d'un violet pourpre velouté, les latéraux blancs ou jaunâtres, violets au sommet et rayés à la base de lignes de même couleur : l'inférieur d'un beau jaune, rayé à la base de lignes orangées et violettes, portant une tache triangulaire violette sur le limbe.

Cultivée dans les jardins, d'où elle s'échappe quelquefois aux environs.

β. Subalpina. V. tricolor. I. subalpina (excl. var. *β.*). Gaud. Fl. helv. 2. l. c. — *V. tricolor. var. γ. alpestris.* Ging. in DC. Prod. 1. l. c. — Racine produisant plusieurs tiges hautes d'environ 16 centim., ascendantes; corolle une fois plus grande que le calice, à pétales d'un jaune pâle, souvent violets au sommet et rayés à la base de lignes de même couleur; sépales linéaires-lancéolés.

Les pâturages du Jura, près du Reculet (Reut.).

γ. Arvensis. V. tricolor. var. x. arvensis. Ging. in DC. Prod. 1. l. c. — *V. tricolor, II. arvensis.* (excl. var. *β.*). Gaud. Fl. helv. 2. l. c. — *V. arvensis.* DC. Fl. fr. n. 4469. — Moris. sect. 5. tab. 7. fig. 8. — J. Bauh. Hist. 3. p. 546. fig. 2. — Tiges rameuses, ascendantes; corolle dépassant peu le calice, à pétales tantôt jaunes ou d'un blanc jaunâtre, tantôt mêlés de jaune, de blanc, de violet pâle ou de violet pourpre, à sépales ovales ou lancéolés.

Commune dans les champs et les terres cultivées.

δ. Gracilescens. V. tricolor. v arμ. gracilescens. Ging. in DC. Prod. 1. l. c. — *V. tricolor. II. arvensis. var. β.*

gracilescens. Gaud. Fl. helv. 2. 1. c. — Barr. ic. fig. 757,
n. 1. — Tiges presque simples, grêles, presque dressées ;
corolle jaune ou bicolore, à peu près de la longueur des
sépales étroits.

Sur le Salève et près de Longirod (Gaud.).

Obs. Le suc de la plante fraîche est dépuratif : sa décoction est mucilagineuse et adoucissante.

14. V. de Silésie. — *V. Sudetica.*

Willd. Enum. supp. 12. — Ging. in **DC.** Prod. 1. p. 302.
var. γ. media. — *V. grandiflora. II. elongata.* Gaud.
Fl. helv. 2. p. 213. — *V. lutea. var. ß. sudetica.* Koch.
Syn. p. 87.
J. Bauh. Hist. 3. p. 547. fig. 1. — Tabern. ic. p. 303. fig. 1.
et 2. (*fl. luteo*).

Racine grêle, fibreuse, donnant naissance à plusieurs tiges
ordinairement simples, dressées ou ascendantes, triquètres,
hautes de 3—5 décim., feuillées, multiflores, presque glabres, à peine pubescentes ; feuilles oblongues, presque glabres, ciliées sur les bords, obtuses, crénelées, pétiolées : les
primitives arrondies, les supérieures plus étroites, lancéolées ; stipules grandes, ciliées, les inférieures presque digitées, à lobes linéaires entiers, les extérieurs plus courts, le
moyen un peu plus allongé et plus large, les supérieures
lyrées-pinnatifides, plus longues que le pétiole ; pédoncules
axilaires, très longs, presque aussi nombreux que les feuilles,
égalant plusieurs fois leur longueur, munis à leur partie supérieure de 2 petites bractées scarieuses, rarement opposées ;
fleurs grandes, à pétales jaunes, doubles de la longueur du
calice, l'inférieur plus grand, obcordé, d'un jaune plus
foncé à la base et marqué de lignes d'un pourpre noirâtre,
les latéraux barbus ; éperon cylindrique, d'un bleu pâle,
obtus, légèrement courbé au sommet, double de la longueur
des appendices du calice à sépales lancéolés, aigus, ciliés ;
capsule oblongue, glabre ; graines ovoïdes, lisses, luisantes,
d'un brun clair. ♃ (Juillet, août).

J'ai récolté cette espèce dans les champs de la Brevine et de la Chaux-de-Fonds, où elle se trouve en abondance.

β. *Cæruleo-violacea*. Gaud. Fl. helv. 2. l. c. — Diffère de la variété précédente, par ses fleurs dont les pétales sont d'un pourpre violet, jaunes à la base et marqués de lignes d'un pourpre noirâtre : elles ressemblent beaucoup à celles de la *Pensée* des jardins , mais elles ne sont pas veloutées.

Les mêmes lieux , mais moins commune.

15. V. à long éperon. — *V. calcarata*.

Linn. Sp. 1325. — Ging. in DC. Prod. 1. p. 302. var. β. *Halleri*. — DC. Fl. fr. n. 4472. — Duby, Bot. gall. p. 65. — *V. calcarata. 1. subacaulis*. Gaud. Fl. helv. 2. p. 215. — Ser. Mel. bot. 2. n. 3. p. 57. — Koch. Syn. p. 88. Hall. helv. tab. 17. fig. 1. — Barr. ic. fig. 692.

Racine grêle, garnie de longues fibres, se divisant au collet en caudicules ou souches grêles, rampantes, filiformes , blanchâtres , terminées par des tiges simples, courtes, à feuilles alternes, faciles à confondre avec les stipules : les inférieures presque rapprochées en rosette , ovales ou oblongues, arrondies, rétrécies en pétiole, glabres, crénelées : les supérieures oblongues ou lancéolées; stipules oblongues, opposées, entières ou dentées, ou presque pinnatifides, à lobes oblongs, peu nombreux ; fleurs grandes, d'environ 5 centim. de diamètre , à pétales larges , ordinairement d'un pourpre violet un peu velouté, l'impair très large, obcordé, jaune à la base et marqué de lignes d'un pourpre noirâtre, portées sur des pédoncules allongés , munis de bractées linéaires-lancéolées, membraneuses; sépales oblongs-linéaires, un peu obtus, prolongés à la base, en appendices presque tronqués-dentés ; éperon grêle, allongé, subulé, 4 fois plus long que les appendices des sépales. ⚥ (Juillet, août).

J'ai récolté cette violette , en septembre 1825 , au-dessous d'une masse de neige , dans un creux sur le flanc nord du Colombier. — Sur le Theiry et les sommités voisines (Gaud.). — Se trouve communément dans les pâturages du sommet du Jura , au Reculet (Reut.).

β. *Albiflora. V. calcarata. II. caulescens. var.* γ. *albiflora.* Gaud. Syn. p. 198. et Fl. helv. 2. l. c.

Cette variété à fleurs blanches est très rare : elle a été trouvée par Gaudin sur le sommet du Thoiry. Elle paraît intermédiaire entre la *V. calcarata* et la *V. cornuta* : c'est vraisemblablement la plante que Ray a vue sur le Thoiry et qu'il a prise pour la *V. cornuta*, puisqu'on n'a point retrouvé cette dernière espèce dans le lieu qu'il a indiqué.

FAMILLE IX.

Résédacées. DC.

CALICE persistant, à 4—6 divisions ; corolle irrégulière, à pétales en même nombre que les divisions du calice et alternes avec elles ; étamines 12—24, insérées sur un carpophore dilaté, à sa partie supérieure, en écaille nectarifère ; ovaire uniloculaire, ouvert au sommet, à 3—6 lobes terminés par un style court, conique ; placentas 3—6, pariétaux, soudés aux sutures, ou plusieurs ovaires, 3—6, uniloculaires, s'ouvrant en dedans, terminés chacun par un style. Embryon courbé ; périsperme presque nul ; radicule située près de l'ombilic. — Herbes à feuilles alternes, à fleurs en grappe.

1. RÉSÉDA. — *RESEDA.* Linn.

Pétales entiers ou diversement laciniés ; étamines 10—24 ; capsules uniloculaire, à 3—6 angles, ouverte au sommet et terminée par 3—6 styles, à placentas pariétaux, alternant avec les styles.

§. 1. *Sépales et pétales* 6 ; *stigmates* 3. — Resedastrum. Duby.

1. R. raiponce. — *R. phyteuma.*

Linn. Sp. 645. — DC. Fl. fr. n. 4288. — Duby, Bot. gall. p. 66. — Gaud. Fl. helv. 3. p. 270. — Poir. Ency. 6. p. 162. — Koch. Syn. p. 89.

Lam. illust. tab. 410. fig. 3. (*fructus*). — J. Bauh. Hist. p.
386. fig. 1. — Dalech. Hist. p. 1198. fig. 1.

Racine dure, allongée, presque simple, produisant une
ou plusieurs tiges simples ou rameuses, couchées à la base,
ascendantes, un peu penchées au sommet, longue de 2—3
décim.; feuilles radicales et inférieures oblongues en spatule,
entières, obtuses, rétrécies en pétiole : les caulinaires plus
petites, entières, quelquefois munies de 1—2 lobes latéraux
obtus; fleurs jaunâtres, odorantes, en grappe terminale qui
s'allonge insensiblement, portées sur des pédoncules assez
longs, un peu écartés, munis à la base d'une petite bractée
lancéolée; calice persistant, à 6 divisions inégales, oblongues, obtuses, digitées, plus grandes que les pétales et se
développant encore après la fleuraison; pétales profondément
laciniés, à lanières filiformes; étamines un peu plus courtes
que les pétales, à anthères jaunâtres ou rougeâtres; capsule
grosse, amincie à la base, bosselée sur les angles, à 3 cornes
peu marquées à la maturité; graines réniformes, chagrinées,
d'un blanc grisâtre. ⊙ (Juin—août).

Dans les champs sablonneux : au bord de l'Ain, à Thoirette, en
grande quantité. — Genève, dans les champs sablonneux au bord du
Rhône, au-dessous de la papeterie, près de Dardagny (Gaud.). — Au-
dessous d'Aïre; au bord des champs nouvellement défrichés, au pied du
Salève; dans le ravin de Vernier et au-dessus du bois de la Bâtie;
dans les champs entre Saint-Genis et Thoiry (Reut.).

2. R. odorant. — *R. odorata.*

Linn. Sp. 646. — DC. Fl. fr. n. 4289. — Duby, Bot. gall.
p. 66. — Poir. Ency. 6. p. 161.
Mill. ic. tab. 217.

Racine grêle, produisant une ou plusieurs tiges simples
ou rameuses, étalées, ascendantes, diffuses, glabres, longues
de 2—3 décim. et quelquefois davantage; feuilles oblongues,
obtuses, entières ou à 3 lobes, un peu ondulées, rétrécies
en pétiole; fleurs blanchâtres, d'une odeur douce, suave,
disposées en grappe qui s'allonge insensiblement après la

fleuraison, portées sur des pédoncules grêles, munis à la base d'une petite bractée membraneuse, lancéolée, légèrement dentelée ; calice à 6 divisions oblongues, obtuses, ne dépassant pas la corolle ; étamines nombreuses, anthères d'un rouge de brique ; capsule un peu rétrécie à la base, plus courte et plus petite que dans l'espèce précédente ; graines réniformes, chagrinées. ① (Toute l'année).

Cette plante, originaire d'Égypte et de Barbarie, est généralement cultivée dans les jardins, pour son odeur douce et suave.

3. R. jaune. — *R. lutea.*

Linn. Sp. 645. — DC. Fl. fr. n. 4287. — Duby, Bot. gall. p. 67. — Gaud. Fl. helv. 3. p. 269. — Poir. Ency. 6. p. 161. — Koch. Syn. p. 89.

J. Saint-Hil. Pl. fr. tab. 319. — Bull. herb. tab. 281. — J. Bauh. Hist. 3. p. 467. fig. 1. (*malè*). — Tabern. ic. p. 111. fig. 2. — Dalech. Hist. p. 1199 .fig. 1. — Lob. ic. p. 222. fig. 1.

Racine dure, allongée, presque simple ; tiges hautes de 3—6 décim. , cylindriques, striées-anguleuses, dressées ou ascendantes, rameuses ; feuilles radicales oblongues en spatules, entières ou divisées vers le milieu en 3 lobes, les latéraux plus petits, un peu aigus : les caulinaires bipinnatifides, à lanières étalées, oblongues ou lancéolées, obtuses ou un peu aiguës, rétrécies à la base, quelquefois un peu ondulées, les supérieures trifides ; fleurs d'un jaune pâle, à pédicelles de la longueur du calice, munis de bractées scarieuses, linéaires, caduques, disposées en grappe terminale s'allongeant beaucoup après la fleuraison ; calice à 6 divisions linéaires, étalées, presque égales ; pétales finement laciniés ; étamines nombreuses, à anthères d'un jaune pâle ; capsule oblongue, à 3 cornes peu apparentes à l'époque de la maturité ; graines ovoïdes-subréniformes, d'un gris noirâtre, lisses et très luisantes. ① (Juin—août).

Cette plante n'est pas rare le long des routes, au bord des chemins, dans les lieux arides ou pierreux.

3. *Crispa*. Poir. Ency. 6. l. c. — Boccone. Sicil. tab. 41. fig. 3. — Lanières des feuilles linéaires étroites, ondulées-crépues.

Les mêmes lieux, mais beaucoup plus rare.

§ 2. *Sépales* 4, *pétales et stigmates* 3. — Luteola. DC.

4. R. gaude. — *R. luteola*.

Linn. Sp. 643. — DC. Fl. fr. n. 4282. — Duby. Bot. gall. p. 67. — Gaul. Fl. helv. 3. p. 268. — Poir. Ency. 6. p. 158. — Koch. Syn. p. 89.

J. Bauh. Hist. 3. p. 465. fig. 2. — Tabern. ic. p. 110. fig. 2. — Dalech. Hist. p. 501. fig. 1. et p. 822. fig. 2. — Dod. pempt. p. 80. fig. 1. — Lob. ic. p. 555. fig. 1.

Racine fusiforme, épaisse, allongée ; tige simple ou rameuse, dressée, glabre, très feuillée, raide, striée, à rameaux effilés, haute de 6—9 décim.; feuilles éparses, nombreuses, allongées, lancéolées, obtuses, glabres, ondulées dans la jeunesse : les radicales étalées sur la terre et rétrécies en pétiole ; fleurs petites, jaunâtres, très nombreuses, portées sur des pédicelles plus courts que la bractée linéaire-lancéolée, disposées en épi terminal très long, grêle et effilé, occupant quelquefois, à l'époque de la maturité, la plus grande partie de la tige ; calice à 4 divisions inégales, oblongues, obtuses ; pétales ordinairement 3, jaunâtres, laciniés, le supérieur beaucoup plus grand que les autres, étamines nombreuses, presque 20, plus courtes que les pétales, à anthères jaunes ; capsule beaucoup plus grande que le calice, courtement ovoïde, bosselée sur les angles, à 3 cornes raides, coniques ; graines petites, globuleuses, subréniformes, brunes, luisantes. ⚲ Juillet, août .

Le long des chemins, au bord des routes : aux environs de Salins ; de Besançon ; de Dampierre ; de Dôle ; de Poligny ; d'Arbois ; de Lons-le-Saunier ; de Genève ; de Bâle, etc. — Toute la plante teint en jaune ; on en retire la laque-de-gaude qui sert pour la peinture.

FAMILLE X.

Droséracées. DC.

Calice à 5 sépales, à estivation embriquée ; corolle régulière, à 5 pétales ; étamines 5 ou plus, hypogynes, libres, à anthères terminales ; ovaire libre, uni-triloculaire, à placentas pariétaux ; styles plusieurs, souvent divisés, ou plusieurs stigmates. Embryon droit dans l'axe du périsperme ; radicule dirigée vers l'ombilic. — Feuilles alternes, le plus souvent radicales, roulées en crosse avant leur développement.

1. ROSSOLIS. — *DROSERA.* Linn.

Calice à 5 divisions profondes ; pétales 5 ; étamines 5 ; ovaire à 3—5 styles bifides ; capsule uniloculaire, polysperme, s'ouvrant au sommet en 3—5 valves ; placentas pariétaux.

1. R. à feuilles rondes. — *R. rotundifolia.*

Linn. Sp. 402. — DC. Prod. 1. p. 318. et Fl. fr. n. 4291. — Duby, Bot. gall. p. 68. — Gaud. Fl. helv. 2. p. 462. — Poir. Ency. 6. p. 298. — Koch. Syn. p. 89.
Bull. herb. tab. 181. A. — Lam. illust. tab. 220. fig. 1. — Barr. ic. fig. 251. n. 1. — J. Bauh. Hist. 3. p. 761. fig. 1. (*ad dextram*). — Tabern. ic. p. 816. fig. 2. (*Scapo distachio*). — Lob. ic. p. 811. fig. 3.
Racine très grêle, produisant ordinairement plusieurs hampes également grêles, simples, glabres, dressées, 3 fois plus longues que les feuilles ; celles-ci sont toutes radicales, petites, orbiculaires, étalées en rosette, visqueuses, à face supérieure rougeâtre, parsemée de poils courts, glanduleux, l'inférieure lisse, livide, sans nervure, garnies sur les bords de longs poils rougeâtres, glanduleux au sommet, portées sur des pétioles allongés, poilus, plus longs qu'elles ;

fleurs blanches, pédicellées, dressées, unilatérales, disposées en grappe terminale courte, penchée au sommet; sépales glabres, rougeâtres, un peu visqueux, oblongs, obtus;
pétales obovales, doubles de la longueur du calice; styles 3,
rarement plus, à stigmate blanchâtre, en massue, non divisé; capsule ovoïde, à 3—4 valves; graines jaunes, très
petites, lisses, recouvertes d'un arille membraneux réticulé.
♃ Gaud. ① et ② selon quelques auteurs, ainsi que les autres
espèces. (Juillet, août).

Dans la plupart des tourbières du Jura, parmi les *Sphaignes* : dans
les tourbières de Boujaille; des Rousses ; de la vallée de Joux; de
Sainte-Croix; de Pontarlier; de la Brevine; de Pont-Martel; de Noiraigne; de la Chapelle-des-Bois; d'Entre-Côtes; de Bonlieu; de Biefdu-Four, de la Trélasse, etc.

2. R. à feuilles obovales. — *D. intermedia.*

Hayne in Schrad. journ. 1801. p. 37. — DC. Prod. 1. p.
318. — Duby, Bot. gall. p. 68. — Koch. Syn. p. 90. —
D. longifolia. Smith. Brit. 1. p. 547. — Linn. Sp. (*pro
parte*). — DC. Fl. fr. n. 4292. — Gaud. Fl. helv. 2. p.
463. — Poir. Ency. 6. p. 298·?
J. Saint-Hil. Pl. fr. tab. 962. — Moris. sect. 15. tab. 4. fig.
ante penult. (*series I.*) — J. Bauh. Hist. 3. p. 761. fig. 1.
(*ad dextram*). — Barr. ic. fig. 251. n. 2. — Tabern. ic.
p. 817. fig. 1. (*Scapo polystachio*). — Dod. pempt. p.
474. fig. 2. — Dalech. Hist. p. 1212. fig. 2. — Lob. ic. p.
811. fig. 2.

Cette espèce a le port et plusieurs des caractères de la
précédente, mais on l'en distingue facilement à ses feuilles
obovales-cunéiformes et non orbiculaires, rétrécies en pétiole glabre; à ses hampes arquées à la base, ascendantes,
dépassant peu les feuilles; à ses stigmates obovoïdes, bi ou
trifides; enfin à ses graines étroitement recouvertes par un
arille opaque, chagriné (Gaud.), dépourvues d'arille (DC.).
♃ (Juillet, août).

Tourbières de la Brevine : de Pont-Martel; de Pontarlier: de Biefdu-Four: des Rousses, etc.

5. R. à longues feuilles. — *D. longifolia.*

Linn. Sp. 301. — Hayne in Schrad. journ. 1801. p. 57. —
Poir. Ency. 6. p. 298. var. *ß.* — Koch. Syn. p. 90. —
D. Anglica. Huds. Ang. p. 135. — DC. Prod. 1. p. 318.
et Fl. fr. n. 4292. — Duby, Bot. gall. p. 68. — Gaud. Fl.
helv. 2. p. 464.
Bull. herb. tab. 181. II. — Lam. illust. tab. 220. fig. 2. —
Moris. sect. 15. tab. 4. fig. ult.

Cette plante se rapproche beaucoup de l'espèce précédente, mais elle est 2—5 fois plus grande ; sa hampe est
dressée, haute de 10—15 centim., ordinairement une fois
plus longue que les feuilles qui sont oblongues, obtuses,
étroites, allongées, longuement spatulées, ciliées-glanduleuses, comme dans les espèces précédentes, munies d'un
long pétiole glabre, un peu lanugineux à la base, à poils
roux ; stigmate entier, comprimé, en massue ; graines recouvertes d'un arille lisse, opaque, libre (Gaud.). ♃ (Juillet,
août).

Dans les tourbières de Pontarlier et de Bief-du-Four : je l'ai aussi
trouvée mêlée à la précédente dans mes échantillons de la Brevine et
du Pont-Martel. — Dans un petit marais au pied de Salève, près de
Crévin ; au marais de Divonne et près d'Arta, au bord de l'Arve (Reut.).
— Bâle, dans les marais de Bellevue, près de Courroux, sur la gauche
de Delémont (Hagenb.).

ß. Subuniflora. DC. Prod. 1. l. c. — Hampe à 1—2 fleurs.

Mêlée à la var. *α.*

2. PARNASSIE. — *PARNASSIA.* Linn.

Calice à 5 sépales ; corolle à 5 pétales ; écailles nectarifères 5, opposées aux pétales, bordés de cils rayonnants
glandulifères ; étamines 5 ; style nul ; stigmates 4, sessiles ;
capsule uniloculaire, s'ouvrant au sommet en 4 valves portant au milieu des cloisons incomplètes sur lesquelles les
graines sont fixées.

1. P. des marais. — *P. palustris.*

Linn. Sp. 591.— DC. Prod. 1. p. 520. et Fl. fr. n. 4290. —
Duby, Bot. gall. p. 68. — Gaud. Fl. helv. 2. p. 452. —
DC. in Ency. 5. p. 22. — Koch. Syn. p. 90.
Lam. illust. tab. 216. — Mill. illust. tab. 15. — Moris.
sect. 12. tab. 10. fig. 5. — J. Bauh. Hist. 3. p. 2. p. 557.
fig. 2. (*pessima*). — Tabern. ic. p. 214. fig. 1. — Dod.
pempt. p. 564. fig. 3. — Dalech. Hist. p. 1005. fig. 1. et
fig. 2. (*fl. duplicato*).— Lob. ic. p. 603. fig. 1. (*ic. Dod.*).
et fig. 2. (*fl. duplicato*).

Racine dure, grèle, fibreuse, produisant ordinairement
plusieurs tiges simples, uniflores, striées ou sillonnées,
hautes de 15—20 centim.; feuilles radicales longuement
pétiolées, glabres, ovales ou orbiculaires, obtuses échancrées en cœur à la base : celle de la tige unique, sessile,
embrassante, semblable aux radicales; fleur grande, blanche,
terminale, à pétales étalés, beaucoup plus grands que le calice, courtement onguiculés, à nervures livides, conniventes,
ainsi que celles des sépales ovales, obtus; étamines à anthères
blanches; nectaires pétaloïdes, au nombre de 5, bordées de
9—13 cils glanduleux, rayonnants; capsule ovoïde-tétra-
gone; graines petites, oblongues, légèrement courbées,
entourées d'un arille réticulé, transparent. ♃ (Août, septembre).

Les prés et les lieux humides de la plaine et des montagnes.

FAMILLE XI.

Polygalées. Juss.

Calice à 5 sépales, à estivation embriquée, les 2 intérieurs
très grands, ordinairement colorés pendant la fleuraison;
corolle irrégulière, à 3—4 pétales hypogynes, plus ou moins
soudés au tube staminifère; étamines monadelphes à la base,
divisées au sommet en 2 faisceaux égaux et opposés : an-

thères 8, uniloculaires, s'ouvrant au sommet par un pore ; ovaire libre ; capsule comprimée, ovale ou en cœur renversé, à 2 loges à une graine souvent munie d'un arille à la base. Embryon droit dans un périsperme charnu ou, plus rarement, sans périsperme. — Feuilles entières, ordinairement alternes, articulées sur la tige.

1. POLYGALA. — POLYGALA. Linn.

Calice à 5 sépales persistants, les 2 intérieurs très grands, en forme d'ailes ; corolle à 3—5 pétales, soudés au tube staminifère, l'inférieur en forme de carène ; capsule comprimée, obovale ou en cœur renversé ; graines entourées à la base d'un arille à 4 dents, nues au sommet.

§ 1. *Fleurs en grappe terminale ; calice persistant ; pétale inférieur frangé.* — Polygalon. **DC.**

1. P. commun. — P. vulgaris.

Linn. Sp. 986. — DC. Prod. 1. p. 324. et Fl. fr. n. 2382. — Duby, Bot. gall. p. 69. — Gaud. Fl. helv. 4. p. 443. — Poir. Ency. 5. p. 486. (excl. **A**, **B** et **C**). — Koch. Syn. p. 91.

J. Saint Hil. Pl. fr. tab. 932. — Lam. illust. tab. 598. — Bull. herb. tab. 177. — Chaum. Fl. méd. tab. 277. — Vaill. Bot. par. tab. 32. fig. 1. — J. Bauh. Hist. 3. p. 2. p. 587. fig. 1? — Clus. Hist. 1. p. 324. fig. 2. (*ead.*) et p. 325. fig. 1? — Tabern. ic. p. 829. fig. 1. et 2. et p. 830. fig. 1. (*malè*). — Dod. pempt. p. 253. fig. 1. — Lob. ic. p. 416. fig. 2. (*ead.*).

Racine dure, ligneuse ; tiges herbacées, simples, feuillées, dressées ou ascendantes, hautes de 1—2 décim. ; feuilles éparses, glabres, sessiles, lancéolées ou linéaires-lancéolées, un peu aiguës : les inférieures plus petites, ovales-elliptiques, rétrécies à la base ; fleurs assez grandes, disposées en grappe terminale, souvent dirigées d'un seul côté, ordinairement bleues, quelquefois violettes, roses ou blanches, courtement pédicellées, munies de 3 bractées inégales, colorées, caduques, les latérales égalant à peine la moitié du pédicelle ; ailes du calice obovales-elliptiques, de la longueur de la corolle, à 3 nervures ; les latérales divisées extérieurement en veines rameuses, plus longues et quelquefois plus larges que la capsule comprimée, obcordée ; carène à limbe frangé, formant une houppe colorée, renfermant à sa base les organes sexuels ; graine solitaire dans chaque loge, blanche, pubescente. ♃ (Mai, juin).

Les prés secs et les lieux incultes de la plaine et des montagnes.

2. P. chevelu. — *P. comosa.*

Schk. 2. tab. 194. — Koch. Syn. p. 91. — *P. vulgaris. var. β. comosa.* Hagenb. Fl. basil. 2. p. 198.
Reichenb. cent. 1. fig. 54—56.

Tiges ascendantes, hautes de 1—2 décim., à rameaux grêles ; feuilles linéaires-lancéolées, éparses : les inférieures plus petites, elliptiques ; fleurs roses, rarement bleues ou blanches, en grappe allongée, très garnie, à bractées latérales scarieuses, lancéolées, aiguës, de la longueur des pédicelles à l'époque de la fleuraison, dépassant les fleurs avant leur développement, ce qui rend alors le sommet de la grappe comme chevelu ou barbu ; ailes obovales-elliptiques, un peu rétrécies à la base, à 3 nervures verdâtres, les 2 latérales rameuses extérieurement, un peu plus longue et de même largeur que la capsule obovale, rétrécie à la base. ♃ (Mai, juin).

Les mêmes lieux que l'espèce précédente : Salins, à Belin et près de la tuilerie de Clucy, etc. — Commune aux environs de Bâle (Hagenb.). — Je n'ai distingué cette espèce qu'en herbier, mêlée à la précédente.

3. P. amer. — *P. amara.*

Linn. Sp. 987. — DC. Prod. 1. p. 325. et Fl. fr. n. 2383. — Duby, Bot. gall. p. 69. — Gaud. Fl. helv. 4. p. 445. —

Koch. Syn. p. 91. — *P. vulgaris*. B. *amara*. Poir. Ency.
5. p. 487.

J. Saint-Hil. Pl. fr. tab. 953. — Vaill. Bot. par. tab. 32. fig.
2. — Tabern. ic. p. 851. fig. 1. et 2.

Racine grêle, blanchâtre, divisée au collet et donnant
naissance à plusieurs tiges hautes de 8—12 centim., étalées
ou ascendantes, simples ou rameuses à leur partie inférieure,
garnie de feuilles un peu épaisses, linéaires-lancéolées ou
elliptiques : les inférieures plus grandes, ovales ou obovales,
rétrécies en pétiole, étalées en rosette ; fleurs plus petites
que celles du *P. vulgaris*, d'un bleu plus ou moins foncé,
quelquefois blanchâtres, rarement rougeâtres, disposées en
grappe terminale multiflore ; ailes du calice ovales-elliptiques, à 5 nervures, les latérales rameuses extérieurement,
plus longues et plus larges que la corolle et la capsule orbiculaire, obcordée. ⚥ (Juin—septembre).

Les prés et les pâturages humides de la plaine et des montagnes.

α. *Genuina*. Koch. Syn. l. c. — *P. amara*. Jacq. Aust.
tab. 412. — *P. amarella*. Crantz. Aust. p. 438. — Fleurs
presque de la grandeur de celles du *P. vulgaris ;* ailes du
calice ordinairement aussi larges que la capsule et plus longues qu'elle ; feuilles radicales assez grandes, en rosette.

Les marais et les prés humides : au pied du Salève, au marais de
Troënex, de Roellebot, etc., etc. (Reut.).

β. *Alpina*. Gaud. Fl. helv. 4. l. c. — **DC**. Prod. 1. l. c.
var. δ. — Duby, Bot. gall. l. c. var. δ. — Tiges ascendantes,
courtes, gazonnantes ; feuilles presque embriquées, presque
obovales, obtuses : les radicales également rapprochées ;
grappes de fleurs peu garnies.

Commun autour de Longirod (Gaud.). — Les lieux rocailleux près
du Reculet (Reut.).

γ. *Austriaca*. Gaud. Fl. helv. l. c. — DC. Prod. 1. l. c.
var. α. et Fl. fr. l. c. var. β. — *P. Austriaca*. Crantz. Aust.
p. 437. — *P. mirtifolia*. Fries. Nov. 2. p. 227. (*non Linn.*).
— Tige rameuse à la base, à rameaux grêles, ascendants,
longs de 8—12 centim. ; feuilles épaisses, très amères, ob-

lancéolées , obtuses : les radicales plus grandes , en rosette ,
obovales , obtuses , rétrécies en spatule ; fleurs petites, blanchâtres ou d'un bleu pâle , quelquefois cependant assez vif :
ailes elliptiques , un peu rétrécies dans le bas , égalant la
capsule arrondie à la base , mais de moitié plus étroites.

Commun aux environs de Salins : dans les prés autour du Gout-de-
Conche; dans les pâturages de Belin et de la Chaux; de Saint-André :
de Poupet, etc. — Le *P. uliginosa,* Reich. cent. 1. fig. 40. et 41., ne
diffère de cette variété que par sa capsule en coin à la base et non arrondie. — Le *P. amara* est amer, tonique et incisif; sa décoction est
regardée comme un très bon remède contre les catarrhes chroniques : il
est purgatif à haute dose.

§ 2. *Fleurs axilaires au sommet des rameaux ; calice
caduc ; pétale inférieur non frangé , à 4 lobes.* —
Chamæbuxus. DC.

4. P. faux-buis. — *P. chamœbuxus.*

Linn. Sp. 989. — DC. Prod. 1. p. 531. et Fl. fr. n. 2586.
— Duby, Bot. gall. p. 70. — Gaud. Fl. helv. 4. p. 447.
— Poir. Ency. 5. p. 494. — Koch. Syn. p. 92.
J. Saint-Hil. Pl. fr. tab. 933. — J. Bauh. Hist. 1. p. 1. p.
524. fig. 1. — Clus. Hist. 1. p. 105. fig. 1.
Sous-arbrisseau toujours vert , à racine grêle , rampante ;
tiges ligneuses , tombantes , rameuses , à rameaux longs de
16—20 centim. , nus dans le bas , feuillés à leur partie supérieure ; feuilles coriaces , lisses et un peu luisantes,
éparses , presque sessiles , oblongues-lancéolées , mucronées ,
légèrement roulées en dessous par les bords : les inférieures
ordinairement plus courtes , souvent un peu déprimées au
sommet ; fleurs grandes , d'un blanc jaunâtre , souvent un
peu rougeâtres au sommet, portées , au nombre de 1—3,
sur des pédicelles courts , axilaires et terminaux ; calice
très court , à sépale supérieur concave , les 2 inférieurs plus
petits , ovales , aplanis ; carène de la corolle tubuleuse , dilatée au sommet , trifide , à lobe moyen à 4 dents arrondies, rapprochées , mais non frangée, comme dans les espèces

précédentes ; capsule marginée, obcordée ; graines oblongues, pubescente. ♄ (Avril—juin).

Les bois, les buissons : Nyon, au-dessus de Trélex, en petite quantité (Gaud.). — Derrière Salève, près de la Caille (Reut.). — Bâle, dans les bois près de Liestal ; sur le mont Havenstein, près de Langenbruck et vers Balstal (Hagenb.).

FAMILLE XII.

Caryophyllées. Juss.

CALICE ordinairement persistant, à 5, rarement 4 sépales libres, ou tubuleux à 4—5 dents ; pétales 5, rarement 4, hypogynes, alternes avec les sépales, onguiculés, manquant rarement, quelquefois pourvus d'écailles à la gorge ; étamines en nombre double, rarement égal à celui des pétales, insérées avec eux sur le réceptacle ; ovaire simple, libre, à 2—5 styles ; capsule à 1 loge, quelquefois 2—5, à 2—5 valves soudées à la base, s'ouvrant par le sommet, rarement une baie ; cloisons naissant du milieu des valves, incomplètes, ou complètes et atteignant l'axe ; graines nombreuses, attachées à un placenta central ou au fond de la capsule. Périsperme farineux, ordinairement central ; embryon plus ou moins courbé, rarement droit et central, à radicule dirigée vers l'ombilic. — Herbes ou sous-arbrisseaux à feuilles entières et opposées, souvent soudées à la base : fleurs terminales.

TRIBU I. — SILÉNÉES. DC.

Calice d'une seule pièce, tubuleux, oblong ou en cloche, à 4—5 dents ou lobes ; pétales 5, à onglets ordinairement allongés ; étamines 10.

1. GYPSOPHILE. — *GYPSOPHILA*. Linn.

Calice en cloche, à 5 lobes ; corolle à 5 pétales un peu échancrés, à onglet très court ; étamines 10 ; styles 2 ; capsule à une loge, à 4 valves au sommet; graines globuleuses-réniformes, ou convexes-concaves.

§ 1. *Calice dépourvu d'écailles à la base. —*
Struthium. Ser.

1. G. rampante. — *G. repens.*

Linn. Sp. 581. — Ser. in DC. Prod. 1. p. 355. et Fl. fr. n.
4502. — Duby, Bot. gall. p. 71. — Gaud. Fl. helv. 5. p.
156. — Koch. Syn. p. 95. — *G. prostrata.* Lam. Ency.
5. p. 63. (*non Linn.*).

J. Saint-Hil. Pl. fr. tab. 182. — Lam. illust. tab. 575. fig. 2.

Plante entièrement glabre. Racine ligneuse, plus ou moins allongée, donnant naissance à un grand nombre de tiges rameuses, herbacées, diffuses, étalées, ascendantes, longues de 15—20 centim., articulées, souvent coudées, très feuillées, divisées au sommet en rameaux florifères di-trichotomes; feuilles opposées, un peu épaisses, d'un vert un peu glauque, linéaires-lancéolées, étroites : les supérieures plus petites, plus aiguës, moins longues que les entre-nœuds; fleurs blanches ou rosées, en corymbe terminal lâche, portées sur des pédicelles dressés, épaissis sous la fleur, munis à leur base de 2 petites bractées scarieuses, lancéolées-acuminées; calice à 5 lobes lancéolés, aigus, à nervure moyenne purpurine, blanchâtres et scarieux sur les bords; pétales beaucoup plus longs que le calice, échancrés au sommet, rétrécis en coin à la base ; styles plus courts que les pétales et dépassant les étamines à anthères lilas ou purpurescentes. ⚥ (Juin—août).

Au pied d'une sommité entre la Faucille et le Colombier, dans un lieu humide, près du chalet du Croset, avec la *Salix retusa*; le pied des rochers en descendant du Reculet par le vallon d'Ardran ; sur les sables à la jonction de l'Arve et du Rhône (1842), abondamment. — Au bord du Rhône, près de Chancy (Ducros).

2. G. des murs. — *G. muralis.*

Linn. Sp. 583. — Ser. in DC. Prod. 1. p. 354. et Fl. fr. n.
4303. — Duby, Bot. gall. p. 71. — Gaud. Fl. helv. 3. p.
138. — Lam. Ency. 3. p. 64. — Koch. Syn. p. 95.
Lam. illust. tab. 375. fig. 1. — J. Bauh. Hist. 3. p. 2. p.
338. fig. 1. (*pessima*). — Dalech. Hist. p. 1191. fig. 2?

Racine grêle, fusiforme, blanchâtre ; tige dressée, dichotome, rameuse, quelquefois dès la base, grêle, haute de
8—16 centim., feuillée, à rameaux filiformes, ouverts,
souvent étalés ; feuilles planes, un peu glauques, linéaires,
aiguës, un peu rétrécies à la base ; fleurs petites, éparses,
rougeâtres, axilaires et terminales, disposées en panicule
dichotome lâche, diffuse ; calice en cloche, rayé de vert et
de blanc, à 5 dents ; pétales presque doubles du calice,
étroits, légèrement échancrés et crénelés au sommet, marqués de veines d'un rouge plus foncé ; étamines plus courtes
que les pétales ; capsule oblongue, à 4 valves, dépassant le
calice ; graines noires, subréniformes, finement striées-chagrinées. ① (Juillet, août).

Les terres légères ou sablonneuses, le bord des étangs : Salins, les
champs entre le village de Vaugrenans et le bois de Bagney ; aux environs de Poligny ; de Sellières, au bord des étangs de Chavanne, de
Lombard, etc. ; au bord de l'étang de Vaudrey ; entre Dole et le village
de la Loye ; aux environs de Besançon. — Genève, au bord du Rhône,
sous Aïre et à Penex, près de Vernier (Reut.). — Nyon, autour de
Calève (Gaud.). — Bâle (Hagenb.).

§ 2. *Calice muni de 4 écailles à la base.* —
Petrorhagia. Ser.

3. G. saxifrage. — *G. saxifraga.*

Linn. Sp. 584. — Ser. in DC. Prod. 1. p. 354. et Fl. fr. n.
4304. — Duby, Bot. gall. p. 71. — Gaud. Fl. helv. 3. p.
139. — *Dianthus filiformis.* Poir. Ency. 4. p. 525. —
Tunica saxifraga. Koch. Syn. p. 95.

Barr. ic. fig. 998. — J. Bauh. Hist. 3. p. 2. p. 537. fig. 2.
— Dalech. Hist. p. 1115. fig. 1. (*mala*). — Lob. ic. p.
428. fig. 2.

Racine dure, un peu épaisse, presque ligneuse, produisant un grand nombre de tiges grêles, dures, un peu raides, inclinées, diffuses, rameuses au sommet, hautes de 16—32 centim.; feuilles raides, linéaires-subulées, dressées, finement dentelées-ciliées, opposées et connées à la base, formant une gaîne courte, membraneuse; fleurs rougeâtres, axilaires et terminales, solitaires, écartées, formant une panicule lâche; calice en cloche, à 5 lobes ovales, obtus, membraneux, blanchâtres, marqués sur le dos d'une raie verte traversée par la nervure longitudinale blanchâtre, muni à la base de 4 écailles ovales, aiguës, membraneuses, plus courtes que lui, à nervure dorsale verdâtre; pétales échancrés au sommet, plus longs que le calice et les étamines; capsule ovoïde, un peu plus longue que le calice, s'ouvrant au sommet par 4 valves; graines noires, peltées, convexes-concaves, carénées en dessous, striées-chagrinées. ♃ (Juillet, août).

Les lieux secs, arides ou sablonneux : Genève, sur les Tranchées et à Plain-Palais, abondamment. — Nyon, partout au bord du lac (Gaud.). — Rare aux environs de Bâle (Hagenb.).

2. OEILLET. — *DIANTHUS*. Linn.

Calice tubuleux à 5 dents, muni à la base de 2—4 écailles opposées; pétales 5, longuement onguiculés, à limbe denté ou frangé; étamines 10; styles 2; capsule uniloculaire, cylindrique, recouverte par le calice, s'ouvrant au sommet par 4 valves; graines peltées, convexes-concaves, carénées en dessous.

§ 1. *Fleurs agrégées, en tête ou en corymbe.* —
Armeriastrum. Ser.

* *Écailles du calice ovales, obtuses.*

1. Œ. prolifère. — *D. prolifer.*

Linn. Sp. 587. — Ser. in DC. Prod. 1. p. 355. et Fl. fr. n.
4315. — Duby, Bot. gall. p. 72. — Gaud. Fl. helv. 5. p.
149. — Poir. Ency. 4. p. 516. — Koch. Syn. p. 94.
J. Bauh. Hist. 5. p. 2. p. 555. fig. 1. — Lob. ic. p. 449.
fig. 1.

Racine grêle, fusiforme, blanchâtre; tige dressée, simple
ou rameuse, glabre, un peu anguleuse, presque tétragone,
de grandeur variable, ordinairement haute de 2—4 décim.,
à rameaux dressés; feuilles glabres, linéaires, aiguës, finement dentelées; fleurs petites, sessiles, réunies en tête serrée, entourées par les écailles de l'involucre ou bractées
scarieuses, elliptiques, au nombre de 6, les intérieures très
obtuses, dépassant le calice, les 2 extérieures de moitié plus
courtes, mucronées; écailles calicinales semblables, enveloppant le calice; corolle petite, d'un rouge pâle, à pétales
échancrés, non dentelés; capsule ovoïde, finement ponctuée; graines striées-chagrinées, à la loupe. ⊙ (Juin—août).

Sur les collines, dans les lieux secs et arides et au bord des champs :
aux environs de Salins; de Nyon; de Montchérand; de Gorgier; de
Grandson; de Neuchâtel; de Genève; de Bâle, etc., etc.

β. *Uniflorus.* Gaud. Fl. helv. 5. 1. c. — *D. prolifer.* β.
diminutus. Ser. in DC. Prod. 1. 1. c. — *D. diminutus.*
Linn. Sp. 587. — Tabern. ic. p. 290. fig. 1. — Tige moins
élevée : involucre à une seule fleur.

Salins, sur Arèle, Belin, etc. — Neuchâtel (Chaillet). — Nyon
(Gaud.).

** *Écailles du calice lancéolées, aiguës; calice strié, velu.*

2. Œ. velu. — *D. armeria.*

Linn. Sp. 186. — Ser. in DC. Prod. 1. p. 355. et Fl. fr. n.
4314. — Duby, Bot. gall. p. 72. — Gaud. Fl. helv. 3.
p. 148. — Poir. Ency. 4. p. 516. — Koch. Syn. p. 94.
Moris. sect. 5. tab. 25. fig. 20. — J. Bauh. Hist. 3. p. 2. p.
355. fig. 2. — Dalech. Hist. p. 810. fig. 2. — Lob. ic. p.
448. fig. 2.

Racine grêle; tige dressée, rameuse, pubescente, un peu
tétragone à sa partie supérieure, feuillée, à rameaux un peu
raides, dressés, haute de 3—5 décim.; feuilles linéaires-
lancéolées, un peu obtuses, velues, connées à la base, à gaîne
courte; fleurs rouges, ponctuées de blanc, réunies en 3—4
faisceaux sessiles ou courtement pédicellés; bractées appliquées, linéaires-subulées, dépassant presque les fleurs; calice grêle, allongé, pubescent, strié, d'un vert pâle, à 5
dents lancéolées, aiguës; écailles calicinales velues, lancéolées-linéaires, subulées, égalant ou dépassant peu le tube du
calice; pétales obovales, irrégulièrement dentés; anthères
bleues; capsule cylindrique, s'ouvrant en 4 valves; graines
brunâtres, chagrinées. ♊ (Juillet, août).

Çà et là, dans les lieux incultes, le long des chemins, parmi les buissons et au bord des bois : Salins, sur Arêle; Belin; Poupet; Château, etc.; aux environs de Mont-sous-Vaudrey; de Sellières; de Besançon, sur Montfaucon. — De Nyon (Gaud.). — De Genève (Reut.)
— De Bâle (Hagenb.), etc.

*** *Écailles du calice ovales-subulées; calice glabre, à peine strié.*

3. Œ. barbu. — *D. barbatus.*

Linn. Sp. 886. — Ser. in DC. Prod. 1. p. 335. et Fl. fr. n.
4309. — Duby, Bot. gall. p. 72. — Gaud. Fl. helv. 3. p.
149. (*in Obs.*). — Poir. Ency. 4. p. 514. — Koch. Syn.
p. 95.

Moris. sect. 5 tab. 25. fig. 18. et 19. — J. Bauh. Hist. 3. p.
2. p. 533. fig. 1. — Clus. Hist. 1. p. 287. fig. 1. (*ic.
Dod.*). — Tabern. ic. p. 285. fig. 1. — Dalech. Hist. p.
810. fig. 1. — Dod. pempt. p. 776. fig. 2. — Lob. ic. p.
448. fig. 1. (*ead.*).

Racine produisant plusieurs tiges dressées ou ascendantes
à la base, hautes de 3—4 décim., garnies de feuilles rapprochées, glabres, lancéolées, aiguës, d'un vert foncé, à 3 nervures principales, dentelées-rudes sur les bords; fleurs fasciculées, en tête terminale très dense, entourée de bractées
linéaires-lancéolées, très aiguës, étalées-réfléchies, hérissée
par les pointes des écailles ovales-subulées de la base du calice, qui, se prolongeant jusqu'au sommet du tube, rendent
la tête de fleurs barbue; pétales à lame courte, élargie,
cunéiforme, dentelée, de couleur blanche, rosée, rouge ou
panachée. ♃ (Juillet, août). Vulg. *OEillet de poète.*

Cet œillet, que l'on trouve dans les lieux secs et stériles des provinces
méridionales, est cultivé dans la plupart des jardins comme fleur d'ornement : Gaudin l'a trouvé, une seule fois, dans le milieu du bois
Bougis, près de Nyon.

4. OE. des chartreux. — *D. carthusianorum.*

Linn. Sp. 586. — Ser. in DC. Prod. 1. p. 356. et Fl. fr. n.
4311. — Duby, Bot. gall. p. 72. — Gaud. Fl. helv. 3. p.
144. — Poir. Ency. 4. p. 515. — Koch. Syn. p. 95.
J. Saint-Hil. Pl. fr. tab. 496. — Tabern. ic. p. 287. fig. 2.
— Dalech. Hist. p. 807. fig. 2. et p. 808. fig. 2. — Dod.
pempt. p. 176. fig. 1. (*ead.*). — Lob. ic. p. 446. fig. 2.
(*ead.*).

Racine grêle, dure, presque ligneuse; tige également
grêle, dressée ou ascendante à la base, glabre, presque cylindrique, haute de 3—4 décim.; feuilles un peu glauques,
linéaires, aiguës, étroites, à 3 nervures, un peu rudes sur
les bords, souvent plus courtes que les entre-nœuds, connées
à la base et formant une gaîne dépassant en longueur 4 fois
la largeur de la feuille; fleurs réunies en tête terminale, au

nombre de 3—5, munies de bractées oblongues, scarieuses, terminées par une arète subulée, plus courte que le calice ou presque aussi longue ; écailles calicinales obovales, larges, d'un brun ferrugineux, ainsi que les bractées, brusquement subulées, dépassant la moitié du calice également d'un brun ferrugineux à sa partie supérieure ; pétales d'un rouge foncé, cunéiformes, irrégulièrement dentés, un peu barbus à la gorge ; anthères bleues ; capsule presque cylindrique, s'ouvrant au sommet en 4 valves ; graines noires, légèrement chagrinées. ♃ (Juin—août).

Sur les coteaux, dans les prés secs, le long des chemins, au bord des champs et des bois.

β. *Albiflorus*. Hagenb. Fl. basil. 1. p. 595. — Fleurs blanches.

Aux environs de Bâle (Hagenb.).

γ. *Multiflorus*. Hagenb. Fl. basil. 1. l. c. — Tige un peu plus robuste et plus élevée, terminée par une tête de 7—9 fleurs serrées. *An D. atrorubens*. All.?

§ 2. *Fleurs solitaires ou paniculées.* — Caryophyllum. Ser.

* *Pétales dentés.*

5. Œ. de la Chine. — *D. Chinensis.*

Linn. Sp. 588. — Ser. in DC. Prod. 1. p. 559. — Poir.
  Ency. 4. p. 520. — Mill. Dict. 3. p. 45.
J. Saint-Hil. Pl. Fr. tab. 276.

Tige rameuse, dressée, cylindrique, haute d'environ 5 décim. ; feuilles connées à la base et formant une gaîne très courte, linéaires-lancéolées, aiguës, glabres, entières ; fleurs solitaires à l'extrémité de la tige et des rameaux, formant une sorte de panicule lâche ; écailles calicinales inégales, linéaires-subulées, étalées, foliacées, de la longueur du calice ; fleurs simples ou doubles, à pétales irrégulièrement dentés, d'un violet clair, ou d'un rouge vif ou pourpre velouté, tachés, panachés ou bordés de blanc. ♃ (Juillet—septembre).

Cette plante, originaire de la Chine, d'où elle a été apportée en 1703, est cultivée dans beaucoup de jardins, pour la beauté de ses fleurs et la richesse de ses nuances.

6. ŒE. giroflée. — *D. caryophyllus.*

Linn. Sp. 587. — Ser. in DC. Prod. 1. p. 359. et Fl. fr. n. 4316. — Duby, Bot. gall. p. 75. — Gaud. Fl. helv. 3. p. 150. — Poir. Ency. 4. p. 517. — Koch. Syn. p. 97.

J. Saint-Hil. Pl. fr. tab. 494. — J. Bauh. Hist. 3. p. 2. p. 327. fig. 1. 2. et 3. — Tabern. ic. p. 282. fig. 1. 2. et p. 283. 284. fig. 1.— Clus. Hist. 1. p. 286. fig. 1. (*ic. Dod.*). — Dalech. Hist. p. 807. fig. 1. — Dod. pempt. p. 174. fig. 1. 2. et 3. — Lob. ic. p. 140. fig. 2. et p. 441. fig. 2.

Racine dure, presque ligneuse; tiges dressées ou ascendantes à la base, cylindriques, hautes de 3—4 décimètres, noueuses, rameuses, glabres, presque paniculées au sommet; feuilles glauques, linéaires, très aiguës, rudes sur les bords, pliées en gouttière, réunies à la base en gaîne courte : les radicales plus longues, les caulinaires allant en diminuant de longueur vers le sommet de la tige; fleurs grandes, odorantes, solitaires à l'extrémité de la tige et des rameaux, d'un rouge plus ou moins vif, roses, blanches, nuancées ou panachées de diverses manières dans les variétés cultivées; écailles calicinales appliquées, largement ovales, presque rhomboïdales, mucronées, 4 fois plus courtes que le tube du calice; pétales obovales-cunéiformes, glabres, non barbus, inégalement dentés. ♃ (Juillet, août).

Cette plante indigène des provinces méridionales de la France, est généralement cultivée : les amateurs en ont obtenu de nombreuses variétés, à fleurs doubles, qui sont au nombre des plus belles de nos parterres. — Les pétales de l'œillet des fleuristes passent pour sudorifiques, toniques : on les prend en infusion ou mieux en sirop. Les confiseurs en font un ratafia qui, dit-on, fortifie l'estomac.

7. Œ. sauvage. — *D. sylvestris.*

Wulf. in Jacq. coll. p. 237. — Ser. in DC. Prod. 1. p. 359.
et Fl. fr. n. 4517. — Duby, Bot. gall. p. 75. — Gaud.
Fl. helv. 5. p. 152. — Koch. Syn. p. 97. — *D. caryo-*
phyllus. ε. Linn. Sp. 588. — *D. virgineus.* Poir. Ency.
4. p. 525.
Tabern. ic. p. 283. fig. 2.

Racine dure, presque ligneuse, brunâtre, souvent un peu
rameuse, produisant plusieurs tiges glabres, dressées ou ascendantes, grêles, simples ou divisées au sommet en 2—3
rameaux uniflores, hautes de 2—5 décim. et quelquefois davantage ; feuilles d'un vert un peu glauque, linéaires-subulées, pliées en gouttière, ordinairement un peu rudes sur les
bords : les radicales un peu plus longues, fasciculées-gazon-
nantes, les caulinaires allant en diminuant de longueur vers
le sommet de la tige, réunies à la base en gaîne courte ;
fleurs grandes, solitaires, terminales ou axilaires, au nombre
de 1—5, d'un rouge pâle ou couleur de chair, d'une odeur
douce, très agréable, mais qui n'est pas la même que dans
l'espèce précédente ; calice cylindrique, allongé, tubuleux,
glabre, lisse, strié au sommet, à 5 dents larges, ovales, obtuses
ou un peu aiguës ; écailles calicinales appliquées, 4 fois plus
courtes que le tube, les 2 intérieures larges, tronquées-
mucronées, les 2 extérieures moins larges, ovales-acuminées, souvent situées sur le pédoncule, un peu au-dessous
des 2 autres ; pétales larges, obovales, irrégulièrement
dentés, glabres, d'une couleur un peu livide à la base et non
barbu, à onglet plus long que le tube du calice ; anthères
d'un bleu grisâtre. ♃ (Juillet—septembre).

Commun dans les lieux secs et arides, parmi les rochers des hautes
et des basses montagnes du Jura : aux environs de Salins ; d'Arbois ;
de Poligny ; de Lons-le-Saunier ; de Besançon, etc. Sur la Dôle ; la
chaîne du Colombier ; le Salève ; le Creux-du-Vent ; le Mont-d'Or ; au
Locle, à Roche-Fendue ; sur la montagne de la Tourne ; aux environs
de Bâle, etc.

β. *Uniflorus*. Gaud. Fl. helv. 3. l. c. — Tiges simples, uniflores, ordinairement plus courtes ; feuilles radicales gazonnantes.

Avec la var. α. : Salins, sur les rochers au-dessus de Goaille, à fleur blanche.

γ. *Multiflorus*. Tiges raides, plus épaisses et plus élevées, hautes de 3—4 décim., rameuses au sommet, portant 5—12 fleurs ; feuilles plus allongées.

Salins, sur les rochers au-dessus d'Arèle.

δ. *Imbricatus*. Gaud. Fl. helv. 3. l. c. var. γ. — Pédoncule recouvert, au-dessous de la fleur, d'écailles embriquées.

Neuchâtel (Chaillet).

8. Œ. delthoïde. — *D. delthoïdes.*

Linn. Sp. 588. — Ser. in DC. Prod. 1. p. 561. et Fl. fr. n. 4322. — Duby, Bot. gall. p. 73. — Gaud. Fl. helv. 3. p. 153. — Poir. Ency. 4. p. 519. — Koch. Syn. p. 97.

J. Saint-Hil. Pl. fr. tab. 495. — J. Bauh. Hist. 3. p. 2. p. 529. fig. 4. — Clus. Hist. 1. p. 285. fig. 1. — Lob. ic. p. 444. fig. 1.

Racine allongée, dure, gazonnante, produisant plusieurs tiges, les unes stériles et couchées, les autres faibles, grêles, presque cylindriques, ascendantes, rameuses souvent même dès la base, légèrement pubescentes, ainsi que les feuilles ; celles-ci sont rudes sur les bords et la nervure dorsale : les inférieures courtes, rapprochées, linéaires-oblongues, obtuses, un peu rétrécies à la base : les caulinaires plus longues, plus étroites, linéaires-lancéolées, réunies à la base en une gaîne courte ; fleurs petites, roses ou rouges, rarement blanches, ponctuées de blanc à la base, à gorge glabre, portées sur des pédoncules terminaux ou latéraux, uniflores, formant une sorte de panicule peu garnie ; calice légèrement pubescent, strié, à dents lancéolées, aiguës, muni à la base de 2 écailles oblongues ou ovales-elliptiques, subulées, de moitié plus courtes que le tube ; pétales oblongs un peu écartés, inégalement dentés, à onglet à peine de la longueur du tube du calice. ♃ (Juin—août).

Les prés et les pâturages secs, le bord des bois : sur les montagnes découvertes (Girod-Chant.). — Les environs de Montbéliard (J. Bauh.). — Bâle, en sortant de la porte Saint-Jean (Cherler), où elle ne se trouve plus (Hagenb.).

9. Œ. bleuâtre — *D. cæsius.*

Smith. Act. soc. Linn. Lond. 2. p. 302. — Ser. in DC. Prod. 1. p. 362. et Fl. fr. n. 4326. — Duby, Bot. gall. p. 73. — Gaud. Fl. helv. 2. p. 158. — Poir. Ency. supp. 4. p. 151. — Koch. Syn. p. 98. — *D. virgineus. var. β.* Linn. Sp. 590.

Racine grêle, allongée, gazonnante, produisant plusieurs tiges couchées à la base, ascendantes, dressées à l'époque de la fleuraison, feuillées, légèrement tétragones, simples, à 1—2 fleurs, hautes de 15—20 centim.; feuilles d'un vert glauque, ainsi que les tiges, linéaires-lancéolées, presque obtuses, rudes sur les bords : les inférieures rapprochées, étalées : les supérieures écartées, plus courtes que les entrenœuds ; fleurs grandes, odorantes, solitaires, d'un rose foncé légèrement bleuâtre ; écailles calicinales appliquées, 3—4 fois plus courtes que le tube, largement ovales, mucronées, les 2 extérieures un peu plus étroites, ovales-lancéolées, acuminées ; calice cylindrique, strié, purpurescent, à dents aiguës, triangulaires ; pétales larges, obovales-cunéiformes, barbus à la base, plus ou moins profondément et irrégulièrement dentés, ou simplement crénelés ; anthères purpurines. ♃ (Juin—août).

Les lieux arides, parmi les rochers : Salins, au pied des rochers de Belin, au-dessus des vignes, près de l'Ermitage ; sur les rochers, à Château, et à la source de la Cuisance, près d'Arbois ; à la source du Lison, à Nans, en montant au Creux-Billard ; sur la Dôle ; le Chasseron ; le Suchet ; le Reculet. — Autour de Neuchâtel et de Vallangin ; aux Planchettes (Gaud.). — Près de Ballstal, à la cascade ; près d'Aristorf et sur les murs du château de Birsec (Hagenb.).

β. *Montanus.* **D. cœsius. H. montanus.** Gaud. Fl. helv. 5. l. c. — Tige très simple, raide, uniflore, longue à peine de 15 cent. ; feuilles raides, plus courtes, les radicales en rosette courte, formant des gazons serrés.

Sur le Suchet ; le Chasseron ; le Thoiry.

γ. *Nanus.* **D. cœsius. H. montanus. var. β. nanus.** Gaud. Fl. helv. 5. l. c. — **D. cœspitosus.** Poir. Ency. 4. p. 525. — Tige à peine de la longueur du doigt; fleurs plus petites.

Sur le Reculet et le Chasseron, avec la variété précédente.

** *Pétales découpés en lanières fines.*

10. Œ. mignardise. — *D. plumarius.*

Linn. Sp. 589. — Ser. in DC. Prod. 1. p. 363. var. β. et Fl. fr. n. 4525. — Duby, Bot. gall. p. 75. — Gaud. Syn. p. 557. — Koch. Syn. p. 98. — **D. moschatus.** Poir. Ency. 4. p. 521.

J. Bauh. Hist. 5. p. 2. p. 332. fig. 2. — Clus. Hist. 1. p. 284. fig. 1. (*ead.*). — Dod. pempt. p. 174. fig. 4. — Lob. ic. p. 450. fig. 1. (*ic. Bauh.*).

Racine dure, vivace, produisant un grand nombre de tiges hautes de 10—16 centim., divisées en 2—3 rameaux uniflores, étalées, ascendantes, d'un vert glauque, ainsi que les feuilles ; celles-ci sont linéaires-subulées, rudes sur les bords : les radicales nombreuses, rapprochées, formant des gazons très fournis ; fleurs d'un rose pâle, avec une couronne d'un rouge plus foncé à la gorge, exhalant une odeur musquée très agréable, à pétales un peu barbus à la base, à limbe très finement incisé-digité ; écailles du calice ovales-arrondies, mucronées, 4 fois plus courtes que le tube. ♃ (Mai, juin).

Cette espèce, que l'on dit originaire des contrées méridionales de l'Europe, est cultivée en bordure dans beaucoup de jardins, à fleurs simples ou doubles, sous le nom de *Mignardise.*

11. Œ. de Montpellier. — *D. Monspessulanus.*

Linn. Sp. 588. — Ser. in DC. Prod. 1. p. 564. et Fl. fr. n.
4524. — Duby, Bot. gall. p. 74. — Gaud. Fl. helv. 5.
p. 155. — Poir. Ency. 4. p. 520. — Koch. Syn. p. 99.

Tige grêle, cylindrique, raide, noueuse, ascendante,
presque dressée, terminée par 1—5 fleurs, haute de 15—25
centim.; feuilles étroites, allongées, linéaires-lancéolées,
acuminées, rétrécies à la base, à 5 nervures, rudes sur les
bords, réunies à la base en gaîne courte, un peu renflée :
les supérieures et les inférieures plus courtes; fleurs assez
grandes, d'un rouge pâle ou couleur de chair, quelquefois
blanches, glabres à la gorge, à pétales larges, cunéiformes,
divisés jusqu'au milieu en lanières étroites, digitées-multi-
fides; tube du calice allongé, souvent purpurescent, strié,
à 5 dents lancéolées, aiguës; écailles calicinales 4, de moitié
plus courtes que le tube, ovales-acuminées-subulées, à
pointe herbacée, les 2 intérieures plus larges. ♃ (Juillet—
septembre).

Çà et là, sur toute la chaîne du Colombier, entre la Faucille et le
Reculet : on le trouve déjà abondamment au-dessus de la Faucille, avant
le premier chalet.

12. Œ. superbe. — *D. superbus.*

Linn. Sp. 589. — Ser. in DC. Prod. 1. p. 565. et DC. Fl. fr.
n. 4525. — Duby, Bot. gall. p. 74. — Gaud. Fl. helv. 5.
p. 154. — Poir. Ency. 4. p. 520. — Koch. Syn. p. 98.
J. Bauh. Hist. 5. p. 2. p. 331. fig. 1. — Clus. Hist. 1. p. 284.
fig. 2. (*ic. Dod.*). — Tabern. ic. p. 286. fig. 2. et p. 287.
fig. 1. — Dod. pempt. p. 175. fig. 1.

Racine grêle, vivace, donnant naissance à une ou plusieurs
tiges un peu couchées à la base, ascendantes, dressées,
fermes, hautes de 5—5 décim., feuillées, rameuses-dichotomes au sommet, rarement simples, presque paniculées;
feuilles linéaires-lancéolées, acuminées : les inférieures

presque obtuses, un peu rudes sur les bords, à 5 nervures,
plus larges que dans les autres espèces de cette section, un peu
rétrécies à la base et réunies en gaîne courte ; fleurs grandes,
très élégantes, odorantes, d'un rouge pâle, rosé ou lilas,
rarement blanches ; pétales rétrécis en coin à la base, à onglet plus long que le calice, divisés jusqu'au-delà du milieu
en lanières étroites, irrégulièrement pinnatifides, garnis à
la gorge de longs poils un peu violâtres qui les rendent
barbus ; calice allongé, cylindrique, strié, un peu resserré
au sommet, souvent purpurescent, à 5 dents lancéolées, aiguës ; écailles calicinales appliquées, ovales-mucronées, 3
fois plus courtes que le tube, souvent accompagnées au-dessous de 1—5 paires d'autres écailles plus petites, écartées,
lancéolées, garnissant la partie supérieure du pédoncule. ②
et ♃ (Juillet—septembre).

Les buissons, le bord des bois montueux : assez commune aux environs de Salins. — Yverdon, près de Mathod ; entre Neuchâtel et Valangin ; Nyon, entre Calève et les marais de Duilliers ; dans les bois
entre Versoix et Ferney ; entre Longirod et Burtigny, abondamment
(Gaud.). — Genève, au bois de la Bâtie ; du Vangeron ; des Frères
(Reut.). — Aux environs de Bâle (Hagenb.).

5. SAPONAIRE. — *SAPONARIA*. Linn.

Calice tubuleux ou conique, à 5 dents, sans écailles à la
base ; pétales 5, rétrécis en onglet égalant la longueur du
calice ; étamines 10 ; styles 2 ; capsule uniloculaire, s'ouvrant au sommet en 4 dents ; graines globuleuses-réniformes.

§ 1. *Calice anguleux ; fleurs en corymbe lâche.* —
Vaccaria. DC.

1. S. des vaches. — *S. vaccaria.*

Linn. Sp. 585. — Ser. in DC. Prod. 1. p. 365. et Fl. fr. n.
4506. — Duby, Bot. gall. p. 74. — Gaud. Fl. helv. 3. p.
111. — Poir. Ency. 6. p. 526. — Koch. Syn. p. 99.

Moris. sect. 5. tab. 21. fig. 27. — J. Bauh. Hist. 5. p. 2.
p. 357. fig. 2. — Tabern. ic. p. 866. fig. 2. — Dalech.
Hist. p. 500. fig. 1. et p. 515. fig. 1-2. — Dod. pempt. p.
104. fig. 2. — Lob. ic. p. 352. fig. 2.

Racine fusiforme, blanchâtre, simple ou divisée; tige
dressée, cylindrique, lisse, glabre, rameuse-dichotome au
sommet, feuillée, haute de 3—5 décim.; feuilles glabres,
d'un vert glauque, ovales-lancéolées, aiguës, embrassantes,
diminuant de grandeur vers le sommet de la plante; fleurs
rougeâtres ou rosées, rarement blanches, petites, formant
une sorte de panicule ou de corymbe, portées sur des pédoncules munis à la base de petites bractées scarieuses, lancéolées, aiguës; calice pyramidal, à 5 angles ailés, verdâtres,
renflé à l'époque de la fructification, à 5 dents triangulaires
aiguës; pétales dépassant peu le calice, échancrés au sommet, munis à la base d'une écaille bifide; capsule ovoïde-
arrondie, obtuse, lisse, recouverte par le calice persistant;
graines anguleuses, d'un brun foncé. ♃ (Juin, juillet).

Çà et là, dans les champs: aux environs de Salins; d'Arbois; de
Cramans; de Villers-Farlay; de Mont-sous-Vaudrey; de Sellières; de
Chavanne; de Pontarlier; de Besançon; de Genève; d'Orbe; de Nyon;
de Bâle, etc.

β. *Gracilis*. Tige simple, grêle, haute de 10—15 centim., à 1—2 fleurs, garnie de feuilles linéaires-lancéolées.

Salins, au pied de Poupet, dans les champs de Pré-Rond.

§ 2. *Calice cylindrique; fleurs fasciculées-corymbiformes.*
— Bootia. Necker.

2. S. officinale. — *S. officinalis.*

Linn. Sp. 584. — Ser. in DC. Prod. 1. p. 365. et Fl. fr. n.
4306. — Duby, Bot. gall. p. 74. — Gaud. Fl. helv. 3. p.
140. — Poir. Ency. 6. p. 525. — Koch. Syn. p. 99.

J. Saint-Hil. Pl. fr. tab. 355. — Bull. Herb. tab. 257. —
Lam. illust. tab. 376. fig. 1. — Chaum. Fl. méd. tab. 311.
— Moris. sect. 5. tab. 22. fig. 52. — J. Bauh. Hist. 5. p.

2. p. 346. fig. 1. — Tabern. ic. p. 738. fig. 1. — Dalech.
Hist. p. 822. fig. 1. et p. 823. fig. 1.(*ic. Bauh.*). — Dod.
pempt. p. 179. fig. 1. — Lob. ic. p. 514. fig. 2.

Racine dure, rampante, stolonifère, blanchâtre; tiges
dressées, hautes de 4—6 décim., cylindriques, noueuses,
rameuses au sommet; feuilles glabres, oblongues-lancéolées,
aiguës, rétrécies dans le bas, sessiles, opposées, réunies à la
base, à 3 nervures conniventes, fermes, un peu rudes sur
les bords; fleurs grandes, rougeâtres ou couleur de chair,
fasciculées-corymbiformes au sommet de la tige et des rameaux, et formant une sorte de panicule, portées sur des
pédoncules courts, munis à la base de bractées lancéolées-
acuminées; calice cylindrique, tronqué à la base, glabre ou
pubescent, à 5 dents irrégulières, un peu aiguës; pétales
obovales-cunéiformes, légèrement échancrés au sommet,
munis à la gorge d'une écaille bifide, à lobes aigus, rétrécis
en onglet allongé, filiforme; capsule oblongue, s'ouvrant
en 4 dents au sommet; graines noires, réniformes, chagrinées. ♃ (Juillet—septembre).

Commune le long des haies et des chemins, au bord des champs. —
Cette plante est amère : son suc et ses sommités fleuries sont apéritifs,
sudorifiques, dépuratifs. La décoction de sa racine peut remplacer le
savon.

3. S. faux-basilic. — *S. ocymoïdes.*

Linn. Sp. 585. — Ser. in DC. Prod. 1. p. 365. et Fl. fr.
n. 4507. — Duby, Bot. gall. p. 74. — Gaud. Fl. helv.
3. p. 142. — Poir. Ency. 6. p. 527. — Koch. Syn. p. 99.
J. Saint-Hil. Pl. fr. tab. 534. — Moris. sect. 5. tab. 21. fig.
58.— J. Bauh. Hist. 3. p. 2. p. 544. fig. 2.—Dalech. Hist.
p. 1429. fig. 2. — Lob. ic. p. 541. fig. 2.

Racine ligneuse, gazonnante, rameuse, produisant un
grand nombre de tiges couchées, diffuses, tortueuses, très
rameuses : les florifères ascendantes, feuillées, velues,
hautes de 16—24 centim., divisées en rameaux dichotomes;
feuilles petites, opposées, pubescentes, ciliées, ovales-lan-

écolées ou elliptiques, marquées de 3 nervures à la base, un peu visqueuses : les inférieures obovales-oblongues, rétrécies en pétiole; fleurs nombreuses, purpurines, fasciculées à l'extrémité de la tige et des rameaux, et formant une panicule corymbiforme-dichotome, portées sur des pédoncules à peu près de la longueur du calice, munis de petites bractées lancéolées; calice rougeâtre, cylindrique, tronqué à la base, à 5 dents courtes, hérissé, ainsi que le pédoncule, de poils glanduleux qui les rendent très velus; pétales obovales, entiers ou à peine échancrés, à onglet un peu plus long que le calice, munis d'écailles à la gorge; capsule oblongue; graines arrondies, réniformes, chagrinées. ♃ (Mai—août).

Les collines et les lieux arides et pierreux : Champagnole, dans un pâturage au-delà d'un petit bois de sapins, à gauche de la promenade; près des Erboux, au-dessus du village des Planches; à Noiraigne, au pied du Creux-du-Vent; le long de la route, au bord du bois, entre les villages de Thoirette et d'Anchay. — Sur la roche du Mont, près d'Ornans, abondamment (Girod-Chant.). — Genève, à Sous-Terre, au bois de la Bâtie et à Salève (Reut.). — Aux environs de Nyon et de Monchérand, au-dessus d'Orbe (Gaud.). — Aux environs de Bâle (Hagenb.).

4. CUCUBALE. — *CUCUBALUS*. Gaertn.

Calice nu, en cloche, à 5 dents; pétales 5, bifides, onguiculés; étamines 10; styles 3; baie charnue, uniloculaire, renfermant plusieurs graines réniformes.

1. C. baccifère. — *C. bacciferus.*

Linn. Sp. 591. — Ser. in DC. Prod. 1. p. 367. et Fl. fr. n. 4361. — Duby, Bot. gall. p. 75. — Gaud. Fl. helv. 3. p. 162. — Lam. Ency. 2. p. 220. — Koch. Syn. p. 100.

Lam. illust. tab. 377. fig. 1. (*flos et fructus*). — Moris. sect. 1. tab. 1. fig. 7. — J. Bauh. Hist. 2. p. 175. fig. 1. — Clus. Hist. 2. p. 183. fig. 2. — Dalech. Hist. p. 1429. fig. 1. — Dod. pempt. p. 403 fig. 1. (*ead.*). — Lob. ic. p. 265. fig. 2. (*ead.*).

Racine rampante ; tiges hautes de 6—12 décim. , faibles, diffuses, pubescentes , très rameuses, à rameaux opposés, étalés presque à angle droit, également rameux ; feuilles d'un vert gai , ovales-acuminées, un peu pubescentes, rudes sur les bords , presque ciliées, courtement pétiolées ; fleurs d'un blanc verdâtre , solitaires , terminales et axilaires, penchées pendant la fleuraison et redressées ensuite ; calice vert , court, en cloche , à 5 lobes ovales, aigus, réfléchis; pétales écartés , en coin à la base , dentés-laciniés au sommet, munis à la gorge d'une écaille à 3—4 dents , à onglet linéaire , plus court que le calice ; baie globuleuse , noire, luisante , pédicellée , renfermant plusieurs graines noires, réniformes , luisantes. ♃ (Juillet, août).

Les lieux couverts , les haies et les buissons : aux environs d'Arbois, à la Grange-Coton , à la Grange-Grillard , près du marais de Vaucy; Genève , dans les haies , près de Chêne. — Dans les haies et buissons, aux Pâquis, le long de la route : sur Saint-Jean, autour des jardins ; au bord du Rhône , près de Vernier , etc. (Reut.).

5. SILÈNE. — *SILENE*. Linn.

Calice nu , tubuleux ou ovoïde , à 5 dents ; pétales 5, onguiculés, ordinairement bifides et munis de 2 écailles à la gorge ; étamines 10 ; styles 3 ; capsule divisée à sa base en 5 loges et au sommet en 6 valves ; graines réniformes.

§ 1. *Fleurs axilaires sur les rameaux et formant des grappes lâches , terminales.* — Viscago. Koch.

1. S. de France. — *S. Gallica.*

Linn. Sp. 595. — Otth, in DC. Prod. 1. p. 371. et Fl. fr. n. 4352. — Duby, Bot. gall. p. 76.— Gaud. Fl. helv. 3. p. 176. — Poir. Ency. 7. p. 159. — Koch. Syn. p. 100. var. *α.*

Vaill. Bot. par. tab. 16. fig. 12.

Racine dure , blanchâtre , simple ou rameuse ; tige dressée , rameuse , velue , feuillée , haute de 2—3 décim. , à

rameaux grêles, dressés ; feuilles oblongues, un peu spatulées, velues, obtuses, mucronées ou un peu aiguës : les inférieures rétrécies en un court pétiole, souvent obtuses : les
florales petites, lancéolées-linéaires; fleurs petites, axilaires
et terminales, solitaires, portées sur des pédoncules courts,
dressés, disposées en grappes unilatérales, lâches, allongées, visqueuses; calice hispide, tubuleux, puis ovoïde, à
10 nervures verdâtres, à 5 dents linéaires, aiguës, un peu
élargies à la base ; pétales petits, obovales, blanchâtres ou
roses, entiers, non tachés, dentelés ou légèrement échancrés, munis à la base d'écailles bifides; capsule ovoïde,
s'ouvrant au sommet en 6 valves ; graines d'un brun foncé,
réniformes, chagrinées, à contour et faces aplanies marquées
d'un sillon en forme de lunule ! ♃ (Juin, juillet).

Les champs graveleux ou sablonneux, parmi la moisson : Salins, à
Villers-Farlay ; Arbois, à la Villette et à la Grange-Fontaine.

§ 2. *Pédoncules ou rameaux verticellés, ou formant une
grappe paniculée; tige visqueuse.* — Otites. Koch.

2. S. à petites fleurs. — *S. otites.*

Smith. Fl. brit. p. 469. — Otth, in DC. Prod. 1. p. 369. et
Fl. fr. n. 4541. — Duby, Bot. gall. p. 75. — Gaud. Fl. helv.
3. p. 165. — Lam. Ency. 2. p. 222. — Koch. Syn. p. 102.
— *Cucubalus otites.* Linn. Sp. 594.
Moris. sect. 5. tab. 20. fig. 5. — J. Bauh. Hist. 3. p. 2. p.
350. fig. 2. — Clus. Hist. 1. p. 295. fig. 1. — Tabern.
ic. p. 820. fig. 2. — Lob. ic. p. 455. fig. 2.

Racine dure, blanchâtre, peu rameuse; tige dressée,
ordinairement simple, quelquefois un peu rameuse, feuillée,
cylindrique, visqueuse au sommet, haute de 2—4 décim. ;
feuilles inférieures nombreuses, un peu épaisses, obovales-
spatulées : les caulinaires écartées, plus petites, moins longues que les entre-nœuds, oblancéolées, sessiles, opposées,
rétrécies et connées à la base, toutes recouvertes, ainsi que
la tige, de poils courts, très rapprochés, qui les rendent pu-

pescentes et d'un vert pâle ; fleurs petites , nombreuses, d'un jaune verdâtre, dioïques , les mâles un peu plus grandes, disposées en grappe terminale , dressée , verticillée , quelquefois un peu paniculée à la base , à verticilles multiflores , rapprochés dans le haut , souvent écartés dans le bas , portées sur des pédicelles à peu près de la longueur du calice , munis de bractées ovales-acuminées , membraneuses ; calice ovoïde , à 5 dents obtuses , un peu membraneuses , turbiné et souvent un peu rougeâtre dans les fleurs mâles ; pétales petits , linéaires, entiers , nus à la gorge ; capsule ovoïde , à 5 loges, s'ouvrant en 6 dents au sommet ; graines brunes , réniformes, aplanies sur les faces et le contour, striées-chagrinées, à stries rayonnantes sur les faces et circulaires-parallèles sur le contour. ♃ (Juin , juillet).

Sur les coteaux pierreux (Girod-Chant.). — Genève , sur la colline aride et sablonneuse appelée les Crêts , près de Chancy et près de Cartigny (Reut.). — Aux environs d'Yverdon (L. Benoît, cat.). — De Thoirette (Capellani). — Je l'ai trouvé abondamment à Branson , dans le Bas-Valais.

3. S. penché. — *S. nutans.*

Linn. Sp. 596. — Otth , in DC. Prod. 1. p. 377. et Fl. fr. n. 4345. — Duby, Bot. gall. p. 76. — Gaud. Fl. helv. 3. p. 172. — Poir. Ency. 7. p. 164. — Koch. Syn. p. 402. Moris. sect. 5. tab. 20. fig. 4. — J. Bauh. Hist. 3. p. 2. p. 351. fig. 1. (*mala*). — Clus. Hist. 1. p. 291. fig. 1. — Tabern. ic. p. 293. fig. 2.

Racine dure, presque ligneuse, produisant plusieurs tiges dressées, plus ou moins pubescentes, ordinairement simples, visqueuses dans le haut, hautes de 5—4 décim. , cylindriques, presque paniculées au sommet ; feuilles radicales nombreuses, dressées, obovales ou oblongues, spatulées, rétrécies en pétiole à la base , mucronées ou un peu aiguës au sommet , hérissées de poils blanchâtres : les caulinaires sessiles, linéaires-lancéolées, plus courtes que les entre-nœuds, opposées et connées à la base ; fleurs médiocres, d'un blanc sale, quelquefois d'un rouge pourpre, ou rosées, penchées, unilatérales, portées sur des pédoncules opposés, rameux, munis de bractées lancéolées-acuminées, formant une grappe ou panicule inclinée au sommet ; calice tubuleux, pubescent, à 10 nervures verdâtres ou rougeâtres, à 5 dents courtes, triangulaires, membraneuses sur les bords ; pétales étalés, bifides, s'enroulant sur eux-mêmes, munis d'écailles à la base, à onglets plus longs que le calice ; capsule oblongue, s'ouvrant au sommet en 6 dents ; graines réniformes, à faces et contour aplanis, striées-chagrinées. ⚥ (Mai—juillet).

Commun sur les rochers et dans les lieux arides et pierreux , jusque sur les plus hautes montagnes du Jura. — Je l'ai trouvé à fleurs purpurines sur le Montendre ; le Colombier ; et au-dessus des vignes de Gily , près d'Arbois.

§ 3. *Fleurs en corymbe paniculé, ou en panicule.*
— Atocion. Koch.

* *Calice enflé, veiné-réticulé.*

4. S. à calice enflé. — *S. inflata.*

Smith. Fl. brit. p. 467. — Otth, in DC. Prod. 1. p. 368. et Fl. fr. n. 4328. — Duby, Bot. gall. p. 75. — Koch. Syn. p. 103. — *S. inflata. I. vulgaris.* Gaud. Fl. helv. 3. p. 163. — *Cucubalus behen.* Linn. Sp. 591. — Lam. Ency. 2. p. 220.

J. Saint-Hil. Pl. fr. tab. 710. — Lam. illust. tab. 577. fig. 2. — Bull. herb. tab. 321. — J. Bauh. Hist. 3. p. 2. p. 356. fig. 1. — Clus. Hist. 1. p. 293. fig. 2. (*ic. Lob.*). —Tabern. ic. p. 298. fig. 2. — Dalech. Hist. p. 1186. fig. 1. — Dod. pempt. p. 172. fig. 1. — Lob. ic. p. 340. fig. 2. (*ead.*).

Racine allongée , fusiforme , peu rameuse ; tige dressée ou ascendante, ordinairement lisse et glabre , faible, cylindrique, rameuse au sommet , haute de 3—5 décim. ; feuilles ovales-lancéolées , très aiguës , glabres , un peu épaisses et d'un vert glauque , ciliées-rudes : les inférieures rétrécies à la base et

comme spatulées; fleurs blanches, penchées, disposées en
panicule dichotome, courte, peu garnie; calice ovoïde,
gros, enflé, glabre, souvent purpurescent, veiné-réticulé,
à 5 dents courtes, triangulaires; pétales bifides, dépourvus
d'écailles à la base, à onglet pétaloïde au sommet; capsule
ovoïde ou oblongue, courtement pédicellée, s'ouvrant au
sommet en 6 valves; graines noires, petites, presque réniformes, chagrinées et striées par des lignes concentriques.
♃ (Juin, juillet).

Commun dans les prés secs, le long des chemins et au bord des
champs.

β. *Minor*. Gaud. Fl. helv. 3. l. c. — Tiges diffuses, à
une ou un petit nombre de fleurs; feuilles lisses, ciliées.

Commun le long des murs, dans les lieux stériles (Gaud.).

γ. *Uniflora. S. uniflora*. DC. Fl. fr. n. 4329. var. β. —
Otth, in DC. Prod. l. l. c. var. η. — *S. inflata. H. prostrata*.
Gaud. Fl. helv. 3. l. c. — *Cucubalus Alpinus*. Lam. Ency.
2. p. 220. — Tige glabre, moins élevée, couchée à la base,
ascendante, à une ou un petit nombre de fleurs grandes,
presque dressées; feuilles lancéolées, garnies de poils et de
cils courts, rudes.

Le Jura, sur les graviers au bord des torrents (DC.).

** *Calice cylindrique, oblong ou en massue, à 10 nervures.*

5. S. de nuit. — *S. noctiflora.*

Linn. Sp. 599. — Otth, in DC. Prod. 1. p. 379. et Fl. fr. n.
4347. — Duby, Bot. gall. p. 77. — Gaud. Fl. helv. 3.
p. 174. — Poir. Ency. 7. p. 174. — Koch. Syn. p. 104.
Lam. illust. tab. 377. fig. 2. — Moris. sect. 5. tab. 20. fig. 12.

Racine fusiforme, blanchâtre, peu rameuse; tige velue,
un peu épaisse, cylindrique, dichotome et un peu visqueuse à
sa partie supérieure, dressée, feuillée, haute de 2 — 4 décim.;
feuilles assez grandes, molles, ovales-lancéolées, rétrécies et
connées à la base, velues sur les deux faces : les inférieures
obovales, spatulées, rétrécies en pétiole : les supérieures

un peu plus étroites, lancéolées, aiguës; fleurs blanches, ouvertes et odorantes pendant la nuit, portées sur des pédoncules un peu épais, uniflores, terminaux et axilaires dans la dichotomie des rameaux; calice tubuleux pendant la fleuraison, poilu-visqueux, marqué de 10 nervures verdâtres, puis ovoïde, renflé, à 5 dents dressées, linéaires, aiguës; pétales bifides, munis à la base d'écailles obtuses, dentelées, à onglet plus long que le calice; capsule ovoïde, assez grosse, recouverte par le calice, s'ouvrant au sommet en 6 dents; graines d'un brun foncé, arrondies-réniformes, chagrinées par des points saillants en lignes circulaires. ⓘ (Juillet—septembre).

Les champs cultivés : Salins, sur Arèle ; dans les champs des vallons de Bligny et de Moutaine; de Villers-Farlay ; de Chamblay ; de Mont-sous-Vaudrey ; de la Villette, près d'Arbois. — De Burtigny (Gaud.). — Bâle, près d'Haltingen, d'Olsberg, etc., dans les champs, après la moisson (Hagenb.).

6. S. armeria. — *S. armeria.*

Linn. Sp. 601. — Otth, in DC. Prod. 1. p. 385. et Fl. fr. n. 4358. — Duby, Bot. gall. p. 78. — Gaud. Fl. helv. 3. p. 171. — Poir. Ency. 7. p. 182. — Koch. Syn. p. 104.
J. Saint-Hil. Pl. fr. tab. 350. — Moris. sect. 5. tab. 21. fig. 26. — Clus. Hist. 1. p. 288. fig. 1. — Tabern. ic. p. 500. fig. 2. — Dalech. Hist. p. 1255. fig. 2. — Dod. pempt. p. 176. fig. 4. — Lob. ic. p. 454. fig. 1.
Racine grêle, fusiforme, blanchâtre; tige rameuse dans le haut, lisse, cylindrique, dressée, feuillée, visqueuse audessous des nœuds, haute de 3—5 décim.; feuilles glauques, ovales-lancéolées, embrassantes, un peu obtuses et très glabres, à une seule nervure : les supérieures en cœur; fleurs d'un pourpre clair, nombreuses, fasciculées, en panicule dichotome; calice tubuleux, en massue, à 10 nervures, à dents courtes, arrondies, scarieuses sur les bords; pétales obovales, étalés, échancrés au sommet, rarement entiers, munis à la gorge d'écailles lancéolées-linéaires, aiguës; onglet

à 5 nervures, un peu dilaté au sommet; capsule oblongue, longuement pédicellée, recouverte par le calice; graines brunes, réniformes-arrondies, striées-ponctuées en arcs concentriques. ① (Juillet, août).

Les lieux stériles et sablonneux du midi de la France et du Valais : cultivé dans les jardins comme plante d'ornement.

*** *Calice en cloche à 10 nervures; graines ciliées.*

7. S. quadrifide. — *S. quadrifida.*

Linn. Sp. 602. — Gaud. Fl. helv. 3. p. 167 — Koch. Syn. p. 105. — *S. quadridentata.* DC. Fl. fr. n. 4332. — Otth, in DC. Prod. 1. p. 375. — Duby, Bot. gall. p. 77. — Poir. Ency. supp. 5. p. 152.

Plante grêle et délicate, entièrement glabre. Racine très grêle, donnant naissance à des tiges faibles, filiformes, couchées à la base, ascendantes, presque simples ou subdichotomes, en gazon lâche, hautes de 8—12 centim., à rameaux ou plutôt à pédoncules uniflores, filiformes, assez longs, nus ou munis vers le milieu de 1—2 petites folioles; feuilles étroites, linéaires, obtuses, un peu élargies au sommet, d'abord étalées, ensuite recourbées, glabres, lisses, un peu ciliées et connées à la base : les inférieures plus petites, en spatule; fleurs blanches, petites, au nombre de 1—4, terminales, écartées; calice obconique, tronqué à la base, ouvert au sommet, à 10 nervures peu marquées, à 5 dents ovales, obtuses; pétales doubles du calice, à limbe obovale, dilaté et à 4 dents ou crénelures au sommet; capsule presque globuleuse, pédicellée, un peu plus courte que le calice qui la recouvre; graines arrondies réniformes, d'un brun foncé, entourées de cils courts, obtus, d'une couleur plus claire, formant une sorte d'auréole. ♃ (Juillet, août).

Sur les hautes sommités du Jura, au pied des rochers un peu humides entre le Colombier et le Reculet; au pied des rochers au-dessous de cette dernière sommité, en descendant au chalet de Thoiry, et au pied des rochers dans le vallon d'Ardran, qui est plus bas.

**** *Calice en cloche à 10 nervures ; graines non ciliées.*

8. S. des rochers. — *S. rupestris.*

Linn. Sp. 602. — Otth, in DC. Prod. 1. p. 375. et Fl. fr. n.
4331. — Duby, Bot. gall. p. 77. — Gaud. Fl. helv. 3. p.
166. — Poir. Ency. 7. p. 185. — Koch. Syn. p. 106.
J. Bauh. Hist. 3. p. 2. p. 560. fig. 3. (*bona*).

Plante entièrement glabre, d'un vert glauque, à racine
grêle, peu rameuse, produisant des tiges dressées ou un peu
ascendantes, cylindriques, feuillées, rameuses-dichotomes
au sommet, quelquefois même dès la base, hautes de 8 — 16
centim. ; feuilles ovales-lancéolées, sessiles, connées, un peu
aiguës, les inférieures un peu rétrécies en pétiole ; fleurs
petites, blanches ou couleur de chair, terminales ou axilaires dans la dichotomie des rameaux, portées sur des
pédoncules filiformes, uniflores, formant une panicule terminale ; calice obovoïde en cloche, presque tronqué à la base,
à 5 dents courtes, ovales, obtuses ; pétales obovales, échancrés au sommet, munis à la base d'une double écaille ob-
longue-lancéolée ; capsule ovoïde, presque sessile ; graines
brunes, arrondies-réniformes, striées-ponctuées. ♃ (Juillet,
août).

Parmi les rochers de nos montagnes (Girod-Chant.). — Les rochers
du Jura (Clairville). — Sur le mont Vogelberg, canton de Soleure,
près de la limite de celui de Bâle (Hagenb.).

6. LYCHNIDE. — *LYCHNIS.* DC.

Calice nu, tubuleux ou oblong, à 5 dents ; pétales 5,
échancrés ou découpés en lanières, onguiculés, ordinairement munis d'écailles à la gorge ; étamines 10 ; styles 5 ;
capsule à 1 ou 5 loges incomplètes, s'ouvrant au sommet en
5 ou 10 dents.

§ 1. *Calice cylindrique en massue.*

* *Pétales à peine échancrés ; capsule à 5 loges incomplètes.*

1. L. visqueuse. — *L. viscaria.*

Linn. Sp. 625. — Ser. in DC. Prod. 1. p. 385. et Fl. fr. n.
4362. — Duby, Bot. gall. p. 78. — Gaud. Fl. helv. 3. p.
234. — Desrousseaux, in Ency. 3. p. 640. — Koch. Syn. p.
106.

Moris. sect. 5. tab. 20. fig. 6. — J. Bauh. Hist. 3. p. 2. p.
348. fig. 2. — Clus. Hist. 1. p. 289. fig. 2. — Tabern.
ic. p. 294. fig. 1.

Racine dure, presque ligneuse ; tige haute de 3—4 décim., simple, dressée, cylindrique, souvent rougeâtre,
feuillée, visqueuse sous les articulations supérieures ; feuilles
radicales nombreuses, gazonnantes, dressées, linéaires-lancéolées, aiguës, un peu élargies dans le haut, rétrécies en
pétiole à la base, glabres, comme toutes les autres parties
de la plante, un peu glauques, souvent rougeâtres au sommet : les caulinaires plus étroites et plus courtes, écartées,
sessiles, connées et ciliées-lanugineuses à la base ; fleurs
rouges, rarement blanches, portées sur des pédoncules axilaires, rameux, opposés, formant une grappe paniculée,
presque verticillée ; calice tubuleux, un peu en massue, à
10 nervures, souvent purpurescent, à 5 dents courtes, triangulaires ; pétales étalés, à limbe arrondi, à peine échancré,
munis à la base d'écailles bifides ; capsule ovoïde, à 5 loges
formées par des cloisons incomplètes ; graines réniformes,
chagrinées. ♃ (Mai, juin).

Le pied des rochers et les lieux secs, sablonneux, exposés au soleil,
rare : près de Bière, au-dessus d'Aubonne (Reynier). — Le long de
la route près de Saint-Livre, abondamment (Gaud.).

*** Pétales à deux lobes; capsule à une loge.*

2. L. de Chalcédoine. — *L. Chalcedonica.*

Linn. Sp. 625. — Ser. in DC. Prod. 1. p. 585. et Fl. fr. n.
4565. — Duby, Bot. gall. p. 79. — Desrouss. in Ency. 5.
p. 659.

J. Saint-Hil. Pl. fr. tab. 224. — Moris. sect. 5. tab. 21. fig.
14. — J. Bauh. Hist. 5. p. 2. p. 544. fig. 5. (*pessima*).
— Clus. Hist. 1. p. 292. fig. 1. (*ic. Lob.*). — Tabern. ic.
p. 292. fig. 1. — Dalech. Hist. p. 820. fig. 1. — Dod.
pempt. p. 178. fig. 1. (*ead.*). — Lob. ic. p. 540. fig. 1.
(*ead.*).

Racine fusiforme, souvent un peu divisée; tige dressée,
raide, cylindrique, feuillée, hérissée de poils articulés,
blanchâtres, un peu rude, haute de 6—9 décim.; feuilles
opposées, ovales-lancéolées, aiguës, sessiles, embrassantes,
un peu poilues, vertes; fleurs d'un beau rouge coquelicot,
rarement blanches, couleur de chair ou panachées, fasciculées et disposées en corymbe serré, terminal, entremêlé de
bractées linéaires-lancéolées, étroites; calice un peu anguleux, en massue, à 5 dents lancéolées, un peu étalées; pétales bifides, munis à la gorge de 2 écailles aiguës; capsule
ovoïde, pédicellée, s'ouvrant au sommet en 5 dents; graines
réniformes, chagrinées, à points très saillants. ♃ (Juin,
juillet).

Cette espèce, originaire de la Russie méridionale, est cultivée dans
les jardins, sous les noms de *Croix-de-Malte*, de *Croix-de-Jérusalem*,
comme plante d'ornement.

§ 2. *Calice ovoïde ou en cloche, à dents courtes.*

* *Pétales à deux lobes.*

3. L. dioïque. — *L. dioïca.*

Linn. Sp. 626. var. *β.* — Ser. in DC. Prod. 1. p. 386. et
Fl. fr. n. 4366. — Duby, Bot. gall. p. 79. — Gaud. Fl.
helv. 3. p. 236. — Desrouss. Ency. 3. p. 641. var. *a.* —
L. vespertina. (Sibthorp). Koch. Syn. p. 107. — *L.
alba.* Mill. Dict. n. 2.

Moris. sect. 5. tab. 21. fig. 21. — J. Bauh. Hist. 3. p. 342.
fig. 1. — Clus. Hist. 1. p. 294. fig. 1. — Tabern. ic. p.
299. fig. 1. — Dod. pempt. p. 171. fig. 1. (*ead. ac Clus.*).

Racine fibreuse, produisant des tiges cylindriques, dressées, pubescentes, rameuses-dichotomes au sommet, hautes
de 3—6 décim.; feuilles mollement pubescentes, ovales-
lancéolées, aiguës, d'un vert foncé : les inférieures rétrécies
en pétiole : les supérieures plus étroites, lancéolées, connées
à la base ; fleurs blanches, rarement rougeâtres, grandes,
odorantes pendant la nuit, dioïques par avortement, portées
sur des pédoncules courts, disposées en panicule dichotome ;
calice velu, à 10 nervures verdâtres, un peu en massue
dans la fleur mâle, ovoïde, enflé, et à la fin presque globuleux dans la fleur femelle ; pétales étalés, bifides, à lobes
élargis, rapprochés, munis à la base d'écailles quadrifides ;
capsule grosse, ovoïde-conique, s'ouvrant au sommet en 10
dents dressées, triangulaires, recouverte par le calice ;
graines brunes, chagrinées, arrondies-réniformes. ♃. ②
Koch. (Juillet—septembre). Vulg. *Compagnon blanc.*

Le long des haies, des chemins, le bord des champs : aux environs
de Salins, rare ; de Cramans ; de Mont-sous-Vaudrey ; de Belmont ; de
la Grande-Loye ; de Besançon ; d'Arbois ; de Lons-le-Saunier ; de Thoirette ; de Nyon ; de Genève ; de Bâle, etc.

β. Floribus rubellis. Gaud. Fl. helv. 3. l. c. — Fleurs
rougeâtres.

Aux environs de Nyon, rare (Gaud.).

4. L. sauvage. — *L. sylvestris.*

Hopp. exsic. Cent. 3. n. 33. in DC. Fl. fr. n. 4567 — Ser.
in **DC.** Prod. 1. p. 386. — Duby, Bot. gall. p. 79. —
Gaud. Fl. helv. 3. p. 237. —Desrouss. in Ency. 3. p. 641.
var. β. — *L. dioïca. var. α.* Linn. Sp. 626. —*L. diurna.*
(Sibthorp). Koch. Syn. p. 107.

J. Saint-Hil. Pl. fr. tab. 225. — Moris. sect. 5. tab. 21. fig.
23. — Tabern. ic. p. 299. fig. 2.

Cette espèce diffère de la précédente, dont elle se rapproche beaucoup, par ses feuilles supérieures ovales, brusquement acuminées, très velues, embrassant presque la tige;
par ses fleurs inodores, d'un beau rouge, plus rarement
dioïques, à pétales obcordés, munis à la base d'écailles bifides, à lobes dentés; enfin par sa capsule plus petite, ovoïde-
arrondie, à dents recourbées. ♃ (Mai, juin).

Commune dans les lieux un peu humides et ombragés, le long des
ruisseaux, au bord des bois, dans les haies et buissons : aux environs
de Salins; de Besançon; de Pontarlier; de Bâle, etc.; et sur la Dôle;
le Suchet; le Salève, etc., où je n'ai pas observé l'espèce précédente.

β. *Floribus plenis.* Gaud. Fl. helv. 3. l. c. — Desrouss.
Ency. 3. l. c. var. γ. — Dod. pempt. p. 171. fig. 2. — Fleurs
doubles.

Cultivée dans les jardins, où on la connait sous les noms de *Compa-
gnons* et d'*Ivrognes.*

** *Pétales divisés en 4 lanières palmées-divergentes.*

5. L. fleur-de-coucou. — *L. flos cuculi.*

Linn. Sp. 625. — Ser. in **DC.** Prod. 1. p. 387. et Fl. fr. n.
4364. — Duby, Bot. gall. p. 79. — Gaud. Fl. helv. 3. p.
233. — Desrouss. in Ency. 3. p. 639. — Koch. Syn. p.
107.

Lam. illust. tab. 391. — Moris. sect. 5. tab. 20. fig. 8. —
Clus. Hist. 1. p. 292. fig. 2. — Tabern. ic. p. 290. fig. 2.

— Dalech. Hist. p. 809. fig. 1. — Dod. pempt. p. 177.
fig. 1.— Lob. ic. p. 451. fig. 2. (*ead.*).

Racine fusiforme, garnie de fibres; tige simple, dressée,
sillonnée, articulée, ordinairement rougeâtre au sommet,
fistuleuse, feuillée, plus ou moins garnie de poils rudes,
haute de 5—6 décim.; feuilles linéaires-lancéolées, allongées, aiguës, connées à la base, glabres, marquées d'une
nervure dorsale saillante; les inférieures oblongues, rétrécies en pétiole; fleurs purpurines très élégantes, portées sur
des pédoncules axilaires et terminaux, formant une panicule
dichotome peu développée; calice purpurescent, à 10 nervures saillantes, d'un pourpre brunâtre, à 5 dents lancéolées, aiguës, scarieuses sur les bords; pétales étalés, profondément divisés en 4 lanières linéaires, étroites, divergentes,
munis à la gorge d'une écaille bifide, scarieuse, à lobes
acuminés; capsule ovoïde ou arrondie; graines très petites,
arrondies-réniformes, d'un brun foncé, muriquées. ♃ (Mai,
juin).

Commune dans les prés humides et les lieux fangeux.

β. *Floribus albis*. Gaud. Fl. helv. 3. l. c.—Fleurs blanches.

Se trouve quelquefois, mais assez rarement, avec la variété précédente.

γ. *Floribus plenis*. Fleurs doubles.

Cette jolie variété est cultivée dans les jardins.

§ 3. *Calice coriace, tubuleux.* — Agrostemma. Linn.

  * *Gorge de la corolle munie d'écailles lancéolées, piquantes.*

6. L. coquelourde. — *L. coronaria.*

Desrouss. in Ency. 3. p. 645. — Ser. in DC. Prod. 1. p. 387.
et Fl. fr. n. 4568. — Duby, Bot. gall. p. 79. — Koch.
Syn. p. 107. — *Agrostemma coronaria.* Linn. Sp. 625.
— Gaud. Fl. helv. 3. p. 251.
J. Saint-Hil. Pl. fr. tab. 104.— Barr. ic. fig. 1006 — Moris.
sect. 5. tab. 21. fig. 19. — J. Bauh. Hist. 3. p. 2 p. 340.

fig. 1. 2. et p. 341.fig. 1. (*fl. pleno*). — Tabern. ic. p. 291.
fig. 1. et 2. — Dalech. Hist. p. 815. fig. 1. — Dod. pempt.
p. 170. fig. 1. — Lob. ic. p. 354. fig. 1. (*ead.*).

Plante entièrement couverte d'un duvet cotonneux blanchâtre, à poils mous; tige dressée, cylindrique, fistuleuse,
épaisse, rameuse-dichotome, haute de 3—6 décim.; feuilles
grandes, ovales-lancéolées, larges, épaisses, demi-embrassantes; fleurs grandes, dressées, d'un pourpre foncé, quelquefois blanches, solitaires, longuement pédonculées; calice
coriace, ovoïde, à côtes saillantes, à 5 dents linéaires, aiguës; pétales étalés, arrondis, à peine échancrés, munis à
la gorge d'écailles dressées, bifides, rougeâtres, membraneuses, à lobes lancéolés un peu piquants; capsule ovoïde-
oblongue; graines d'un brun noirâtre, arrondies-réniformes,
chagrinées. ♃ (Juin, juillet).

Cette plante, originaire des Alpes, est cultivée dans les jardins, où
elle se ressème souvent d'elle-même.

** *Gorge de la corolle nue, sans écailles.*

7. L. nielle. — *L. githago.*

Desrouss. in Ency. 3. p. 643. Ser. in DC. Prod. 1. p. 387.
et Fl. fr. n. 4371. — Duby, Bot. gall. p. 80. — Koch. Syn.
p. 108. — *Agrostemma githago.* Linn. Sp. 624. — Gaud.
Fl. helv. 3. p. 250.

J. Saint-Hil. Pl. fr. tab. 354. — Moris. sect. 5. tab. 21. fig.
51. — J. Bauh. Hist. 3. p. 2. p. 341. fig. 2. — Tabern.
ic. p. 295. fig. 1. — Dalech. Hist. p. 458. fig. 1. — Dod.
pempt. p. 173. fig. 1. — Lob. ic. p. 58. fig. 1. (*ead.*).

Racine blanchâtre, fusiforme, souvent divisée, garnie de
quelques fibres; tige dressée, rameuse, souvent simple,
velue, cylindrique, fistuleuse, dure, haute de 3—6 décim.;
feuilles étroites, allongées, linéaires-lancéolées, aiguës,
velues, presque soyeuses; fleurs terminales, grandes, solitaires, longuement pédonculées, d'un rouge bleuâtre ou
violet; calice tubuleux, velu, à 10 côtes saillantes, renflé à

la maturité, terminé par 5 lanières foliacées, linéaires-lancéolées, dépassant la corolle; pétales obovales, un peu échancrés, rayés à la base de lignes plus foncées et dépourvus d'écailles. ☉ (Juin, juillet).

Commune parmi les moissons.

TRIBU II. — ALSINÉES. DC.

Calice à 4—5 sépales libres ou légèrement soudés à la base; capsule uniloculaire.

a. Valves de la capsule en nombre égal à celui des styles.

7. SAGINE. — *SAGINA*. Linn.

Calice à 4 sépales; corolle à 4 pétales entiers; étamines 4; styles 4; capsule polysperme, à 4 valves.

1. S. couchée. — *S. procumbens.*

Linn. Sp. 58. — Ser. in DC. Prod. 1. p. 389. et Fl. fr. n. 4380. — Duby, Bot. gall. p. 80. — Gaud. Fl. helv. 1. p. 482. — Poir. Ency. 6. p. 389. — Koch. Syn. p. 108. Lam. illust. tab. 90.

Racine fibreuse; tiges nombreuses, grêles, plus ou moins rameuses, glabres, couchées, à rameaux ascendants, longues de 5—8 centim., gazonnantes, garnies de feuilles glabres, étroites, opposées, connées à la base, linéaires-subulées, un peu épaisses; fleurs blanches, portées sur des pédoncules capillaires, uniflores, axilaires et terminaux, beaucoup plus longs que les feuilles; calice ouvert, à sépales obtus, scarieux sur les bords; pétales entiers, oblongs, beaucoup plus courts que les sépales; capsule ovoïde, obtuse, un peu plus longue que le calice; graines très petites, légèrement ridées. ♃ ☉ Koch (Mai—août).

Les champs argileux un peu humides, les tourbières : Salins, sur les places des fourneaux à charbon, dans les bois de taillis un peu humides ; dans les champs aux environs de Poligny ; de Sellières ; de Mont-sous-Vaudrey. etc. ; dans les tourbières des Rousses ; de Pontarlier ; de Boujaille ; de Bief-du-Four, etc. ; sur le Mont-d'Or ; le Colombier. — Derrière Salève, près de Croseille ; près de Vernier ; de Crassier, etc. (Reut.). — Aux environs de Bâle (Hagenb.).

2. S. apétale. — *S. apetala.*

Linn. Mant. 559. — Ser. in DC. Prod. 1. p. 389. et Fl. fr. n. 4581. — Duby, Bot. gall. p. 80. — Gaud. Fl. helv. 1. p. 485. — Poir. Ency. 6. p. 590. — Koch, Syn. p. 109.

Racine grêle, annuelle, fibreuse ; tiges dressées ou obliques, légèrement pubescentes à leur partie supérieure, surtout au-dessus des nœuds, rameuses-dichotomes, très menues, hautes de 3—8 centim. ; feuilles opposées, connées, linéaires-subulées, ciliées à la base, mucronées : les radicales 2—3 fois plus longues, étalées ; fleurs presque de moitié plus petites que dans l'espèce précédente, portées sur des pédoncules capillaires très longs, axilaires et terminaux, ordinairement dressés ; calice à sépales ovales, obtus, concaves, un peu scarieux sur les bords ; pétales lancéolés, très petits, beaucoup plus courts que le calice, souvent nuls. ① (Mai, juin).

Les champs, dans les terres argileuses ou sablonneuses : Salins, au bord de la route, vers Saint-Joseph, sur le sable déposé par les eaux pluviales ; les champs de Mouchard, en allant à Cramans ; les champs autour de l'étang de Vaudrey. — Les environs de Besançon (Guérin). — D'Arbois (Dumont). — Les champs de Calève, près de Nyon (Roger). — De Crassier, et entre Vernier et Meyrin (Reut.). — Des environs de Bâle (Hagenb.).

8. SPARGOUTTE. — *SPERGULA.* Linn.

Calice à 5 sépales ; corolle à 5 pétales entiers ; étamines 5 ou 10 ; styles 5 ; capsule ovoïde, uniloculaire, polysperme, à 5 valves.

§ I. *Feuilles connées, portant souvent à leur aisselle un faisceau de feuilles plus petites; stipules nulles.* — Spergella. Reich.

1. S. sagine. — *S. saginoïdes.*

Linn. Sp. 631. — Ser. in DC. Prod. 1. p. 594. et Fl. fr. n. 4592. — Duby, Bot. gall. p. 82. — Gaud. Fl. helv. 3. p. 257. — Poir. Ency. 7. p. 506. — Koch, Syn. p. 109.

Plante glabre dans toutes ses parties. Racine fibreuse, produisant plusieurs tiges filiformes, couchées à la base, gazonnantes, presque dressées, un peu rameuses, pauciflores, garnies de feuilles écartées, hautes de 6—8 centim.; feuilles opposées, linéaires-subulées, à peine mucronées, connées-membraneuses à la base, d'un vert gai, portant quelquefois à l'aisselle des fascicules de feuilles plus courtes : les radicales un peu plus longues; fleurs blanches, petites, penchées, portées sur des pédoncules terminaux, grêles, dressés, nus, solitaires, égalant presque la longueur de la tige; sépales ovales, concaves, obtus, un peu blanchâtres sur les bords; pétales plus courts que le calice, ovales, obtus; capsule ovoïde, dressée, presque double des sépales appliqués; graines petites, d'un brun roux, lisses, à peine chagrinées. ♃ (Juillet, août).

Les lieux humides et moussus des montagnes : en montant sur la Dôle (Ducros). — Dans les bois près de Lavatay; sur les places où l'on a fait du charbon, près du Reculet (Reut.). — Sur le mont Weissenstein (Hagenb.); sur le Montendre.

2. S. noueuse. — *S. nodosa.*

Linn. Sp. 630. — Ser. in DC. Prod. 1. p. 304. et Fl. fr. n. 4590. — Duby, Bot. gall. p. 81. — Gaud. Fl. helv. 3. p. 256. — Poir. Ency. 7. p. 305. — Koch, Syn. p. 110. J. Bauh. Hist. 3. p. 2. p. 724. fig. 1. (*mala*).

Racine fibreuse, produisant un grand nombre de tiges couchées ou ascendantes, hautes de 8—11 centim., grêles,

cylindriques, glabres, comme toutes les autres parties de la
plante, un peu rameuse au sommet, garnies de feuilles opposées, écartées, linéaires-filiformes, mucronulées, connées
à la base, un peu épaisses, allant en diminuant de grandeur
vers le sommet de la tige, portant à leur aisselle des fascicules de feuilles plus courtes, appartenant à de jeunes
pousses, qui font paraître les tiges noueuses : les radicales
plus longues; fleurs 2—3 par tige, dressées, blanches, assez
grandes, portées sur des pédoncules uniflores, nus, axilaires
et terminaux, à pétales largement ovales, très entiers, plus
grands que le calice ; sépales ovales, concaves, un peu obtus,
sans nervure, un peu scarieux sur les bords ; capsule ovoïde,
dépassant peu le calice ; graines d'un brun roux, très petites,
orbiculaires, comprimées, sans rebord sensible, un peu
chagrinées. ⚥ (Juillet, août).

Commune dans les tourbières, les marais spongieux : dans les tourbières de Pontarlier ; de Pont-Martel ; de la Chapelle-des-Bois ; des
Rousses ; de Bief-du-Fourg ; au bord du lac, à Yverdon ; à Roche-
Fendue, au Locle ; dans le Val-Travers ; à Champagnole. — Marais de
la Pile, au-dessus de Saint-Cergue ; le long du chemin entre Longirod
et Saint-Georges (Gaud.). — Marais de Trelasse, entre Saint-Cergue
et les Rousses (Reut.). — Bâle, à Michelfeld (Hagenb.).

§ 2. *Feuilles non connées, portant à leur aisselle des
feuilles semblables, étalées en verticille; stipules scarieuses.* — Spergula. Koch.

3. S. des champs. — *S. arvensis.*

Linn. Sp. 630. — Ser. in DC. Prod. 1. p. 304. et Fl. fr. n.
4388. — Duby, Bot. gall. p. 81. — Gaud. Fl. helv. 3.
p. 254. — Poir. Ency. 7. p. 303. — Koch, Syn. p. 110.
var. β. *vulgaris.*

Lam. illust. tab. 392. fig. 1.—J. Bauh. Hist. 3. p. 2. p. 722.
fig. 2. — Dalech. Hist. p. 1331. fig. 2. — Dod. pempt. p.
537. fig. 1. — Lob. ic. p. 803. fig. 2.

Racine grêle, produisant plusieurs tiges rameuses-dichotomes, pubescentes-glanduleuses, feuillées, noueuses,

hautes de 16—26 centim. ; feuilles en fascicules verticillés, 8—10, linéaires subulées, un peu obtuses et pubescentes, plus courtes que les entre-nœuds, munies à la base de 2 stipules courtes, scarieuses ; fleurs blanches, terminales, disposées en panicule dichotome, portées sur des pédoncules divergents, réfléchis après la fleuraison, garnis à la base de bractées courtes, scarieuses ; sépales ovales-lancéolés, plus ou moins visqueux-pubescents, ainsi que le pédoncule ; pétales ovales, entiers, un peu plus longs que le calice ; étamines 10, rarement 5 ; capsule ovoïde-arrondie, s'ouvrant au sommet en 5 valves ; graines orbiculaires, légèrement comprimées-lenticulaires, d'un brun foncé, entourées d'un rebord étroit et recouvertes, particulièrement sur le contour, de papilles blanchâtres. ① (Juin—août).

Parmi les moissons, dans les terres argileuses ou graveleuses : Salins, dans les champs de Geraise ; d'Ivory ; de la pelouse de Saint-André et de Château ; dans ceux d'Andelot ; de Mont-sous-Vaudrey ; de la Grande-Loye ; aux environs de Besançon ; de Sellières ; de Poligny, etc. — De Nyon (Gaud.). — De Penex et Vernier (Reut.). — De la Ferrière (L. Benoit, cat.). — De la Sagne ; de la Chaux-de-Fonds (Depierre, cat.). — De Bâle (Hagenb.).

4. S. à cinq étamines. — *S. pentendra.*

Linn. Sp. 650. — Ser. in DC. Prod. 1. p. 394. et Fl. fr. n. 4589. — Duby, Bot. gall. p. 81. — Gaud. Fl. helv. 3. p. 255. — Poir. Ency. 7. p. 504. — Koch, Syn. p. 110. Lam. illust. tab. 592. fig. 2.

Quoique cette espèce ait une grande ressemblance avec la précédente, il est cependant toujours facile de l'en distinguer : ses tiges sont ordinairement plus grêles, moins élevées, plus glabres, ses feuilles plus courtes ; ses fleurs à 5 étamines, rarement 10, les alternes étant stériles ; mais le caractère essentiel qui la distingue toujours d'une manière sûre de la précédente, est d'avoir ses graines d'un brun foncé, un peu plus comprimées et entourées d'un rebord large, scarieux, strié-rayonnant, dont la largeur égale presque le diamètre de la graine. ① (Avril—juin).

Bâle, çà et là, dans les champs graveleux et stériles, et dans les lieux sablonneux (Hagenb.). — Les champs (De Besse, in Girod-Chant.). — Mes échantillons sont des environs de Paris et de Rouen, n'ayant point trouvé jusqu'ici cette espèce dans le Jura.

9. ALSINE. — *ALSINE*. Wahlenb.

Calice à 5, rarement 4 sépales ; corolle à 5, rarement 4 pétales, entiers ou légèrement échancrés; étamines 10 ou moins, à filets tous subulés ; styles 5 ; capsule uniloculaire, polysperme, à 5 valves.

§ 1. *Feuilles linéaires, munies de stipules scarieuses.* — Spergularia. Pers.

1. A. des moissons. — *A. segetalis.*

Linn. Sp. 590. — Poir. Ency. 4. p. 310. — Koch, Syn. p. 111. — *Arenaria segetalis.* Lam. Fl. fr. 5. p. 43. — Ser. in DC. Prod. 1. p. 400. et Fl. fr. n. 4452. — Duby, Bot. gall. p. 83.
Vaill. Bot. paris. tab. 5. fig. 5.

Racine grêle, simple ou divisée; tige dressée, glabre, très menue, articulée, rameuse-dichotome, à rameaux fili-formes, divariqués, haute de 6—12 centim. ; feuilles subu-lées, presque unilatérales, allongées, mucronées, opposées, munies à la base de stipules scarieuses, déchirées, comme verticillées, recouvrant les nœuds de la tige et des rameaux; fleurs petites, blanches, disposées en panicule étalée-dicho-tome, portées sur des pédicelles filiformes, brisés-réfléchis après la fleuraison, munis à la base de bractées scarieuses, déchirées; sépales ovales-lancéolés, aigus, blancs, scarieux, à nervure dorsale verte; pétales entiers, obtus, plus courts que les sépales; capsule de la longueur du calice; graines d'un brun foncé, très petites, chagrinées. ⸬ (Mai, juin).

Les champs à terre légère ou argileuse, parmi les moissons : Salins, dans les champs de Mouchard, au bord du bois; aux environs d'Arbois; de Poligny; de Sellières, etc. — Bâle, dans les champs autour de Mu-tenz (Hagenb.).

2. A. à fleurs rouges. — *A rubra.*

Wahlenb. Ups. 151. — Koch, Syn. p. 111. — *Arenaria rubra. var. α. campestris.* Linn. Sp. 606. — Ser. in DC. Prod. 1. p. 401. et Fl. fr. n. 4453. — Duby, Bot. gall. p. 83. — Gaud. Fl. helv. 3. p. 208. — Poir. Ency. 6. p. 566. J. Saint-Hil. Pl. fr. tab. 361. — J. Bauh. Hist. 3. p. 2. p. 722. fig. 3.

Racine blanchâtre, fusiforme, à peine fibreuse, produisant plusieurs tiges couchées ou ascendantes, hautes de 8—16 centim., feuillées, articulées, rameuses, diffuses, un peu velues-visqueuses dans le haut; feuilles linéaires-filiformes, mucronées, planes, un peu épaisses, munies à la base de stipules blanchâtres, scarieuses, minces, diaphanes, ovales-lancéolées, acuminées, plus ou moins déchirées, enveloppant les articulations de la tige et des rameaux; fleurs rougeâtres ou d'un pourpre bleuâtre, axilaires et terminales, presque en grappe paniculée, portées sur des pédicelles capillaires, courts, brisés-réfléchis après la fleuraison; sépales ovales-lancéolés, un peu obtus, pubescents-visqueux, ainsi que les pédicelles, blanchâtres et membraneux sur les bords; pétales ovales, entiers, concaves, dépassant à peine le calice; capsule ovoïde-arrondie, s'ouvrant au sommet en 3 valves; graines brunes, très petites, presque triquètres-cunéiformes, légèrement chagrinées, non ailées. ⓙ (Juin—août).

Les champs à terre argileuse ou sablonneuse : aux environs d'Arbois; de Poligny; de Sellières; le bord des étangs de Vaudrey; de Chavanne, etc. — Nyon, dans les champs au-dessus de Calève (Gaud.). — Genève, près de Penex, au bord du bois de Bay, dans un champ sablonneux (Reut.). — Bâle, près de la Maison-Neuve (Hagenb.).

3. A. des salines. — *A. marina.*

Koch, Syn. p. 111. var. α. *minor.*—*Arenaria marina. α.* Smith. Brit. 2. p. 480. — *A. rubra. var. β. marina.*

Linn. Sp. 606. — Ser. in DC. Prod. 1. p. 401. et Fl. fr.
n. 4453. — Duby, Bot. gall. p. 83. — *A. salina*. Ser. in
DC. Prod. 1. p. 401.

Racine fusiforme, fibreuse ; tiges couchées et ascendantes,
rameuses dès la base, entièrement glabres, ainsi que toutes
les autres parties de la plante, même les calices et les pédoncules, hautes de 8—10 centim. ; feuilles linéaires-filiformes, un peu obtuses, quelquefois à peine mucronées,
un peu épaisses et charnues, convexes en dessous, munies
de stipules largement ovales, aiguës ; fleurs axilaires et terminales, presque en grappe à l'extrémité de la tige et des
rameaux, portées sur des pédoncules brisés-réfléchis après la
fleuraison ; sépales lancéolés, obtus, dépourvus de nervures,
blanchâtres et membraneux sur les bords ; capsule ovoïde,
un peu plus longue que le calice ; graines obovoïdes, comprimées, rudes sur les bords, la plupart non ailées, quelques-unes seulement des inférieures ailées-scarieuses. ⸕
(Juillet, août).

Le bord des sources d'eau salée de Grozon, près d'Arbois, où j'ai
récolté mes échantillons. — Les terrains infiltrés d'eau salée à Tourmont
et à Montmorot (Guyétant).

§ 2. *Feuilles dépourvues de stipules.* — Arenarium. Ser.

* *Feuilles étroites, linéaires ou subulées, à une nervure ou sans
nervure.*

4. A. raide. — *A. stricta.*

Wahlenberg. Fl. lapp. p. 27. — Koch, Syn. p. 112. —
Arenaria uliginosa (Schl.). Ser. in DC. Prod. 1. p. 407.
et Fl. fr. n. 4420. — Duby, Bot. gall. p. 85. — Gaud. Fl.
helv. 3. p. 196. — Poir. Ency. supp. 3. p. 4.
DC. ic. gall. var. tab. 46. *optima*.

Racine grêle, à souches couchées, grêles, gazonnantes,
produisant des tiges simples ou rameuses dès la base, à rameaux ascendants, glabres, un peu raides, hauts de 8—14

centim. , grêles , feuillés dans le bas , nus au sommet ; feuilles
filiformes , demi-cylindriques , obtuses , sans nervure : les
inférieures presque fasciculées , les autres écartées , opposées , connées : les supérieures plus courtes , plus larges , à
bords membraneux à la base ; fleurs blanches , petites ,
dressées , portées sur de longs pédoncules terminaux , solitaires ou géminés , rarement ternés , nus ou munis vers le
milieu de 2 petites bractées ; sépales ovales-lancéolés , un
peu aigus , à 3 nervures visibles à la base ; pétales à peine
plus longs que les sépales , un peu échancrés au sommet ,
ovales-oblongs , rétrécis à la base ; capsule ovoïde-arrondie ,
dépassant peu le calice ; graines brunes , inégalement réniformes , légèrement grenues. ♃ (Juin—août).

Les tourbières de Pontarlier ; de Pont-Martel , dans un enfoncement
à côté du moulin ; de la Brevine ; de la Vraconne , près de Sainte-
Croix ; du Sentier , dans la vallée de Joux.

5. A. à fleurs de lin. — *A. liniflora*.

Linn. fils, supp. p. 241. — Gaud. Fl. helv. 3. p. 201. —
Poir. Ency. 6. p. 579. — *A. laricifolia. β. glandulosa.*
— Koch , Syn. p. 115. — *A. laricifolia. β. striata.* Ser.
in DC. Prod. 1. p. 404. et Fl. fr. supp. n. 4423ᵃ. — Duby,
Bot. gall. p. 84.
A. striata. Vill. Dauph. 3. tab. 47. — J. Bauh. Hist. 3. p. 2.
p. 360. fig. 3. (*bona*).
Racine épaisse, ligneuse, divisée au collet en souches gazonnantes , rameuses , grisâtres , tortueuses , nues , presque
ligneuses , donnant naissance à des tiges ascendantes , herbacées , feuillées , pubescentes-glanduleuses à leur partie
supérieure , cylindriques , d'un vert cendré , hautes de 8—14
centim. ; feuilles linéaires-subulées , raides , un peu glauques ,
convexes sur le dos , légèrement canaliculées en dessus , dépourvues de nervures , rudes sur les bords , presque obtuses :
les inférieures plus longues , allant en diminuant de grandeur
vers le sommet de la tige , dressées , opposées et connées ,
fasciculées sur les rameaux stériles et souvent déjetées de

côté, étant légèrement arquées; fleurs grandes, blanches, terminales et axilaires, au nombre de 1—5 au sommet de chaque tige, portées sur des pédoncules un peu épais, munis quelquefois de 2 petites bractées vers le milieu, pubescents-glanduleux, ainsi que le calice; sépales linéaires, oblongs, obtus, à 5 nervures, blanchâtres et membraneux sur les bords; pétales doubles des sépales, en coin à la base, larges et arrondis au sommet, veinés-striés en long; capsule oblongue, un tiers plus longue que le calice; graines assez grosses, d'un brun roux, inégalement réniformes, chagrinées, rayonnées-écailleuses sur le contour. ♃ (Juillet, août).

Sur le sommet de la Dôle; sur les hautes sommités, entre le Colombier et le Reculet, et dans le petit vallon d'Ardran, en descendant de cette dernière sommité au village de Thoiry.

** *Feuilles étroites, linéaires ou subulées, à 3 nervures.*

6. A. printanière. — *A. verna.*

Bartling. beitr. 2. 63. — Koch, Syn. p. 115. — *Arenaria verna.* Linn. Mant. 72. — Ser. in DC. Prod. 1. p. 405. et Fl. fr. n. 4425. — Duby, Bot. gall. p. 84. — Gaud. Fl. helv. 3. p. 202. — Poir. Ency. 6. p. 572? et *A. saxatilis.* p. 571.

Vaill. Bot. par. tab. 2. fig. 3.

Racine grêle, dure, allongée, rameuse à son extrémité, divisée au collet en plusieurs souches gazonnantes, donnant naissance à un grand nombre de tiges dressées ou ascendantes, grêles, souvent rameuses, pubescentes-glanduleuses à leur partie supérieure, ou glabres, hautes de 8—10 centim.; feuilles glabres, dressées, un peu raides, linéaires-subulées, presque obtuses, à 3 nervures saillantes, connées et un peu dilatées à la base : les supérieures plus courtes et un peu plus larges, légèrement arquées et presque fasciculées dans les tiges stériles; fleurs petites, blanches, dressées, étalées, formant une panicule trichotome terminale peu fournie, portées sur des pédicelles filiformes, pubescents-glanduleux,

munis vers le milieu de 2 petites bractées lancéolées, à 3
nervures ; sépales ovales-lancéolés, aigus, à 3 nervures saillantes, un peu membraneux et blanchâtres sur les bords,
plus ou moins pubescents, ou glabres ; pétales obovales, obtus, à onglet très court, plus longs que les sépales ; capsule
oblongue, d'un tiers plus longue que le calice ; graines très
petites, d'un brun roux, réniformes, à lobes inégaux, muriquées. ♃ (Juin--août).

Les lieux arides ou sablonneux, les pâturages rocailleux : Salins,
dans les pâturages entre Cernans et Pontamougeard ; les lieux sablonneux autour de Champagnole ; le sommet de la montagne entre Foncine-
le-Haut et Entre-Côte ; sur les hautes sommités entre le Colombier et le
Reculet.

β. *Diffusa*. Gaud. Fl. helv. 3. l. c. — *A. cœspitosa*. DC.
Fl. fr. supp. 4425ᵃ. — Tiges ascendantes, plus nombreuses,
moins raides, presque glabres, plus feuillées à leur base,
formant des touffes plus grandes, plus serrées.

Sur les sommités du Jura, entre la Faucille et le Colombier.

7. A. en faisceaux. — *A. fasciculata*.

Mert. et Koch, D. Fl. 3. p. 288. — *A. Jacquini*. Koch. Syn.
p. 115. — *Arenaria fasciculata* (Jacq.). Ser. in DC.
Prod. 1. p. 407. et Fl. fr. n. 4430. — Duby, Bot. gall. p.
85. — Gaud. Fl. helv. 3. p. 206. — Poir. Ency. 6. p. 376.
Hall. Helv. tab. 17. fig. 2. — Scop. Carn. ed. 2. tab. 17. fig. 3.

Racine dure, blanchâtre, simple ou un peu rameuse ;
tiges dressées, ascendantes à la base, raides, hautes de 1—2
décim., glabres ou presque glabres, garnies, dès le milieu
de leur longueur, de rameaux axilaires, courts, dressés, un
peu divergentes ; feuilles subulées-sétacées, serrées contre la
tige, ciliées et élargies à la base, connées, à 3 nervures
saillantes, renfermant souvent dans l'axe, surtout à la partie
inférieure de la tige, de petits faisceaux de feuilles ou rameaux avortés ; fleurs blanches, fasciculées à l'extrémité de
la tige et des rameaux, courtement pédicellées, solitaires

dans l'axe des bifurcations et à pédicelle plus long; calice presque tronqué à la base, à sépales un peu inégaux, lancéolés, acuminés-subulés, très aigus, raides, blancs et membraneux, à 2 nervures vertes et très rapprochées sur le dos, à la fin devenant jaunâtres; pétales ovales, 3 fois plus courts que les sépales; capsule oblongue-cylindracée, obtuse, un peu plus courte que le calice; graines brunes, arrondies-réniformes, à lobes inégaux, hérissées de petites pointes caduques disposées en arcs. ♃ (Juillet, août).

Les collines sèches, les lieux sablonneux du pied oriental du Jura : le bord du lac, à Neuchâtel, où me l'avait indiqué le capitaine Chaillet; près de la tuilerie de Grandson. — Au-dessus d'Epagnier et de Rochefort; près d'Areuse, au bord du lac (L. Benoît. cat.). — Nyon, sur les murs (Gaud.). — Aux endroits chauds et pierreux du pied du Salève, au bas du Pas-de-l'Échelle et du côté de Mornex (Reut.). — Les environs de Bâle (Hagenb.). — Je l'ai trouvé en grande quantité à l'embouchure de la Drause, dans le bas Valais.

8. A. à feuilles menues. — *A. tenuifolia.*

Wahlenb. Helv. p. 87. — Koch, Syn. p. 115. — *Arenaria tenuifolia.* Linn. Sp. 607. — Ser. in DC. Prod. 1. p. 405. et Fl. fr. n. 4427. — Duby, Bot. gall. p. 84. — Gaud. Fl. helv. 3. p. 204. — Poir. Ency. 6. p. 372.

Vaill. Bot. par. tab. 3. fig. 1.

Racine grêle, très simple, à peine garnie de fibres, produisant une ou plusieurs tiges dressées, menues, glabres, rameuses-dichotomes, hautes de 8—12 centim.; feuilles subulées, raides, un peu arquées au sommet, dressées, à 3 nervures saillantes, connées, plus courtes que les entrenœuds, diminuant de grandeur vers le sommet de la tige; fleurs petites, nombreuses, disposées en panicule dichotome, portées sur des pédicelles filiformes, ordinairement nus, dressés, inégaux, à une seule fleur; sépales lancéolés, acuminés-subulés, à 3 nervures, membraneux et blanchâtres sur les bords; pétales ovales, rétrécis à la base, plus courts que les sépales; capsule cylindrique, dépassant peu le calice; graines très petites, arrondies-réniformes, à lobes inégaux, chagrinées. ☉ (Juin—août).

Les lieux arides ou sablonneux : Salins, sur Suziau ; à la Baume-au-Soulier ; aux environs de Champagnole, etc.

β. *Barrelieri. Arenaria Barrelieri.* Vill. Dauph. 4. p. 634. — Ser. in DC. Prod. 1. l. c. — Barr. ic. fig. 580. — Tiges nombreuses, couchées dans le bas, ascendantes ou tombantes, rameuses dès la base, entièrement glabres, longues d'environ un décimètre.

Salins, sur Arève ; à Ivory ; aux environs de Champagnole ; sur les graviers de la Loue, à Villers-Farlay ; aux environs de Bâle ; de Genève, etc.

γ. *Hybrida. Arenaria tenuifolia. C. hybrida.* Vill. Dauph. 4. l. c. tab. 47. — Ser. in DC. Prod. 1. l. c. var. δ. — Tige haute de 8—12 centim., rameuse, glabre ; calice garni de poils étalés, glanduleux.

Les graviers de la Loue, à Villers-Farlay, etc.

δ. *Viscidula. Arenaria viscidula.* Thuill. Fl. par. ed. 2. p. 219. — Ser. in DC. Prod. 1. l. c. var. ε. — *A. tenuifolia.* β. *viscosa.* Hagenb. Fl. basil. 1. p. 412. — Tige dressée, haute de 6—8 centim., rameuse au sommet, pubescente-visqueuse sur toutes ses parties.

Genève, sur les Tranchées et au pied de Salève (Reut.). — Bâle, avec la var. α., mais plus rare (Hagenb.).

β. *Valves de la capsule en nombre double de celui des styles.*

10. MOEHRINGIE. — *MOEHRINGIA.* Linn.

Calice à 4—5 sépales ; corolle à 4—5 pétales entiers ou légèrement échancrés ; étamines 8—10 ; styles 2—3 ; capsule uniloculaire, polysperme, à 4—6 valves ; graines ayant sur l'ombilic un appendice en forme d'arille.

§ 1. *Feuilles linéaires, très étroites.*

1. M. mousse. — *M. muscosa.*

Linn. Sp. 515. — Ser. in DC. Prod. 1. p. 390. et Fl. fr. n.
4585. — Duby, Bot. gall. p. 81. — Gaud. Fl. helv. 3. p.
55. — Lam. Ency. 4. p. 121. — Koch, Syn. p. 116.
Lam. illust. tab. 314. — Moris. sect. 5. tab. 23. fig. 12. —
J. Bauh. Hist. 3. p. 2. p. 565. fig. 1. — Dal. Hist. p.
1235. fig. 1.

Racine grêle, rampante, produisant, sur la terre et parmi
les rochers, des gazons lâches, d'un beau vert, formés de
tiges nombreuses, grêles, filiformes, rameuses, diffuses,
feuillées, cylindriques, glabres, ainsi que toutes les autres
parties de la plante, longues de 8—12 centim. ; feuilles
opposées, connées, linéaires, aiguës, demi-cylindriques,
sans nervures, très longues : les inférieures et les supérieures
plus courtes ; fleurs grandes, très blanches, portées sur des
pédoncules axilaires et terminaux filiformes, très longs, uniflores, ternés ou quaternés ; sépales ovales-lancéolés, aigus,
dressés, à une seule nervure ; fleurs à 8 étamines, à 4 pétales ovales-oblongs, étalés en étoile, plus longs que le calice,
alternes avec les sépales ; capsule ovoïde-conique, à 4 valves ;
graines réniformes, luisantes, presque lisses, munies sur
l'ombilic d'un appendice ariliforme membraneux, blanchâtre. ⚥ (Juin—août).

Commune parmi les rochers ombragés, un peu humides.

§ 2. *Feuilles ovales, à 3 nervures.*

2. M. à trois nervures. — *M. trinervia.*

Clairville, Man. d'herb. p. 150. — Koch, Syn. p. 116. —
Arenaria trinervia. Linn. Sp. 606. — Ser. in DC. Prod.
1. p. 412. et Fl. fr. n. 4415. — Duby, Bot. gall. p. 86. —
— Gaud. Fl. helv. 3. p. 189. — Poir. Ency. 6. p. 562.

J. Bauh. Hist. 3. p. 2. p. 364. fig. 1. (*mala*). — Tabern. ic.
p. 707. fig. 2.

Racine fibreuse ; tiges ascendantes, rameuses-dichotomes,
pubescentes, hautes de 1—2 décim. ; feuilles ovales, aiguës,
ponctuées, à points transparents, à 3—5 nervures : les inférieures pétiolées, les supérieures sessiles ; fleurs blanches,
portées sur de longs pédoncules axilaires, uniflores, solitaires, plus longs que les feuilles, à la fin réfléchis ; sépales
ovales-lancéolés, très aigus, rudes sur la carène, à 3 nervures rapprochées, vertes sur le dos, blanchâtres et membraneux sur les bords ; pétales ovales, arrondis, très obtus,
presque de moitié plus courts que les sépales ; capsule ovoïde,
à 6 valves, un peu plus longue que le calice ; graines arrondies-réniformes, d'un brun foncé, luisantes, presque lisses,
munies, sur l'ombilic, d'un appendice ariliforme membraneux, blanchâtre. ⊙ (Mai—juillet).

Les bois, les lieux couverts et ombragés ; les forêts de sapins.

11. SABLINE. — ARENARIA. Linn.

Calice à 5 sépales ; corolle à 5 pétales entiers ou légèrement échancrés ; étamines 10 ; styles 3 ; capsule uniloculaire
polysperme, à 6 valves ; graines dépourvues d'appendice
ariliforme.

§ 1. *Feuilles ovales ou ovales-lancéolées.*

1. S. à feuilles de serpolet. — *A. serpyllifolia.*

Linn. Sp. 606. — Ser. in **DC.** Prod. 1. p. 411. et Fl. fr. n.
4415. — Duby, Bot. gall. p. 85. — Gaud. Fl. helv. 3. p.
192. — Poir. Ency. 6. p. 364. — Koch , Syn. p. 117.
J. Saint-Hil. Pl. Fr. tab. 961. — Moris. sect. 5. tab. **23**.
fig. 5. — Tabern. ic. p. 708. fig. 1. — Dod. pempt. p. 30.
fig. 1. — Lob. ic. p. 461. fig. 1. (*cad.*).

Plante entièrement recouverte de poils rapprochés, très
courts, qui la rendent pubescente. Racine grêle ; tiges nombreuses, étalées à la base, diffuses, ascendantes, rameuses-

dichotomes, hautes de 1—2 décim. ; feuilles ovales ou ovales-
lancéolées, aiguës, ciliées, marquées de points un peu diaphanes, les inférieures rétrécies en pétiole à la base ; fleurs
blanches, petites, dressées, axilaires et terminales, disposées
en panicule dichotome, portées sur des pédicelles filiformes,
uniflores, solitaires ou géminés, pubescents-pulvérulents ;
sépales ovales-lancéolés, très aigus, à 3 nervures saillantes,
hispides, un peu membraneux sur les bords ; pétales ovales,
rétrécis à la base, presque de moitié plus courts que les sépales ; capsule ovoïde-conique, un peu plus longue que le
calice ; graines d'un brun foncé, arrondies réniformes, chagrinées. ☉ (Juillet, août).

Commune dans les champs, les lieux sablonneux et sur les murs.

2. S. ciliée. — *A. ciliata.*

Linn. Sp. 608. — Ser. in DC. Prod. 1. p. 411. et Fl. fr. n.
4414. — Duby, Bot. gall. p. 86. — Gaud. Fl. helv. 3. p.
190. — Poir. Ency. 6. p. 363. — Koch, Syn. p. 117.

Racine grêle, produisant plusieurs tiges couchées à la base,
ascendantes, rameuses, diffuses, gazonnantes, feuillées, un
peu pubescentes, à poils arqués ; feuilles ovales ou lancéolées,
un peu aiguës, petites, d'un vert pâle, rétrécies en pétiole
court, ciliées à la base, à 3—5 nervures visibles sur le
sec ; fleurs blanches, portées sur des pédicelles filiformes,
uniflores, pubescents, axilaires et terminaux, plus longs que
les feuilles ; sépales lancéolés, aigus, à 3—5 nervures ; pétales obovales, très obtus et arrondis au sommet, doubles de
la longueur des sépales ; capsule ovoïde, de la longueur
du calice ; graines d'un brun noirâtre, arrondies-réniformes,
à lobes inégaux, chagrinées. ♃ (Juillet, août).

α. Multiflora. Koch, Syn. l. c. var. *α.* — Tiges terminées
par 3—7 fleurs ; feuilles ordinairement plus larges, plus
nerveuses sur le sec.

Sur les hautes sommités du Jura, entre le Colombier et le Reculet.
— Au bord du lac de Joux, près du Sentier (Gaud.). — Sous les Bioux
(Leresche).

β. *Pauciflora*. Koch, Syn. l.c.var. β. — Hall. Helv. tab. 17. fig.5. — Tige à 1—2 fleurs plus longuement pédicellées; feuilles ordinairement plus étroites et moins nerveuses sur le sec.

Le pied des rochers du sommet du Chasseral et du Reculet.

§ 2. *Feuilles lancéolées-subulées.*

5. S. à grandes fleurs. — *A. grandiflora.*

All. Fl. ped. 2. p. 115. — Ser. in DC. Prod. 1. p. 404. et Fl. fr. n. 4422. — Duby, Bot. gall. p. 84. — Gaud. Fl. helv. 5. p. 198. — Poir. Ency. 6. p. 579. — Koch, Syn. p. 117. All. Fl. ped. tab. 10. fig. 1.

Racine grêle, un peu rameuse, divisée en souches gazonnantes, donnant naissance à un grand nombre de tiges ascendantes, la plupart stériles, à 1—2, plus rarement 5 fleurs, hautes de 6—8 centim., raides, d'un vert cendré, très feuillées dans le bas, presque nues dans le haut, ordinairement simples, pubescentes; feuilles linéaires ou lancéolées, subulées, mucronées, planes, raides, glabres, ciliées à la base, à 5 nervures, les latérales marginales; fleurs grandes, blanches, dressées, longuement pédonculées, à sépales ovales-lancéolés, mucronés, pubescents, à nervure dorsale saillante, un peu membraneux et blanchâtres sur les bords; pétales oblongs-obovales, larges, entiers, arrondis, étalés, doubles de la longueur des sépales; capsule ovoïde conique, dépassant peu le calice; graines d'un brun foncé, presque noirâtres, assez grosses, arrondies-réniformes, chagrinées. ♃ (Mai - juillet).

Sur le sommet du Suchet et du Chasseron. — A Salève, au-dessus du vieux château, et au Petit-Salève, près du premier banc de rochers (Reut.).

β. *Elongata*. Gaud. Syn. p. 567. et Fl. helv. 5. l. c. — Tiges couchées à la base, plus allongées, blanchâtres, plus molles; feuilles moins raides et moins rapprochées dans le

bas des tiges, un peu plus étroites, linéaires-subulées, mucronées, ciliées à leur partie inférieure, quelquefois un peu
velues ; fleurs un peu plus petites.

Sur le sommet du Suchet. — Sur le Salève (Gaud.).

12. HOLOSTÉE. — *HOLOSTEUM*. Linn.

Calice à 5 sépales ; corolle à 5 pétales dentés au sommet ;
étamines 5 ou 5—4 ; styles 3 ; capsule uniloculaire, polysperme, s'ouvrant au sommet en 6 valves.

1. H. en ombelle. — *H. umbellatum*.

Linn. Sp. 150. — Ser. in DC. Prod. 1. p. 595. — Duby,
Bot. gall. p. 81. — Gaud. Fl. helv. 1. p. 571. — Poir.
Ency. supp. 3. p. 55. — Koch, Syn. p. 118. — *Alsine
umbellata*. DC. Fl. fr. n. 4584.

Racine grêle, fibreuse, produisant ordinairement plusieurs
tiges glabres, cylindriques, ascendantes ou dressées, presque
nues, un peu pubescentes-visqueuses à leur partie supérieure, hautes de 10—15 centim. ; feuilles oblongues, opposées, connées, glabres, très entières, d'un vert glauque : les
inférieures rétrécies en pétiole ; fleurs blanches, terminales,
disposées en ombelle, portées sur des pédoncules filiformes,
inégaux, au nombre de 4—8, uniflores, brisés-réfléchis
après la fleuraison, munis à la base d'un involucre poly-
phylle, à folioles scarieuses ; sépales ovales-lancéolés, un peu
aigus, blanchâtres et membraneux sur les bords, plus courts
que les pétales obtus, crénelés ou dentelés ; styles pubescents ; capsule ovoïde-oblongue, dépassant le calice ; graines
rousses, comprimées, carénées en dessous, chagrinées. ①
(Avril, mai).

Les vieux murs et les champs à terre légère ou sablonneuse : Salins,
dans les champs au-dessous du bois de Bagney ; au pied des rochers de
la Baume-au-Soulier. — Genève, à la Porte-Neuve, à Champel, sur
les Tranchées, à Chancy (Reut.). — Les environs de Nyon (Gaud.).
— De Bâle (Hagenb.).

13. STELLAIRE. — *STELLARIA.* Linn.

Calice à 5 sépales ; corolle à 5 pétales bifides ou divisés en 2 parties ; étamines 10, rarement moins ; styles 3 ; capsule uniloculaire , polysperme , à 6 valves.

1. S. des bois. — *S. nemorum.*

Linn. Sp. 605. — Ser. in DC. Prod. 1. p. 396. et Fl. fr. n. 4435. — Duby, Bot. gall. p. 82. — Gaud. Fl. helv. 3. p. 177. — Poir. Ency. 7. p. 415. — Koch, Syn. p. 118. Moris. sect. 5. tab. 23. fig. 2.

Racine grêle, allongée, rampante, articulée, fibreuse aux nœuds ; tiges ascendantes, faibles, articulées, hautes de 3—5 décim., feuillées, rameuses-dichotomes au sommet, plus ou moins hérissées, ainsi que les autres parties de la plante , de longs poils articulés , blanchâtres ; feuilles en cœur, acuminées : les radicales et les inférieures pétiolées, plus petites dans le bas de la tige : les supérieures sessiles, un peu plus étroites ; fleurs blanches, grandes, dressées, formant une panicule dichotome terminale , portées sur des pédoncules filiformes , uniflores , étalés , à la fin réfléchis ; sépales ovales-lancéolés, presque glabres, blanchâtres et membraneux sur les bords ; pétales à deux lobes linéaires divergents, étalés en étoile, 2 fois aussi longs que les sépales ; capsule ovoïde-oblongue , dépassant peu le calice ; graines arrondies, comprimées, d'un brun roux, muriquées. ♃ (Juin—août).

Cette plante n'est pas rare dans nos forêts de sapins, aux lieux un peu humides : dans les forêts de Levier ; de Villers et Boujaille ; de la Joux , etc. — Sur la Dôle ; le Montendre , etc.

2. S. morgeline. — *S. media.*

Vill. Dauph. 3. p. 615. — Ser. in DC. Prod. 1. p. 396. — Duby, Bot. gall. p. 82. — Gaud. Fl. helv. 3. p. 180. —

Koch , Syn. p. 118. — *Alsine media.* Linn. Sp. 389. —
DC. Fl. fr. n. 4583. — Poir. Ency. 4. p. 310.
Moris. sect. 5. tab. 23. fig. 4. — J. Bauh. Hist. 3. p. 2.
p. 363. fig. 1. — Tabern. ic. p. 706. fig. 1. — Dalech.
Hist. p. 1252. fig. 2. — Dod. pempt. p. 29. fig. 2. — Lob.
ic. p. 460. fig. 2. (*ead.*).

Racine grêle, produisant plusieurs tiges faibles, tendres ,
diffuses, couchées à la base , ascendantes, rameuses-dichotomes, glabres, garnies d'une ligne de poils alterne à chaque
nœud ; feuilles ovales ou ovales-lancéolées, aiguës, glabres,
les inférieures pétiolées, à pétiole cilié ; fleurs blanches ,
petites, portées sur des pédoncules uniflores, axilaires dans
la dichotomie des rameaux et terminaux , à la fin réfléchis ;
calice un peu velu, à poils articulés, à sépales ovales-lancéolés , un peu aigus, membraneux et blanchâtres sur les
bords ; pétales profondément bifides , de la longueur du calice ou un peu plus courts ; anthères des étamines rouges,
quelquefois jaunâtres ; capsule oblongue-elliptique, dépassant
un peu le calice ; graines arrondies-réniformes, chagrinées.
① (Presque toute l'année). Vulg. *Herbe à l'oiseau, Mouron
des petits oiseaux.*

Commune le long des chemins, au pied des murs et dans les lieux
cultivés.

β. *Apetala.* Gaud. Fl. helv. 3. l. c.

Çà et là , dans les jardins et le long des murs (Gaud.). — Cette plante
plait beaucoup aux petits oiseaux , qui mangent ses graines avec
avidité.

3. S. holostée. — *S. holostea.*

Linn. Sp. 603. — Ser. in DC. Prod. 1. p. 397. et Fl. fr.
n. 4457. — Duby, Bot. gall. p. 82. — Gaud. Fl. helv.
3. p. 180. — Poir. Ency. 7. p. 417. — Koch , Syn. p. 119.
J. Saint-Hil. Pl. fr. tab. 850. — Lam. illust. tab. 578. —
Moris. sect. 5. tab. 22. fig. 47. et 48. (*ead. ac Dalech.*),
— J. Bauh. Hist. 3. p. 2. p. 361. fig. 2. (*ead.*) — Ta-

bern. ic. p. 232. fig. 1. — Dalech. Hist. p. 422. fig. 1. —
Dod. pempt. p. 563. fig. 1. — Lob. ic. p. 46. fig. 1. (*ead.*).

Racine rampante ; tiges ascendantes, dressées, raides,
fragiles, glabres, tétragones, plus grêles et plus faibles à la
base, rudes dans le haut, s'élevant à 3—6 décim. ; feuilles
d'un vert gai, un peu glauques, étroites, sessiles, opposées,
lancéolées, longuement acuminées, étalées, un peu élargies
à la base, ciliées rudes sur les bords et la nervure dorsale :
les inférieures plus courtes, plus étroites et plus rapprochées, presque réfléchies ; fleurs grandes, blanches, disposées en panicule dichotome étalée, feuillée, portées sur des
pédoncules allongés, rudes, axilaires dans la dichotomie des
rameaux et terminaux ; calice glabre, à sépales ovales-lancéolés, aigus, lisses, sans nervures, blanchâtres et membraneux sur les bords ; pétales doubles des sépales, étalés en
étoile, divisés jusqu'au milieu en 2 lobes obtus, presque parallèles ; capsule globuleuse, de la longueur du calice ;
graines d'un brun roux, réniformes, chagrinées. ♃ (Mai).

Commune le long des chemins, au pied des haies et parmi les buissons du pied occidental du Jura, rare du côté oriental.

4. S. glauque. — *S. glauca.*

Withering, arrang. 1. p. 420. — Ser. in DC. Prod. 1. p. 397.
et Fl. fr. n. 4458. — Duby, Bot. gall. p. 83. — Gaud. Fl.
helv. 3. p. 185. — Koch, Syn. p. 119. — *S. palustris*
(Retz). Poir. Ency. 7. p. 418. — *S. graminea.* β. Linn.
Sp. 604.

Plante tout-à-fait glauque, prenant quelquefois dans
l'herbier une teinte presque bleuâtre. Tige haute d'environ
3 décim., raide, presque dressée, grêle, à 4 angles aigus,
faible, fragile, rameuse-dichotome ; feuilles linéaires-lancéolées, insensiblement acuminées, aiguës, sessiles, opposées, très glabres, lisses sur les bords ; fleurs blanches,
plus grandes que dans les variétés de l'espèce suivante, dont
elle se rapproche beaucoup, portées sur des pédicelles uniflores, dressés, disposées en panicule dichotome-corymbi-

forme, quelquefois peu garnie et n'ayant seulement que 1—3 fleurs; bractées petites, blanchâtres et scarieuses; sépales lancéolés, très aigus, à 3 nervures; pétales bifides, doubles de la longueur des sépales; capsule oblongue-ovoïde, égalant le calice; graines d'un brun foncé, chagrinées, arrondies presque réniformes, l'un des lobes très grand, arrondi, l'autre petit, peu marqué. ♃ (Juin, juillet).

Bâle, sur le mont Mutet, et dans les pâturages près de Langenbruck (Hagenb.). — Marais de Vully, près de la Sauge (Rapin). — Mes échantillons sont de Saint-Léger, près de Paris.

5. S. graminée. — *S. graminea*.

Linn. Sp. 604. — Ser. in DC. Prod. 1. p. 397. et Fl. fr. n. 4459. — Duby, Bot. gall. p. 85. — Gaud. Fl. helv. 3. p. 184. — Poir. Ency. 7. p. 417. — Koch, Syn. p. 119.
Tabern. ic. p. 232. fig. 2. *et fortassè* [Dod. pempt. p. 563. fig. 1. — Lob. ic. p. 46. fig. 2. (*ead.*)].

Racine grêle, rampante; tiges dressées ou ascendantes, faibles, tombantes, lisses, tétragones, rameuses-dichotomes, feuillées, hautes de 3—5 décim.; feuilles arides, d'un vert pâle, étroites, linéaires-lancéolées, aiguës, sessiles, opposées, presque entièrement lisses sur les bords, ciliées à la base; fleurs blanches, petites, assez nombreuses, portées sur des pédoncules lisses, uniflores, disposées en panicule dichotome terminale; bractées de la base des rameaux et des pédoncules petites, scarieuses, lancéolées; sépales lancéolés, aigus, à 3 nervures saillantes; pétales bifides, à lobes obtus, divergents, de la longueur des sépales et quelquefois plus grands; anthères rouges; capsule oblongue, elliptique, dépassant un peu le calice; graines orbiculaires, d'un brun foncé, chagrinées-écailleuses. ♃ (Mai—juillet).

Commune dans les haies et buissons, au bord des champs et des bois.

β. *Intermedia*. Gaud. Fl. helv. 3. l. c. — Panicule presque dressée, terminale; fleurs plus grandes, à pétales dépassant de beaucoup le calice.

Salins, dans les champs au-delà du pré des Carmes. — Les champs au-dessus d'Aubonne et aux Baulaz, au-dessus de Gimel (Gaud.).

γ. *Glaucescens*. Gaud. Fl. helv. 3. l. c. — Plante à tige tombante, moins raide, à panicule lâche, terminale; feuilles glauques, plus distinctement veinées; fleurs à pétales doubles du calice.

Salins, plus rare : même lieu que la variété précédente.

6. S. des marais. — *S. uliginosa.*

Murray, Prod. stirp. gött. p. 55. (1770). — Gaud. Fl. helv. 3. p. 185. — Koch, Syn. p. 120. — *Larbrea aquatica.* (Saint-Hil.). DC. Prod. 3. in adnot. p. 366. (non Ser. in DC. Prod. 1. p. 395.). — Duby, Bot. gall. p. 82. — *Stellaria aquatica* (Poll.). Ser. in DC. Prod. 1. p. 398. et Fl. fr. n. 4440. — Poir. Ency. 7. p. 419. — *Stellaria graminea.* var. γ. Linn. Sp. 604.
J. Bauh. Hist. 3. p. 2. p. 365. fig. 2. (*mala*). — Tabern. ic. p. 712. fig. 2.

Racine grêle, fibreuse, donnant naissance à plusieurs tiges faibles, ascendantes, tétragones, couchées à la base, médiocrement rameuses-dichotomes, glabres, diffuses, longues de 1—3 décim.; feuilles sessiles, opposées, quelquefois un peu ciliées à la base, glabres, oblongues-lancéolées, elliptiques, à une seule nervure, à veines anastomosées - réticulées un peu diaphanes : les inférieures rétrécies en un court pétiole; fleurs blanches, petites, portées sur des pédicelles grêles, uniflores, glabres et épaissis au sommet, à la fin réfléchis, disposées en petites panicules axilaires, munies de bractées scarieuses, lancéolées, aiguës; sépales étroits, lancéolés, aigus, blanchâtres et scarieux sur les bords; pétales bifides, à lobes obtus, divergents, plus courts que les sépales; capsule ovoïde, dépassant à peine le calice; graines rousses, très petites, arrondies, un peu comprimées, à peine chagrinées, à la loupe. ① (Juin, juillet).

Les lieux humides, le voisinage des fontaines, les forêts de sapins, les places des fourneaux à charbon dans les taillis humides : Salins, au-

dessous d'une petite fontaine, à l'extrémité des prés de Raty, près
d'Ivory ; les champs entre Clucy et la tuilerie de Clucy ; les forêts de
sapins de la Joux ; de Boujaille ; de Villers ; de Levier, etc. ; le marais
des Ponts, comté de Neuchâtel. — La tourbière du Brassus, vallée de
Joux (Gaud.). — Le marais de Trelasse ; en descendant de la Dôle à
Gex, près d'une fontaine (Reut.). — Sur le Salève, à la fontaine du
Piton (Girod). — Çà et là, dans les marais aux environs de Bâle
(Hagenb.).

14. MOENCHIE. — *MOENCHIA*. Ehrh.

Calice à 4 sépales ; corolle à 4 pétales entiers ; étamines 4
ou 8 ; styles 4 ; capsule uniloculaire tubuleuse, polysperme,
s'ouvrant au sommet en 8 valves.

1. M. dressée. — *M. erecta.*

Flor. der. Wett. 1. p. 219. — Koch, Syn. p. 120. — *M. qua-
ternella* (Ehrh.). Gaud. Fl. helv. 1. p 481. — *M. glauca.*
Pers. Syn. 1. p. 155. — *Alsinella erecta.* Mœnch, Meth.
p. 222. — *Sagina erecta.* Linn. Sp. 185. — Ser. in DC.
Prod. 1. p. 389. et Fl. fr. n. 4382. — Duby, Bot. gall. p.
81. — Poir. Ency. 6. p. 390.
Vaill. Bot. par. tab. 3. fig. 2.

Racine grêle, donnant naissance à une ou plusieurs tiges
glabres, simples ou rameuses dès la base (je possède en herbier un échantillon des environs d'Arbois, qui a 54 tiges,
dont 15 au moins rameuses, les autres simples), hautes de
6 – 8 centim., feuillées, dressées, les extérieures ascendantes ; feuilles glabres, opposées, connées, lancéolées, entières, aiguës, dressées, d'un vert un peu glauque, plus
courtes que les entre-nœuds : les radicales rétrécies en pétiole, marcescentes ; fleurs blanches, portées sur des pédicelles allongés, axilaires et terminaux, filiformes ; calice à
sépales lancéolés, aigus, dressés, jamais étalés, un peu
glauques, ainsi que les autres parties de la plante, à bords
scarieux, blanchâtres, munis d'une seule nervure ; pétales
entiers, dressés, oblongs, presque de la longueur des sépales

ou un peu plus courts ; capsule oblongue, demi-transparente comme celle des *Cerastium,* s'ouvrant au sommet en 8 valves , ne dépassant pas le calice ou de très peu ; graines d'un brun roux , irrégulières , chagrinées. ① (Mai, juin).

Salins , sur la pelouse de Suziau ; au bord du bois , en allant de Cramans à l'ermitage de Lorette ; aux environs d'Arbois ; de Besançon.

15. MALACHIE. — *MALACHIUM.* Fries.

Calice à 5 sépales ; corolle à 5 pétales bifides ; étamines 10 ; styles 5 ; capsule uniloculaire, polysperme , à 5 valves bifides.

1. M. aquatique. — *M. aquaticum.*

Fries, Fl. halland. p. 77. — Koch, Syn. p. 120. — *Cerastium aquaticum.* Linn. Sp. 629. — DC. Fl. fr. n. 4406. — Duby, Bot. gall. p. 87. — Lam. Ency. 1. p. 681. — *Larbrea aquatica.* Ser. in DC. Prod. 1. p. 395. (non Saint-Hil.). — *Stellaria pentagyna.* Gaud. Fl. helv. 3. p. 179.

Moris. sect. 5. tab. 23. fig. 1. — Tabern. ic. p. 707. fig. 1. — Dalech. Hist. p. 1232. fig. 2. — Dod. pempt. p. 29. fig. 1. (*ead.*). — Lob. ic. p. 459. fig. 2.

Racine longue , grêle , rampante ; tiges hautes de 3—6 décim. , anguleuses, faibles, tombantes , articulées , feuillées dans toute leur longueur, pubescentes , surtout dans le haut , rameuses-dichotomes ; feuilles larges, ovales , aiguës , sessiles , en cœur , glabres , les inférieures et celles des rameaux stériles pétiolées : les supérieures plus étroites , plus petites , pubescentes-glanduleuses , ainsi que toutes les parties du sommet de la tige ; fleurs grandes , blanches, disposées en panicule dichotome étalée , portées sur des pédoncules terminaux et axilaires dans la dichotomie des rameaux , à la fin réfléchis ; sépales ovales-lancéolés , pubescents-glanduleux , ainsi que les pédoncules ; pétales profondément bifides , à lobes oblongs , obtus , divergents , un peu plus longs que les sépales ; capsule ovoïde , presque globuleuse , de la longueur du calice ou le dépassant peu , s'ouvrant au sommet en 5 valves bifides ; graines arrondies-réniformes , d'un brun foncé , chagrinées-tuberculeuses. ♃ (Juin—août).

Les fossés, les lieux humides : Salins, dans les fossés au bord des routes ; au bord de la Furieuse, au-dessous de Saint-Joseph et à la Chapelle, etc. ; aux environs de Lons-le-Saunier ; de Sellières ; de Besançon ; de Montbéliard. — Nyon , autour de Cheserex, Grens, Duilliers, etc. (Gaud.). — Les environs de Genève (Reut.). — De Bâle (Hagenb.).

16. CÉRAISTE. — *CERASTIUM*. Linn.

Calice à 5 sépales ; corolle à 5 pétales bifides ou échancrés ; étamines 10 , rarement moins ; styles 5 ; capsule uniloculaire , polysperme , oblongue-cylindrique , s'ouvrant au sommet en 10 dents.

§ 1. *Corolle plus courte que le calice ou le dépassant peu.*

1. C. visqueux. — *C. viscosum.*

Gaud. Fl. helv. 3. p. 240. — *C. vulgatum. Herb. Linneani, sec. Smith. Brit.* p. 496. — Ser. in DC. Prod. 1. p. 415. et Fl. fr. n. 4595. — Duby, Bot. gall. p. 86. — *C. vulgatum.* var. ß. Lam. Ency. 1. p. 679. — *C. glomeratum.* Koch, Syn. p. 121.
Vaill. Bot. par. tab. 50. fig. 5.

Plante d'un vert pâle, toute poilue, visqueuse, à racine grêle , plus au moins garnie de fibres , à tiges peu nombreuses, dressées ou ascendantes, simples, quelquefois un peu rameuses dès la base, hautes de 12—20 centim. ; feuilles ovales ou arrondies , obtuses , les inférieures rétrécies en pétiole ; fleurs fasciculées, disposées en corymbe-dichotome , portées sur des pédicelles terminaux et axilaires dans la dichotomie des rameaux , plus courts ou de même longueur que le calice , à la fin défléchis ; bractées herbacées , non

scarieuses ; sépales lancéolés-acuminés , barbus au sommet :
les intérieurs scarieux sur les bords ; pétales oblongs , à 2
lobes courts , rapprochés , de la longueur des sépales ou les
dépassant à peine ; capsule grêle, cylindrique , double de la
longueur du calice , légèrement arquée-ascendante ; graines
menues, rousses , obscurémeut chagrinées. ① (Mai — août).

Sur les murs et dans les lieux un peu arides ou sablonneux.

β. *Glomeratum.* Gaud. Fl. helv. 5. l. c. — *C. glomeratum.* Thuill. Fl. par. ed. 2. p. 326. — *C. vulgatum. var. β.*
Ser. in **DC**. Prod. l. l. c. — Plante non visqueuse , poilue ,
surtout au sommet ; tige un peu épaisse, simple ou un peu
rameuse à la base ; feuilles ovales-arrondies , très obtuses :
les inférieures obovales ; fleurs fasciculées , réunies presque
en tête terminale.

Salins, dans les champs de Cramans, etc. — Au pied du Salève
(Reut.).

γ. *Apetalum.* Koch, Syn. l. c. — *C. apetalum.* Dumort.
Obs. bot. p. 47. — Fleurs dépourvues de pétales.

2. C. à courts pétales. — *C. brachypetalum.*

Desportes, in Pers. Syn. 1. p. 520. — Ser. in **DC**. Prod. 1.
p. 416. et Fl. fr. n. 4597. — Duby, Bot. gall. p. 87. —
Gaud. Fl. helv. 5. p. 241. — Poir. Ency. supp. 2. p. 146.
— Koch , Syn. p. 121.
DC. ic. gall. rar. tab. 44. (*opt.*).

Cette espèce se rapproche de la précédente par son port ,
mais on l'en distingue facilement aux longs poils barbus qui
la recouvrent et lui donnent une teinte blanchâtre ; à sa panicule plus développée , et surtout à ses pédicelles égalant
2—3 fois la longueur du calice. Racine grêle , garnie de
quelques fibres , donnant naissance à une ou plusieurs tiges
grêles , simples ou rameuses dès la base , dressées ou ascendantes, hautes de 14—20 centim. , lâchement dichotomes,
velues-blanchâtres , à poils non glanduleux ou moins que
dans l'espèce précédente ; feuilles oblongues ou ovales-ellip-

tiques, également velues, d'un vert blanchâtre : les inférieures rétrécies en pétiole ; fleurs portées sur des pédoncules
égalant 2—3 fois la longueur du calice, à la fin un peu arqués au sommet, mais non réfléchis, disposées en panicule
dichotome très lâche; sépales lancéolés, barbus ; bractées
herbacées, garnies de longs poils non glanduleux; pétales
bifides, plus courts que les sépales ; capsule d'un tiers plus
longue que le calice : graines menues, rousses, chagrinées.
① (Mai , juin).

Sur les murs, dans les lieux incultes et arides : Salins, sur un mur
de vigne en face de la promenade des Capucins ; et dans le pâturage au-
dessous de la Baume-au-Soulier, etc. — Nyon, le long du chemin entre
le lac et la campagne Clément; et dans les champs et les prés voisins
(Gaud.). — Genève , sur les Tranchées; au bord du Rhône sous Aïre ;
et entre Verrier et Salève (Reut.).

β. *Tenellum.* Gaud. Fl. helv. 3. 1. c. — *C. vulgatum.*
var. δ. tenellum. Ser. in DC. Prod. 1. p. 416. — Tiges très
grêles, filiformes, velues, à poils glanduleux-visqueux, à
feuilles écartées, à fleurs moins rapprochées, plus longuement pédicellées.

Salins, dans les mêmes lieux. — Nyon , dans les mêmes lieux (Gaud.).

3. C. à cinq étamines. — *C. semidecandrum.*

Linn. Sp. 627. — Ser. in DC. Prod. 1. p. 416? et Fl. fr. n.
4598. var. *α.* — Duby, Bot. gall. p. 87 ? — Gaud. Fl.
helv. 3. p. 242.— Koch, Syn. p. 121.— *C. vulgatum. var.*
γ. Lam. Ency. 1. p. 679.
Vaill. Bot. par. tab. 30. fig. 2.
Racine grêle, garnie de quelques fibres , donnant naissance
à une ou plusieurs tiges simples ou rameuses dès la base ,
dressées ou ascendantes, quelquefois un peu étalées dans le
bas , hautes de 6—10 centim., souvent un peu rougeâtres à
leur partie inférieure, pubescentes, à poils courts et très visqueux, ordinairement divisées au sommet en un petit nombre
de rameaux fourchus et ouverts ; feuilles ovales ou oblongues, obtuses, velues, terminées par une petite pointe cal-

leuse : les radicales rétrécies en un court pétiole et un peu
étalées en rosette ; fleurs terminales et axilaires dans la dichotomie des rameaux, ordinairement à 5 étamines, portées
sur des pédoncules inégaux, d'abord plus courts que le calice,
ensuite 1—2 fois plus longs, raides, à la fin réfractés ; bractées lancéolées, toutes scarieuses et luisantes à leur moitié
supérieure ; sépales lancéolés-acuminés, également scarieux
et luisants sur les bords et à leur partie supérieure, souvent
rongés-dentelés au sommet, hérissés, ainsi que les pédoncules, de poils courts, glanduleux, très visqueux ; pétales
plus courts que les sépales, échancrés au sommet ; capsule
presque droite, double de la longueur du calice ; graines
petites, rousses, presque lisses ou à peine chagrinées. ⊕
(Avril , mai).

Les collines sèches, les champs et les prés arides : Salins, sur la
margelle, le long de la promenade des Capucins. — Nyon, au bord des
promenades, le long des chemins (Gaud.). — Genève, sur les murs,
sur les Tranchées, près de Chancy, etc. (Reut.). — Bâle, assez
commun dans les champs maigres et stériles (Hagenb.).

β. *Umbellatum*. Racine grêle, produisant une ou plusieurs tiges dressées ou ascendantes, pubescentes-visqueuses,
hautes de 5—6 centim. ; feuilles velues, petites, ovales-
arrondies, les radicales rétrécies en pétiole ; fleurs terminales, en tête ombelliforme, portées sur des pédoncules de
longueur très variable, celles du centre presque sessiles, les
extérieures à pédoncules plus longs, à la fin réfractés,
comme ceux de l'*Holosteum umbellatum*.

Salins , dans les pâturages du sommet de Poupet. — *An C. semidecandrum. var. γ. pigmæum*. Gaud. Fl. helv. l. c. ?

4. C. nain. — *C. pumilum*.

Curtis, Fl. Lond. fasc. 6. tab. 50. — Koch, Syn. p. 122. —
C. semidecandrum. Pers. Syn. 1. p. 521. — DC. Fl. fr.
n. 4598. var. β. — *C. ovale*. Bess. Galic. 1. p. 294. — *C.
semidecandrum*. Ser. in DC. Prod. *ex parte (secundùm
Reuter.)*.

Cette espèce, qu'on a souvent confondue avec la précédente, ou à laquelle on l'a réunie comme variété, en diffère par ses feuilles moins obtuses, ordinairement d'un vert moins pâle ; par ses bractées inférieures herbacées, non scarieuses : les supérieures étroitement scarieuses sur le bord ; par ses sépales lancéolés-acuminés, non dentelés, souvent marqués d'un tache triangulaire purpurine vers le sommet, et munis d'un bord scarieux très étroit ; par ses pétales de la longueur du calice ou plus longs ; enfin par ses pédoncules dressés, à la fin légèrement arqués au sommet, mais non réfléchis, 2-3 fois plus longs que le calice. Toute la plante est très visqueuse. ⊙ (Avril, mai).

Salins, sur la margelle le long de la promenade des Capucins, et sur le sommet de Poupet. — Genève, très commun sur les Tranchées, au pied de Salève, etc. (Reut.).

5. C. commun. — *C. vulgatum.*

Gaud. Fl. helv. 3. p. 238.— Lam. Ency. p. 1. 679. var. *a.*— Vill. Dauph. 3. p. 642. — *C. viscosum.* herb. Linneani, sec. Smith, Brit. p. 497. — Ser. in DC. Prod. 1. p. 416. et Fl. fr. n. 4596. — Duby, Bot, gall. p. 87. — *C. triviale* (Linck.). Koch, Syn. p. 122.
Vaill. Bot. par. tab. 30. fig. 1. — Lam. illust. tab. 392. fig. 1. (*fere ead.*). —J. Bauh. Hist. 3. p. 2. p. 359. fig. 1. (*mala*).

Racine dure, rameuse, fibreuse, donnant naissance à plusieurs tiges diffuses, gazonnantes, quelquefois radicantes à la base, souvent tombantes, velues, non visqueuses, un peu épaissies sur les nœuds, ascendantes, hautes de 15—30 centim. et quelquefois plus ; feuilles oblongues-lancéolées, obtuses ou un peu aiguës, molles et un peu épaisses, velues, d'un vert foncé, ainsi que la tige : les supérieures plus aiguës, les inférieures rétrécies en pétiole ; fleurs blanches, presque une fois plus grandes que dans le *C. viscosum*, portées sur des pédoncules ordinairement 1—2 fois plus longs que le calice, velus, dressés pendant la fleuraison, ensuite penchés, à la fin redressés , terminales et axilaires dans la dichotomie des rameaux , disposées en panicule dichotome ; bractées ovales , un peu concaves , scarieuses sur les bords ; sépales ovales-lancéolés , verts et velus sur le dos , blanchâtres et scarieux sur les bords ; pétales de la longueur des sépales , ou un peu plus grands , divisés en 2 lobes obtus et parallèles ; capsule presque droite , épaisse, cylindrique, presque double du calice ; graines rousses , chagrinées. ② et ① (Koch). ⅄ (Gaud.). (Mai—automne).

Commun dans les champs , les lieux cultivés un peu humides , le long des chemins.

β. *Sylvaticum*. (Schl.) Gaud. Fl. helv. 3. l. c. — Tige très rameuse , dichotome dès la base.

Les terres plus fertiles.

γ. *Inundatum*. Gaud. Fl. helv. 3. l. c. — Tige moins élevée , plus grêle , à panicule moins fournie , pauciflore.

Les lieux inondés l'hiver.

§ 2. *Corolle deux fois aussi longue que le calice.*

6. C. des Alpes. — *C. Alpinum*.

Linn. Sp. 628. — Ser. in DC. Prod. 1. p. 419. et Fl. fr. n. 4403. — Duby, Bot. gall. p. 87. — Gaud. Fl. helv. 3. p. 246. — Koch , Syn. p. 123.

Racine rampante , à peine gazonnante ; tiges dressées ou ascendantes , simples , hautes de 10—15 centim. , pubescentes , fourchues au sommet , pauciflores ; feuilles vertes , largement elliptiques , un peu obtuses : les supérieures aiguës , écartées , poilues , à poils dressés , allongés , rarement glabres : les inférieures plus rapprochées ; fleurs grandes , blanches , portées sur des pédoncules ordinairement ternés , pubescents , le moyen plus court , uniflore , les latéraux ordinairement uniflores , plus rarement à 2—3 fleurs , munis à la base , et quelquefois au-dessous du milieu , de bractées lancéolées , scarieuses sur les bords ; sépales ovales , presque

obtus , pubescents, scarieux sur les bords et au sommet ;
pétales obcordés, presque doubles de la longueur des sépales ;
capsule presque cylindrique , arquée-ascendante , dépassant
d'un tiers le calice. ♃ (Juin—août).

Au haut de la Charrière-Neuve, au droit de Renens, au-dessus de la
vallée de Saint-Imier (Gagnebin, in Gaud.).

7. C. des champs. — *C. arvense*.

Linn. Sp. 628. — Ser. in DC. Prod. 1. p. 419. et Fl. fr. n.
4402. — Duby, Bot. gall. p. 88. — Gaud. Fl. helv. 5. p.
244. Lam. Ency. 1. p. 680. — Koch , Syn. p. 124.
Vaill. Bot. paris. tab. 50. fig. 4. — J. Bauh. Hist. 5. p. 2.
p. 560. fig. 1. — Tabern. ic. p. 255. fig. 1.

Racine rampante , à souches couchées, radicantes à la
base , gazonnantes ; tiges nombreuses, ascendantes , hautes
de 1—2 décim. , rameuses, cylindriques, pubescentes, à
poils réfléchis , nues à leur partie supérieure, à rameaux
stériles très feuillés , courts, nombreux ; feuilles étroites,
linéaires-lancéolées, un peu obtuses ou aiguës, pubescentes,
à nervure dorsale saillante ; fleurs blanches , grandes , au
nombre de 7—15 , disposées en panicule dichotome, portées
sur des pédoncules allongés, terminaux et axilaires dans la
dichotomie des rameaux ; bractées bordées-membraneuses,
pubescentes, ciliées ; sépales lancéolés ou oblongs, un peu obtus, pubescents, scarieux au sommet et sur les bords ; pétales
obcordés, doubles de la longueur des sépales, rétrécis à la base ;
capsule oblongue-cylindrique , plus longue que le calice , un
peu épaisse et courbée ; graines brunâtres , chagrinées. ♃
(Mai , juin).

Commun sur les murs, le long des chemins, au bord des champs et
des vignes.

β. *Strictum. C. arvense. II. strictum.* Gaud. Fl. helv.
5. l. c. — Hall. Helv. tab. 14. — Tiges presque dressées ;
feuilles presque glabres, lancéolées-linéaires, un peu aiguës ;
pédoncules pubescents-glanduleux.

Commun dans les pâturages du haut Jura et à Salève.

γ. *Fasciculatum. C. arvense. II. strictum. var. ß.*
Gaud. Fl. helv. 3. l. c. — Vill. Dauph. tab. 48. fig. 2. —
Tiges raides ; feuilles allongées, linéaires-acuminées, fasci-
culées, très glabres ; pétales un peu plus longs que le calice.

Près de Delémont (Em. Thomas, in Gaud.).

8. C. cotonneux. — *C. tomentosum.*

Linn. Sp. 629 ? — Ser. in DC. Prod. 1. p. 418. et Fl. fr. n.
4399. — Duby, Bot. gall. p. 89. — Gaud. Fl. helv. 3. p.
232. — Lam. Ency. 1. p. 680. — *C. repens.* Koch, Syn.
p. 124.
J. Saint-Hil. Pl. fr. tab. 81.

Plante toute couverte d'un duvet court, serré, cotonneux,
très remarquable, qui la rend entièrement blanche. Racine
rampante, à souches couchées, radicantes à la base, gazonnantes, donnant naissance à un grand nombre de tiges ascendantes, hautes de 16—20 centim., rameuses-dichotomes au
sommet, garnies à leur partie inférieure de rameaux stériles
très feuillés, étalés, souvent couchés à la base ; feuilles lancéolées - linéaires, obtuses, étalées, souvent recourbées,
molles, douces au toucher, à cause du duvet cotonneux qui
les recouvre ; fleurs grandes, d'un blanc de neige, disposées
au sommet des tiges en panicule dichotome, portées sur des
pedoncules cotonneux, terminaux et axilaires dans la dichotomie des rameaux ; bractées ovales, aiguës, scarieuses au
sommet ; sépales oblongs, obtus, cotonneux : les intérieurs
un peu scarieux sur les bords ; pétales bifides, 2—3 fois aussi
longs que le calice ; capsule oblongue-cylindrique, à dents
réfléchies par le bord ; graines convexes, réniformes, chagrinées. ⚤ (Mai, juin).

Autour de Montreux et au Foulet, près de la Chaux - de - Fonds
(Gaud.). On le cultive quelquefois dans les jardins, où sa couleur d'un
blanc de neige forme un contraste avec le vert des autres plantes. —
Koch, Syn. 1. c. pense que cette espèce est le véritable *C. repens.* Linn.,
et qu'elle diffère du *C. tomentosum.* Linn. (*C. Biebersteinii.* Ser. in
DC. Prod. 1. p. 418.), en ce que ce dernier a les feuilles plus larges
et les dents de la capsule roulées en dehors.

FAMILLE XIII.

Élatinées. Cambess.

Calice à 3, 4, 5 lobes ou divisions, à estivation embriquée; pétales hypogynes, en même nombre que les sépales et alternes avec eux; étamines libres, hypogynes, en nombre égal ou double de celui des pétales; ovaire libre, à 3, 4, 5 loges à plusieurs ovules, à valves portant les cloisons; styles en même nombre que les loges; fruit capsulaire à placenta central; graines nombreuses, sans périsperme. Embryon droit ou courbé avec la graine; radicule tournée vers l'ombilic. — Feuilles dépourvues de stipules.

1. ÉLATINE. — *ELATINE.* Linn.

Calice à 3—4 divisions; pétales 3—4; étamines 3, 4, 6, 8; styles 3—4; capsule polysperme, à 3—4 loges; graines filiformes, cylindriques, presque droites, ou plus ou moins courbées.

1. E. poivre d'eau. — *E. hydropiper.*

Linn. Sp. 527. — Ser. in DC. Prod. 1. p. 390. et Fl. fr. n. 4386. var. *α.* — Duby, Bot. gall. p. 81. — Gaud. Fl. helv. 3. p. 51. var. *α.* — Lam. Ency. 2. p. 348. var. *α.* — Koch, Syn. p. 125.

DC. ic. pl. rar. Gall. tab. 43. fig. 2. — Lam. illust. tab. 320. fig. 2. — Vaill. Bot. par. tab. 2. fig. 2.

Plante glabre, tendre, ayant le port d'un *Callitriche*, à tiges nombreuses, lisses, diffuses, très rameuses, couchées, radicantes, feuillées, longues de 5—8 centim.; feuilles petites, sessiles, opposées, ovales, courtement spatulées, obtuses, un peu rétuses au sommet; fleurs blanches, petites, à 8 étamines, axilaires, solitaires, portées sur des pédoncules plus courts que les feuilles; calice persistant, à sépales obtus; pétales arrondis, plus grands que le calice; capsule

déprimée, arrondie-tétragone ; graines petites, presque cylindriques, un peu courbées, striées et ridées en travers. ④
(Juin—août).

Les lieux marécageux et inondés de la plaine (Guyétant). — Le
bord des étangs (De Besse , in Girod-Chant.).

2. E. à six étamines. — *E. hexandra.*

DC. ic. pl. rar. Gall. 1. p. 14. — Ser. in DC. Prod. 1. p.
390. et Fl. fr. supp. n. 4586ᵃ. — Duby, Bot. gall. p. 81.
— Koch, Syn. p. 125. — *E. hydropiper. var. β.* Linn.
Sp. 527. — Gaud. Fl. helv. 3. p. 52. — Lam. Ency. 2.
p. 348.
DC. ic. pl. rar. Gall. tab. 43. fig. 1. — Vaill. Bot. par. tab.
2. fig. 1.

Plante petite , à tiges couchées , radicantes , longues de
2—4 cent. , ayant les plus grands rapports avec l'espèce
précédente , dont elle diffère cependant par ses tiges plus
courtes; par ses feuilles plus petites et plus arrondies; par
ses pédoncules égaux ou plus longs que les fruits; par les
sépales , les pétales et les loges de la capsule au nombre de
3; enfin par ses fleurs roses, à 6 étamines. ④ (Juin—août).

Sur la terre humide , inondée l'hiver : Salins , au bord de l'étang de
Vaudrey. — Bord du lac de Genève, entre Gonthod et Versoix (Reut.).
— Près de Gex (Capellani).

3. E. verticillée. — *E. alsinastrum.*

Linn. Sp. 527. — Ser. in DC. Prod. 1. p. 390. et Fl. fr. n.
4587. — Duby, Bot. gall. p. 81. — Gaud. Fl. helv. 3. p.
54. — Lam. Ency. 2. p. 348. — Koch, Syn. p. 126.
Lam. illust. tab. 520. fig. 1. — Vaill. Bot. par. tab. 1. fig. 6.

Cette plante a le port de l'*Hippuris vulgaris,* si ce n'est
qu'elle est plus petite et que ses feuilles sont plus larges.
Racines fibreuses , verticillées ; tige simple , épaisse , articulée , fistuleuse , haute de 15—20 centim. , radicante à sa

partie inférieure ; feuilles verticillées , au nombre de 3—6—
12 : les inférieures immergées , étroites , linéaires-lancéolées :
les supérieures émergés , ovales , très entières , courtes , ternées , à 3 nervures , plus longues que les entre-nœuds ; fleurs
d'un blanc verdâtre , petites , presque sessiles , verticillées ,
axilaires ; calice vert ; pétales arrondis , persistants ; capsule
arrondie , un peu déprimée au sommet ; graines verdâtres ,
cylindriques , à peine courbées , striées en long et légèrement
ridées en travers. ♃ (Juillet , août).

Les lieux marécageux et inondés de la plaine (Guyétant).

FAMILLE XIV.

Linées. DC.

CALICE à 4—5 sépales persistants, à estivation embriquée ;
corolle régulière , à pétales hypogynes, en même nombre
que les sépales, à estivation tordue , à onglets quelquefois
soudés entre eux et avec les étamines; celles-ci sont au
nombre de 5, hypogynes, alternes avec les pétales, soudées
en anneaux à la base , avec 5 dents ou rudiments d'étamines alternes; anthères à 2 loges s'ouvrant par une fente
longitudinale; ovaire à 8—10 loges renfermant un seul ovule
pendant, à 8—10 cloisons , dont 4—5 complètes, formées
d'une double membrane, et 4—5 incomplètes ; placentas
centraux; styles 4—5 ; graines dépourvues de périsperme ;
embryon droit; radicule dirigée vers l'ombilic. — Feuilles
dépourvues de stipules.

1. LIN. — *LINUM*. Linn.

Calice à 5 sépales ; corolle à 5 pétales ; étamines 5 ; capsule à 10 loges.

§ 1. *Sépales munis de cils glanduleux.*

* *Fleurs jaunes.*

1. L. de France. — *L. Gallicum.*

Linn. Sp. 401. — DC. Prod. 1. p. 423. et Fl. fr. n. 4442.
— Duby, Bot. gall. p. 89. — Lam. Ency. 3. p. 523. —
Koch, Syn. p. 126.
Ger. Gallo-Prov. tab. 16. fig. 1.

Racine fusiforme, quelquefois divisée ; tige dressée, grêle,
rameuse, souvent dès la base, glabre, à rameaux étalés,
haute de 1—2 décim. ; feuilles alternes, linéaires-lancéolées, aiguës, glabres, rudes sur les bords qui sont légèrement dentelés en scie, rapprochées dans le bas de la tige ;
fleurs petites, jaunes, nombreuses, solitaires ou géminées,
disposées en panicule lâche, corymbiforme, portées sur des
pédicelles filiformes ; sépales lancéolés-subulés, un peu ciliés-glanduleux à la base ; pétales obtus, doubles du calice ;
capsule petite, déprimée-globuleuse, s'ouvrant au sommet
par des valves acuminées ; graines d'un brun roux, ovoïdes,
comprimées, luisantes. ④ (Juin, juillet).

Arbois, dans les champs, entre le bois de la Fretille et la route de
Dole ; au Grand et au Petit-Abergement ; au bois de Vaucy (Dumont).

** *Fleurs couleur de chair ou lilas pâle.*

2. L. à feuilles menues. — *L. tenuifolium.*

Linn. Sp. 398. — DC. Prod. 1. p. 427. et Fl. fr. n. 4450. —
Duby, Bot. gall p. 90. — Gaud. Fl. helv. 2. p. 459. —
— Lam. Ency. 3. p. 520. — Koch, Syn. p. 127.
Moris. sect. 5. tab. 26. fig. 14. — J. Bauh. Hist. 3. p. 2. p.
453. fig. 1. et 2. — Clus. Hist. 1. p. 318. fig. 2. (*ead.*).
— Tabern. ic. p. 822. fig. 1. — Dalech. Hist. p. 494.
fig. 3. — Lob. ic. p. 413. fig. 1. (*ead.*).

Racine dure, blanchâtre, oblique, simple ou divisée, produisant plusieurs tiges, grêles, simples, raides, glabres, ascendantes à la base, dressées, très feuillées, rameuses-dichotomes au sommet, hautes de 2—3 décim.; feuilles éparses, nombreuses, linéaires-subulées, dressées contre la tige, ciliées-rudes sur les bords : plus courtes, moins aiguës, plus rapprochées et presque embriquées, dans le bas de la tige ; fleurs grandes, couleur de chair ou lilas pâle, rarement blanches, disposées en panicule corymbiforme, portées sur des pédoncules inégaux ; sépales lancéolés, longuement acuminés, ciliés-glanduleux, à nervure dorsale saillante ; pétales rayés à la base de lignes plus foncées, 3 fois plus longs que le calice ; capsule petite, globuleuse ; graines rougeâtres, obliquement ovales. ♃ (Juin, juillet).

Sur les collines, dans les lieux arides et pierreux : Salins, sur les rochers d'Arèle et de Saint-Roch, au pied de Belin ; sur les rochers au-dessus des Planches et des vignes de Gily, près d'Arbois ; le long de la route en montant d'Orbe à Balaigue ; aux environs de Thoirette. — Genève, à Sous-Terre, au bois de la Bâtie, au pied du Salève, etc. (Reut.). — Près de Vausseyon et dans le Val-de-Ruz (**L.** Benoit). — Aux environs de Bâle (Hagenb.),

§ **2.** *Sépales dépourvus de cils glanduleux.*

* *Feuilles alternes et éparses , ou les inférieures seulement opposées.*

|3. L. cultivé. — *L. usitatissimum.*

Linn. Sp. 397. — DC. Prod. 1. p. 426. et Fl. fr. n. 4446. — Duby, Bot. gall. p. 89. — Gaud. Fl. helv. 2. p. 457. — Lam. Ency. 3. p. 519. — Koch. Syn. p. 128. Chaum. Fl. méd. tab. 220. — J. Saint-Hil. Pl. fr. tab. 212. Lam. illust. tab. 219. fig. 1. — Moris. sect. 5. tab. 26. fig. 1. — J. Bauh. Hist. 3. p. 2. p. 450. fig. 1. — Dalech. Hist. p. 494. fig. 1. — Dod. pempt. p. 533. — Lob. ic. p. 412. fig. 1. (*ead.*).

Racine grêle, presque simple, garnie de quelques fibres; tige simple, dressée, glabre, cylindrique, grêle, feuillée

un peu rameuse au sommet, haute de 6—9 décim. ; feuilles
glabres, éparses, linéaires-lancéolées, aiguës, presque dressées, à 3 nervures, les inférieures plus courtes, un peu obtuses ; fleurs grandes, terminales ou axilaires, au nombre
de 1—3 sur chaque pédoncule, disposées en panicule corymbiforme ; sépales ovales acuminés, à 3 nervures, membraneux sur les bords ; pétales bleu-de-ciel, 2—3 fois plus grands
que le calice, arrondis et un peu crénelés au sommet, veinés ;
capsule mucronée ; graines brunes, comprimées, luisantes,
ovales-elliptiques. ① (Juin, juillet).

Cette plante est généralement cultivée, particulièrement dans nos
montagnes, où elle réussit beaucoup mieux que dans la plaine, aimant
une température fraîche. On la trouve çà et là, dans les champs, croissant spontanément. Elle est, dit-on, originaire du plateau de la haute
Asie. — Sa tige est textile par le rouissage, et sa filasse donne un fil fin
et très beau ; ses graines mucilagineuses sont éminemment émollientes
et adoucissantes, on les emploie en lotion et en cataplasme dans les in-
flammations ; elle fournit une huile dessiccative très employée dans la
peinture, et après l'expression elle donne un pâte propre à engraisser
les bestiaux.

4. L. de montagne. — *L. montanum.*

Schleich. exsic. cat. 1815. — DC. Prod. 1. p. 427. — Duby,
    Bot. gall. p. 89. — Gaud. Fl. helv. 2. p. 458. — *L. Al-*
    pinum. DC. Fl. fr. n. 4448. — et *L. Austriacum.* ejusd.
    supp. n. 4448[a].
    L. læve. Scop. Carn. ed. 2. tab. 11. fig. 3.
    Racine dure, donnant naissance à plusieurs tiges glabres,
dressées ou ascendantes, hautes de 16—52 centim., très
feuillées, divisées au sommet en un petit nombre de rameaux
également feuillés, pauciflores ; feuilles rapprochées, presque
dressées, linéaires-lancéolées, aiguës, à 3 nervures à la
base, les latérales peu marquées : les supérieures acuminées ; fleurs bleues, de la grandeur de celles de l'espèce
précédente, peu nombreuses, disposées en panicule corymbiforme, portées sur des pédoncules assez longs, ordinairement uniflores, dressés ; sépales ovales, à 3 nervures à la

base : les extérieurs aigus, un peu plus étroits : les intérieurs obtus, un peu mucronés, membraneux sur les bords ;
pétales obovales, caducs, très entiers, rayés de lignes violettes, un peu jaunâtres à la base, 3 fois plus longs que les
sépales ; capsule globuleuse, presque double de la longueur
du calice ; graines oblongues, brunes, comprimées, à peine
luisantes. ⚥ (Juillet, août).

Les pâturages des hautes sommités du Jura : sur le Reculet et la
chaîne du Colombier ; sur la Dôle et le Montendre.

*** Feuilles toutes opposées.*

5. L. purgatif. — *L. catharticum.*

Linn. Sp. 401. — DC. Prod. 1. p. 428. et Fl. fr. n. 4452.
    — Duby, Bot. gall. p. 90. — Gaud. Fl. helv. 2. p. 460.
    — Lam. Ency. 3. p. 522. — Koch, Syn. p. 129.
Barr. ic. fig. 1165. n. 2. — J. Baub. Hist. 3. p. 2. p. 455. fig. 2.

Racine blanchâtre, fusiforme, souvent tortueuse et divisée,
produisant ordinairement plusieurs tiges (j'ai en herbier
deux échantillons dont la racine porte dans l'un 50 tiges et
dans l'autre plus de 100), simples, grêles, dressées ou ascendantes, glabres, feuillées, rameuses-dichotomes à leur
partie supérieure, hautes de 1—2 décim. ; feuilles opposées,
un peu écartées dans le haut de la tige, plus rapprochées
à la base, oblongues : les inférieures plus petites, plus obtuses, obovales : les supérieures plus étroites, lancéolées ;
fleurs blanches, petites, penchées avant leur épanouissement,
portées sur des pédoncules presque dressés, filiformes, disposées en panicule dichotome, lâche ; sépales elliptiques, acu
minés, un peu dentelés-glanduleux, à nervure dorsale saillante ; pétales doubles du calice, un peu aigus, quelquefois
légèrement échancrés, un peu jaunâtre à la base ; capsule
globuleuse ; graines peu luisantes, ovoïdes, comprimées,
d'un brun clair. ☉ (Juin—octobre).

Commun dans les prés et les champs un peu humides, après la
moisson.

2. RADIOLE. — *RADIOLA*. Gmel.

Calice à 4 divisions bi ou trifides ; corolle à 4 pétales ; étamines 4 ; styles 4 , courts ; stigmate en tête ; capsule à 8 loges , à 8 graines.

1. R. faux-lin. — *R. linoïdes.*

Gmel. Syst. 1. p. 289. — DC. Prod. 1. p. 428. — Duby,
   Bot. gall. p. 90. — Gaud. Fl. helv. 1. p. 462. — Koch ,
   Syn. p. 129. —*Linum radiola.* Linn. Sp. 402. — DC. Fl.
   fr. n. 4455. — Lam. Ency. 3. p. 522.
Vaill. Bot. par. tab. 4. fig. 6. — Mich. Nov. Gen. tab. 21. —
   Moris. sect. 5. tab. 29 *bis.* fig. 3. —Lob. ic. p. 422. fig. 1.
   Racine grêle , fusiforme ; tige haute de 3—5 centim. ,
rameuse-dichotome , souvent presque dès la base , grêle , à
rameaux filiformes très ouverts , ce qui donne à la plante la
forme d'une pyramide renversée ; feuilles ovales, opposées,
un peu aiguës , plus courtes que les entre-nœuds , étalées ;
fleurs petites , blanches , nombreuses, solitaires dans les bifurcations de la tige et fasciculées au sommet des rameaux ,
formant une panicule corymbiforme , dichotome , presque
nivelée au sommet, portés sur des pédicelles capillaires ,
plus allongés dans les bifurcations ; pétales obovales; capsule
globuleuse ; graines très menues , ovoïdes, lisses, d'un brun
clair. ⨀ (Juillet, août).

Les champs argileux , près de la Ferté , entre le bois et la route
d'Arbois ; à Mont-sous-Vaudrey. — Dans le bois de Miserey (Girod-
Chant.).

FAMILLE XV.

Malvacées. Brown.

Calice ordinairement double : l'extérieur à 3—9 lanières
profondes , l'intérieur à 5 lobes, rarement 3—4, à estivation valvaire ; corolle régulière , à pétales en même nombre

que les lobes du calice intérieur et alternes avec eux, à estivation tordue ; étamines en nombre défini ou indéfini, soudées en un tube adhérent par sa base aux pétales, à anthères uniloculaires s'ouvrant par une fente transversale ; disque hypogyne nul ; ovaires verticillés autour d'un axe, distincts ou soudés ; styles plus ou moins soudés, à stigmates en même nombre que les ovaires ; fruit composé de carpelles ordinairement verticillés autour d'un placenta central, rarement agrégés, à 1—2 graines, s'ouvrant intérieurement par une fente, ou soudés en une capsule à plusieurs loges, à cloisons portant au côté interne les graines dressées. Périsperme nul ou presque nul ; embryon droit ; cotylédons pliés-contournés ; radicule dirigée vers l'ombilic. — Herbes ou arbrisseaux à feuilles alternes, ordinairement pétiolées, stipulées ; pédoncules axilaires, à une ou plusieurs fleurs.

1. MAUVE. — *MALVA*. Linn.

Calice double : l'extérieur à 3 divisions profondes, l'intérieur à 5 lobes ; styles nombreux, soudés à la base ; capsule orbiculaire, à plusieurs loges monospermes, à cloisons formées par les bords rentrants des valves ; graines fixées à un axe central ; valves séparées à la maturité, semblables à des carpelles distincts.

§ 1. *Fleurs axilaires, toutes ou au moins les inférieures solitaires ; feuilles profondément lobées ou divisées.* — Bismalvæ. Medikus.

* *Carpelles glabres ; divisions extérieures du calice ovales.*

1. M. alcée. — *M. alcea.*

Linn. Sp. 971. — DC. Prod. 1. p. 432. et Fl. fr. n. 4311. — Duby, Bot. gall. p. 91. — Gaud. Fl. helv. 4. p. 425. — Desrouss. in Ency. 3. p. 749. var. *a.* — Koch, Syn. p. 129.
Lam. illust. tab. 582. fig. 1. — Tabern. ic. p. 771. fig. 2.

Racine dure, profonde; tige haute de 6—8 décim., dressée, cylindrique, ferme, rameuse, recouverte de poils appliqués, rayonnants; feuilles alternes, un peu écartées, pétiolées, rudes, plus ou moins garnies de poils semblables à ceux de la tige : les inférieures anguleuses, à 5 lobes, irrégulièrement dentées et assez semblables aux feuilles du *Groseiller :* les supérieures palmées, à 5—3 lobes profonds, incisés ou dentés; fleurs grandes, roses ou couleur de chair; calice velu-cotonneux, à poils fasciculés-rayonnants, à divisions extérieures ovales; pétales très grands, obcordés-cunéiformes, ciliés à la base; carpelles glabres, d'un brun noirâtre, arrondis-réniformes, striés en travers, assez semblables à un fragment d'*Ammonite;* graine lisse, arrondie-réniforme, un peu comprimée, grisâtre. ♃ (Juillet, août).

Salins, çà et là, le long des chemins de vigne, au bord des champs et le long des haies; aux environs de Nyon; de Genève; de Bâle, etc.

β. *Grandiflora.* Gaud. Fl. helv. 4. l. c. — Feuilles tripartites, à divisions cunéiformes, incisées-lobées, les latérales presque bipartites.

Nyon, près de Gland et de Bursins, un peu plus rare (Ducros).

** *Carpelles pubescents; divisions extérieures du calice linéaires.*

2. M. musquée. — *M. moschata.*

Linn. Sp. 971. — DC. Prod. 1. p. 432. et Fl. fr. n. 4512. — Duby, Bot. gall. p. 91. — Koch, Syn. p. 130. — Gaud. Fl. helv. 4. p. 424. — *M. alcea. var.* β. Desrouss. in Ency. 3. p. 749.

Moris. sect. 5. tab. 18. fig. 4. — J. Bauh. Hist. 2. p. 1067. fig. 1.

Racine dure, profonde; tige dressée, cylindrique, rameuse, hérissée de poils simples, épars, tuberculeux à la base, quelquefois presque glabre, feuillée, haute de 6—8 décim.; feuilles radicales presque arrondies-réniformes, longuement pétiolées, un peu en cœur à la base; indivises, crénelées ou

à 3—5 lobes incisés : les caulinaires également pétiolées,
plus grandes, ordinairement à 5 divisions un peu cunéiformes,
pinnatifides, à lobes étroits, linéaires, quelquefois bi ou trifides ; stipules lancéolées, ciliées ; fleurs un peu plus petites
que dans l'espèce précédente, roses, inodores, à pédoncule et calice poilus, à divisions extérieures étroites, linéaires,
aiguës, ciliées ; pétales échancrés, beaucoup plus grands que
le calice, un peu crénelés ; carpelles velus. ⚤ (Juillet, septembre).

Salins, dans les mêmes lieux que l'espèce précédente, mais plus
commune ; aux environs de Dole ; de Pontarlier ; de Besançon ; de
Nyon ; de Bâle ; de Neuchâtel ; du Locle ; de Genève, au bois de la
Bâtie, etc.

β. Laciniata. DC. Prod. 1. l. c. — *M. laciniata.* Desrouss. in Ency. 3. p. 750. — Feuilles toutes multifides, à
divisions plus étroites, linéaires, aiguës.

Salins, le long des chemins de vignes.

§ 2. *Fleurs axilaires , fasciculées ; feuilles anguleuses ou
simplement lobées.* — Fasciculatæ. DC.

3. M. sauvage. — *M. sylvestris.*

Linn. Sp. 969. — DC. Prod. 1. p. 432. et Fl. fr. n. 4509.
— Duby, Bot. gall. p. 91. — Gaud. Fl. helv. 4. p. 422.
— Desrouss. in Ency. 3. p. 752. — Koch , Syn. p. 130.
Chaum. Fl. méd. tab. 228. — Bull. herb. tab. 225. —
— J. Saint-Hil. Pl. fr. tab. 232. — Moris. sect. 5. tab. 17.
fig. 8. — J. Bauh. Hist. 2. p. 949. fig. 1. — Tabern.
ic. p. 762. fig. 2. — Dalech. Hist. p. 587. fig. 1. — Dod.
pempt. p. 768. fig. 2. — Lob. ic. p. 650. fig. 2. (*ead.*).
Racine dure, fusiforme ; tige dressée ou ascendante,
haute de 6—9 décim., rameuse, velue dans le haut, à poils
étalés ; feuilles glabres, pétiolées, alternes, arrondies,
échancrées en cœur à la base, à 5—7 lobes crénelés, ordinairement marquées d'une tache brune à la naissance du
pétiole : les supérieures plus petites, à 5 lobes, tronquées à

la base ; fleurs grandes, purpurines, à pétales obcordés-cunéiformes, rayés en long par 3 veines plus foncées, beaucoup
plus grands que le calice, portées sur des pédoncules axilaires, agrégés, velus, ainsi que le calice et les pétioles, à
divisions extérieures lancéolées, ciliées ; carpelles glabres,
ridés-réticulés. ② (Juillet—septembre).

Commune dans les lieux incultes, le long des chemins et des haies,
au bord des champs et dans les décombres. — Les diverses parties de
cette plante, ainsi que des autres espèces de ce genre, sont très mucilagineuses : on emploie les feuilles et souvent la plante entière, que
l'on fait bouillir, en cataplasme émollient et résolutif. Ses fleurs sont
pectorales ; l'écorce des tiges donne une filasse propre à faires des cordes
et des tissus grossiers. — Gaudin indique aux environs de Nyon la
M. mauritiana. Linn. Les paysans la cultivent dans leurs jardins, d'où
elle s'échappe quelquefois, et se reproduit d'elle-même dans les environs, où il l'a plusieurs fois rencontrée.

4. M. à feuilles rondes. — *M. rotundifolia.*

Linn. Sp. 969. — DC. Prod. 1. p. 432. et Fl. fr. n. 4508. —
Duby, Bot. gall. p. 91. — Gaud. Fl. helv. 4. p. 422. —
Desrouss. in Ency. 3. p. 752. — Koch, Syn. p. 130.
Moris. sect. 5. tab. 17. fig. 7. — J. Bauh. Hist. 2. p. 949.
fig. 2. — Tabern. ic. p. 769. fig. 1. — Dalech. Hist. p.
586. fig. 2. — Dod. pempt. p. 653. fig. 2. (*ead.*). — Lob.
ic. p. 651. fig. 1. (*ead.*).
Racine fusiforme, assez profonde, donnant naissance à
plusieurs tiges couchées, ascendantes, rameuses, diffuses,
un peu rudes, plus ou moins velues, ainsi que les autres
parties de la plante, longues de 2—3 décim. ; feuilles orbiculaires, petites, échancrées en cœur, longuement pétiolées,
à 5—7 lobes peu marqués, arrondis, crénelés ; pédoncules
axilaires, uniflores, agrégés ; fleurs petites, d'un blanc un
peu rosé ; calice velu, à divisions extérieures linéaires-lancéolées, aigus ; pétales obcordés-cunéiformes, étroits, doubles du
calice, marqués de 3—5 ligues violettes ; carpelles lisses,
pubescents. ① (Été).

Commune le long des chemins, dans les lieux incultes et les décombres.

5. M. frisée. — *M. crispa.*

Linn. Sp. 970. — DC. Prod. 1. p. 433. et Fl. fr. n. 4510.
 — Duby, Bot. gall. p. 92. — Gaud. Fl. helv. 4. p. 425.
 — Desrouss. in Ency. 3. p. 751.
Moris. sect. 5. tab. 17. fig. 3. — J. Bauh. Hist. 2. p. 952.
 fig. 1. — Tabern. ic. p. 167. fig. 2. — Dod. pempt. p. 655.
 fig. 3. — Lob. ic. p. 651. fig. 2. (*ead.*).

Racine forte, produisant une tige épaisse, dressée, presque
glabre, ainsi que les autres parties de la plante, à rameaux
courts, presque dressés, haute de 9—12 décim. ; feuilles
grandes, longuement pétiolées, à 5—7 lobes ondulés, très
finement dentelés-crépus; fleurs agglomérées aux aisselles
des feuilles, petites, presque sessiles, purpurines, à pétales
ouverts, plus grands que le calice, marqués de 5 lignes plus
foncées; calice velu, à divisions extérieures linéaires-lancéolées, aiguës; carpelles glabres, ridés en travers. ① (Juillet,
août).

Cette espèce, originaire de Syrie, est cultivée dans les jardins.

2. GUIMAUVE. — *ALTHÆA.* Linn.

Calice double : l'extérieur à 6 — 9 divisions, l'intérieur à
5 lobes; styles plusieurs, soudés à leur partie inférieure ;
capsule comme dans le genre précédent.

§ 1. *Carpelles non marginés; calice extérieur à 8—9
divisions.* — Althæastrum. DC.

* *Pédoncules multiflores, plus courts que les feuilles.*

1. G. officinale. — *A. officinalis.*

Linn. Sp. 966. — DC. Prod. 1. p. 436. et Fl. fr. n. 4515. —
 Duby, Bot. gall. p. 92. — Gaud. Fl. helv. 4. p. 419. —
 Lam. Ency. 3. p. 58. — Koch, Syn. p. 151.
J. Saint-Hil. Pl. fr. tab. 180. — Chaum. Fl. méd. tab. 191.
 — Bull. herb. tab. 373. — Moris. sect. 5. tab. 19. fig. 12.

— J. Bauh. Hist. 2. p. 954. fig. 1. (*mala*). — Clus. Hist. 2. p. 24. fig. 1.—Tabern. ic. p. 769. fig. 2. — Dalech. Hist. p. 590. fig. 1. — Dod. pempt. p. 655. fig. 1. — Lob. ic. p. 653. fig. 1.

Racine fusiforme, épaisse, blanche et visqueuse intérieurement ; tiges dressées, cylindriques, presque simples, hautes de 8—12 décim., dures, couvertes, ainsi que toutes les autres parties de la plante, d'un duvet court, cotonneux et blanchâtre ; feuilles alternes, pétiolées, mollement cotonneuses, douces au toucher, en cœur ou ovales, inégalement crénelées : les inférieures à 5 lobes, les supérieures à 3 ; fleurs grandes, axilaires, agrégées, portées sur des pédoncules multiflores, plus courts que les feuilles, formant à la partie supérieure de la tige une sorte d'épi ou grappe allongée et feuillée ; pétales obcordés, blancs ou un peu lilas ; carpelles pubescents ; graines réniformes, luisantes. ♃ (Juillet, août).

Le bord des fossés, les lieux humides : Salins, au bord de la Furieuse, près de la Baume-au-Soulier et au-dessous de Saint-Joseph ; au bord de la route, près de Villers-sous-Chalamont ; au bord de la route, à Toulouse, près de Poligny ; à Lons-le-Saunier, près de la Saline. — Les environs de Bâle (Hagenb.). — De Genève, sur le bord du marais de Lionnet, du côté de Puplinge (Reut.). — Et dans un fossé près de Jussy (Viridet). — De Gimel, de Burtigny, et près de Rolle, le long des haies et fossés (Gaud.). — Cultivée dans les jardins. — Toutes les parties de cette plante, et surtout les racines, sont émollientes et adoucissantes : on s'en sert à l'extérieur et à l'intérieur dans tous les cas d'inflammation et d'irritation ; ses fleurs sont pectorales et béchiques. On donne aux petits enfants la racine dépouillée de son écorce, afin d'aider, en la mâchant, à l'évolution des dents et calmer l'irritation des gencives ; l'écorce de sa tige est textile.

** *Pédoncules uniflores, plus longs que les feuilles.*

2. G. hérissée. — *A. hirsuta.*

Linn. Sp. 966. — DC. Prod. 1. p. 457. et Fl. fr. n. 4518. — Duby, Bot. gall. p. 92. — Gaud. Fl. helv. 4. p. 420. — Lam. Ency. 3. p. 59. — Koch, Syn. p. 131.

Moris. sect. 5. tab. 18. fig. 6. (*male*). — J. Bauh. Hist. 2. p.
1067. fig. 2. — Dalech. Hist. p. 594. fig. 2.

Racine simple, fusiforme; tige dressée ou ascendante,
plus ou moins rameuse, haute de 16—32 centim., très hérissée, ainsi que les pétioles, les pédoncules et les calices,
de longs poils raides, étalés, glanduleux à la base, ce qui
rend la plante rude au toucher; feuilles alternes, pétiolées,
d'un vert pâle, velues, surtout en dessous : les inférieures
orbiculaires, crénelées, à 5 lobes peu profonds, en cœur à
la base, longuement pétiolées : celles du milieu de la tige
palmées, à 5 lobes oblongs, un peu en coin, crénelés : les
supérieures profondément trifides; stipules ovales-acuminées,
ciliées; pédoncules alternes, axilaires, uniflores, plus longs
que les feuilles; fleurs médiocres, d'un rose pâle qui tourne au
bleu dans l'herbier; calice hispide, l'intérieur divisé jusqu'au-
delà du milieu en 5 lobes connivents, lancéolés-acuminés,
l'extérieur à 7—9 divisions étalées, également lancéolées-
acuminées; pétales plus grands que le calice, insensiblement
dilatés au sommet, obtus et comme tronqués; carpelles glabres, brunâtres, ridés-sillonnés en travers; graines lisses,
brunes, arrondies-réniformes. ① (Juillet, août).

Cette plante se trouve assez rarement, le long des chemins, au bord
des champs et dans les vignes : Salins, au bord de la route vers Saint-
Joseph, en petite quantité; beaucoup plus dans quelques vignes, mais
rarement; au bord des champs, sur Arèle; aux environs de Poligny;
à l'embouchure de l'Arve, à Genève. — Çà et là, dans les champs
arides, près de Salève; au coteau de Monthoux, etc. (Reut.). — Nyon,
dans les champs de Bois-Bougis (Gaud.). — Les champs incultes, à
Yverdon, à Orbe, à Coinsins (Rapin).

§ 2. *Carpelles marginés et sillonnés sur le contour;
calice extérieur à 6—7 divisions.* — Alcea. DC.

3. G. passe-rose. — *A. rosea.*

Cav. Diss. 2. tab. 29. fig. 3. — DC. Prod. 1. p. 437. et Fl.
fr. n. 4514. — Duby, Bot. gall. p. 92. — *Alcea rosea.* Linn.
Sp. 966. — Lam. Ency. 1. p. 76.

J. Saint-Hil. Pl. fr. tab. 901. —Lam. Ency. tab. 584. fig. 1.
— Moris. sect. 5. tab. 17. fig. 18. et 20. — J. Bauh. Hist.
2. p. 951. fig. 1. — Tabern. ic. p. 705. fig. 1. et 2. —
Dalech. Hist. p. 587. fig. 2. et p. 588. fig. 1. (*fl. pleno*).
— Dod. pempt. p. 652. fig. 1. et 2. (*fl. pleno*). — Lob.
ic. p. 652. fig. 1-2. (*ead.*).

Racine épaisse, blanchâtre, allongée, pivotante, souvent
divisée ; tige herbacée, haute de 12—18 décim., dressée,
ferme, feuillée, rude, velue, cylindrique; feuilles alternes,
velues, longuement pétiolées, très grandes, en cœur à la
base, à 5—7 lobes arrondis, crénelés, un peu plus profonds
dans les supérieures; fleurs très grandes, simples ou doubles, de couleur très variée, roses, rouges ou d'un pourpre
plus ou moins foncé, jaunes, blanches ou panachées, axilaires, presque sessiles, à calice très velu, disposées en épis
terminant la tige et les rameaux. ② (Juillet, août).

Cette plante, originaire d'Orient, est généralement cultivée dans les
jardins, sous les noms de *Rose trémière*, *Passe-rose*; *Rose en bâton* :
elle se ressème souvent d'elle-même et s'échappe quelquefois autour des
jardins, où on la retrouve parmi les décombres.

5. LAVATÈRE. — *LAVATERA*. Linn.

Calice double : l'extérieur à 3 lobes, l'intérieur à 5 ;
styles plusieurs, soudés à leur partie inférieure ; capsule
composée de carpelles monospermes, disposés circulaire-
ment autour d'un axe plus ou moins dilaté au sommet.

1. L. à grandes fleurs. — *L. trimestris*.

Linn. Sp. 974. — DC. Prod. 1. p. 438. — Duby, Bot. gall.
p. 92. — Lam. Ency. 3. p. 452. — *Stegia lavatera*. DC.
Fl. fr. n. 4525.

J. Saint-Hil. Pl. fr. tab. 813. — Lam. illust. tab. 582. fig. 2.
— Moris. sect. 5. tab. 17. fig. 2. — Clus. Hist. 2 p. 25.
fig. 2.

Plante de 3—5 décim., herbacée, rude, hérissée au sommet, à tige cylindrique dressée ou ascendante, un peu rameuse, à rameaux allongés, étalés ; feuilles alternes, pétiolées, velues : les inférieures arrondies en cœur à la base, à peine lobées, crénelées : les supérieures très anguleuses, à lobe moyen lancéolé ; fleurs grandes, rosées ou blanches, portées sur des pédoncules axilaires et terminaux, uniflores, velus, plus longs que les pétioles ; carpelles glabres, ridés en travers, formant une capsule circulaire autour d'un réceptacle évasé au sommet en un large disque qui les recouvre. ① (Juin—août).

Cette espèce, qui croît spontanément dans le midi de la France, est assez souvent cultivée dans les jardins comme plante d'ornement.

4. HIBISQUE. — *HIBISCUS*. Linn.

Calice double : l'extérieur à plusieurs divisions, l'intérieur à 5 lobes ; styles 5, soudés à leur partie inférieure ; carpelles soudés en une capsule à 5 loges polyspermes, à valves portant les cloisons au milieu.

1. H. de Syrie. — *H. Syriacus.*

Linn. Sp. 978. — DC. Prod. 1. p. 448. et Fl. fr. n. 4527. — Duby, Bot. gall. p. 95. — Lam. Ency. 5. p. 555. — Koch, Syn. p. 152.
J. Saint-Hil. Pl. fr. tab. 208. — Moris. sect. 5. tab. 19. fig. 1. — Barr. ic. fig. 491. et 1176. — J. Bauh. Hist. 2 p. 957. fig. 2. — Clus. Hist. 2. p. 25. fig. 1.
Arbrisseau originaire de Syrie, haut de 1—2 mètres, à rameaux blanchâtres, à feuilles presque coriaces, glabres, ovales, cunéiformes, à 5 lobes aigus, inégalement dentés ; fleurs grandes, blanches, violettes ou purpurines, souvent doubles, portées sur des pédoncules axilaires, égalant presque les pétioles ; calice extérieur à 6—8 divisions de la longueur du calice intérieur ; graines brunes, lisses, presque en rein, hérissées sur le contour d'une ligne de poils barbus. ♄ (Juillet, août).

Cultivé dans les jardins et les bosquets, sous les noms d'*Althæa en arbre* ou *Mauve en arbre* : il passe l'hiver en pleine terre dans nos contrées et même dans le Nord.

2. H. vésiculeux. — *H. trigonum.*

Linn. Sp. 981. — DC. Prod. 1. p. 453. et Fl. fr. n. 4529. — Lam. Ency. 3. p. 364. — Koch, Syn. p. 132.

Barr. ic. fig. 471. — Dalech. Hist. p. 1715. fig. 1. — Dod. pempt. p. 657. fig. 1. — Lob. ic. p. 656. fig. 2.

Racine fusiforme, garnie de fibres ; tige herbacée, haute de 2—3 décim. , hérissée de poils étalés, dressée, rameuse, à rameaux également étalés ; feuilles alternes, pétiolées, glabres, dentées : les inférieures presque indivises : les supérieures à 3 lobes lancéolés, incisés, cunéiformes, le moyen plus grand ; fleurs médiocres, jaunâtres, tachées à la base de pourpre noirâtre, portées sur des pédoncules axilaires plus courts que les feuilles ; calice enflé-membraneux, demi-transparent, nerveux, à divisions extérieures étroites, linéaires-lancéolées, au nombre de 12, hérissé, ainsi que le pédoncule, de poils raides, allongés ; capsule globuleuse, noirâtre, également hérissée, plus courte que le calice qui la recouvre entièrement ; graines brunes, arrondies-réniformes, recouvertes de papilles blanchâtres. ① (Juin—août).

Cette plante, originaire d'Italie, est cultivée dans les jardins comme plante d'ornement : elle se ressème souvent d'elle-même, et on la trouve quelquefois dans les décombres.

FAMILLE XVI.

Tiliacées. Juss.

CALICE à 4—5 sépales à estivation valvaire ; corolle régulière, à pétales en même nombre que les sépales et alternes avec eux ; étamines libres, ordinairement nombreuses, hypogynes ; anthères à 2 loges, s'ouvrant par une double fente ; ovaire à 4—10 loges, surmonté d'autant de styles soudés, à stigmates ordinairement libres ; capsule dure, à plusieurs loges à plusieurs'graines. Périsperme charnu ; embryon droit, axilaire ; cotylédons foliacés. — Arbres ou arbrisseaux à feuilles simples, alternes, munies de stipules.

1. TILLEUL. — *TILIA*. Linn.

Calice à 5 sépales caducs ; corolle à 5 pétales ; étamines nombreuses, libres dans nos espèces ; ovaires à 5 loges à 2 ovules ; style 1 ; capsule globuleuse, dure, uniloculaire par avortement, contenant 1—2 graines.

1. T. à larges feuilles. — *T. platyphylla.*

Scop. Carn. ed. 2. p. 573. — DC. Prod. 1. p. 513. et Fl. fr.
 n. 4504. — Duby, Bot. gall. p. 94. — Gaud. Fl. helv. 5.
 p. 440. — Poir. Ency. 7. p. 680. — *T. Europœa.* var.
 β, δ, ε. Linn. Sp. 751. — *T. grandifolia* (Ehrh.). Koch,
 Syn. p. 152. — *T. mollis.* var. *α.* Spach. in Ann. sc. nat.
 décemb. 1834. p. 557.
Duchesne, Cult. des bois, tab. 50. — J. Saint-Hil. Pl. fr. tab.
 369. — Spach. l. c. tab. 15. fig. 6. (*flos et fructus*). —
 Bull. herb. tab. 175. — Lam. illust. tab. 467. — J. Bauh.
 Hist. 1. p. 2. p. 137. fig. 2. (*mala*).

Cet arbre diffère du suivant par son tronc moins élevé, son bois plus tendre et plus spongieux ; par ses feuilles à pétioles velus, un tiers plus grandes, plus molles, obliquement en cœur à la base, dentées en scie, à dents mucronées, d'un vert gai, un peu pâles en dessous et pubescentes, également munies à l'aisselle des nervures de petites touffes de poils barbus ; enfin par ses capsules dures, épaisses, velues-cotonneuses, uniloculaires, monospermes, à 5 côtes proéminentes, et par les lobes dressés des stigmates. ♄ (Juin).

Çà et là, dans les bois montagneux et parmi les rochers, mais moins communément que le suivant, auquel on le préfère pour ombrager les promenades, à cause de son feuillage d'un vert plus gai, plus large et plus précoce. — Les fleurs de tilleul ont une odeur douce et agréable,

leur infusion théiforme est antispasmodique et légèrement tonique ; les
feuilles et l'intérieur de l'écorce sont mucilagineux et émollients ; l'écorce
rouie est propre à faire des cordes et des nattes, et le bois réduit en
charbon est employé dans la fabrication de la poudre à tirer. — On
voit près de Salins, au lieu dit Granges-d'Arloz, près d'Ivory, un tilleul
très remarquable par ses dimensions : sa hauteur est d'environ 30 mètres, son tronc a 3 mètres 25 cent. de hauteur, et 11 mètres 57 cent. de
circonférence à hauteur d'homme ; le contour de son énorme tête est
d'environ 80 mètres ; mais ce que cet arbre colossal offre de particulier,
est son tronc entièrement creux, ne conservant qu'environ 40 à 54
cent. de bois sous son écorce ; de sorte que son intérieur offre une espèce
de chambre de 2 mètres à 2 mètres 60 cent. de diamètre, avec plusieurs
niches dans les parties saillantes du tronc : on peut assez facilement y
entrer par une échancrure en forme de porte que l'on a pratiquée sur
un des côtés.

2. T. à petites feuilles. — *T. microphylla.*

Vent. Diss 4. — DC. Prod. 1. p. 513. et Fl. fr. n. 4503. —
    Duby, Bot. gall. p. 94. — Gaud. Fl. helv. 3. p. 441. —
    Poir. Ency. 7. p. 677. — *T. parvifolia* (Ehrh.). Koch,
    Syn. p. 133. — *T. sylvestris.* (Desf.). Spach. in Ann. sc.
    nat. décemb. 1834. p. 353. var. γ. — *T. Europœa.* var. γ.
    Linn. Sp. 733.

Duchesne, Cult. des bois, tab. 31. — Spach. l. c. tab. 15.
    fig. 7. (*fructus*). — J. Bauh. Hist. 1. p. 2. p. 137. fig. 1.

    Arbre d'un beau port et d'une longue durée, atteignant
26 mètres et plus de hauteur, à écorce du tronc épaisse,
d'un brun noirâtre, crevassée, lisse sur les parties moins
âgées, à rameaux annuels jaunâtres ou rougeâtres ; feuilles
petites, fermes, arrondies en cœur et un peu obliques à la base,
prolongées au sommet en languette lancéolée-acuminée,
dentées en scie sur leur contour, glabres sur les deux faces
et le pétiole, un peu glauques en dessous, munies à l'aisselle
des nervures et surtout à l'insertion du pétiole de petites
touffes de poils ferrugineux, portées sur des pétioles grêles,
égalant la longueur de la feuille ou plus courts ; fleurs jaunâtres, disposées en corymbe au sommet d'un pédoncule
commun, soudé en partie avec la nervure moyenne d'une

longue bractée linéaire-lancéolée, obtuse, foliacée, axilaire, nerveuse-réticulée, blanchâtre, de nature sèche ; stigmate à lobes divergents ; capsule globuleuse, de la grosseur d'un pois, cotonneuse, fragile, à côtes presque nulles. ♄ (Juin—juillet).

Cet arbre n'est pas rare dans nos bois de taillis, particulièrement dans les lieux montagneux. On le cultive plus rarement que le précédent.

3. T. intermédiaire. — *T. intermedia.*

DC. Prod. 1. p. 515. — Hagenb. Fl. basil. 2. p. 42. — Spach. in Ann. sc. nat. décemb. 1834. p. 355. — *T. vulgaris* (Hayn.). Gaud. Syn. p. 435. — *T. Europæa.* Smith, Eng. bot. 5. p. 17.

Chaum. Fl. méd. tab. 341. — Bull. Herb. tab. 175. — Spach. l. c. tab. 15. fig. 8. (*fructus*).

Cette espèce, selon Koch, n'est qu'une hybride des deux précédentes : elle diffère de la dernière, dont elle se rapproche davantage, par ses feuilles un peu plus grandes, ovales ou ovales-arrondies, presque également en cœur à la base, acuminées, presque de même couleur sur les deux faces, glabres, d'un vert gai, un peu plus pâles en dessous, dentées en scie, à dents aiguës, courtement mucronées-cartilagineuses, munies à l'aisselle des nervures de barbes d'un fauve clair ou blanchâtre, portées sur des pétioles grêles, de moitié plus courts qu'elles ; par ses stigmates obtus, à bord dentelé, dressés ou étalés après la fleuraison ; enfin par sa capsule cotonneuse, à la fin glabre, disperme, presque régulière, à 5 angles peu marqués. ♄ (Juin, juillet).

Bâle, avec l'espèce précédente, dans les mêmes lieux (Hagenb.). — Nyon, cultivé sur les promenades (Gaud.).

FAMILLE XVII.

Aurantiacées. Corr.

CALICE marcescent, à 3—5 dents, en cloche ou en roue ; pétales 3—5, libres ou un peu soudés, élargis à la base, à estivation presque embriquée par les bords ; étamines en nombre égal, double ou multiple de celui des pétales, insérées sur un disque hypogyne, à filets aplatis à la base, monadelphes ou polyadelphes, toujours libres et subulés au sommet ; anthères dressées, terminales, fixées par la base ; ovaire à plusieurs loges, surmonté d'un style à stigmate un peu divisé ; fruit en baie charnue, à 5—10 loges polyspermes et pulpeuses, enveloppées d'une écorce charnue, parsemée de vésicules remplies d'huile essentielle. Périsperme nul ; embryon droit, à radicule tournée vers l'ombilic ; cotylédons grands, épais. — Arbres ou arbrisseaux à feuilles alternes.

1. CITRONNIER. — *CITRUS*. Linn.

Calice en godet à 3—5 dents ; pétales 5—8 ; étamines 20—60, à filets comprimés, plus ou moins soudés en plusieurs corps ; anthères oblongues ; stigmate hémisphérique ; fruit à écorce glanduleuse, à 5—10 loges pulpeuses, polyspermes. — Feuilles à une seule foliole, articulée sur un pétiole souvent ailé-foliacé.

1. C. commun. — *C. medica*.

Risso, Ann. mus. 20. p. 199. — DC. Prod. 1. p. 539. et Fl. fr. n. 4568. var. *a*. — Duby, Bot. gall. p. 95. — Poir. Ency. 4. p. 576. var. *a*.
Chaum. Fl. méd. tab. 122. — Lam. illust. tab. 639. fig. 2.

Arbre rameux, toujours vert, haut de 1—2 mètres (dans nos jardins), à bois blanc, dur, à écorce brune, à rameaux étalés, garnis de feuilles simples, ovales ou oblongues, acuminées, assez semblables à celles du *Laurier*, d'un vert gai, luisantes, portées sur des pétioles courts, épais, non ailés, ce qui distingue de suite cette espèce de la suivante; fleurs blanches, rosées en dehors, d'une odeur agréable, disposées par bouquets vers l'extrémité des rameaux; fruit oblong, de couleur citrine, à écorce épaisse, chagrinée, adhérente à une pulpe un peu acide. ♄ (Juin, juillet).

Cette plante, apportée de Perse et de Médie vers le troisième siècle, est cultivée en pleine terre en Provence, à Hyères, à Nice : elle demande l'orangerie dans nos climats. Théophraste, qui vivait dans le troisième siècle avant Jésus-Christ, est le premier auteur qui en ait parlé sous le nom de pomme de Médie ou de Perse.

2. C. oranger. — *C. aurantium.*

Risso, Ann. mus. 20. p. 181. — DC. Prod. 1. p. 539. et Fl. fr. n. 4569. — Duby, Bot. gall. p. 95. — Poir. Ency. 4. p. 578.

J. Saint-Hil. Pl. fr. tab. 280. — Lam. illust. tab. 639. fig. 1.

Arbre à bois dur, blanc, à cime arrondie, à feuilles persistantes, ovales-oblongues, aiguës, articulées sur un pétiole ailé-foliacé, à fleurs blanches, très odorantes, disposées en bouquets le long des rameaux; fruits globuleux, de couleur orangée, à écorce ferme, presque lisse, à pulpe douce ou amère, mais non acide. ♄ (Été).

Apporté d'Asie vers le treizième siècle; cultivé en pleine terre en Provence : il demande l'orangerie dans nos climats.

FAMILLE XVIII.

Hypéricinées. DC.

Calice à 4—5 sépales ou à 4—5 divisions profondes, persistantes, souvent inégales, à estivation embriquée; corolle régulière, à 4—5 pétales hypogynes, à estivation tordue; étamines nombreuses, polyadelphes, soudées à la base en 3—5 faisceaux ; anthères petites, oscillantes ; ovaire libre, à plusieurs loges renfermant plusieurs ovules attachés à un placenta central, ou sur les bords rentrants des valves ; styles plusieurs, rarement soudés en un seul ; capsule ou baie à plusieurs valves, à plusieurs loges, à graines petites, très nombreuses. Périsperme nul ; embryon droit ; radicule tournée vers l'ombilic. — Feuilles opposées, rarement alternes, souvent marquées de points diaphanes.

1. MILLEPERTUIS. — *HYPERICUM*. Linn.

Calice à 5 sépales ou à 5 divisions profondes ; corolle à 5 pétales ; étamines nombreuses, polyadelphes ; styles 3 (dans nos espèces) ; capsule à 5 loges.

§ 1. *Sépales entiers, non frangés ni ciliés de poils glanduleux.*

1. M. perforé. — *H. perforatum.*

Linn. Sp. 1105. — Choisy, in DC. Prod. 1. p. 549. et Fl. fr. n. 4573. — Duby, Bot. gall. p. 97. — Gaud. Fl. helv. 4. p. 627. — Lam. Ency. 4. p. 164. — Koch, Syn. p. 135.

J. Saint-Hil. Pl. fr. tab. 247. — Chaum. Fl. méd. tab. 238. — Lam. illust. tab. 643. fig. 5. (*fructus*). — Moris. sect. 5. tab. 6. fig. 1. — Tabern. ic. p. 864. fig. 1. — Dalech. Hist. p. 1155. fig. 1. — Dod. pempt. p. 76. fig. 1. — Lob. ic. p. 598. fig. 1. (*ead.*).

Racine rampante, produisant ordinairement plusieurs tiges hautes de 3—6 décim., dressées, raides, rameuses, surtout au sommet, cylindriques, mais parcourues, dans les entrenœuds, par la nervure moyenne des feuilles qui est décurrente ; feuilles sessiles, opposées, ovales-oblongues, obtuses, glabres, ainsi que les autres parties de la plante, à 5 nervures, parsemées d'un grand nombre de points glanduleux diaphanes et garnies en dessous, sur les bords, d'une ligne de points noirs très écartés ; fleurs jaunes, nombreuses, de grandeur médiocre, portées sur des pédoncules axilaires, opposés et terminaux, formant au sommet de la tige une sorte de panicule corymbiforme ; sépales ovales-lancéolés, aigus ; pétales oblongs, étroits, marqués de quelques points noirs que l'on retrouve sur les anthères des étamines ; capsule ovoïde, aiguë ; graines cylindriques, élégamment ponctuées-alvéolées. ♃ (Juillet, août).

Très commun le long des chemins, au bord des champs et dans les bois de taillis, après la coupe.

β. *Angustifolium*. Koch, Syn. l. c. — Gaud. Fl. helv. 4. l. c. var. *δ*. — DC. Fl. fr. supp. n. 4573. var. γ. — Feuilles très étroites, linéaires, tronquées au sommet, roulées en dessous par les bords.

γ. *Parvifolium*. Hagenb. Fl. basil. 2. p. 239. — Gaud. Fl. helv. 4. l. c. var. γ. *nanum*. — DC. Fl. fr. supp. n. 4573. var. β. *microphyllum*. — Tige très rameuse, diffuse ; feuilles ovales, planes, petites.

Dans les champs, parmi les chaumes (Gaud.). — Bâle (Hagenb.). — Le millepertuis est amer, astringent, styptique : on se sert des sommités fleuries comme vulnéraires, excitantes, vermifuges : l'huile dans laquelle on les a fait macérer acquiert un belle couleur rouge et passe pour un excellent vulnéraire : les fleurs non développées, broyées entre les doigts, donnent un suc violet.

2. M. couché. — *H. humifusum*.

Linn. Sp. 1105. — Choisy, in DC. Prod. 1. p. 549. et Fl. fr. n. 4574. — Duby, Bot. gall. p. 97. — Gaud. Fl. helv. 4. p. 628. — Lam. Ency. 4. p. 166. — Koch, Syn. p. 154.

Moris. sect. 5. tab. 6. fig. 3. — J. Bauh. Hist. 3. p. 2. p. 584. fig. 1. — Clus. Hist. 2. p. 181. fig. 3. — Dod. pempt. p. 76. fig. 2. (*ead.*). — Lob. ic. p. 400. fig. 1. (*ead.*).

Racine dure, ordinairement divisée, fibreuse ; tiges grêles, couchées, ascendantes, diffuses, ordinairement nombreuses, très feuillées, presque à 2 angles, divisées à la base, longues

de 1—2 décim. ; feuilles petites, oblongues, obtuses, glabres, ainsi que les autres parties de la plante, à 5 nervures,
souvent munies de glandes diaphanes et bordées d'une rangée
de points noirs écartés ; fleurs jaunes, petites, portées sur
des pédicelles grêles, longs de 5—9 millim., axilaires et
terminaux, disposées presque en cyme sur des rameaux dichotomes ; sépales oblongs, obtus, un peu inégaux, garnis sur
les bords de quelques points noirs ; pétales ovales-oblongs,
plus grands que le calice ; graines petites, oblongues-cylindriques, d'un brun foncé, chagrinées, luisantes. ♃ (Juin—
septembre).

Les terres argileuses, les bruyères et les clairières des bois un peu
humides : Salins, au bois Mouchard ; au bord de l'étang de Vaudrey ;
dans le bois de Sepois, près d'Ivory ; aux environs d'Arbois ; de Poligny ; de Sellières, au bord des étangs ; Genève, dans les champs entre
la route de Lyon et Thoiry. — Au-dessus du bois de la Bâtie ; dans la
plaine de Saint-Georges (Reut.). — Autour de Ferney ; de Nyon
(Gaud.). — Entre Changins et Duilliers (Monnard). — Aux environs
de Bâle Hagenb.).

β. *Liottardi*. DC. Fl. fr. l. c. — Chois. in DC. Prod. 1.
l. c. — Gaud. Syn. p. 647. — *H. Liottardi*. Vill. Dauph.
tab. 44. — Tige dressée ou ascendante, haute de 5—10
centim., à 5—5 fleurs ; pétales et sépales souvent 4.

Les bois aux environs de Grozon et de Sellières. — Autour de Ferney
et de Nyon (Gaud.).

5. M. tétragone. — *H. dubium*.

Leers, Fl. herb. p. 169. — DC. Fl. fr. n. 4572. — Gaud.
Fl. helv. 4. p. 626. — *H. quadrangulare*. Linn. Sp. 1104.
secund. Koch, Syn. p. 154. — *H. quadrangulum*. var.
β. *dubium*. Chois. in DC. Prod. 1. p. 548. — Duby, Bot.
gall. p. 96. — *H. quadrangulare*. var. β. Lam. Ency. 4.
p. 165.
H. Delphinense. Vill. Dauph. tab. 44. — All. Fl. ped. tab.
85. fig. 1. (Gaud.).
Cette espèce a le port de l'*H. perforatum*. mais elle se
rapproche davantage, par ses caractères, de l'espèce sui-

vante : sa tige est dressée, peu rameuse, glabre, quadrangulaire, un peu fistuleuse ; ses jeunes pousses sont d'un rouge
vif ; ses feuilles sont ovales, obtuses, bordées de points
noirs, à veines réticulées-diaphanes, à points transparents
nuls ou épars ; ses fleurs sont jaunes, assez grandes, disposées en cyme paniculée, lâche, à sépales elliptiques, obtus,
ponctués de noir, à pétales oblongs-elliptiques, marqués de
lignes et de points noirs nombreux. ♃ (Juillet, août).

Commun dans les pâturages du haut Jura : sur la Dôle et les sommités de la chaîne du Colombier ; à la Faucille ; sur le Larmont, près
de Pontarlier ; sur le Salève ; sur le Mont-d'Or ; le Chasseron ; les montagnes du comté de Neuchâtel ; du canton de Bâle, etc.

4. M. à tige ailée. — *H. quadrangulum.*

Auctorum. — Chois. in DC. Prod. 1. p. 548. var. *α.* et Fl.
fr. n. 4571. (*non Linn.*). — Duby, Bot. gall. p. 96. —
Gaud. Fl. helv. 4. p. 625. (*excl. Syn. Linn.*). — *H. quadrangulare.* var. *α.* Lam. Ency. 4. p. 163. — *H. tetrap-
terum* (Fries). Koch, Syn. p. 154.
Moris. sect. 5. tab. 6. fig. 10. — Dalech. Hist. p. 1155. fig. 2.
— Dod. pempt. p. 78. fig. 1. — Lob. ic. p. 599. fig. 1.
(*ead.*).

Racine rampante, rougeâtre ; tige dressée, rameuse, à
rameaux courts, cylindrique et à 4 ailes saillantes presque
membraneuses qui la rendent quadrangulaire, haute de 4—6
décim. ; feuilles opposées, ovales, obtuses, embrassantes,
glabres, marquées de 7—9 nervures, un peu glauques en
dessous, parsemées d'un grand nombre de glandes diaphanes
très petites, qui la font paraître perforée, bordées en outre
d'une rangée de points noirs ; fleurs petites, d'un jaune pâle,
courtement pédicellées, disposées en panicule terminale ;
sépales lancéolés-acuminés ; pétales non marqués de points
noirs, ou de 1—2 au-dessous du sommet. ♃ (Juillet, août).

Les lieux humides, les fossés, le bord des chemins : aux environs de
Salins ; de Besançon ; de Sellières ; de Lons-le-Saunier ; de Genève ; de
Nyon ; de Bâle, etc.

§ 2. *Sépales frangés ou bordés de dents glanduleuses.*

5. M. frangé. — *H. Richeri.*

Vill. Dauph. 5. p. 501. — Gaud. Fl. helv. 4. p. 650. —
Koch, Syn. p. 154. — *H. fimbriatum.* Lam. Ency. 4. p.
148. — Chois. in DC. Prod. 1. p. 552. et Fl. fr. n. 4576.
— Duby, Bot. gall. p. 98.
Vill. Dauph. tab. 44.

Racine rampante, rougeâtre; tiges longues de 2—3 décim., simples, très feuillées, rougeâtres et couchées à la
base, ascendantes, glabres, de même que les autres parties
de la plante, cylindriques, pauciflores; feuilles ovales ou
ovales-lancéolés, obtuses, dressées, ordinairement plus longues que les entre-nœuds, sessiles, demi-embrassantes, un
peu glauques en dessous, à veines réticulées-diaphanes,
bordées d'une rangée de points noirs assez rapprochés, dépourvues de glandes transparentes, excepté toutefois les supérieures, qui portent en outre des points noirs sur toute
leur surface; fleurs grandes, disposées en corymbe terminal
peu développé, composé de 5—5—10 fleurs, munies de bractées ciliées-frangées; sépales ovales ou lancéolés, également
ciliés-frangés et entièrement recouverts, ainsi que les pétales
et les bractées, de points noirs; pétales elliptiques, ciliés,
2—5 fois plus grands que le calice et doubles de la longueur
des étamines; capsule également recouverte de points noirs;
graines brunes, oblongues, chagrinées. ♃ (Juillet, août).

Les pâturages des hautes sommités du Jura : assez commun sur la
chaîne entre le Colombier et le Reculet; sur la Dôle, vers le sommet,
du côté du sud; sur le Chasseron, à la Roche-Blanche; à la Sèche-des-
Embornats.

β. *Androsæmifolium.* DC Fl fr. l. c. — Chois. in DC.
Prod. 1. l. c. — Koch, Syn. l. c. — *H. androsæmifolium.*
Vill. Dauph. tab. 44. — Tige couchée à la base sur une plus
grande partie de sa longueur; feuilles plus larges, un peu
moins dressées; fleurs plus grandes.

Sur le sommet de la Dôle, avec la var. α.

6. M. élégant. — *H. pulchrum.*

Linn. Sp. 1106. — Chois. in DC. Prod. 1. p. 551. et Fl. fr.
n. 4578. — Duby, Bot. gall. p. 97. — Gaud. Fl. helv. 4.
p. 633. — Lam. Ency. 4. p. 173. — Koch, Syn. p. 135.
Lam. illust. tab. 643. fig. 4. — J. Bauh. Hist. 3. p. 2. p. 385.
fig. 1. (*non bené*).

Racine fibreuse ; tige dressée ou ascendante, haute de
3—4 décim., grêle, cylindrique, un peu rameuse à sa partie
supérieure, prenant souvent sur la fin une teinte rougeâtre ;
feuilles un peu raides, petites, étalées, sessiles, ovales en
cœur, embrassantes, obtuses, glauques en dessous, souvent
un peu roulées par les bords, elliptiques sur les jeunes
pousses ou rameaux stériles, parsemées d'un grand nombre de
points glanduleux diaphanes, glabres, ainsi que les autres
parties de la plante ; fleurs d'un beau jaune, de grandeur
médiocre, axilaires, opposées et terminales, disposées au
sommet de la tige en panicule allongée ; sépales ovales,
bordés, ainsi que les pétales, de points noirs glanduleux ;
ovaire glabre, ovoïde ; graines oblongues-cylindriques, un
peu arquées, d'un brun grisâtre, légèrement chagrinées. ⚇
(Juillet--septembre).

Dans les bois, parmi les buissons : Salins, dans le bois de Sepois,
près d'Ivory ; dans les bois de Pretin ; de Poupet ; de Racine ; de Bovard ; de Mouchard, de Cramans, de Chamblay ; à Geraise, parmi les
buissons de la côte au-dessous du vallon de la Grange-de-Vaux. — Au
Creux-du-Vent? (Hall.) — Aux environs de Bâle, dans les bois près
d'Olsberg (Hagenb.).

7. M. de montagne. — *H. montanum.*

Linn. Sp. 1105. — Chois. in DC. Prod. 1. p. 552. et Fl. fr.
n. 4577. — Duby, Bot. gall. p. 97. — Gaud. Fl. helv. 4.
p. 631. — Lam. Ency. 4. p. 172. — Koch, Syn. p. 135.
Moris. sect. 5. tab. 6. fig. 9. — J. Bauh. Hist. 3. p. 2. p.
385. fig. 2.

Racine noueuse, presque rampante ; tige ordinairement simple, dressée, cylindrique, feuillée, à entre-nœuds supérieurs fort longs, les inférieurs rapprochés, souvent plus courts que les feuilles, glabre, haute de 3—5 décim.; feuilles ovales-oblongues, obtuses, demi-embrassantes, bordées de points noirs, parsémées de points glanduleux diaphanes, surtout les supérieures qui sont plus étroites, ovales-lancéolées, à veines réticulées également diaphanes ; fleurs jaunes, assez grandes, disposées en panicule terminale presque dichotome, peu développée ; sépales et bractées lancéolés, ciliés-glanduleux, à glandes noires ; pétales ovales, obtus, doubles du calice, non glanduleux ; capsule ovoïde, glabre ; graines ovoïdes ou oblongues, comprimées, très lisses, convexes-concaves. ♃ (Juin—août).

Les bois montueux et les buissons : Salins, çà et là, dans les bois ; Cise, près de Champagnole ; au Brot, le long de la route au bord du bois, en face du Creux-du-Vent ; dans le bois, en descendant de Sainte-Croix à Vittebœuf. — Genève, au bois de la Bâtie et à Salève (Reut.). — Nyon, au bois de Prangins, au-dessous de la Dôle (Gaud.). — Assez commun dans les bois montueux du canton de Neuchâtel (Gaud.). — Et de Bâle (Hagenb.).

β. *Crassifolium*. Hagenb. Fl. basil. 2. p. 241. — *H. dentatum*. Loisel ? — Tige plus épaisse ; feuilles un peu coriaces : les supérieures munies de quelques dents.

Bâle, sur le mont Dietisberg, parmi les rochers des bois, et près d'Olsberg (Hagenb.).

γ. *Triphyllum*. Hagenb. Fl. basil. 2. l. c. — Tige à feuilles ternées.

Salins, dans le bois de Bovard. — Aux environs de Bâle (Hagenb.).

8. M. velu. — *H. hirsutum*.

Linn. Sp. 1105. — Chois. in DC. Prod. 1. p. 551. et Fl. fr. n. 4579. — Duby, Bot. gall. p. 97. — Gaud. Fl. helv. 4. p. 632. — Lam. Ency. 4. p. 173. — Koch, Syn. p. 135. J. Saint-Hil. Pl. Fr. tab. 248. (*opt.*). — Moris. sect. 5.

tab. 6. fig. 11. — J. Bauh. Hist. 3. p. 2. p. 582. (*pl. glabra*). — Dod. pempt. p. 77. fig. 1. (*etiam glabra*).

Racine ordinairement divisée, garnie de fibres ; tige dressée, haute de 5—5 décim. , feuillée, dure, cylindrique, pubescente, ordinairement simple, rameuse au sommet : feuilles molles, sessiles : les inférieures légèrement pétiolées, ovales-oblongues : les supérieures lancéolées, à 7—9 nervures, parsemées de points diaphanes, d'un vert pâle et un peu glauque en dessous, pubescentes sur les deux faces; fleurs jaunes, disposées en panicule terminale trichotome allongée, assez garnie , portées sur des pédoncules axilaires, opposés et terminaux ; bractées supérieures linéaires-lancéolées, ciliées-glanduleuses , ainsi que les sépales oblongslancéolés ; pétales plus petits que dans l'espèce précédente , terminés par 1—5 glandes noires, semblables à celles des sépales ; capsule ovoïde , aiguë, glabre ; graines oblongues , cylindriques , d'un brun rougeâtre. ♃ (Juin, juillet).

Commun dans les bois montueux, et parmi les buissons des collines.

FAMILLE XIX.

Acérinées. DC.

CALICE à 5, rarement à 4—9 divisions, à estivation embriquée ; pétales en même nombre, alternes avec les divisions du calice, rarement nuls , insérés autour d'un disque hypogyne ; étamines 8, rarement 5—12, insérées sur le même disque ; ovaire à 2 lobes , à 2 loges renfermant chacune 2 ovules ; style 1 ; stigmates 2 ; fruit à 2 ailes, se séparant en 2 carpelles indéhiscents (samares), nucamentacés. Périsperme nul; embryon courbé; cotylédons enroulés. — Arbres à feuilles opposées.

1. ÉRABLE. — *ACER*. Linn.

Fleurs polygames; calice à 5 divisions ; corolle à 5 pétales : étamines souvent 8 , évidemment plus longues dans les fleurs mâles ; graine ordinairement unique par avortement.

§ 1. *Fleurs en grappe.*

1. E. sycomore. — *A. pseudoplatanus.*

Linn. Sp. 1495. — DC. Prod. 1. p. 593. et Fl. fr. n. 4584.
— Duby, Bot. gall. p. 98. — Gaud. Fl. helv. 6. p. 324. —
Lam. Ency. 2. p. 378. — Koch. Syn. p. 155. — Spach.
Ann. sc. nat. sept. 1834. p. 164.

Duchesne, Cult. des bois, tab. 34. — J. Saint-Hil. Pl. fr.
tab. 720. — Duham. Arb. 1. tab. 9. — Clus. Hist. 1. p.
10. fig. 1. — Dalech. Hist. p. 95. fig. 2.— Dod. pempt.
p. 840. fig. 1. — Lob. ic. 2. p. 199. fig. 1.

Arbre élevé, à bois blanc, dur, veiné, à tronc droit, à
écorce lisse, de couleur grise ou brunâtre, à tête étalée, à
feuillage épais, haut de 15—20 mètres; feuilles glabres,
d'un vert glauque en dessous, palmées, à 5 nervures et à 5
lobes profonds, ovales-acuminés, à sinus aigus, irrégulièrement crénelés-dentés en scie, les extérieurs plus petits, portées sur des pétioles allongés, canaliculés; fleurs herbacées,
petites, nombreuses, disposées en grappes denses, allongées, pendantes, à pédicelles, ainsi que l'axe de la grappe,
un peu velus; ovaires cotonneux; samares glabres, à ailes
élargies au sommet, peu divergentes. ♄ (Mai).

Assez commun dans nos bois de taillis, cultivé quelquefois sur les
promenades : on en a obtenu une variété à feuilles panachées.

2. E. commun. — *A. campestre.*

Linn. Sp. 1497. — DC. Prod. 1. p. 594. et Fl. fr. n. 4587.
— Duby, Bot. gall. p. 99. — Gaud. Fl. helv. 6. p. 327.
— Lam. Ency. 2. p. 382. (*excl. var. γ.*). —Koch, Syn.
p. 136. — Spach. Ann. sc. nat. sept. 1834. p. 166.

Duch. Cult. des bois, tab. 33. — J. Saint-Hil. Pl. fr. tab.
719. — Lam. illust. tab. 844. fig. 1. — J. Bauh. Hist. 1.
p. 2. p. 166. fig. 1. — Tabern. ic. p. 975. fig. 1. — Dalech. Hist. p. 98. fig. 1.— Dod. pempt. p. 840. fig. 2.

Arbre de 6—10 mètres dans les bois, simple arbuste dans les haies et buissons, à écorce grise, crevassée sur le tronc, cannelée-subéreuse sur les rameaux, rarement lisse, à rameaux étalés ; feuilles petites, vertes et glabres en dessus, plus pâles et pubescentes en dessous, molles, en cœur à la base, à 5 nervures et à 5 lobes oblongs, les 2 extérieurs plus petits, les autres à 2—3 grosses dents obtuses, portées sur des pétioles grêles, allongés, pubescents ; fleurs herbacées, velues, ainsi que les pédicelles, disposées en grappe paniculée, presque corymbiforme, terminale, dressée, pauciflores ; bractées lancéolées, caduques ; samares velues-cotonneuses, à ailes oblongues, très divergentes, presque en ligne droite. ♄ (Mai , juin).

Commun dans les bois, dans les haies et les buissons.

β. *Leïocarpum*. Tausch. — *A. campestre. var. β. collinum*. DC. Prod. 1. l. c. — Samares glabres ; lobes des feuilles obtus ; fleurs plus petites.

Salins , dans le bois au pied du rocher de Goaille.

γ. *Erythrocarpum*. Gaud. Fl. helv. 6. l. c. var. β. — Samares d'un beau rouge.

Çà et là, autour de Nyon, dans le petit bois au-dessus de la campagne Calève (Gaud.).

§ 2. *Fleurs en corymbe ou en faisceau.*

3. E. à feuilles d'aubier. — *A. opulifolium.*

Vill. Dauph. 1. p. 333. (1786). — DC. Prod. 1. p. 594. et Fl. fr. n. 4586. — Duby, Bot. gall. p. 99. — Gaud. Fl. helv. 6. p. 326. — Poir. Ency. supp. 2. p. 575. — Koch , Syn. p. 136. — Spach , Ann. sc. nat. l. c. p. 171.
J. Saint-Hil. Pl. fr. tab. 722. fig. 6. et 7. — Gaud. Fl. helv. 6. tab. 3.

Arbre de 10—15 mètres, quelquefois seulement de 3—4 parmi les rochers, à tronc lisse, droit, à écorce grise, à la fin crevassée, brunâtre et ponctuée sur les rameaux, à bois dur, jaunâtre et veiné lorsqu'il est sec ; feuilles arrondies, en cœur à la base, d'un vert gai en dessus, un peu glauque en dessous, à 5 lobes courts, obtus, irrégulièrement dentés, les extérieurs très courts, quelquefois presque nuls, un peu pubescentes en dessous dans la jeunesse, fermes et glabres dans l'état adulte, portées sur des pétioles allongés, purpurescents ; fleurs assez grandes, glabres, jaunâtres, disposées en faisceau ou corymbe terminal, à la fin pendantes, portées sur des pédoncules filiformes, allongés, simples et rameux, fasciculés, glabres ou poilus, munis de bractées courtes, subulées ; sépales oblongs, obtus ; pétales oblongs, un peu en coin, dépassant peu le calice ; étamines, 7, 8 ou 9, à anthères jaunes, presque doubles de la longueur des pétales ; samares nerveuses, à carène saillantes, à ailes oblongues, souvent purpurescentes, peu divergentes, presque parallèles : fleurs paraissant avant les feuilles. ♄ (Mars, avril).

Cet arbre n'est pas rare dans les bois de taillis des environs de Salins. — Les bois au-dessus de Nyon (Gaud.). — Les bois du pied des montagnes : à Salève, assez commun (Reut.). — Au-dessus d'Orbe, sur le penchant de la rivière (Monnard).

β. *Lobatum*. Gaud. Fl. helv. 6. l. c. — Feuilles plus petites, plus profondément divisées en 5 lobes.

Aux environs de Salins.

4. E. plane. — *A. platanoïdes.*

Linn. Sp. 1496. — DC. Prod. 1. p. 595. et Fl. fr. n. 4585. — Duby, Bot. gall. p. 99. — Gaud. Fl. helv. 6. p. 323. — Lam. Ency. 2. p. 379. — Koch, Syn. p. 156. — Spach, Ann. sc. nat. l. c. p. 167.
Duch. Cult. des bois, tab. 35.

Arbre de 13—15 mètres de hauteur, d'un beau port, à tronc droit, muni d'une écorce d'un gris brunâtre, à la fin crevassée, à rameaux lisses, à tête arrondie, assez fournie ;

feuilles grandes, d'un vert gai, glabres sur les deux faces,
un peu plus pâles en dessous, arrondies, en cœur à la base,
palmées, à 7 nervures et à 5 lobes ovales-acuminés, anguleux, à 3 - 5 grosses dents triangulaires, acuminées, séparées par des sinus arrondis, portées sur des pétioles grêles,
allongés, cylindriques, à peine sillonnés, un peu dilatées à
la base ; fleurs jaunâtres, assez grandes, en corymbe dressé,
très garni, feuillé à la base, portées sur des pédoncules
grêles, rameux, glabres, munis de petites bractées scarieuses ; sépales ovales-elliptiques, obtus ; pétales obovales-
cunéiformes, de la longueur du calice ; samares glabres, à
ailes étalées, très divergentes. ♄ (Avril, mai).

Çà et là, aux environs de Salins : dans les bois de Poupet ; de Myon ;
de Bovard, etc., mais il n'est pas commun. — Les bois du Jura, au-
dessus de Nyon (Gaud.). — Au Coutil vers Pertuis, et au pré des
Mailles au droit de Renens (Gagnebin). — Bâle, autour de Mutenz ;
Schavenburg ; Munchenstein, etc. (Hagenb.). — Cultivé quelquefois à
cause de l'élégance de son feuillage.

FAMILLE XX.

Hippocastanées. DC.

CALICE à 5 sépales à estivation embriquée ; corolle irrégulière à 4—5 pétales insérés sur un disque hypogyne ; étamines 7—8, libres, inégales, insérées sur le même disque ;
ovaire libre, à 3 loges, renfermant chacune 2 ovules dressés, à valves portant les cloisons au milieu ; capsule à 2—4
graines très grosses, à ombilic basilaire large. Périsperme
nul ; embryon courbé ; cotylédons soudés, laissant une fente
à la base, d'où sort la plumule à l'époque de la germination.
— Arbres à feuilles opposées, dépourvues de stipules ; fleurs
en grappes terminales.

1. MARRONIER. — ÆSCULUS. Linn.

Calice en cloche, à 5 lobes ; corolle à 4—5 pétales inégaux, dilatés ; étamines 7—8, irrégulières, déjetées-ascendantes ; style unique ; capsule hérissée de pointes molles.

1. M. d'Inde. — *Æ. hippocastanum.*

Linn. Sp. 488. — DC. Prod. 1. p. 597. et Fl. fr. n. 4389.
— Duby, Bot. gall. p. 99. — Gaud. Fl. helv. 3. p. 5. —
Desrouss. Ency. 3. p. 712. — Koch, Syn. p. 136.

Duch. Cult. des bois, tab. 44. — J. Saint-Hil. Pl. fr. tab.
424. — Chaum. Fl. méd. tab. 225. — Lam. illust. tab.
273. — Mill. illust. tab. 23. — J. Bauh. Hist. 1. p. 2. p.
128. fig. 1. — Clus. Hist. 1. p. 8. fig. 1. — Tabern. ic.
p. 972. fig. 1. — Dalech. Hist. p. 33. fig. 1. — Dod. pempt.
p. 814. fig. 2.

Arbre très élevé, de 20—26 mètres de hauteur, à tronc
droit, à écorce lisse dans la jeunesse, brune et crevassée
dans la vieillesse, à tête large, touffue, régulière et très
belle ; feuilles opposées, grandes, à 5—7 folioles digitées,
obovales-cunéiformes, acuminées, irrégulièrement dentées
en scie, glabres, vertes, un peu plus pâles en dessous, sessiles à l'extrémité d'un pétiole commun, allongé, les 2 extérieures plus petites ; fleurs blanches, tachées de rouge et de
jaune, disposées à l'extrémité des rameaux en grappe dressée,
portées sur des pédoncules glabres ; calice à 5 lobes ovales,
arrondis, inégaux ; pétales 4, chiffonnés, ciliés, pubescents
en-dessous, marqués à la base d'une tache rouge dans la
plupart des fleurs et jaunes dans quelques autres ; capsule
globuleuse, grosse, garnie de pointes raides, renfermant
1—3 graines grosses (marrons), d'un brun rougeâtre, lisses,
luisantes, marquées à la base d'une empreinte large, cendrée. ♄ (Mai).

Cet arbre, originaire de la Perse, d'où il a été apporté il y a plus de
deux cent cinquante ans, est généralement cultivé sur les promenades :
il existe une variété de cette plante à fruit lisse, sans pointes, dont
on voit des plantations le long de la route dans le Val-Travers. —
La fécule du fruit, qu'on est parvenu à obtenir sans amertume, rem-
place l'amidon et peut servir à nourrir les bestiaux. Le bois prend bien
la teinture noire et imite l'ébène. On recherche les marrons d'Inde
pour les brûler, parce que leur cendre contient beaucoup de potasse.

FAMILLE XXI.

Ampélidées. Humb. et Kunth.

CALICE petit, entier ou un peu denté ; pétales 4—5, alternes avec les dents du calice, insérés en dehors d'un disque glanduleux ; étamines en même nombre, insérées sur le disque devant les pétales ; ovaire libre, à 2 loges renfermant chacune 2 ovules dressés ; style 1 ; stigmate simple ; baie globuleuse, succulente ou un peu charnue. Périsperme charnu, dur ; embryon dressé ; radicule tournée vers l'ombilic. — Plante sarmenteuse, grimpante, à feuilles stipulées, les inférieures opposées, les supérieures alternes, opposées aux pédoncules souvent changés en vrille ; fleurs petites, verdâtres.

1. AMPÉLOPSIDE. — *AMPELOPSIS*. Mich.

Calice presque entier, pétales 5, étalés ; étamines 5 ; style 1, à stigmate en tête ; baie à 2—4 graines.

1. A. lierre. — *A. hederacea.*

Mich. Fl. bor. am. 1. p. 160. — DC. Prod. 1. p. 633. — *Hedera quinquefolia.* Linn. Sp. 292. — *Vitis hederacea* (Willd.). Poir. Ency. 8. p. 610. — *Vitis quinquefolia.* Lam. illust. n. 2815.

Arbrisseau à tiges radicantes, s'élevant très haut et atteignant jusqu'à 10—12 mètres et plus de longueur, à rameaux sarmenteux, nombreux, grimpants ; feuilles digitées, à 3—5 folioles ovales-lancéolées, acuminées, glabres sur les deux faces, un peu pétiolées, grossièrement dentées en scie dans leur moitié supérieure, d'un beau vert luisant, à la fin presque rouges, portées sur un pétiole commun, allongé, strié ; fleurs verdâtres, petites, disposées à l'extrémité des rameaux en grappe dichotome-corymbiforme ; calice petit,

à 4—5 dents peu marquées ; pétales oblongs, obtus ; baies
d'un vert noirâtre. ♄ (Juillet, août).

Originaire du nord de l'Amérique, cultivé assez généralement sous
les noms de *Vigne vierge*, *Vigne du Canada*, pour garnir les murs,
couvrir les tonnelles et les berceaux : la couleur rouge de son feuillage
offre en automne un coup-d'œil pittoresque.

2. VIGNE. — *VITIS*. Linn.

Calice sinué, à 5 dents ; pétales 5, cohérents au sommet,
se séparant à la base en forme d'éteignoir, caducs ; étamines
5 ; style nul ; baie à 2 loges, à 4 graines avortant quelquefois.

1. V. vinifère. — *V. vinifera*.

Linn. Sp. 293. — DC. Prod. 1. p. 633. et Fl. fr. n. 4566. —
  Duby, Bot. gall. p. 101. — Gaud. Fl. helv. 2. p. 234. —
  Poir. Ency. 8. p. 600. — Koch, Syn. p. 157.
Chaum. Fl. méd. tab. 547. — Lam. illust. tab. 143. —
  J. Bauh. Hist. 2. p. 67. fig. 1 (*mala*). — Tabern. ic. p.
  889. fig. 2. — Dalech. Hist. p. 1402. fig. 1. — Dod. pempt.
  p. 415. fig. 1. — Lob. ic. p. 629. fig. 2. (*ead.*).
Arbrisseau à tige irrégulière et difforme, pouvant atteindre
à une grande hauteur, à racine rampante, formée de grosses
fibres garnies de chevelu, à rameaux sarmenteux, nombreux,
alternes, allongés, flexibles et noueux, s'accrochant aux corps
voisins au moyen de vrilles rameuses, contournées en
spirale, rampants dans les lieux où ils n'ont pas de support ;
feuilles alternes, pétiolées, larges, planes, échancrées en
cœur à la base, sinuées-lobées, incisées-dentées en scie,
blanchâtres et cotonneuses en dessous dans la jeunesse ; fleurs
verdâtres ou blanchâtres, odorantes, disposées en grappes
latérales plus ou moins fournies, opposées aux feuilles,
portées sur des pédoncules rameux ; baies globuleuses, de
grosseur médiocre, ordinairement noires à la maturité, peu
succulentes, légèrement acides, renfermant des graines
dures, presque osseuses. ♄ (Juin).

La vigne sauvage n'est pas rare aux environs de Salins, dans les bois, parmi les buissons et quelquefois parmi les rochers, où elle est alors rampante. — A la côte de Chaléat, près de Thoirette ; le long de la Birse, à Bâle. — Genève, à Salève, parmi les rochers et dans les buissons (Reut.), etc.

Obs. Si l'on en croit le témoignage des anciens historiens, la vigne serait originaire des environs de Nysa, ville de l'Arabie-Heureuse, d'où Osiris ou Bacchus l'aurait transportée dans d'autres contrées de l'Asie. Les Phéniciens, qui parcouraient souvent les côtes de la Méditerranée, en introduisirent la culture dans les îles de l'Archipel, dans la Grèce, dans la Sicile, puis en Italie et ensuite dans les Gaules, à l'époque où une colonie de Phocéens vint s'établir dans les environs de Marseille. De là elle se répandit insensiblement dans les autres contrées où on la cultive aujourd'hui. Elle s'est tellement acclimatée et répandue, qu'on en voit jusque dans les hautes vallées des Alpes de la Savoie, au pied des montagnes couvertes de neiges éternelles. Il n'est peut-être aucune espèce de plante qui puisse offrir autant de variétés que la vigne. Le célèbre agronome Bosc, qui avait été chargé par le gouvernement, au commencement de ce siècle, de recueillir toutes les variétés de vigne cultivées en France, était parvenu à en réunir plus de 1400 variétés dans la pépinière des Chartreux, au Luxembourg, et on en cultivait encore, il y a quelques années, environ 600 au jardin de Genève. — Les raisins mûrs sont un peu laxatifs et diurétiques ; on les emploie comme béchiques lorsqu'ils sont desséchés. On obtient, avec la lie de vin brûlée, lavée à l'eau et broyée, le noir de Francfort, qui sert à faire l'encre d'imprimerie. Le tartre déposé sur les parois intérieures des tonneaux sert à préparer la *crème-de-tartre*, employée en médecine comme laxative et tempérante. Le marc, après qu'on l'a distillé pour en obtenir l'eau-de-vie qu'il contient, est employé comme engrais : brûlé, il donne de très bonnes cendres. Les feuilles sont alimentaires pour les bestiaux.

FAMILLE XXII.

Géraniacées. DC.

CALICE persistant, à 5 sépales quelquefois inégaux, à estivation embriquée ; pétales 5, alternes avec les sépales, égaux et hypogynes, ou inégaux et insérés sur le calice ou soudés avec lui ; étamines ordinairement soudées par la base et monadelphes, en nombre double des pétales, les alternes quelquefois stériles ; ovaire à 5 loges, renfermant chacune 2 ovules suspendus, terminé par un bec formé par les 5 styles réunis à un axe central, surmonté de 5 stigmates libres ; fruit composé de 5 carpelles presque membraneux, indéhiscents, monospermes, se détachant, à la maturité, de la base au sommet, avec les styles qui s'enroulent en cercle ou en spirale, entraînant avec eux les carpelles. Périsperme nul ; embryon courbé ; cotylédons enroulés ou pliés-flexueux. — Herbes ou sous-arbrisseaux à feuilles inférieures ordinairement opposées, les supérieures alternes et opposés au pédoncule ; fleurs solitaires ou en ombelle au sommet du pédoncule.

1. GÉRANIUM. — *GERANIUM*. Linn.

Calice à 5 sépales égaux ; corolle à 5 pétales égaux ; étamines 10, fertiles, légèrement monadelphes à la base, les alternes plus grandes, munies d'une glande nectarifère à la base ; styles ou arètes des carpelles glabres en dedans, se roulant à la fin en cercle de la base au sommet, en les entraînant avec eux.

§ 1. *Racine vivace.*

* *Pédoncules uniflores.*

1. G. sanguin. — *G. sanguineum.*

Linn. Sp. 958. — DC. Prod. 1. p. 639. et Fl. fr. n. 4541. — Duby, Bot. gall. p. 101. — Gaud. Fl. helv. 4. p. 598. — Cavanille, in Ency. 2. p. 631. — Koch, Syn. p. 159. J. Saint-Hil. Pl. fr. tab. 166. — Bull. herb. tab. 12. — Moris. sect. 5. tab. 16. fig. 17. — J. Bauh. Hist. 3. p. 2. p. 478. fig. 2. (*mala*). — Clus. Hist. 2. p. 102. fig. 1. — Tabern. ic. p. 774. fig. 1. — Dalech. Hist. p. 1279 (*ic. Fuchsii*). — Lob. ic. p. 660. fig. 2.

Racine rouge, épaisse ; tiges dressées ou ascendantes, diffuses, articulées, souvent rougeâtres, rameuses-dichotomes, hautes d'environ 3 décim., hérissées, ainsi que les autres parties de la plante, de longs poils étalés, blanchâtres; feuilles opposées, orbiculaires, pétiolées, profondément découpées en 5—7 divisions cunéiformes, la plupart trifides, à lanières linéaires divergentes, très obtuses; stipules triangulaires, rouges; fleurs grandes, d'un rouge sanguin ou violet, solitaires sur de longs pédoncules situés dans la dichotomie des rameaux ou axilaires, plus longs que les feuilles, articulés aux deux tiers de leur longueur et munis de 2 petites bractées lancéolées, scarieuses; sépales ovales-oblongs, aristés, à 3 nervures, membraneux sur les bords; pétales larges, obovales-cunéiformes, doubles du calice, un peu échancrés au sommet; carpelles lisses, à arêtes pubescentes, à graines noires, presque lisses. ♃ (Juin—septembre).

Les lieux chauds et pierreux du pied des montagnes : Salins, au pied de Poupet ; de Saint-André; de Belin ; à Château-sur-Pretin, etc. ; à Loule, près de Champagnole, d'où J. Bauhin le reçut en 1590 de Charles Tossanus ; le long de la route, entre Orbe et Balaigue ; aux environs de Thoirette. — Genève, à Salève, à Sous-Terre, au bois de Bay et de la Bâtie (Reut.). — Aux environs de Bâle (Hagenb.). — Autour de Bienne ; Mathod ; Orbe ; Monchérand, etc. (Hall.). — Près de Divonne, autour de Bière (Gaud.).

** *Pédoncules biflores.*

a. Carpelles ridés.

2. G. brun. — *G. phœum.*

Linn. Sp. 955. — DC. Prod. 1. p. 641. var. *α.* et Fl. fr. n. 4543. var. *α.* — Duby, Bot. gall. p. 102. var. *α.* —Gaud. Fl. helv. 4. p. 399. — Lam. Ency. 2. p. 658. var. *α.* — Koch, Syn. p. 158. var. *α.*

J. Bauh. Hist. 3. p. 2. p. 477. fig. 3. — Clus. Hist. 2. p. 99. fig. 1.

Racine épaisse, fibreuse, rouge en dehors ; tige dressée, noueuse, garnie de longs poils soyeux, blanchâtres, étalés, haute de 4—6 décim. ; feuilles palmées, molles, pubescentes, divisées jusqu'au-delà du milieu en 5—7 lobes rhomboïdaux, rapprochés, incisés-dentés, à dents obtuses : les inférieures opposées, longuement pétiolées : les supérieures alternes, presque sessiles : celles du sommet petites, sessiles, profondément trilobées ; stipules ovales-lancéolées, membraneuses ; fleurs d'un brun pourpre ou vineuses, de grandeur médiocre, portées sur des pédoncules poilus, alternes, biflores, axilaires, beaucoup plus longs que les feuilles, formant une panicule terminale ; bractées lancéolées, aiguës, poilues ; sépales ovales-oblongs, très obtus, mucronés, brunâtres à la base, pubescents, et garnis en outre de longs poils blanchâtres ; pétales obovales cunéiformes, étalés, arrondis, un peu plus longs que le calice, crénelés au sommet, à onglet blanchâtre et barbu ; filets des étamines élargis et ciliés-hispides à leur partie inférieure ; carpelles garnis de poils dressés presque appliqués, plissés-ridés au sommet d'une manière remarquable ; graines oblongues, lisses, assez grosses. ♃ (Mai, juin).

Parmi les rochers, en montant au Reculet, dans le petit vallon d'Ardran, et en descendant de l'autre côté de la montagne, dans la vallée de Chésery, en grande quantité (Reut.). — Au-dessus du lac de Bienne ; à la Ferrière ; à Clermont ; à Boudevilliers ; aux Convers, dans les vergers ; à la Brevine (Gaud.) ; à la Moleta, près des Ponts (L. Benoit, cat.). — Au-dessus des Brenets (Depierre, cat.). — Bâle, autour de Lungenbruck (Hagenb.). — Girod-Chantrans cite encore le *G. nodosum*. Linn. dans les broussailles aux environs de Pontarlier ; mais, cette espèce étant particulière aux provinces méridionales, je ne pense pas qu'elle puisse se trouver dans le Jura, et je ne ferai que l'indiquer ici : l'ouvrage de ce savant estimable n'offrant, du reste, aucune description ni aucune synonymie, il est difficile de s'assurer si la plante de l'auteur est réellement celle de Linné.

b. Carpelles lisses.

α. Graines finement ponctuées.

3. G. des bois. — *G. sylvaticum.*

Linn. Sp. 954. — DC. Prod. 1. p. 641. et Fl. fr. n. 4546. — Duby, Bot. gall. p. 102. — Gaud. Fl. helv. 4. p. 405. —

Koch , Syn. p. 138. — *G. batrachioïdes.* Cavan. in Ency.
2. p. 639.

Clus. Hist. 2. p. 99. fig. 2. (*bene*).

Racine épaisse, noirâtre, garnie de fibres ; tige dressée,
nue à la base, haute de 3—6 décim., plus ou moins poilue,
quelquefois presque glabre , rameuse-dichotome au sommet ;
feuilles molles, velues, vertes en dessus, un peu plus pâles
en dessous, à nervures très marquées, saillantes, profondément divisées en 5—7 lobes oblongs, cunéiformes, rhomboïdaux, incisés-dentés en scie : les radicales et les inférieures
longuement pétiolées, opposées ou alternes : les supérieures
petites, sessiles ou presque sessiles, trifides ; fleurs nombreuses, grandes, purpurines ou violettes, portées sur des
pédoncules hérissés de poils étalés , glanduleux, dressés après
la fleuraison, situés dans la bifurcation des rameaux ou à
leur sommet, et formant une panicule corymbiforme terminale ; stipules lancéolées-acuminées ; sépales velus, à 5 nervures, ovales-oblongs ou ovales-lancéolés, longuement aristés ; pétales obovales-arrondis , barbus sur l'onglet, un peu
crénelés, rarement échancrés, doubles de la longueur du
calice ; filets des étamines lancéolés-subulés, poilus, glabres
au sommet ; anthères violettes ; carpelles et arêtes velus ,
lisses ; graines légèrement ponctuées. ♃ (Juin, juillet).

Commun dans les prés montagneux et au bord des bois : aux environs
de Salins. — De Bellelay ; au-dessus de Bonmont ; de Longirod ; sur la
Dôle (Gaud.). — Sur le Salève et les sommités du Jura (Reut.). —
Aux environs de Bâle (Hagenb.).

β. *Parviflorum.* Fleurs une fois plus petites, à pétales
dépassant peu l'extrémité de l'ariste des sépales.

Salins , autour des buissons, à Ivory et ailleurs.

γ. *Albiflorum.* Fleurs à pétales blancs ou rayés de violet.

Les environs de Bâle (Hagenb.). — De Salins, dans la grande clai-
rière du bois de Bovard.

4. G. des prés. — *G. pratense.*

Linn. Sp. 954. — DC. Prod. 1. p. 641. et Fl. fr. n. 4549.
— Duby, Bot. gall. p. 102. — Gaud. Fl. helv. 4. p. 406.
— Koch, Syn. p. 158.
J. Saint-Hil. Pl. fr. tab. 358. — J. Bauh. Hist. 3. p. 2. p. 475.
fig. 1. — Clus. Hist. 2. p. 100. fig. 1. (*ead.*). — Dod.
pempt. p. 63. fig. 2. — Lob. ic. p. 659. fig. 2. (*ead.*).

Racine épaisse, fibreuse; tige dressée, robuste, haute de
6—9 décim., velue, cylindrique, rameuse-dichotome;
feuilles velues, vertes, nerveuses, plus pâles en dessous,
partagées presque jusqu'à la base en 7—9 divisions oblongues-lancéolées, cunéiformes, presque pinnatifides, incisées-
dentées : les radicales et les inférieures très grandes, longuement pétiolées, opposées ou alternes : les supérieures
plus petites, sessiles ou courtement pétiolées, à 5—7 divisions; fleurs grandes, d'un pourpre-violet bleuâtre, portées
sur des pédoncules hérissés, ainsi que les sépales, de poils
étalés, glanduleux, situés dans la bifurcation des rameaux
et à leur sommet, et formant une panicule corymbiforme
terminale, sépales ovales-oblongs, longuement aristés, à
3—5 nervures; pétales entiers, arrondis cunéiformes, à onglet glabre, cilié-barbu, doubles de la longueur du calice;
filets des étamines subulés, glabres, subitement élargis à la
base en une membrane ovale légèrement ciliée; carpelles et
arêtes lisses, pubescents-glanduleux; graines oblongues, légèrement ponctuées. ♃ (Juin—août).

Les prés humides, le bord des rivières et des ruisseaux : Salins, le
long de la Furieuse, derrière les Capucins et à Saint-Joseph; au bord
du ruisseau de la Vache, au même lieu; le bord du ruisseau de la tuilerie de Clucy; les buissons, à Cernans et à Ivory, etc. — Au Cret de
la Ferrière et aux Établins (Gagnebin). — Les prés autour de Bâle
(Hagenb.).

β. *Albiflorum.* Gaud. Syn. p. 576. et Fl. helv. 4. l. c.
— Tige presque glabre; rameaux et pédoncules velus-co-
tonneux; fleurs blanches.

Les montagnes du Jura au-dessus de Nyon (Gaud.).

5. G. des marais. — *G. palustre.*

Linn. Sp. 954. — DC. Prod. 1. p. 642. et Fl. fr. n. 4547. —
Duby, Bot. gall. p. 102. — Gaud. Fl. helv. 4. p. 404. —
Cavan. in Ency. 2. p. 659. — Koch, Syn. p. 159.

Racine noueuse, brune, rougeâtre intérieurement (Cavanille) ; tige grêle, anguleuse, rameuse, diffuse, ascendante ou tombante, velue, à poils blanchâtres, étalés, un peu réfléchis, longue de 4—6 décim. ; feuilles opposées, velues, ainsi que les pétioles, palmées, à 5 divisions oblongues-rhomboïdales, un peu écartées, incisées, à lobes ovales-obtus, calleux-mucronés au sommet : les inférieures longuement pétiolées : les supérieures presque sessiles, trilobées ; stipules membraneuses, lancéolées, longuement acuminées ; fleurs grandes, d'un pourpre violet, portées sur de très longs pédoncules axilaires, à pédicelles très divergents, à la fin souvent défléchis, munis de bractées linéaires-lancéolées ; sépales ovales-oblongs, aristés, presque glabres ou légèrement poilus, à 3—5 nervures ; pétales arrondis-cunéiformes, très entiers, presque doubles du calice ; filets des étamines glabres, lancéolés-subulés, élargis et ciliés à la base ; carpelles lisses, garnis de poils couchés, à arêtes pubescentes sur les deux faces ; graines brunes, oblongues, presques lisses, a peine striées-ponctuées à la loupe. ♃ (Juillet, août).

Les haies et buissons dans les prés humides, le long des ruisseaux : Salins, le long des ruisseaux du bois de Racine et de Veley ; le long du chemin au-dessous des vignes de Domaine. — Dans les marais au-dessous d'Orbe (Monnard). — Les fossés aux environs de Bâle, où il n'est pas rare (Hagenb.).

β. Graines lisses.

6. G. des Pyrénées. — *G. Pyrenaïcum.*

Linn. Mant. 97. et 257. — DC. Prod. 1. p. 645. et Fl. fr. n. 4552. — Duby, Bot. gall. p. 102. — Gaud. Fl. helv. 4. p. 407. — Cavan. in Ency. 2. p. 655. — Koch, Syn. p. 159. J. Saint-Hil. Pl. fr. tab 559. — Barr. ic. fig. 40.

Racine épaisse, allongée, rougeâtre ; tiges dressées, cylindriques, rarement tombantes, plus ou moins velues, rameuses-dichotomes, hautes de 3—5 décim. ; feuilles molles,
velues, nerveuses : les radicales longuement pétiolées,
orbiculaires-réniformes, partagées jusqu'aux deux tiers de
leur longueur en 7 lobes à peine cunéiformes, larges, tronqués au sommet et incisés en 2—5 lobes plus courts, à 2—3
dents arrondies : les caulinaires opposées, à 5 lobes écartés :
les supérieures sessiles, à 3 lobes bi ou tridentés, souvent
entiers ; stipules lancéolées, velues; pédoncules axilaires,
pubescents, à pédicelles défléchis ; fleurs petites, d'un pourpre
violet (quelquefois blanches, *Rapin.*); sépales oblongs,
pubescents, à 5 nervures, non aristés, mais terminés par
une glande purpurine qui les rend mucronés ; pétales obcordés, bifides, à onglet muni de chaque côté d'une petite
houppe de poils blanchâtres ; carpelles lisses, légèrement
garnis de poils fins, appliqués; graines d'un brun roux, lisses.
⚄ (Juin—septembre).

Le long des chemins, le bord des prés, autour des chalets : Salins,
à Champagny ; le long d'une haie au-dessus du Mont-de-Cimon ; au
bord de la route, au-dessus du mont de Pupillin, près d'Arbois ; entre
Orbe et Balaigne ; aux environs de Pontarlier, assez commun ; au voisinage des chalets, sur le Montendre ; la Dôle, etc. ; très commun dans
le Val-Travers ; dans les prés le long des haies et des chemins, aux
environs de Genève, et dans le canton de Vaud ; plus rare dans celui
de Bâle.

§ 2. *Racine annuelle.*

* *Carpelles lisses.*

a. Graines lisses.

7. G. fluet. — *G. pusillum.*

Linn. Sp. 957. — DC. Prod. 1. p. 643. et Fl. fr. n. 4558. —
Duby, Bot. gall. p. 103. — Gaud. Fl. helv. 4. p. 408. —
Koch , Syn. p. 140. — *G. malvæfolium.* Cavan. in Ency.
2. p. 654.
Vaill. Bot. par. tab. 15. fig. 1. — Fuchs. Hist. 205.

Racine blanchâtre, fusiforme, donnant naissance à plusieurs tiges étalées-ascendantes, diffuses, souvent tombantes, mollement pubescentes, mais non velues-soyeuses comme celles du *G. molle*, rameuses, longues de 2—3 décim. ; feuilles velues, molles, orbiculaires, à 7 lobes tronqués au sommet, assez profonds, incisés-dentés, à dents obtuses, arrondies : les inférieures longuement pétiolées : les supérieures plus petites, à 5 lobes, portées sur des pédoncules beaucoup plus courts ; stipules lancéolées, velues, d'un vert très pâle ; fleurs petites, nombreuses, d'un bleu violet, portées sur des pédoncules axilaires, pubescents, à pédicelles défléchis après la fleuraison, munis de bractées semblables aux stipules ; sépales velus, ovales-lancéolés, à 3 nervures, légèrement mucronés ; pétales oblongs, obcordés, égaux au calice ou à peine plus longs, échancrés au sommet, à onglets légèrement ciliés ; carpelles lisses, pubescents ; graines lisses. ① (Mai—septembre).

Commun le long des haies et des chemins, au pied des murs.

β. *Humile*. Gaud. Fl. helv. 4. l. c. — Hagenb. Fl. basil. 2. p. 188. — *G. humile*. Cavan. Diss. 4. p. 202. — Tiges très courtes ; feuilles plus finement découpées.

b. Graines ponctuées-alvéolées.

8. G. disséqué. — *G. dissectum*.

Linn. Sp. 956. — DC. Prod. 1. p. 643. et Fl. fr. n. 4556. — Duby, Bot. gall. p. 105. — Gaud. Fl. helv. 4. p. 411. — Cavan. in Ency. 2. p. 653. — Koch, Syn. p. 140. Vaill. Bot. par. tab. 15. fig. 2. — J. Bauh. Hist. 3. p. 2. p. 474. fig. 1. (*mala*). — Dalech. Hist. p. 1278. fig. 2. (*ead.*).

Racine simple, fusiforme ; tiges ascendantes, faibles, souvent étalées, rameuses, diffuses, plus ou moins velues, à poils réfléchis, longues de 2—3 décim. ; feuilles arrondies-réniformes, plus ou moins garnies de poils couchés, divisées presque jusqu'à la base en 5—7 lobes cunéiformes, écartés, multifides, à 3—5 lanières linéaires, étroites, inégales : les radicales longuement pétiolées : les caulinaires opposées, portées sur des pétioles plus courts : les supérieures plus petites, à 3—5 lobes; fleurs petites, purpurines, nombreuses, portées sur des pédoncules axilaires, ordinairement plus courts que les feuilles, à pédicelles défléchis après la fleuraison; bractées velues, lancéolées, acuminées; sépales velus-glanduleux, ainsi que les pédicelles, ovales-lancéolés, aristés, à 3 nervures; pétales obcordés, à peu près de la longueur du calice, à onglet barbu, légèrement échancrés; carpelles lisses, velus, surmontés d'arêtes velues-glanduleuses; graines ovoïdes-globuleuses, brunes, ponctuées-alvéolées. ① (Mai—juillet).

Commun dans les vignes et les lieux cultivés, le long des chemins et des champs.

9. G. colombin. — *G. columbinum.*

Linn. Sp. 956. — DC. Prod. 1. p. 643. et Fl. fr. n. 4555. — Duby, Bot. gall. p. 105. — Gaud. Fl. helv. 4. p. 412. — Cavan. in Ency. 2. p. 653. — Koch, Syn. p. 140. Vaill. Bot. par. tab. 15. fig. 4.

Racine rougeâtre, fusiforme; tiges grêles, faibles, rameuses, diffuses, plus ou moins étalées, longues de 2—5 décim., garnies de poils appliqués; feuilles opposées, partagées jusqu'à la base en 5—7 divisions cunéiformes, un peu écartées, multifides, à lobes linéaires, étroits, obtus, à peine mucronés, divergents, garnies de poils couchés, portées sur des pétioles souvent rougeâtres, ainsi que les tiges; stipules étroites, linéaires-subulées, ciliées; fleurs médiocres, rouges ou violettes, un peu plus grandes que dans l'espèce précédente, portées sur des pédoncules axilaires très longs, dépassant de beaucoup la feuille, à pédicelles défléchis après la fleuraison; sépales ovales-lancéolés, longuement aristés, à 3 nervures, garnis, comme toute la plante, de poils appliqués, particulièrement sur les nervures; pétales obcordés, un peu plus longs que le calice,

atteignant l'extrémité de l'ariste des sépales, marqués de
3 lignes plus foncées, échancrés au sommet, à onglet barbu ;
carpelles lisses, glabres, à arête garnie de poils couchés ;
graines brunes, ovoïdes-globuleuses, ponctuées-alvéolées.
① (Juin—juillet).

Commun dans les vignes et les lieux cultivés, le long des chemins,
au bord des champs.

10. G. à feuilles rondes. — *G. rotundifolium.*

Linn. Sp. 957. — DC. Prod. 1. p. 643. et Fl. fr. n. 4557. —
    Duby, Bot. gall. p. 103. — Gaud. Fl. helv. 4. p. 410. —
    Cavan. in Ency. 2. p. 661. — Koch, Syn. p. 140.
Dalech. Hist. p. 1277. fig. 1. — Dod. pempt. p. 61. fig. 2.
    —Lob. ic. p. 658. fig. 1. (*ead.*).

Racine fusiforme, souvent un peu divisée ; tiges rameuses,
diffuses, étalées, quelquefois un peu couchées, mollement
pubescentes, à poils fins, blanchâtres, étalés, glanduleux,
qui la rendent un peu visqueuse, longues de 2—3 décim.;
feuilles opposées, pétiolées, blanchâtres, pubescentes : les
inférieures orbiculaires, divisées jusqu'au milieu en 5—7
lobes rapprochés, un peu en coin, tronqués, incisés ou
crénelés, à dents obtuses, arrondies, souvent marquées de
points rouges dans les sinus et au sommet des lobes : les
caulinaires réniformes : les supérieures plus petites, comme
tronquées à la base et même quelquefois légèrement en
coin, à 3 –5 lobes; fleurs petites, nombreuses, rougeâtres,
portées sur des pédoncules axilaires, souvent plus courts que
les feuilles, velus-glanduleux, ainsi que les pétioles, à
pédicelles défléchis après la fleuraison ; sépales ovales-lancéolés, poilus, à 3 nervures, courtement aristés; pétales
entiers ou légèrement échancrés, dépassant peu le calice,
de couleur rose, marqués de 3 lignes plus foncées, blanchâtres à la base, oblongs-cunéiformes ; carpelles lisses,
pubescents; graines ovoïdes-globuleuses, d'un brun roux,
ponctuées-alvéolées. ① (Mai — août).

Commun le long des chemins, au pied des murs, dans les vignes et les lieux cultivés.

*** Carpelles ridés.*

11. G. mollet. — *G. molle.*

Linn. Sp. 955. — DC. Prod. 1. p. 643. et Fl. fr. n. 4554.
— Duby, Bot. gall. p. 102. — Gaud. Fl. helv. 4. p. 409.
Cavan. in Ency. 2. p. 655. — Koch, Syn. p. 141.

Vaill. Bot. paris. tab. 15. fig. 3. (*opt*). — Tabern. ic. p. 56.
fig. 2. (*mala*). -- Dod. pempt. p. 63. fig. 2. (*ex Gaud.*).

Racine rougeâtre, fusiforme ; tiges rameuses, diffuses, ascendantes, longues de 2—3 décim., garnies de poils mous, soyeux, longs, étalés, que l'on retrouve sur les calices, les pétioles et les pédoncules ; feuilles arrondies-réniformes, molles, velues, à 5—7 lobes trifides, à dents oblongues, obtuses : les inférieures longuement pétiolées : les caulinaires à pétioles plus courts : les supérieures sessiles, opposées ; stipules membraneuses, ovales, roussâtres, quelquefois bifides ou déchirées au sommet ; fleurs petites, rouges ou purpurines, portées sur des pédoncules opposés aux feuilles ou axilaires, plus longs qu'elles, à pédicelles défléchis, munis de bractées semblables aux stipules ; sépales ovales, mucronés, à 3 nervures ; pétales bifides, obcordés, dépassant un peu le calice, légèrement ciliés à la base ; carpelles glabres, ridés en travers ; graines ovoïdes, lisses, brunâtres. ① (Mai—août).

Le long des chemins, le pied des murs, le bord des champs.

12. G. luisant. — *G. lucidum.*

Linn. Sp. 955. — DC. Prod. 1. p. 644. et Fl. fr. n. 4553. —
Duby, Bot. gall. p. 103. — Gaud. Fl. helv. 4. p. 415. —
Cavan. in Ency. 2. p. 660. — Koch, Syn. p. 141.

J. Saint-Hil. Pl. fr. tab. 556. — J. Bauh. Hist. 3. p. 2. p.
481. fig. 1.

Racine fusiforme, souvent divisée, donnant naissance à
plusieurs tiges tendres, rameuses, étalées, diffuses, lisses,
souvent rougeâtres, ainsi que les autres parties de la plante,
longues d'environ 2—3 décim.; feuilles luisantes, garnies
de quelques poils épars, orbiculaires, divisées jusqu'au
milieu en 3 lobes trifides, dentés, à dents obtuses, mucronées, portées sur de longs pétioles qui diminuent de grandeur dans les feuilles supérieures; fleurs petites, de couleur
rose, portées sur des pédoncules axilaires, de la longueur
des feuilles, à pédicelles défléchis; calice anguleux, pyramidal, très lisse, à sépales lancéolés, mucronés, ridés en
travers; pétales obovales, entiers, à peine déprimés au
sommet, plus grands que le calice; carpelles ridés-réticulés,
hérissés au sommet de poils courts, raides: graines ovoïdes,
lisses, d'un brun roux. ⚥ (Mai—août).

Les lieux ombragés, un peu humides, le long des haies, au pied des
rochers : Salins, au pied des rochers de Belin, entre l'Ermitage et
l'entrée du fort; le long des haies, à Champagny, à la Chaux et le long
des chemins vers l'extrémité des prés de Raty; les talus du pied des
rochers, à la source de la Cuisance. — Les rochers humides et ombragés
de Salève et de la fontaine du Pas-de-l'Échelle; autour du vieux château, près de Chaumont, sur le Wache, etc. (Reut.). — Sur la terrasse du château de Monchérand (Gaud.).

13. G. herbe à Robert. — *G. Robertianum.*

Linn. Sp. 955. — DC. Prod. 1. p. 644. et Fl. fr. n. 4555. —
Duby, Bot. gall. p. 105. — Gaud. Fl. helv. 4. p. 416. —
Cavan. in Ency. 2. p. 661. — Koch, Syn. p. 141.
Chaum. Fl. méd. tab. 182. — Bull. herb. tab. 201. — Moris.
sect. 5. tab. 15. fig. 11. — J. Bauh. Hist. 3. p. 2. p. 480.
fig. 2. — Tabern. ic. p. 56. fig. 1. — Dalech. Hist. p. 1256.
et 1278. fig. 1. (*mala*). — Dod. pempt. p. 62. fig. 1.—
Lob. ic. p. 657. fig. 2.

Racine grêle, fibreuse, donnant naissance à plusieurs
tiges dressées ou ascendantes, quelquefois étalées, tendres,
rameuses, souvent rougeâtres, hautes d'environ 3 décim.,
hérissées de longs poils blancs, articulés, étalés; feuilles

triangulaires, la plupart opposées, longuement pétiolées, plus ou moins garnies de poils épars, semblables à ceux des tiges, à 3—5 divisions distinctes, pétiolulées, trifides, incisées-pinnatifides, à dents obtuses, mucronées; fleurs rouges, de grandeur médiocre, portées sur des pédoncules ordinairement axilaires, quelquefois opposés aux feuilles, à pédicelles un peu défléchis après la fleuraison, hérissés, ainsi que les calices et les pétioles, de poils semblables à ceux des tiges; calice ovoïde-pyramidal, presque à 10 côtes, ordinairement rougeâtre, à sépales ovales-lancéolés, aigus, à 3 nervures, longuement aristés; pétales obovales, entiers, rayés à la base, double du calice; carpelles glabres, ridés-réticulés, surtout à leur partie supérieure; graines oblongues, presque cylindriques, lisses, d'un brun roux. ④ (Mai—novembre).

Les vieux murs et les rochers ombragés un peu humides. — On attribue à cette plante des propriétés astringentes et résolutives, et on l'emploie en gargarisme dans les angines muqueuses : elle a une odeur très forte et désagréable.

β. *Albiflorum*. Gaud. Fl. helv. 4. 1. c. — Fleurs blanches.

Poligny, le long d'une haie, dans un chemin de vigne, au pied de la montagne. — Bâle, sur les monts Wasserfall (J. Bauh.) et Wallemberg (Hagenb.).

γ. *Purpureum*. Gaud. Fl. helv. 4. 1. c. — *G. Robertianum. var. β. atropurpureum.* Hagenb. Fl. basil. 2. p. 190. — Vill. Dauph. tab. 40. — Tiges moins hautes, à feuilles moins laciniées, à carpelles plus profondément ridés.

Bâle, parmi les rochers, aux lieux abrités des montagnes (Hagenb.).

2. ÉRODIUM. — *ERODIUM*. L'hérit.

Calice à 5 sépales; corolle à 5 pétales; étamines 10, courtement monadelphes, dont 5 à filets plus larges stériles, opposés aux pétales, et 5 à filets plus étroits fertiles, munis d'une glande nectarifère à la base, alternes avec eux; arêtes des carpelles barbues en dedans, à la fin roulées en spirale.

1. E. à feuilles de ciguë. — *E. cicutarium*.

L'héritier, in Ait. hort. kew. ed. 1. vol. 2. p. 414. — DC.
Prod. 1. p. 646. et Fl. fr. n. 4532. — Duby, Bot. gall. p.
103. — Koch, Syn. p. 142. — *Geranium cicutarium*.
Linn. Sp. 951. — Cavan. in Ency. 2. p. 666. — Gaud.
Fl. helv. 4. p. 594.

Racine simple, blanchâtre, fusiforme; tiges ascendantes,
ou étalées, nulles ou presque nulles dans la var. *a.*, rameuses, plus ou moins velues, feuillées, longues d'environ
3—4 décim.; feuilles ailées, à folioles sessiles, alternes ou
opposées, ovales, pinnatifides, à lobes dentés, à peine velues : les radicales nombreuses, étalées en rosette, plus
longues que les pétioles; fleurs purpurines, disposées en
ombelle sur des pédoncules velus, axilaires ou radicaux;
sépales oblongs, aristés, hispides, à 3 nervures; pétales
entiers, oblongs, inégaux, les 3 supérieurs un peu plus
grands, marqués de 3 nervures plus foncées; étamines
glabres, à filets dilatés-arrondis à la base dans celles qui
sont fertiles; carpelles allongés, obconiques, hérissés de poils
raides, dressés, munis d'arêtes garnies sur les deux faces de
poils appliqués, et de longues soies à la base, roulées en
spirale à la maturité. ① (Koch). ② ou ♃ (Gaud.). (Avril—
automne).

Commun le long des chemins, au pied des murs, dans les lieux incultes.

a. Præcox (Cavan.). DC. Prod. 1. l. c. — Gaud. Fl.
helv. 4. l. c. var. *aβ.* — *E. cicutarium var. δ. acaule.*
Hagenb. Fl. basil. 2. p. 182. — Tige nulle ou presque nulle;
feuilles étalées en rosette; fleurs portées sur des pédoncules
radicaux à 1—4 fleurs. (Avril.)

Plusieurs botanistes pensent que cette plante n'est que l'état vernal
de la variété suivante.

β. Pimpinellæfolium (Cavan.). Gaud. Fl. helv. 4. l. c.
var. *a.* — Hagenb. Fl. basil. 2. l. c. var. *β.* — Moris. sect.

5. tab. 15. fig. 9. — Tabern. ic. p. 57. fig. 1-2. — Dod.
pempt. p. 64. fig. 1. — Tiges étalées ou couchées, plus ou
moins hérissées de poils blanchâtres, ne dépassant guère ordinairement la longueur des feuilles radicales; feuilles à
folioles rapprochées, ovales, incisées, à lobes aigus; fleurs
d'un pourpre clair, à pétales dépassant à peine le calice.

γ. *Chærophyllum* (Cavan.). DC. Prod. 1. l. c. —
Gaud. Fl. helv. 4. l. c. — Hagenb. Fl. basil. 2. l. c. — Tabern. ic. p. 58. fig. 1. — Dod. pempt. p. 63. fig. 1. — Tiges
ascendantes, longues de 3—4 décim.; feuilles à folioles bipinnatifides, à lobes lancéolés, aigus; fleurs à pétales obovales, plus grandes que le calice.

2. E. musqué. — *E. moschatum*.

L'héritier, in Ait. kew. ed. 1. vol. 2. p. 414. — DC. Prod.
1. p. 647. et Fl. fr. n. 4533. — Koch, Syn. p. 142. —
Hagenb. Fl. basil. 2. p. 183. — *Geranium moschatum*.
Linn. Sp. 951. — Gaud. Fl. helv. 4. p. 396. — Cavan.
in Ency. 2. p. 667.
Moris. sect. 5. tab. 15. fig. 10. — Lob. ic. p. 658. fig. 2.

Plante répandant une forte odeur de musc, à tiges tombantes, rameuses, pubescentes, à poils courts, glanduleux,
hautes de 2—3 décim.; feuilles ailées, à folioles assez
grandes, ovales ou oblongues, ordinairement alternes,
incisées-dentées, les inférieures légèrement pétiolulées, la
terminale souvent trilobée; fleurs purpurines, de grandeur
médiocre, à étamines glabres, les fertiles dilatées à la base
et munies d'une dent de chaque côté, à pétales dépassant
peu le calice, marqués de 3 lignes de couleur plus foncée, à sépales pubescents-glanduleux, mucronés, à 3 nervures, portées, au nombre de 7—8, sur un pédoncule plus
long que les feuilles. ⨀ (Juin, juillet).

Autour de Bienne; de Muttenz et d'Augst, canton de Bâle (Gaud.).
Genève, près de Chêne (Coppier). — Et dans une petite rue déserte,
à Saint-Julien (Reut.), très rare.

FAMILLE XXIII.

Tropéolées. Juss.

Calice à 5 divisions colorées, la supérieure prolongée à la base en éperon libre et ouvert dans la fleur en dehors des étamines; pétales 5, insérés sur le calice, alternes avec ses divisions, inégaux, irréguliers, 2 supérieurs sessiles, écartés, insérés à la gorge de l'éperon, 3 inférieurs plus petits, munis d'un onglet, avortant quelquefois; étamines 8, à filets libres, insérés sur le disque; anthères à 2 loges, s'ouvrant par une double fente; carpelles 3, soudés en un seul ovaire trigone; styles 3, soudés en un seul à 3 stigmates; fruit composé de 3 carpelles uniloculaires, monospermes. Périsperme nul; embryon grand, à cotylédons droits, distincts dans la jeunesse et ensuite soudés presque jusqu'à la base; radicule cachée entre les cotylédons, portant 4 tubercules émettant des radicelles. — Herbes à feuilles alternes dépourvues de stipules, à nervures peltées; pédoncules axilaires uniflores.

1. CAPUCINE. — *TROPOEOLUM*. Linn.

Calice à 5 divisions, la supérieure éperonnée; pétales 5, inégaux, 3 inférieurs plus petits ou presque nuls; étamines 8, libres; carpelles 3, spongieux, indéhiscents.

1. C. à larges feuilles. — *T. majus*.

Linn. Sp. 490. — DC. Prod. 1. p. 683. et Fl. fr. n. 4560. — Duby, Bot. gall. p. 105. — Lam. Ency. 1. p. 611. Chaum. Fl. méd. tab. 96. — Lam. illust. tab. 277. fig. 1. — Moris. sect. 1. tab. 4. fig. 8. — J. Bauh. Hist. 2. p. 173. fig. 1. — Dalech. Hist. p. 656. fig. 2. — Dod. pempt. p. 597. fig. 2. — Lob. ic. p. 616. fig. 2. (*ead.*).

Tige herbacée, glabre, cylindrique, tendre, succulente feuillée, rameuse, tombante, s'accrochant aux corps voisin

au moyen de ses pétioles qui font les fonctions de vrilles ;
feuilles peltées, nerveuses, orbiculaires, à 5 lobes peu
marqués, portées sur de longs pétioles ; fleurs grandes,
odorantes, solitaires sur de longs pédoncules axilaires, de
couleur orangée, à pétales arrondis au sommet, les supérieurs rayés à la base ; carpelles arrondis-réniformes, sillonnés. ① : les variétés à fleurs doubles ♃ (Juin—septembre).

Originaire du Pérou, introduite en Europe en 1684, cultivée comme
plante d'ornement, à fleurs simples et doubles : on en a obtenu une
variété à fleurs pourpres-mordorées, très belles, également simples et
doubles. — La capucine a un goût âcre et piquant ; elle est résolutive
et antispasmodique. On confit dans le vinaigre ses boutons et ses jeunes
fruits, pour s'en servir en guise de câpres : on place aussi quelquefois
des fleurs de capucine sur la salade, pour l'orner et lui servir en même
temps d'assaisonnement.

2. **C.** à petites feuilles. — *T. minus.*

Linn. Sp. 490. — DC. Prod. 1. p. 683. — Duby, Bot. gall.
p. 105. — Lam. Ency. 1. p. 611.

Cette espèce diffère de la précédente parce qu'elle est plus
petite, plus grêle ; que ses feuilles sont orbiculaires-peltées,
à nervures mucronées au sommet ; que ses fleurs sont moins
foncées en couleur et ont les sépales terminés par des soies.
① et ♃ (Juin—septembre).

Cette espèce est également originaire du Pérou : on la cultive aussi
dans les jardins, à fleurs doubles, mais rarement. Elle est, comme la
précédente, vivace en orangerie.

FAMILLE XXIV.

Balsaminées. A. Richard.

CALICE irrégulier à 5 sépales à estivation embriquée, dont
2 manquent ordinairement, l'impair prolongé en éperon ;
corolle à 5 pétales, les latéraux soudés entre eux par paire ;
étamines 5, hypogynes, entourant étroitement l'ovaire ;

anthères à 2 loges plus ou moins soudées, s'ouvrant par une
fente longitudinale ; ovaire à 5 loges, à plusieurs ovules
pendants ; placentas centraux ; capsule à 5 valves qui s'ou-
vrent à la maturité avec élasticité et se roulent en dedans ;
graines nombreuses. Périsperme nul ; embryon droit ; radicule tournée vers l'ombilic. — Herbe tendre, à feuilles dépourvues de stipules, à nervures pennées, à pédoncules
axilaires.

1. BALSAMINE. — *BALSAMINA*. Riv.

Anthères 5, à 2 loges ; stigmates 5, distincts ; capsule
ovoïde, à valves élastiques, se roulant en dedans par le
sommet à la maturité ; cotylédons épais.

1. B. des jardins. — *B. hortensis.*

Desp. Dict. sc. nat. 3. p. 485. — DC. Prod. 1. p. 685. —
— Duby, Bot. gall. p. 106. — *Impatiens balsamina.*
Linn. Sp. 1328. — DC. Fl. fr. n. 4561. — Lam. Ency. 1.
p. 563.

J. Saint-Hil. Pl. fr. tab. 50. — Lam. illust. tab. 725. (*flos
et fruct.*). — J. Bauh. Hist. 2. p. 907. fig. 2. (*non descript.*). — Tabern. ic. p. 807. fig. 1. — Dalech. Hist. p.
631. fig. 1. — Dod. pempt. p. 671. fig. 1. — Lob. ic. p.
517. fig. 2. (*ead.*).

Tige glabre, rameuse, dressée, tendre, succulente, renflée
aux articulations, haute de 2—4 décim. ; feuilles lancéolées,
rétrécies en pétiole, la plupart alternes, glabres, dentées en
scie, à dents glanduleuses ; fleurs blanches, roses, rouges ;
pourpres ou panachées, grandes, munies d'un éperon courbé
plus court que la fleur, portées sur des pédoncules axilaires,
courts. ① (Juillet—septembre).

Cette plante est originaire de l'Inde : on la cultive dans les jardins,
où elle double facilement, et elle fait vers l'automne un des principaux
ornements des parterres.

2. IMPATIENTE. — *IMPATIENS*. Linn.

Anthères 5, 3 à 2 loges et 2 à une seule, placées devant le pétale supérieur; stigmates 5, soudés ensemble; capsule allongée, à valves se roulant en dedans, de la base au sommet, une ou deux se contournant en spirale.

1. I. n'y touchez pas. — *I. noli tangere.*

Linn. Sp. 1329. — DC. Prod. 1. p. 687. et Fl. fr. n. 4562. — Duby, Bot. gall. p. 106. — Gaud. Fl. helv. 2. p. 219. — Lam. Ency. 1. p. 364. — Koch, Syn. p. 143.

J. Saint-Hil. Pl. fr. tab. 51. — Barr. ic. fig. 1197. — J. Bauh. Hist. 2. p. 908. fig. 1. (*pessima*). — Tabern. ic p. 862. fig. 2. — Dalech. Hist. p. 1205. fig. 1. et p. 1655. fig. 3. — Dod. pempt. p. 659. fig. 2. — Lob. ic. p. 518. fig. 1.

Racine blanchâtre, fibreuse; tige glabre, fistuleuse, tendre, succulente, dressée, rameuse, renflée aux articulalations, haute de 3—4 décim.; feuilles ovales, glabres, alternes, grossièrement dentées, à dents inférieures mucronées, pétiolées, à pétiole grêle assez long; fleurs jaunes, pendantes, ponctuées d'orangé intérieurement, à éperon recourbé, au nombre de 3—4, disposées horizontalement à l'extrémité de pédoncules axilaires plus courts que les feuilles; capsule grêle, allongée, pendante, à valves s'ouvrant avec élasticité au plus léger contact, et lançant les graines au-dehors. ① (Juillet, août).

Çà et là, dans les lieux ombragés et humides des bois, particulièrement des montagnes : Salins, au Creux-Billard, et le long du chemin près du moulin, à la source du Lison; dans le bois, le long du chemin, au moulin d'Ivrey; dans les forêts de sapins de Boujaille; de Levier, et entre Villeneuve et Villers; derrière Garde-Bois, au-dessus de Chapois; à la source de la Loue. — Au Saut-du-Doubs; à Pierre-Pertuis (L. Benoît, cat.). — Genève, près de Troënez, au bord de la rivière (Reut.). — Aux environs de Bâle, où elle n'est pas rare (Hagenb.).

FAMILLE XXV.

Oxalidées. DC.

CALICE persistant, à 5 sépales ou à 5 divisions, à estivation embriquée ; corolle régulière, à 5 pétales hypogynes, quelquefois soudés à la base, à estivation contournée en spirale ; étamines 10, souvent monadelphes à la base, les intérieures plus longues, opposées aux pétales ; anthères non adnées, s'ouvrant par une double fente ; ovaire libre, à 5 loges à plusieurs ovules ; placentas centraux ; styles 5 ; capsule à 5—10 valves ; graines renfermées dans un arille charnu, s'ouvrant à la fin par le sommet avec élasticité. Périsperme charnu, embryon droit, inverse ; radicule écartée de l'ombilic. — Herbe à feuilles alternes, rarement opposées.

1. OXALIDE. — *OXALIS*. Linn.

Calice à 5 sépales ; pétales 5 ; étamines 10, légèrement soudées à leur base, les 5 extérieures plus courtes ; styles 5 ; capsule oblongue ou prismatique.

1. O. oseille. — *O. acetosella.*

Linn. Sp. 620. — DC. Prod. 1. p. 700. et Fl. fr. n. 4565.
— Duby, Bot. gall. p. 107. — Gaud. Fl. helv. 3. p. 227.
— Savigny, in Ency. 4. p. 677. — Koch, Syn. p. 145.
J. Saint-Hil. Pl. fr. tab. 857. — Chaum. Fl. méd. tab. 261.
Lam. illust. tab. 291. fig. 1. — Moris. sect. 2. tab. 17.
fig. 11. — Mill. illust. tab. 55. — J. Bauh. Hist. 2. p. 387.
fig. 2. — Tabern. ic. p. 525. fig. 2. — Dalech. Hist. p.
1355. fig. 2. — Dod. pempt. p. 578. fig. 2. — Lob. ic. 2.
p. 32. fig. 1. (*ead.*).
Racine dentée-écailleuse, comme articulée, blanchâtre ou rougeâtre, rampante, garnie de fibres ; tige nulle ; feuilles longuement pétiolées, dressées, toutes radicales, à 3 folioles

sessiles, velues, entières, obcordées, souvent pliées sur la nervure moyenne, d'une saveur acide, ciliées sur les bords, ordinairement pendantes; fleur grande, blanche, rarement rosée, portée sur une hampe grêle, dressée, haute de 5—8 centim., plus longue que les feuilles, garnie, ainsi que les pétioles, de poils étalés, munie au-dessus du milieu de 2 petites bractées ciliées; sépales ovales-elliptiques, légèrement ciliés, membraneux; pétales oblongs-obovales, un peu déprimés au sommet, très délicats, striés et veinés de lignes roses, ponctuées de jaune à la base; capsule ovoïde; graines elliptiques, striées en long. ♃ (Avril—juin). Vulg. *Alleluia, Pain-de-coucou.*

Commune dans les haies et les buissons, au bord des bois, dans les lieux frais et ombragés, particulièrement dans nos forêts de sapins. — Cette plante est acidule, rafraîchissante, tempérante et antiscorbutique. On en extrait l'*oxalate de potasse*, vulgairement *sel d'oseille*, qui sert à préparer des boissons rafraîchissantes, à enlever les taches d'encre sur le linge, sur le bois, et à raviver les couleurs.

2. O. dressé. — *O. stricta.*

Linn. Sp. 624. — DC. Prod. 1. p. 692. et Fl. fr. n. 4565. — Duby, Bot. gall. p. 107. — Gaud. Fl. helv. 3. p. 229. — Koch, Syn. p. 144.— *O. corniculata.* var. β. Savigny, in Ency. 4. p. 683.

J. Saint-Hil. Pl. fr. tab. 859. — Moris. sect. 2. tab. 17. fig. 3.

Racine grêle, flexueuse, garnie de fibres; tige ordinairement simple, dressée, feuillée, un peu rameuse à sa partie supérieure, presque nue dans le bas, garnie de quelques poils, haute de 1—2 décim.; feuilles presque glabres, d'un vert pâle, à 3 folioles obcordées, sessiles, portées sur des pétioles grêles, allongés, légèrement velus, dépourvus de stipules à la base; fleurs jaunes, petites, peu nombreuses, 2—5 disposées en ombelle sur des pédoncules axilaires d'une longueur égale ou presque égale à celle des feuilles, à pédicelles fructifères dressés-étalés et non défléchis; sépales glabres, oblongs; pétales entiers, arrondis au sommet; capsule prismatique, longue de 10—12 millim., à 5 loges; graines ovoïdes, comprimées, ridées en travers sur les deux faces. ① Gaud. ② Koch (Juin—septembre).

Besançon, sur le flanc de la citadelle, au-dessous des remparts, du côté de la route de Salins (Gren.). — Genève, dans les lieux cultivés et au bord des haies, à Cologny; près de Sierne, de Beaulieu et de Ferney, etc. (Reut.).

FAMILLE XXVI.

Rutacées. Juss.

CALICE à 3—5 lobes ou divisions, à estivation embriquée · corolle régulière ou un peu inégale, à pétales insérés en avant d'un disque glanduleux, en même nombre que les lobes du calice et alternes avec eux; étamines aussi en même nombre, ou en nombre double, insérées sur le disque; lobes de l'ovaire et loges à 2—4 ovules, en nombre égal aux divisions du calice; placentas centraux; style 1, naissant du centre de l'ovaire, à stigmates simples; loges de la capsule s'ouvrant en dedans. Embryon placé dans l'axe du périsperme; radicule écartée de l'ombilic. — Feuilles parsemées de points diaphanes, dépourvues de stipules.

TRIBU I. — RUTACÉES VRAIES. Koch.

Endocarpe de la capsule ne se séparant pas du sarcocarpe.

1. RUE. — *RUTA*. Linn.

Calice persistant, à 4, rarement 3—5 divisions; pétales onguiculés, concaves, en même nombre; étamines droites, en nombre double des pétales, insérées sous le disque qui porte l'ovaire; fossettes nectarifères du disque en même nombre que les étamines; lobes et sillons de l'ovaire en même nombre que les sépales.

1. R. fétide. — *R. graveolens.*

Linn. Sp. 548. var. γ. — **DC.** Prod. 1. p. 710. et Fl. fr.
n. 4296. — Duby, Bot. gall. p. 108. — Gaud. Fl. helv. 3.
p. 65. — Poir. Ency. 6. p. 533. — Koch, Syn. p. 145.
J. Saint-Hil. Pl. fr. tab. 327. (*male*). — Chaum. Fl. méd.
tab. 304. — Bull. herb. tab. 85. — Moris. sect. 5. tab.
17. fig. 5. — J. Bauh. Hist. 3. p. 2. p. 197. fig. 1. —
Tabern. ic. p. 133. fig. 1-2. — Dalech. Hist. p. 972. fig.
1-2. — Dod. pempt. p. 119. fig. 1-2.

Racine ligneuse, rameuse; tige dure, ferme, ligneuse à
la base, feuillée, rameuse au sommet, haute de 3—4 décim.;
feuilles alternes, longuement pétiolées, 2 fois ailées-pinnatifides, glabres, ainsi que toutes les autres parties de la
plante, à folioles un peu épaisses, ovales-oblongues, en coin
à la base, la terminale plus large, obovale, souvent échancrée ou bifide, glauques, parsemées, comme dans l'*Hype-
ricum perforatum,* de points glanduleux diaphanes qui
donnent à la plante une odeur forte, fétide : rameaux supérieurs disposés en corymbe, portant des fleurs jaunes assez
grandes, pédonculées : les terminales à 5 étamines et à 5
sépales, les autres à 4; sépales ovales, courts; pétales
ovales, concaves, un peu crénelés, subitement rétrécis en
onglet; capsule grosse, à 4—5 coques distinctes au sommet,
s'ouvrant en dedans; graines un peu courbées, trigones, chagrinées, sillonnées-réticulées. ♃ (Juin—août).

Salins, sur les rochers au bord de la route de Besançon, près de
Saint-Joseph, où je l'ai découverte il y a plus de vingt-cinq ans. —
Aux environs de Jougne et de Pontarlier (Girod-Chant.). Cutivée dans
les jardins. — La Rue est très amère, excitante, emménagogue, sudorifique, vermifuge, antispasmodique et résolutive.

TRIBU II. — DIOSMÉES. A. Juss.

Endocarpe de la capsule se séparant du sarcocarpe avec
élasticité.

2. DICTAME. — *DICTAMUS*. Linn.

Calice caduc, à 5 divisions ; pétales 5 , onguiculés , un peu inégaux ; étamines 10 , déjetées-ascendantes ; ovaire porté sur un carpophore court, épais ; stigmate simple ; capsule formée de 5 carpelles comprimés à 2 graines , soudés à la base interne.

1. D. Fraxinelle. — *D. Fraxinella.*

Pers. Syn. 1. p. 464. — DC. Prod. 1. p. 712. — Duby, Bot. gall. p. 108. — Koch , Syn. p. 146. — *D. albus.* Linn. Sp. 548. — DC. Fl. fr. n. 4500. — Gaud. Fl. helv. 5. p. 64. — Lam. Ency. 2. p. 277.

J. Saint-Hil. Pl. fr. tab. 122. — Chaum. Fl. méd. tab. 171. — Lam. illust. tab. 544. fig. 1. — J. Bauh. Hist. 3. p. 2. p. 494. fig. 2. — Clus. Hist. 1. p. 99. fig. 2. — Tabern. ic. p. 775. fig. 1. — Dalech. Hist. p. 872. fig. 1. — Dod. pempt. p. 548. fig. 1. — Lob. ic. 2. p. 96. fig. 1.

Racine rameuse, blanchâtre , garnie de fibres ; tige dressée , ordinairement simple , feuillée , pubescente , glanduleuse dans le haut , quelquefois rougeâtre ; feuilles grandes, ailées , imitant celles du frêne , à folioles opposées, ovales, sessiles , fermes , légèrement dentées en scie , un peu luisantes et visqueuses ; fleurs grandes , purpurines ou blanches , disposées en grappe terminale dressée , portées sur des pédoncules pubescents-glanduleux, visqueux , d'un rouge brun ; sépales oblongs, persistants , glanduleux ; pétales oblongs, inégaux , onguiculés, formant une fleur irrégulière , beaucoup plus longs que le calice ; fruit glanduleux, formé de 5 carpelles acuminés divergents à 2 graines , réunis par leur bord interne. ♃ (Juin , juillet).

Cultivée dans les jardins. — Sa racine, qui est amère et aromatique , était jadis employée en médecine comme sudorifique et vermifuge.

SOUS-CLASSE II.

CALYCIFLORES.

Calice gamosépale , les sépales étant plus ou moins soudés entre eux en une seule pièce ; pétales et étamines insérés sur un disque fixé à la base du calice ; ou bien calice soudé avec l'ovaire et portant les pétales et les étamines ou la corolle monopétale.

FAMILLE XXVII.

Célastrinées. R. Brown.

Calice à 4—5 lobes ou divisions à estivation embriquée ; corolle régulière, à pétales en même nombre que les divisions du calice , insérés sur le bord d'un disque hypogyne, à estivation embriquée ; étamines en même nombre que les pétales et alternes avec eux, insérées sur le disque ou sur son bord ; ovaire libre, à 2—4 loges , contenant un ou plusieurs ovules dressés ; placentas centraux. Périsperme nul ou charnu ; embryon droit ; radicule tournée vers l'ombilic. — Arbres ou arbrisseaux à feuilles alternes ou opposées, souvent munies de stipules.

TRIBU I. — STAPHYLÉACÉES. DC.

Graines osseuses, sans arille , tronquées à l'ombilic. Périsperme nul ou mince ; cotylédons épais. — Feuilles composées.

1. STAPHYLIER. — *STAPHYLEA*. Linn.

Calice à 5 divisions colorées, recouvert à la base interne par le disque en godet ; pétales 5 ; étamines 5 , insérées autour du disque ; styles 2—3, quelquefois soudés ; ovaire à 2—3 lobes ; capsule à 2—3 loges membraneuses, s'ouvrant en dedans , à graines peu nombreuses.

1. S. ailé. — *S. pinnata.*

Linn. Sp. 386. — DC. Prod. 2. p. 5. et Fl. fr. n. 4068. — Duby, Bot. gall. p. 109. — Gaud. Fl. helv. 2. p. 448. — Poir. Ency. 7. p. 591. — Koch, Syn. p. 146.

J. Saint-Hil. Pl. fr. tab. 701. — Lam. illust. tab. 210. — J. Bauh. Hist. 1. p. 1. p. 274. fig. 1. — Tabern. ic. p. 1022. fig. 2. — Dalech. Hist. p. 102. fig. 1. — Dod. pempt. p. 818. fig. 1. — Lob. ic. 2. p. 103. fig. 1. et 2.

Arbrisseau s'élevant à 2—4 mètres, à rameaux très droits; feuilles ailées, longuement pétiolées, à 5—7 folioles sessiles, oblongues-lancéolées, acuminées, dentées en scie, très glabres, à stipules petites, étroites, subulées; fleurs blanchâtres, un peu rosées, en grappes terminales lâches, allongées, pendantes, longuement pédonculées, portées sur des pédicelles de la longueur de la fleur, grêles, munies à la base d'une bractée étroite, linéaire-subulée; calice à divisions dressées, arrondies, concaves; pétales oblongs, un peu rétrécis en spatule; capsule enflée, membraneuse, assez grosse; graines brunes, globuleuses, dures, luisantes. ♄ (Mai, juin).

Bâle, sur le mont Mutet et dans les buissons à droite du chemin qui conduit vers Mutet; près de Wallenburg, entre Augst et Rhénofeld (Hagenb.).

TRIBU II. — ÉVONIMÉES DC.

Graines munies d'un arille, non tronquées à l'ombilic. Embryon dressé dans l'axe d'un périsperme charnu; cotylédons foliacés. — Feuilles simples.

2. FUSAIN. — *EVONIMUS.* Linn.

Calice aplani, à 4—5 lobes, recouvert à la base d'un disque charnu, pelté; pétales 4—5, insérés sur le bord du disque; étamines 4—5, insérées sur le disque; style 1; capsule à 5—5 angles, à 5—5 loges dont les valves portent les cloisons au milieu ; graines solitaires dans chaque loge , recouvertes jusqu'au milieu , ou entièrement, d'un arille succulent.

1. F. commun. — *E. Europœus.*

Linn. Sp. 286 var. *α.* — DC. Prod. 2. p. 4. et Fl. fr. n. 4069. — Duby, Bot. gall. p. 110. — Gaud. Fl. helv. 2. p. 225. — Lam. Ency. 2. p. 572. — Koch, Syn. p. 147.

J. Saint-Hil. Pl. fr. tab. 661. — Bull. Herb. tab. 135. — Duchesne , Cult. des bois , tab. 55. — Lam. illust. tab. 131. — J. Bauh. Hist. 1. p. 2. p. 201. fig. 1. (*mala*). — Tabern. ic. p. 1047. fig. 1. — Dalech. Hist. p. 272. fig. 1. — Dod. pempt. p. 783. fig. 1. — Lob. ic. 2. p. 163. fig. 1.

Arbuste élevé de 2—3 mètres, glabre, non épineux, à bois fragile , à rameaux opposés, d'abord verts , puis grisâtres , presque quadrangulaires ; feuilles glabres, opposées , elliptiques-lancéolées, aiguës ou acuminées, finement dentées en scie , courtement pétiolées ; pédoncules latéraux ou axilaires , opposés , comprimés, nus, divisés au sommet en cyme dichotome dépassant un peu les feuilles, à pédicelles dressés-divergents; fleurs petites , d'un vert blanchâtre , d'une odeur fétide ; calice petit , à 4 lobes obtus ; pétales 4 , ovales-lancéolés ou oblongs , étalés en croix ; capsule grosse, tétragone , glabre , déprimée, d'un beau rose, à 4 lobes obtus, renfermant 4 graines blanches, recouvertes entièrement d'un arille orangé. ♄ (Mai, juin). Vulg. *Bonnet-de-prêtre.*

Çà et là, dans les bois , les haies et les buissons. — Le fusain a son bois dur , d'un blanc jaunâtre , d'un grain fin et serré : on l'emploie pour quelques ouvrages de tour et dans la marqueterie, on en fait des fuseaux , des cure-dents , etc. ; les dessinateurs s'en servent, réduit en charbon, pour esquisser leurs dessins, parce que les traits s'effacent avec la plus grande facilité. Cette plante est vénéneuse ; ses fruits sont purgatifs et émétiques ; réduits en poudre , ils forment ce qu'on nomme vulgairement la *poudre-de-capucin*, qui, répandue sur la tête, tue les pous et les lentes; appliqués extérieurement en décoction , ils guérissent la gratelle, et bouillis dans du fort vinaigre , ils sont employés pour guérir la gale des chiens et des chevaux.

FAMILLE XXVIII.

Rhamnées. R. Brown.

Calice à 4—5 lobes à estivation valvaire, caducs, la partie inférieure persistante et plus ou moins soudée avec l'ovaire ; pétales souvent squamiformes, alternes avec les lobes du calice ; étamines opposées aux pétales et en même nombre ; ovaire à 2—4 loges à un seul ovule dressé, entouré d'un disque glanduleux ; style 1; stigmates 2—4, quelquefois divisés jusqu'à la base. Embryon droit ; radicule tournée vers l'ombilic. — Sous-arbrisseaux ou arbrisseaux à feuilles simples, alternes, rarement opposées, souvent stipulées; fleurs petites, ordinairement verdâtres.

1. NERPRUN. — *RHAMNUS*. Linn.

Calice à 4—5 lobes étalés ou réfléchis, caducs, à tube persistant, en cloche ou en toupie, restant adhérent à l'ovaire ; pétales et étamines insérés sur le bord du tube ; style simple, bi ou quadrifide ; drupe succulente ou presque sèche, renfermant 2—4 osselets cartilagineux s'ouvrant longitudinalement; graine marquée d'un sillon profond.

§ 1. *Rameaux opposés, épineux*. — Cervispina. Dill.

1. N. purgatif. — *R. catharticus*.

Linn. Sp. 279. — DC. Prod. 2. p. 24. et Fl. fr. n. 4072. — Duby, Bot. gall. p. 111. — Gaud. Fl. helv. 2. p. 221. — Poir. Ency. 4. p. 461. — Koch , Syn. p. 148. Duchesne , Cult. des bois, tab. 54. — Chaum. Fl. méd. tab. 348. — J. Saint-Hil. Pl. fr. tab. 782. — Lam. illust. tab. 128. fig. 2. — J. Bauh. Hist. 1. p. 2. p. 55. fig. 1. (*pessima*). — Dalech. Hist. p. 146. fig. 1.—Dod. pempt. p. 756. fig. 2. — Lob. ic. 2. p. 181. fig. 2.

Arbrisseau de 2—3 mètres, rarement de 5, dressé, rameux, à rameaux étalés, à bois jaunâtre, à écorce lisse, d'un brun grisâtre, à jeunes rameaux un peu velus, devenant rudes en vieillissant et d'une couleur plus foncée, se terminant alors par une épine dure et piquante ; feuilles ovales ou arrondies, d'un vert gai, éparses, presque alternes ou opposées, glabres ou légèrement pubescentes en dessous, finement dentées en scie, à dents glanduleuses, portées sur des pétioles grêles, égalant 2—3 fois la longueur des stipules caduques, munies de chaque côté de la nervure moyenne de 2—5 nervures latérales convergentes, parallèles, à veines réticulées diaphanes; fleurs petites, nombreuses, jaunâtres, fasciculées, ordinairement dioïques, quelquefois polygames, portées sur des pédoncules uniflores, souvent plus courts que les pétioles ; calice à 4 lobes lancéolés à 3 nervures ; pétales petits, jaunâtres, linéaires, dressés ; drupes globuleuses, noires à la maturité, à 4 graines marquées d'une fente longitudinale fermée. ♄ (Mai, juin).

Çà et là, dans les haies, les buissons, au bord des bois. — Les fruits du nerprun sont très purgatifs; on en prépare un sirop usité dans l'hydropisie, la paralysie, etc., soit comme évacuant, soit comme dérivatif. Leur suc, uni à l'alun, fournit le *vert-de-vessie* employé dans la peinture et le lavis, et pour teindre le papier et le cuir.

§ 2. *Rameaux alternes, non épineux.*

* *Fleurs polygames-dioïques, à 4 pétales, à 4 étamines ; style bi ou trifide.* — Rhamnus. Koch.

2. N. des Alpes. — *R. Alpinus.*

Linn. Sp. 280. — DC. Prod. 2. p. 25. et Fl. fr. n. 4078. — Duby, Bot. gall. p. 112. — Gaud. Fl. helv. 2. p. 223. — Poir. Ency. 4. p. 469. — Koch. Syn. p. 149.
Hall. helv. tab. 40. — J. Bauh. Hist. 1. p. 1. p. 562. fig. 1.

Arbrisseau dressé, très rameux, diffus, haut de 1—2 mètres, à bois jaunâtre, à écorce grise ou brune, à jeunes pousses pubescentes; feuilles alternes, ovales ou arrondies, glabres, comme plissées sur les nervures qui sont diver-

gentes, parallèles, presque droites, au nombre de 9—12
de chaque côté de la nervure moyenne, portées sur des pétioles longs de 5—9 millim. ; fleurs dioïques, nombreuses,
jaunâtres, fasciculées vers la base de jeunes rameaux, presque
de la longueur du pédoncule ; calice turbiné à la base, à
4 lobes triangulaires ; pétales petits, linéaires, rougeâtres
dans les fleurs mâles ; style trifide ; drupe noire, à 2—4
graines marquées d'un sillon ouvert. ♄ (Mai, juin).

Parmi les rochers des montagnes : Salins, à Poupet ; Saint-André ;
Belin ; Château ; Vcley, etc. ; sur le Mont-d'Or. — Sur la cime du Lomont, près de Blamont (Girod-Chant.). — Les lieux rocailleux au pied
de Salève et du Jura (Reut.). — Bâle, sur les monts Mutet, Dornach,
Dietisberg, Wasserfall, etc. (Hagenb.).

3. N. nain. — *R. pumilus.*

Linn. Sp. 241. — DC. Prod. 2. p. 25. et Fl. fr. n. 4079.
— Duby, Bot. gall. p. 112. — Gaud. Fl. helv. 2. p. 224.
— Poir. Ency. 4. 469. — Koch, Syn. p. 149.
Scop. Carn. ed. 2. tab. 5.

Sous-arbrisseau divisé dès la base en rameaux diffus,
rampants, tortueux, feuillés aux extrémités, souvent nus
dans le reste de leur longueur, à écorce d'un brun rougeâtre ou grisâtre, à peine longs de 2—3 décim., sortant
des fentes des rochers d'où il est extrêmement difficile de
l'arracher, les rameaux cédant plutôt que les racines ;
feuilles nombreuses, alternes, entièrement glabres, oblongues-elliptiques, quelquefois presque ovales, légèrement
crénelées-dentées en scie, à pétioles pubescents, ainsi que
les jeunes rameaux de l'année, à nervures divergentes, parallèles, un peu arquées, au nombre de 6—8 de chaque côté
de la nervure moyenne ; fleurs dioïques, verdâtres, à pédoncules axilaires, réunies à la base des jeunes rameaux, à
4 pétales et 4 étamines très courtes, à style trifide ; drupe
globuleuse, déprimée au sommet, d'un noir rougeâtre à la
maturité, à graines marquées d'un sillon ouvert. ♄ (Avril—
juin).

Dans les fentes des rochers de la cime du Mont-d'Or.

** *Fleurs hermaphrodites, à 5 pétales, à 5 étamines; style indivis; stigmate en tête.* — Prangula. Tourn.

4. N. bourdaine. — *R. frangula.*

Linn. Sp. 280. — **DC.** Prod. 2. p. 26. et Fl. fr. n. 4077. — Duby, Bot. gall. p. 112. — Gaud. Fl. helv. 2. p. 224. — Poir. Ency. 4. p. 470. — Koch, Syn. p. 150.

Lam. illust. tab. 128. fig. 1. — J. Bauh. Hist. 1. p. 1. p. 560. fig. 2. — Tabern. ic. p. 1046. fig. 2. — Dalech. Hist. p. 97 et 200. fig. 2. — Dod. pempt. p. 784. fig. 1. — Lob. ic. 2. p. 175. fig. 1.

Arbrisseau de 2—3 mètres, dressé, glabre, très rameux, à bois blanc et tendre, à écorce brune, jaune intérieurement; feuilles ovales, très entières, glabres, à nervures latérales divergentes, parallèles, portées sur des pétioles pubescents; fleurs petites, d'un blanc verdâtre, réunies à la base des jeunes rameaux pubescents, portées sur des pédicelles plus courts que les pétioles, mais s'allongeant ensuite; calice à 5 divisions ovales-lancéolées; pétales 5, blanchâtres, plus courts que les lobes du calice, échancrés au sommet; stigmate indivis; drupes globuleuses, d'abord rouges, puis noires, à 2—3 graines. ♄ (Mai, juin). Vulg. *Bourgènc, Aune noir.*

Çà et là, dans les bois de taillis un peu humides, dans les haies et parmi les buissons. — Le fruit du bourdaine est purgatif, on en tire aussi le *vert-de-vessie* : les jeunes branches servent à faire des paniers; le bois donne un chârbon léger, employé dans la fabrication de la poudre à canon. — M. Guyétant cite encore le *R. saxatilis* dans les bois de la montagne; mais je n'ai pas d'autres renseignements sur cette plante.

FAMILLE XXIX.

Légumineuses. Juss.

Calice tubuleux ou en cloche , à 5 dents ou à 2 lèvres , caduc ou marcescent ; corolle irrégulière , papilionacée , insérée au fond du calice , à 5 pétales périgynes , libres , plus rarement soudés entre eux et avec les étamines : les 2 inférieurs , ordinairement soudés ensemble , forment la *carène*, les 2 latéraux portent le nom d'*ailes* et le supérieur celui d'*étendard ;* étamines 10 , insérées avec les pétales , tantôt monadelphes ou soudées par les filets en un seul corps , tantôt , et le plus souvent , soudées par les filets en deux corps , 9 étant réunies et la dixième libre ; ovaire libre ; placenta unilatéral ; fruit (*gousse* ou *légume*) oblong , coriace ou membraneux , ordinairement à 2 valves , à une loge , ou à 2 formées par le prolongement intérieur de l'une des sutures , quelquefois divisé transversalement en articles séparables ; graines 2—plusieurs , ou solitaires , ordinairement ovoïdes ou réniformes , attachées à la suture supérieure , alternativement à chaque valve et dépourvues de périsperme ; embryon pleurorhizé ou à radicule couchée sur la commissure ou fente qui sépare les cotylédons. — Arbres , arbrisseaux ou herbes à feuilles éparses ou alternes , munies de stipules , rarement simples ; fleurs en grappes axilaires ou paniculées.

TRIBU I. — LOTÉES. DC.

Gousse continue à une loge , ou plus rarement à 2 formées par le repli en dedans de l'une des sutures. Cotylédons presque aplanis , se transformant par la germination en feuilles munies de stomates.

SOUS-TRIBU I. — GÉNISTÉES. Bronn.

Étamines monadelphes ; gousse à une loge ; feuilles simples ou à folioles ternées, rarement ailées. — Tige ordinairement ligneuse.

1. AJONC. — *ULEX*. Linn.

Calice divisé jusqu'à la base en 2 lèvres, la supérieure à 2 dents, l'inférieure à 3 ; étamines monadelphes ; gousse enflée, uniloculaire, bivalve, à plusieurs ovules et à un petit nombre de graines.

1. A. d'Europe. — *U. Europæus*.

Linn. Sp. 1045. — DC. Prod. 2. p. 144. et Fl. fr. n. 3799.
 — Duby, Bot. gall. p. 115. — Gaud. Fl. helv. 4. p. 464.
 — Lam. Ency. 1. p. 71. — Koch, Syn. p. 151.
J. Saint-Hil. Pl. fr. tab. 22. — J. Bauh. Hist. 1. p. 2. p.
 400. fig. 2. — Clus. Hist. 1. p. 106. fig. 2. — Dalech.
 Hist. p. 164. fig. 2. (*cad*.). — Dod. pempt. p. 759. fig. 1.
 (*cad*.).
Arbrisseau très épineux, dressé, haut de 10—15 décim.,
très rameux, à rameaux dressés, nombreux, velus, striés,
verdâtres, hérissés d'épines rameuses à la base, sillonnées,
raides, vertes et piquantes ; feuilles petites, sessiles, velues,
linéaires-subulées, piquantes, canaliculées en dessus, caduques, situées à la base des épines et de leurs divisions :
celles des jeunes tiges lancéolées, plus larges, rétrécies à la
base ; fleurs grandes, nombreuses, d'un jaune doré, portées
sur des pédoncules courts, épais, velus, solitaires ou géminés, situés dans l'axe des épines et de leurs divisions,
formant une espèce de grappe terminale à l'extrémité des
rameaux ; calice presque de la grandeur de la corolle, velu,
coloré, à 2 divisions oblongues, striées, concaves, la supérieure à peine bidentée au sommet, l'inférieure à 3 dents

peu marquées, conniventes, muni à la base de 2 écailles ovales, velues, très courtes; étendard de la corolle échancré, plié sur la nervure longitudinale, carène pubescente, un peu plus courte que les ailes; gousse velue, à 4—6 graines obliquement ovoïdes. ♃ (Mai, juin).

Les pâturages chauds et arides, les bruyères : Salins, à Cernans, dans le pâturage à l'extrémité du bois, au-dessus de la côte de Veley : cette plante provient d'une haie plantée autrefois au bord du bois, et qui s'est insensiblement étendue au travers du pâturage qu'elle occupe en partie; mais, les communaux de Cernans ayant été loués en 1840. il est probable que cette plante sera détruite par la culture. — Au Signal de Bougis, près d'Aubonne, mais elle ne s'y trouve plus (Gaud.). — Genève, au bois de la Bâtie et au bord du Rhône, près de Bernex (Reut.). — On retire de la potasse des cendres de l'ajonc.

2. SPARTIUM. — *SPARTIUM*. DC.

Calice membraneux en forme de spathe, fendu en dessus, à une seule lèvre terminée par 5 petites dents; étamines monadelphes; style subulé, imberbe; stigmate oblong, spongieux, soudé en dessous du sommet du style; carène acuminée, presque à 2 pétales; gousse comprimée, polysperme.

1. S. à rameaux joncéiformes. — *S. junceum*.

Linn. Sp. 995. — DC. Prod. 2. p. 145. — Duby, Bot. gall. p. 115. — Koch, Syn. p. 151. — *Genista juncea*. Lam. Ency. 2. p. 617. — DC. Fl. fr. n. 3804.

J. Saint-Hil. Pl. fr. tab. 159. — Lam illust. tab. 619. fig. 1. — J. Bauh. Hist. 1. p. 2. p. 395. fig. 1. — Clus. Hist. 1. p. 102. fig. 1. — Tabern. ic. p. 1106. fig. 1. et 2. — Dalech. Hist. p. 168. fig. 1. — Dod. pempt. p. 761. fig. 2. — Lob. ic. 2. p. 90. fig. 2. (*ead.*).

Arbrisseau de 2—3 mètres dans nos jardins et nos bosquets, glabre, rameux, à rameaux nombreux, effilés, verdâtres, dressés, flexibles, striés, remplis de moelle et semblables aux tiges de certaines espèces de joncs; feuilles simples, lancéolées, éparses, peu nombreuses, rarement

opposées; fleurs grandes, jaunes, d'une odeur suave, disposées au sommet des rameaux en grappes lâches; gousses
velues. ♄ (Mai, juin).

Cette plante est assez généralement cultivée dans les jardins et les
bosquets, sous le nom de *Genêt d'Espagne* : elle se trouve dans les lieux
arides des provinces méridionales de la France.

3. SAROTHAMNE. — *SAROTHAMNUS*. Wimm.

Calice à 2 lèvres scarieuses, la supérieure à 2 dents, l'inférieure à 3; étamines monadelphes; style très long, roulé
en cercle, épaissi au sommet et aplani sur la face interne;
stigmate pubescent, petit, en tête terminale; gousse comprimée.

1. S. à balais. — *S. scoparius*.

Wimmer, in Koch, Syn. p. 152. — *Cytisus scoparius*
(Linck). DC. Prod. 2. p. 154. — Duby, Bot. gall. p.
118. — *Genista scoparia*. Lam. Ency. 2. p. 623. — DC.
Fl. fr. n. 3811. — Gaud. Fl. helv. 4. p. 448. — *Spar-
tium scoparium*. Linn. Sp. 996.
J. Saint-Hil. Pl. fr. tab. 158. — Lam. illust. tab. 619. fig. 2.
— J. Bauh. Hist. 1. p. 2. p. 390. fig. 1. — Dod. pempt.
p. 171. fig. 1. (*ead.*). — Lob. ic. 2. p. 89. fig. 2. (*ead.*).
Arbrisseau dressé, rameux, haut de 1—2 mètres, à rameaux anguleux, verdâtres, dressés, glabres, nombreux,
grêles et flexibles; feuilles petites, éparses, pétiolées, à 3
folioles obovales ou oblongues, en coin à la base, un peu
velues : les supérieures simples, presque sessiles; fleurs
jaunes, grandes, portées sur des pédicelles un peu plus
courts qu'elles, axilaires, solitaires, disposées, à l'extrémité
de la tige et des rameaux, en grappes lâches, allongées,
formant une vaste panicule; calice glabre, en cloche, à 2
lèvres, la supérieure à 2 dents et l'inférieure à 3; étendard
relevé, grand, échancré en cœur, carène grande, à peine
plus longue que les ailes; gousse oblongue-linéaire, com-

primée, garnie de longs poils sur les sutures, renfermant 8—15 graines. ♄ (Mai, juin).

Les bois, les bruyères, les terres sablonneuses : Salins, dans les bois de Cramans; de Mouchard; de Villers-Farlay; de Mont-sous-Vaudrey; aux environs de Lons-le-Saunier. — Les bois et broussailles du bord de l'Ognon (Girod-Chant.). — Au bois de Prangins, du côté du lac (Gaud.). — Les rameaux de cette plante sont employés à faire des balais.

4. GENÊT. — *GENISTA*. Linn.

Calice à 2 lèvres, la supérieure à 2 lobes, l'inférieure à 3 dents; étamines monadelphes; style subulé, ascendant; stigmate terminal, oblique, penché en dedans; carène obtuse.

§ 1. *Fleurs latérales, sortant avec les feuilles d'un même bourgeon.*

1. G. de Haller. — *G. Halleri*.

Reynier, Act. Laus. 1. p. 211. — Gaud. Fl. helv. 4. p. 451. — Koch, Syn. p. 152. — *G. prostrata*. Lam. Ency. 2. p 618. — DC. Prod. 2. p. 152. et Fl. fr. n. 5807. — Duby, Bot. gall. p. 117.
Gaud. Fl. helv. 4. tab. 5.

Plante déprimée, rameuse, diffuse, à rameaux étalés, couchés sur la terre, feuillés, striés-anguleux, un peu pubescents, longs de 16—24 centim.; feuilles alternes ou fasciculées, poilues, particulièrement sur les bords, obovales-oblongues, obtuses, presque sessiles, à peine pétiolées; fleurs jaunes, grandes, au nombre de 1—3, sortant, avec les feuilles, des bourgeons supérieurs, portées sur des pédoncules solitaires, velus, 3 fois plus longs que le calice, disposées à l'extrémité des rameaux en grappes latérales feuillées; calice velu, à 2 lèvres, la supérieure à 2 lobes, l'inférieure à 3 dents courtes; corolle glabre, à pétales presque de même longueur, étendard large, obovale, un peu échancré; gousse oblongue, velue, noirâtre, comprimée, terminée par le style persistant, à 6—10 graines. ♄ (Mai, juin).

Les pâturages arides des montagnes : Salins, dans les pâturages de
Lemuy ; d'Ivory, près du bois de Sepois; de la Châtelaine; de Villeneuve-d'Amont; d'Aresche ; de Cernans ; de Boujaille, etc. ; de Pontarlier. — Aux environs de la Brévine ; au Roulier ; à la Chaux-de-Fonds ;
près de Lignerolles (Gaud.). — Au-dessus de Montchérand (Leresche).

2. G. velu. — *G. pilosa.*

Linn. Sp. 999. — DC. Prod. 2. p. 152. et Fl. fr. n. 3806.
— Duby, Bot. gall. p. 117. — Gaud. Fl. helv. 4. p. 452.
— Lam. Ency. 2. p. 619. — Koch, Syn. p. 152.

J. Bauh. Hist. 1. p. 2. p. 392. fig. 2. (*mala : fol. acutis*).
— Clus. Hist. 1. p. 103. fig. 2. -- Tabern. ic. p. 1103. fig.
1. (*ex Clusio : malè expressa*). — Dalech. Hist. p. 173.
fig. 2. (*pessima*).

Tiges couchées, tortueuses, allongées, rameuses, rudes-
tuberculeuses, longues de 5—6 décim., à rameaux glabres,
verdâtres, striés, étalés sur les rochers et formant des gazons
quelquefois assez étendus ; feuilles petites, éparses, sessiles,
de grandeur inégale, obovales-oblongues, obtuses, souvent
pliées en long, garnies en dessous de poils fins, soyeux,
couchés; fleurs jaunes, plus petites que dans l'espèce précédente, plus pâles, au nombre de 1—5, sortant, avec les
feuilles, des bourgeons supérieurs, portées sur des pédoncules solitaires, soyeux, de la longueur du calice, disposées à
la partie supérieure des rameaux en grappes feuillées, allongées, quelquefois interrompues; calice soyeux, à 2 lèvres,
la supérieure à 2 lobes triangulaires, presque lancéolés;
l'inférieure à 3 dents ; corolle soyeuse, étendard large, redressé, obovale, échancré au sommet, un peu plus long que
la carène ; gousse oblongue, velue, comprimée, à 2—7
graines. ♄ (Mai, juin).

Les lieux chauds, graveleux, et les rochers : commun autour de Salins, sur les rochers de Poupet, de Belin, à l'Ermitage ; au-dessus de
Remeton ; de Goaille ; des Planches et de Gily, près d'Arbois; aux environs d'Ornans; de Thoirette, etc. — Autour de Pierre-Pertuis, et
entre Delémont et Lauffen (Gagnebin). — Dans la vallée de Moutiers-

Grandval ; à la Sèche-des-Embornats (Gaud.). — A la Chaux-de-Fonds; à la Brèche; au Cernil-Chaude (Hall.). — Près du Fort-de-l'Écluse (Reut.). — Aux environs de Bâle (Hagenb.).

§ 2. *Fleurs en grappes terminales, portées sur des pédicelles munis à la base d'une seule feuille ou bractée.*

* *Rameaux non épineux.*

3. G. des teinturiers. — *G. tinctoria.*

Linn. Sp. 988. — DC. Prod. 2 p. 151. et Fl. fr. n. 3805. — Duby, Bot. gall. p. 117. — Gaud. Fl. helv. 4. p. 455. — Lam. Ency. 2. p. 618. — Koch, Syn. p. 155.

J. Saint-Hil. Pl. Fr. tab. 160. — J. Bauh. Hist. 1. p. 2. p. 591. fig. 1. — Clus. Hist. 1. p. 101. fig. 2. — Tabern. ic. p. 1102. fig. 2. — Dalech. Hist. p. 175. fig. 1. — Dod. pempt. p. 763. fig. 2. (*ead.*). — Lob. ic. 2. p. 89. fig. 2.

Plante de 3—5 décim., à plusieurs tiges presque couchées à la base, dressées, feuillées, striées, glabres, cylindriques, rameuses et légèrement pubescentes dans le haut ; feuilles éparses, sessiles, oblongues-elliptiques ou lancéolées, aiguës, dressées, ciliées sur les bords, munies à la base de 2 stipules subulées, très petites; fleurs jaunes, assez grandes, dressées, portées sur des pédicelles alternes plus courts que le calice, munis à leur base d'une feuille ou bractée, disposées au sommet de la tige et des rameaux en grappes denses, feuillées; calice glabre, anguleux, à 5 dents ou lobes lancéolés, aigus ; étendard dressé, carène réfléchie ; gousse glabre, oblongue-linéaire, à 6—8 graines. ♄ (Juin, juillet). Vulg. *Herbe à jaunir.*

Commun dans les pâturages, les prés secs, les lieux incultes. — On se sert de ses rameaux fleuris pour teindre en jaune. Les fleurs de cette plante sont légèrement purgatives et ses graines sont émétiques, mais elle n'est pas employée.

4. G. d'Allemagne. — *G. Germanica.*

Linn. Sp. 999. — DC. Prod. 2. p. 149. et Fl. fr. n. 3814.
— Duby, Bot. gall. p. 116. — Gaud. Fl. helv. 4. p. 456.
— Lam. Ency. 2. p. 621. — Koch, Syn. p. 153.

J. Bauh. Hist. 1. p. 2. p. 399. fig. 2. (*pessima*). — Tabern.
ic. p. 1102. fig. 1.

Arbrisseau de 5—6 décim., plus ou moins velu, à tiges
ligneuses, souvent simples et presque nues à leur partie
inférieure, très rameuses au sommet, striées, garnies
d'épines grêles, étalées, un peu arquées-défléchies, striées,
rameuses à la base; rameaux annuels simples, alternes,
herbacés, très velus, sans épines; feuilles éparses, lancéolées ou elliptiques, velues, particulièrement sur les bords,
nombreuses sur les jeunes rameaux, rares ou nulles sur les
tiges ligneuses; fleurs jaunes, petites, portées sur des pédicelles courts, munis à la base de bractées très petites, peu
apparentes, disposées à l'extrémité de la tige et des rameaux
en grappes courtes, lâches, non feuillées; calice velu, à
2 lèvres, à 5 lobes allongés, lancéolés, aigus; étendard
ovale, dressé, carène droite, pubescente, plus longue que
les autres pétales; gousse courte, ovoïde-rhomboïdale, hérissée de longs poils blancs, à 2—6 graines. ♄ (Mai—
juillet).

Le bord des bois, les buissons des collines, aux lieux secs et arides :
aux environs de Salins; de Besançon; de Pontarlier; de Genève; de
Bâle, etc.

5. G. d'Angleterre. — *G. Anglica.*

Linn. Sp. 999. — DC. Prod. 2. p. 149. et Fl. fr. n. 3813. —
Duby, Bot. gall. p. 116. — Lam. Ency. 2. p. 621. —
Koch, Syn. p. 153.

Dalech. Hist. p. 173. fig. 1. — Dod. pempt. p. 760. fig. 3.
— Lob. ic. 2. p. 93. fig. 1.

Arbrisseau dressé, haut de 3—4 décim.; tiges rameuses, grêles, diffuses, nues et glabres dans le bas, garnies d'épines nombreuses, simples, très aiguës, arquées-défléchies et souvent munies de petites folioles linéaires-lancéolées, à rameaux également glabres ou légèrement pubescents; feuilles petites, glabres, éparses, lancéolées ou elliptiques, d'un vert gai; rameaux annuels herbacés, florifères, dépourvus d'épines, très feuillés; fleurs jaunes, solitaires dans l'axe des feuilles supérieures, portées sur des pédoncules plus courts qu'elles, munis vers le milieu de leur longueur de 2 petites bractées velues, subulées, disposées à l'extrémité de la tige et des rameaux en grappes courtes, feuillées, pauciflores; calice et corolle glabres, étendard dressé, carène droite, plus longue que les autres pétales; gousse courte, oblongue-rhomboïdale, glabre, presque cylindrique; graines petites, nombreuses, luisantes, d'un brun foncé, à peine comprimées. ♃ (Mai, juin).

Près de Saint-Hippolyte et ailleurs (Girod-Chant.).

5. CYTISE. — *CYTISUS*. Linn.

Calice à 2 lèvres, la supérieure à 2 dents, l'inférieure à 3; étamines monadelphes; style subulé, ascendant; stigmate oblique, penché en dehors; carène obtuse.

§ 1. *Calice à tube court, en cloche.*

* *Feuilles ternées.*

1. C. Aubours. — *C. Laburnum.*

Linn. Sp. 1041. — DC. Prod. 2. p. 155. et Fl. fr. n. 3818. var. *α*. — Duby, Bot. gall. p. 117. — Gaud. Fl. helv. 4. p. 459. — Lam. Ency. 2. p. 246. var. *α*. — Koch, Syn. p. 154.
J. Saint-Hil. Pl. fr. tab. 592. — J. Bauh. Hist. 1. p. 2. p. 361. fig. 1. — Dalech. Hist. p. 104. fig. 1.

Arbrisseau de 3—4 mètres parmi les rochers, acquérant
dans les bois la hauteur d'un arbre de moyenne grandeur,
à écorce lisse, à jeunes rameaux verdâtres, garnis de poils
couchés qui les font paraître blanchâtres ; feuilles ternées,
longuement pétiolées, à folioles ovales, lancéolées ou elliptiques, légèrement mucronées, glabres et vertes en dessus,
garnies en dessous, ainsi que les pétioles, de poils soyeux
couchés qui les rendent blanchâtres ou cendrées ; fleurs
jaunes, assez grandes, disposées en grappes allongées,
lâches, pendantes à l'extrémité des rameaux ; calice à 2
lèvres, la supérieure à 2 dents rapprochées, l'inférieure à 3,
très petites, réunies, à peine distinctes, garni, ainsi que les
pédicelles et l'axe de la grappe, de poils appliqués ; carène
plus courte que les ailes ; gousses pubescentes, à poils appliqués, à suture supérieure carénée-anguleuse, comprimées,
rétrécies à la base, bosselées par les graines au nombre de
5—8, d'un brun foncé, lisses, réniformes. ♄ (Avril, mai).
Vulg. *Cytise à grappes* ou *Faux Ébénier*.

Les bois, les rochers : Salins, dans les bois au pied et au-dessus de
la côte de Velcy ; dans les bois aux environs de Thoirette ; au Val-
Dessous, près des Petites-Chiettes ; aux environs de Champagnole, et
des Planches au-dessous de Foncine. — Dans les bois au Salève, et au
pied du Jura, au-dessus de Thoiry, près des premiers chalets (Reut.).
— Cet arbrisseau et le suivant sont généralement cultivés : ils font au
printemps l'ornement des bosquets, par l'élégance de leur forme, et
par le nombre et la beauté des fleurs en grappes pendantes dont ils sont
entièrement garnis. Leur bois est dur, d'une couleur brune nuancée
de vert, d'un grain très fin et serré, qui prend un beau poli : on l'emploie à des ouvrages de tour.

2. C. des Alpes. — *C. Alpinus.*

Mill. Dict. n. 2. — DC. Prod. 2. p. 153. — Duby, Bot. gall.
p. 118. — Gaud. Fl. helv. 4. p. 457. — Koch, Syn. p.
154. — *C. labarnum.* var. β. DC. Fl. fr. n. 3818.

Cet arbrisseau, que l'on a long-temps confondu avec le
précédent, en est tout-à-fait distinct : il s'élève un peu moins
et ne dépasse guère la hauteur de 4 mètres ; ses rameaux sont

lisses, glabres, à écorce verdâtre ; ses feuilles sont alternes,
rapprochées vers l'extrémité des rameaux, portées sur de
longs pétioles garnis de poils non appliqués, à 3 folioles
sessiles, larges, oblongues, presque elliptiques, rétrécies
aux deux bouts, mucronées, très entières, plus ou moins
poilues en dessous, à poils non appliqués, à la fin glabres,
mais toujours poilues sur les bords ; ses fleurs sont un peu
plus longues que les pédicelles, un peu plus petites et d'un
jaune plus foncé que dans l'espèce précédente, disposées à
l'extrémité des rameaux en grappes simples, lâches, pendantes, à pédicelles et axes plus ou moins garnis de poils
étalés ; calice velu, à 2 lèvres, la supérieure souvent entière
ou à 2 dents peu marquées, l'inférieure à 2—3 dents mucronées ; étendard marqué d'une tache brunâtre à la base ;
gousse très glabre, comprimée, à suture supérieure en carène étroitement ailée, renfermant 4—8 graines noires,
réniformes. ♄ (Mai, juin).

Abondant dans les bois du haut Jura, à la Faucille, et depuis la
Dôle jusqu'à la Dent-de-Vaulion ; au-dessous de Saint-Cergue. — Au-
dessous de Bonmont ; d'Arzier ; de Longirod ; sur le mont Mar-
chairu, etc. (Gaud.).

*** Feuilles simples.*

5. C. à tige ailée. — *C. sagittalis.*

Koch, Syn. p. 157. — *Genista sagittalis.* Linn. Sp. 998.
— DC. Prod. 2. p. 151. et Fl. fr. n. 3809. — Duby, Bot.
gall. p. 117. — Gaud. Fl. helv. 4. p. 455. — Lam. Ency.
2. p. 620.

Barr. ic. fig. 570. — J. Bauh. Hist. 1. p. 2. p. 595. fig. 5.
(*ex Fuchsio*) — Clus. Hist. 1. p. 104. fig. 1. — Tabern.
ic. p. 1103. fig. 2. — Lob. ic. p. 92. fig. 1.

Racine ligneuse, presque horizontale ; tige couchée,
ligneuse, émettant des rameaux simples, dressés, herbacés,
presque nus, comprimés, articulés, ailés, à ailes vertes
interrompues aux articulations ; feuilles simples, ovales-lan-

céolées, sessiles, écartées, velues, solitaires sur les articulations; fleurs jaunes, médiocres, en grappe terminale
courte, compacte, souvent un peu interrompue à la base;
calice coloré, velu, à tube court, à 2 lèvres, la supérieure
bifide, à lobes lancéolés, aigus, l'inférieure à 3 lobes plus
courts, le moyen plus étroit; carène plus longue que les
ailes, velue à la base; gousse oblongue, comprimée, velue,
à 2—4 graines. ♄ (Juin).

Commun dans les pâturages arides et dans les prés secs de la plaine
et des montagnes.

§ 2. *Calice à tube allongé, presque cylindrique.*

4. C. à fleurs en tête. — *C. capitatus.*

Jacq. Aust. tab. 33. — DC. Prod. 2. p. 156. et Fl. fr. n.
3827. — Duby, Bot. gall. p. 118. — Gaud. Syn. p. 595.
— Koch, Syn. p. 155. — *C. hirsutus.* Lam. Ency. 2.
p. 250.
Clus. Hist. 1. p. 96. fig. 1.

Arbrisseau dressé, haut de 6—10 décim., très rameux,
diffus, à rameaux cylindriques, très velus, bruns ou noirâtres, raides, garnis de feuilles dans toute leur longueur;
feuilles ternées, à folioles ovales, un peu obtuses, d'un vert
obscur, devenant noirâtre en herbier, velues en dessous et
sur les bords, portées sur des pétioles également velus, de
la longueur des folioles ou plus courts; fleurs grandes, de
couleur jaune mêlée quelquefois de rouge obscur, au
nombre de 5—10, réunies en tête au sommet des rameaux
qui s'allongent souvent ensuite et les font paraître latérales,
portées sur des pédicelles courts, très velus, ainsi que le
calice; gousse hérissée de longs poils blanchâtres, oblongue-
linéaire, comprimée, renfermant 6—10 graines. ♄ (Juin).

Cette plante n'est pas rare aux environs de Salins, sur les collines,
dans les lieux incultes et abrités, parmi les buissons et au bord des
bois; aux environs de Besançon; de Sellières, etc. — Girod-Chantrans
cite encore sur toute la chaine du Lomont le *C. supinus.* Linn., que nous

nous contenterons d'indiquer ici : il le distingue du précédent par ses fleurs disposées latéralement ; mais, comme il ne dit pas si les tiges de sa plante sont dressées ou couchées, il est difficile de savoir si elle appartient réellement au *C. supinus*. Linn., ou plutôt au *C. prostratus*. Scop., ou bien au *C. capitatus*. Jacq., dont les fleurs, à la fin, deviennent latérales par l'allongement des rameaux, et avec lequel le *C. supinus* a été souvent confondu.

6. BUGRANE. — *ONONIS*. Linn.

Calice à 5 découpures linéaires, persistant, ouvert à l'époque de la fructification ; étamines monadelphes ; étendard ample, rayé ; carène terminée en bec acuminé ; gousse renflée ; graines peu nombreuses.

§ 1. *Fleurs purpurines, rarement blanches.*

* *Fleurs presque sessiles.*

1. B. épineuse. — *O. spinosa.*

Linn. Sp. 1006. var. *α.* — DC. Prod. 2. p. 163. (*excl. var. γ.*). — Duby, Bot. gall. p. 121. var. *α.* — Gaud. Fl. helv. 4. p. 466. var. *α.* — Koch, Syn. p. 158. — *O. arvensis. var. β. spinosa.* Smith, Engl. Bot. 5. p. 267. Chaum. Fl. méd. tab. 59.— J. Bauh. Hist. 2. p. 591. fig. 2. — Tabern. ic. p. 528. fig. 1.

Racine ligneuse, allongée, noirâtre, s'enfonçant profondément ; tiges dressées ou ascendantes, ligneuses à la base, cylindriques, rameuses, souvent rougeâtres, pubescentes sur 1—2 lignes longitudinales, hautes de 3—6 décim., garnies, ainsi que les rameaux, d'épines raides, latérales et terminales ; feuilles d'un vert gai, non visqueuses, à folioles ovales-oblongues, dentées en scie au sommet, entières et en coin à la base, à peine pubescentes : les supérieures simples : les inférieures ternées, à foliole moyenne sessile ou pétiolulée, les latérales un peu plus petites ; stipules presque glabres, dentelées, aiguës ; fleurs axilaires à la partie [supérieure des rameaux, solitaires, rarement géminées, purpurines, rarement blanches, portées sur des pédoncules plus courts que le calice velu-glanduleux, à lanières plus courtes que la corolle ; étendard ample, strié ; gousse ovoïde, dressée, de la longueur du calice ou un peu plus longue ; graines rudes-tuberculeuses. ♃ (Juin, juillet). Vulg. *Arête-Bœuf*.

Les champs maigres, le bord des chemins, les pâturages stériles.

β. *Albiflora*. Hagenb. Fl. basil. 2. p. 202. — Tabern. ic. p. 528. fig. 2. — Fleurs blanches.

Salins, au bord de la route d'Arbois, près de Saint-Michel et ailleurs. — Aux environs de Bâle (Hagenb.).

γ. *Angustifolia*. Hagenb. Fl. basil. 2. l. c. — Folioles oblongues, plus étroites.

Bâle (Hagenb.).

2. B. rampante. — *O. repens*.

Linn. Sp. 1006. — Koch, Syn. p. 158. — Hagenb. Fl. basil. 2. p. 202. — *O. procurrens.* (Wallr.) DC. Prod. 2. p. 162. — Duby, Bot. gall. p. 120. — *O. arvensis*. Lam. Ency. 1. p. 505. — DC. Fl. r. n. 5835. — Gaud. Fl. helv. 4. p. 468. J. Saint-Hil. Pl. fr. tab. 508. — Bull. Herb. tab. 105.

Cette espèce se rapproche beaucoup de la précédente, mais elle est plus feuillée, velue-visqueuse, d'une odeur fétide, à tiges dures, rameuses, souvent rougeâtres, sans épines dans la jeunesse, en acquérant dans la vieillesse, surtout dans les terres arides, couchées à la base, diffuses, redressées à l'époque de la fleuraison ; feuilles d'un vert pâle, pubescentes-glanduleuses, à folioles obovales ou obovales-oblongues, dentelées : les supérieures simples : les inférieures ternées ; stipules dentées au sommet, également pubescentes-visqueuses ; calice hérissé de longs poils glanduleux, à lanières linéaires-lancéolées, plus long que le pédicelle ; fleurs purpurines, axilaires à la partie supérieure des rameaux, solitaires, rarement géminées ; étendard

ample , rayé ; gousse dressée, ovoïde , plus courte que le
calice ; graines rudes-tuberculeuses. ⚥ (Juin , juillet).

Le bord des chemins et des champs , les pâturages et les lieux incultes.

β. *Albiflora.* Hagenb. Fl. basil. 2. p. 205. — Fleurs
blanches.

Bâle, sur le mont Dietisberg (Hagenb.).

** *Fleurs plus longuement pédonculées.*

3. B. à feuilles rondes. — *O. rotundifolia.*

Linn. Sp. 1010. — DC. Prod. 2. p. 161. et Fl. fr. n. 3818.
— Duby, Bot. gall. p. 120. — Gaud. Fl. helv. 4. p. 473.
— Lam. Ency. 1. p. 507. — Koch , Syn. p. 159.
Lam. illust. tab. 616. fig. 1. — J. Bauh. Hist. 2. p. 295.
fig. 1. (*pessima*). — Tabern. ic. p. 500. fig. 1. — Dalech.
Hist. p. 465. fig. 2. (*ead.*). — Dod. pempt. p. 525. fig. 3.
(*ead.*). — Lob. ic. 2. p. 73. fig. 1. (*ead.*).

Racine ligneuse ; tige herbacée, dure et presque ligneuse
à la base , rameuse dans le haut , velue-visqueuse , haute de
3—4 décim.; feuilles grandes , toutes ternées, pétiolées,
velues-visqueuses, à folioles ovales , arrondies , sinuées-
dentées, la moyenne presque orbiculaire, pétiolée , les latérales sessiles ; stipules ovales, à peine dentées, plus courtes
que le pétiole ; fleurs grandes, purpurines , au nombre de
2—3, portées sur des pédoncules communs axilaires à la
partie supérieure des rameaux , plus longs que les feuilles et
ordinairement terminés par un ariste ou bractéole filiforme ;
calice velu-visqueux , ainsi que les pédoncules et les pétioles,
à divisions lancéolées-subulées, plus courtes que la corolle ;
étendard ample , plus grand que les autres pétales, arrondi ,
strié ; gousse oblongue , velue , à plusieurs graines brunes,
arrondies-réniformes, presque lisses. ⚥ (Mai, juin).

Cette plante se trouve parmi les rochers à Salève, abondamment
sous le rang le plus élevé des voûtes du Petit-Salève, au-dessus du
vieux château, en bas de la Grande-Gorge, etc. (Reut.).

§ 1. *Fleurs jaunes.*

* *Fleurs presque sessiles.*

4. B. à petites fleurs. — *O. Columnæ.*

All. Fl. ped. n. 1166. — DC. Prod. 2. p. 164. — Duby, Bot.
gall. p. 121. — Gaud. Fl. helv. 4. p. 470. — Koch, Syn.
p. 158. — *O. parviflora.* Lam. Ency. 1. p. 510. — DC.
Fl. fr. n. 5837. — *O. minutissima.* Jacq. (*non Linn.*).
All. Fl. ped. tab. 20. fig. 3.

Racine rameuse, dure, presque ligneuse ; tiges dressées
ou ascendantes, simples ou peu rameuses, dures, pubescentes, feuillées, quelquefois nues dans le bas et recouvertes
seulement par les stipules et les pétioles persistants, les folioles étant caduques, hautes de 10—16 centim. ; feuilles
ternées, pubescentes-glanduleuses, ainsi que les pétioles,
un peu visqueuses, à folioles petites, obovales ou obovales-
oblongues, striées, dentelées, la moyenne pétiolulée, les
deux autres sessiles ; stipules lancéolées-aiguës, striées et
dentelées ; fleurs jaunes, petites, axilaires, presque sessiles,
disposées au sommet des rameaux en épis feuillés, courts,
denses ; calice grand, à divisions ovales-lancéolées, acuminées, striées, velues, égalant la corolle ou la dépassant ;
étendard strié par des lignes purpurescentes ; gousses obliquement ovoïdes, renflées, velues, à la fin presque glabres,
un peu plus courtes que les lanières du calice, à graines
lisses, d'un brun roux, presque globuleuses. ♃ (Mai, juin).

Aux environs de Byans, de Torpes et ailleurs (Girod-Chant.). —
C'est sous le nom d'*O. minutissima.* Linn., que Girod-Chantrans indique
cette espèce ; mais, comme cette dernière est particulière aux provinces
méridionales de la France, et qu'elle a souvent été confondue avec l'espèce décrite ci-dessus, notamment par Durande, dans la *Flore de
Bourgogne*, nous pensons que c'est à celle-ci que l'on doit rapporter la
plante de Girod-Chantrans.

5. B. gluante. — *O. natrix.*

Linn. Sp. 1008. — DC. Prod. 2. p. 159. et Fl. fr. n. 3846.
— Duby, Bot. gall. p. 119. — Gaud. Fl. helv. 4. p. 472.
— Koch, Syn. p. 159. — *O. pinguis.* Lam. Ency. 1. p.
508.

J. Saint-Hil. Pl. fr. tab. 509. — J. Bauh. Hist. 2. p. 593.
fig. 1. (*mala*). — Lob. ic. 2. p. 28. fig. 2.

Plante presque ligneuse, velue-visqueuse, répandant une
odeur particulière, à tiges rameuses, ascendantes, hautes
de 2—4 décim.; feuilles alternes, pétiolées, ternées, à folioles oblongues, obtuses, dentées au sommet, très entières
à la base, la moyenne légèrement pétiolulée : les florales
simples, munies à la base du pétiole de stipules entières,
lancéolées, à peu près de même longueur que lui; fleurs
grandes, jaunes, portées sur des pédoncules axilaires plus
longs que les feuilles, terminés par une ariste ou bractéole
filiforme, disposées à l'extrémité des rameaux en grappes
feuillées; calice à tube court, recouvert, comme les autres
parties de la plante, de poils visqueux, à 5 lanières lancéolées-linéaires; étendard ample, arrondi, échancré au sommet, plus grand que les autres pétales, rayés de lignes
purpurines; gousse oblongue, velue, un peu comprimée,
terminée par le style allongé, crochu. ♃ (Juillet, août).

Le long des chemins, au bord des champs, dans les lieux chauds :
au bord de l'Ain, en face du village de Thoirette. — Abondamment,
dans les sables incultes au bord du Rhône, sous Aïre (Reut.). — A la
lisière des champs cultivés (Girod-Chant.). — Je l'ai aussi trouvée en
abondance à Martigny, à l'embouchure de la Dranse.

7. ANTHYLLIDE. — *ANTHYLLIS.* Linn.

Calice à 5 dents, souvent enflé après la fleuraison, fermé
et marcescent; étamines monadelphes; carène obtuse ou
courtement acuminée; gousse incluse dans le calice.

1. A. vulnéraire. — *A. vulneraria.*

Linn. Sp. 1012. — DC. Prod. 2. p. 170. et Fl. fr. n. 3850.
— Duby, Bot. gall. p. 122. — Gaud. Fl. helv. 4. p. 476.
— Lam. Ency. 1. p. 203. — Koch , Syn. p. 159.
Lam. illust. tab. 615. fig. 1. — Barr. ic. fig. 575. — J. Bauh.
Hist. 2. p. 362. fig. 1. — Tabern. ic. p. 524. fig. 2. et p.
525. fig. 2. — Dalech. Hist. p. 1380. fig. 1. — Dod. pempt.
p. 552. fig. 1. — Lob. ic. 2. p. 87. fig. 2. (*ead.*).

Racine presque ligneuse, brune , divisée, fibreuse ; tiges
simples, ascendantes, un peu couchées à la base, garnies
de poils appliqués peu apparents, hautes de 15—30 centim. ;
feuilles d'un vert pâle, ailées avec impaire, pubescentes en
dessous : les radicales à foliole impaire très grande, ovale
ou oblongue , quelquefois simples : les caulinaires à folioles
plus nombreuses, presque égales , lancéolées, l'impaire à
peine plus grande ; fleurs sessiles, en têtes terminales géminées, presque globuleuses, munies à la base de bractées
digitées, à 3—5 lanières oblongues ou lancéolées, à corolle
jaune , à la fin orangée, à calice membraneux, blanchâtre,
pubescent, renflé, à 5 dents triangulaires ; étendard ovale ,
à 2 oreillettes à la base ; gousse ovoïde, noirâtre, pédicellée,
renfermée dans le calice, à une seule graine. ♃ (Mai—
juillet).

Commune dans les prés secs , au bord des chemins, dans les lieux
incultes et arides.

β. *Ochroleuca.* Gaud. Fl. helv. 4. l. c. var. γ. — Fleurs
d'un jaune pâle.

Salins, le long des chemins de vignes , rare. — Nyon , près du bois
Bougis (Gaud.).

γ. *Rubriflora.* Hagenb. Fl. basil. 2. p. 205. — Fleurs
rouges.

Bâle (Hagenb.).

δ. *Simplicifolia.* Hagenb. Fl. basil. 2. l. c. — Feuilles
radicales simples , oblongues.

Salins. — Bâle (Hagenb.).

2. A. de montagne. — *A. montana.*

Linn. Sp. 1012. — DC. Prod. 2. p. 170. et Fl. fr. n. 3851.
— Duby, Bot. gall. p. 122. — Gaud. Fl. helv. 4. p. 477.
— Lam. Ency. 1. p. 205. — Koch, Syn. p. 159.
Lam. illust. tab. 615. fig. 5. — Barr. ic. fig. 722. — J. Bauh.
Hist. 2. p. 339. fig. 2. — Dalech. Hist. p. 1547. fig. 2.

Plante très belle, formant sur les rochers des gazons d'un
vert soyeux blanchâtre, plus ou moins étendus. Tiges ligneuses, nues, tortueuses à la base, portant les restes ou les
cicatrices des feuilles anciennes, à rameaux feuillés, herbacés dans le haut, ascendants à l'époque de la fleuraison,
velus-soyeux, longs de 10—16 centim. ; feuilles ailées avec
impaire, à 10—15 paires de folioles égales, rapprochées,
oblongues ou ovales-lancéolées, velues-soyeuses, d'un vert
blanchâtre, plus écartées dans le bas, portées sur des pétioles
très courts, élargis à la base en gaîne striée, membraneuse,
embrassante ; fleurs panachées de rose et de pourpre plus
ou moins foncé, presque sessiles, réunies en têtes solitaires,
terminales, assez grosses, presque globuleuses, portées sur
de longs pédoncules velus-soyeux, blanchâtres, plus longs
que les feuilles, munies à la base d'un involucre composé de
2 bractées demi-circulaires, palmées-digitées, à lobes linéaires-lancéolés ; calice tubuleux blanchâtre, velu-soyeux,
ainsi que l'involucre, à 5 lobes étroits, linéaires-subulés ;
étendard oblong, obtus, onguiculé, beaucoup plus grand
que les autres pétales, à 2 oreillettes à la base ; gousse monosperme. ♃ (Juin, juillet).

Cette jolie plante est très commune sur le sommet de Poupet et sur
les rochers au-dessus d'Ivrey : je l'ai également observée sur les rochers
au-dessus des vignes de Gily, près d'Arbois ; sur les sommités du Jura
au-dessus de Gex ; sur la Dôle et en allant de Mijoux à Septmoncel. —
Elle se trouve aussi dans les lieux rocailleux et chauds de Salève (Reut.).

β. *Albiflora.* Fleurs entièrement blanches.

Salins, sur les rochers au-dessus du village d'Ivrey, du côté de By.

γ. *Purpurea.* Fleurs d'un rouge pourpre foncé.

Salins, même lieu que la variété précédente.

SOUS-TRIBU II. — TRIFOLIÉES. Bronn.

Étamines diadelphes; gousse à une loge; feuille ternées.
— Tige ordinairement herbacée.

8. LUZERNE. — *MEDICAGO*. Linn.

Calice à 5 lobes ou à 5 dents; carène obtuse; étamines
diadelphes, à filets non dilatés à leur partie supérieure;
ovaire arqué-ascendant, dès la base, avec le tube staminifère; style glabre; gousse uniloculaire à 1—plusieurs graines,
courbée en faucille ou contournée en escargot.

§ 1. *Gousse non épineuse, comprimée, en faucille ou
contournée en escargot percé au centre.* — Lupularia.
Ser. in DC.

1. L. cultivée. — *M. sativa.*

Linn. Sp. 1096. — Ser. in DC. Prod. 2. p. 173. et Fl. fr.
n. 3899. — Duby, Bot. gall. p. 123. — Gaud. Fl. helv.
4. p. 612. — Desrouss. Ency. 3. p. 631. — Koch, Syn. p.
160.
J. Saint-Hil. Pl. fr. tab. 714. — Moris. sect. 2. tab. 16.
fig. 2. — Lam. illust. tab. 612. fig. 1. — J. Bauh. Hist.
2. p. 583. fig. 1. — Clus. Hist. 2. p. 242. fig. 2. — Dod.
pempt. p. 576. fig. 1. — Lob. ic. 2. p. 36. fig. 2. (*ead.*).
Racine fusiforme, s'enfonçant profondément dans la terre;
tiges fermes, glabres ou presque glabres, rameuses, un peu
anguleuses, hautes de 5—5 décim.; feuilles ternées, à folioles oblongues-cunéiformes, dentelées et mucronées au
sommet, pubescentes en dessous, oblongues-obovales dans
les feuilles inférieures; stipules entières, lancéolées-acuminées, munies de quelques dents à la base; fleurs d'un
pourpre violet ou bleuâtre, quelquefois jaunâtres ou blanches, disposées en grappes oblongues, portées sur des pédon-

cules axilaires, solitaires, dépassant ordinairement les feuilles, à pédicelles plus courts que le calice et la bractée subulée ; calice légèrement pubescent, à dents lancéolées-acuminées ; gousses polyspermes, lisses, garnies de poils appliqués, contournées en spirale à 1—2 tours, rarement 3. ♃ (Juin— septembre).

Cultivée comme fourrage : se trouve çà et là, croissant spontanément. Cette plante est, dit-on, originaire de la Médie ? elle fournit un fourrage estimé, à cause de sa féconde végétation, et parce que le bétail le mange avec avidité ; mais il est souvent dangereux à l'état frais.

β. *Hybrida*. Gaud. Fl. helv. 4. l. c.— Fleurs jaunâtres.

Aux environs de Nyon, çà et là (Gaud.). — De Montbéliard.

γ. *Albiflora*. Fleurs d'un blanc pur.

Aux environs de Montbéliard.

2. L. en faucille. — *M. falcata.*

Linn. Sp. 1096. — Ser. in DC. Prod. 2. p. 172. et Fl. fr. n. 3900. — Duby, Bot. gall. p. 123.— Gaud. Fl. helv. 4. p. 611. — Desrouss. Ency. 3. p. 630. — Koch, Syn. p. 160.

Moris. sect. 2. tab. 16. fig. 1. — J. Bauh. Hist. 2. p. 383. fig. 2. (*pessima*). — Tabern. ic. p. 502. fig. 2. — Clus. Hist. 2. p. 243. fig. 1.

Tiges dures, à peine anguleuses, glabres ou presque glabres, rameuses, un peu couchées à la base, ascendantes, longues de 3—5 décim. ; feuilles alternes, presque glabres, à folioles étroites, plus petites que dans l'espèce précédente, oblongues-cunéiformes, dentées au sommet, comme tronquées, mucronées, la moyenne pétiolulée : les inférieures plus longuement pétiolées, à folioles oblongues-obovales ; stipules lancéolées, aiguës, entières, les inférieures dentées ; fleurs jaunes, disposées en têtes courtes, ovoïdes, à pédicelles plus courts que le calice, mais plus longs que la bractée subulée, portées sur des pédoncules axilaires, solitaires, ordinairement plus longs que les feuilles ; calice à 5 dents subulées ; étendard un peu échancré au sommet ; gousse garnie de poils appliqués, comprimée, veinée-réticulée, courbée en faucille ou en arc, à 4—8 graines. ♃ (Juin—septembre).

Les prés secs, les collines arides, le bord des chemins : aux environs de Thoirette ; de Genève ; de Nyon, etc.

β. *Versicolor*. (Wall.) Koch, Syn. l. c. — Gaud. Fl. helv. 4. l. c. *var. β. hybrida.* — Fleurs d'abord jaunes, puis vertes et à la fin violettes.

Aux environs de Nyon (Gaud.).

γ. *Major*. Koch, Syn. l. c. — *M. falcata. δ. angustifolia.* Hagenb. Fl. basil. 2. p. 255. — Tige allongée, tombante ; folioles oblongues-linéaires ; stipules plus grandes, dentées à la base ; fleurs jaunes, en tête plus petite ; gousse glabre, courbée en faux.

Bâle, commune dans les prés (Hagenb.).

3. L. lupuline. — *M. lupulina.*

Linn. Sp. 1097. — Ser. in DC. Prod. 2. p. 172. et Fl. fr. n. 5905. — Duby, Bot. gall. p. 123. — Gaud. Fl. helv. 4. p. 613. — Desrouss. Ency. 3. p. 629. — Koch, Syn. p. 161.

Moris. sect. 2. tab. 16. fig. 8. — J. Bauh. Hist. 2. p. 580. fig. 4. — Tabern. ic. p. 525. fig. 2. — Dalech. Hist. p. 508. fig. 2. (*mala*). et p. 1355. fig. 1. — Dod. pempt. p. 576. fig. 2. (*ead.*). — Lob. ic. 2. p. 29. fig. 2.

Racine grêle, fibreuse ; tiges rameuses, plus ou moins penchées ou ascendantes, pubescentes ou glabres, longues de 15—30 centim. ; feuilles ternées, à folioles obovales, rétuses, élargies et dentées au sommet, un peu en coin à la base, glabres ou un peu pubescentes en dessous, la moyenne pétiolulée ; stipules ovales-lancéolées, entières ou un peu dentées à la base ; fleurs jaunes, très petites, en épis ou en têtes petites, ovoïdes, compactes, à pédicelles très courts, munis à la base d'une bractée subulée peu apparente, portées

sur des pédoncules axilaires plus longs que les feuilles ; calice à
5 dents aiguës , inégales ; étendard ovale ; gousse réniforme ,
un peu contournée en spirale au sommet, comprimée, nerveuse-réticulée , monosperme , glabre ou plus ou moins poilue , devenant noire à la maturité. ① (Mai—septembre).

Commune dans les champs, les prés, au bord des chemins.

α. *Vulgaris.* Koch, Syn. l. c. — Gousse glabre ou pubescente, à poils appliqués.

β. *Willdenowiana.* Koch , Syn. l. c. — *M. Willdenowii.*
Bonningh , Fl. mon. pr. p. 226. (*non Mérat*). — Gousse
poilue-glanduleuse, à poils articulés , étalés.

Aux environs de Salins.

§ 2. *Gousse épineuse, contournée en escargot, non
    percée au centre.* — Spirocarpos. Ser. in **DC.**

4. L. tachée. — *M. maculata.*

Willd. Sp. 3. p. 1412. — Ser. in DC. Prod. 2. p. 179. et Fl.
   fr. n. 3919. — Duby, Bot. gall. p. 126. — Koch , Syn.
   p. 163. — *M. cordata.* Desrouss. Ency. 3. p. 636. —
· *M. polymorpha. var.* η. *Arabica.* Linn. Sp. 1098.
Moris. sect. 2. tab. 15. fig. 12. (17. Koch).

Racine grêle, fusiforme , fibreuse ; tiges faibles , rameuses,
étalées ou couchées , anguleuses, longues de 3—4 décim. ,
glabres ou un peu poilues, à poils articulés, blanchâtres ;
feuilles longuement pétiolées, à folioles glabres, obcordées,
élargies et dentelées au sommet, ordinairement marquées
d'une tache brune au milieu ; stipules ovales, incisées-dentées, à dents lancéolées-acuminées ; pédoncules axilaires plus
courts que les pétioles, à 3—5 fleurs petites, jaunes ; gousses
arrondies, un peu comprimées, glabres, à 3—5 spires, marquées de veines concentriques flexueuses réticulées, garnies
sur le bord de pointes raides, arquées, entre-croisées, com·
primées, sillonnées sur chaque face ; graines lisses, d'un
roux clair, oblongues-réniformes. ① (Juin, juillet).

Salins, dans les prés à droite de la Furieuse, au-dessous de Saint-Joseph.

5. L. naine. — *M. minima.*

Desrouss. Ency. 3. p. 637. — Ser. in **DC.** Prod. 2. p. 178. et Fl. fr. n. 3913. — Duby, Bot. gall. p. 126. — Gaud. Fl. helv. 4. p. 614. — Koch, Syn. p. 164. — *M. polymorpha. var.* μ. *minima.* Linn. Sp. 1099. Moris. sect. 2. tab. 15. fig. 15. — J. Bauh. Hist. 2. p. 386. fig. 1. — Dalech. Hist. p. 513. fig. 2.

Racine grêle, fusiforme, fibreuse; tiges grêles, rameuses, diffuses, cylindriques, étalées-ascendantes, hautes de 1—2 décim.; feuilles pétiolées, velues, blanchâtres, molles, à folioles obovales-cunéiformes, obtuses, un peu échancrées et à 3—5 dentelures au sommet; stipules ovales-lancéolées, entières; pédoncules axilaires, à peu près de la longueur des feuilles, à 3—7 fleurs jaunes, très petites; gousses presque globuleuses, petites, à 3—4 spires un peu poilues, bordées de pointes subulées, obliques, un peu crochues au sommet et sillonnées sur chaque face. ① (Mai, juin).

Les lieux arides et stériles : Besançon, derrière la citadelle (Guérin). — Les environs de Neuchâtel (Gaud.). — De Bâle, commune (Hagenb.). — Genève, sur les Tranchées; à Genthod, etc. (Reut.).

6. L. à pointes courtes. — *M. opiculata.*

Willd. Sp. 3. p. 1414. — Ser. in **DC.** Prod. 2. p. 175. et Fl. fr. n. 3920. — Duby, Bot. gall. p. 125. — Gaud. Fl. helv. 4. p. 615. — Poir. Ency. supp. 3. p. 525. — *M. muricata.* Desrouss. Ency. 3. p. 635. var. β. et γ. J. Bauh. Hist. 2. p. 385. fig. 2. (*excl. ramo seorsim delineato*).

Tiges ascendantes, faibles, rameuses, diffuses, anguleuses, glabres ou presque glabres, longues d'environ 3 décim. et plus; feuilles pétiolées, à folioles obovales-cunéiformes, très obtuses, souvent un peu échancrées, ordinai-

rement entières dans les feuilles inférieures, et crénelées-
dentées au sommet dans les supérieures; stipules profondément
dentées ou pinnatifides, à dents sétacées; pédoncules glabres,
de la longueur des pétioles, portant au sommet 2—7 fleurs
jaunes, petites, munies de bractées sétacées; gousses comprimées, glabres, à 2—5 spires nerveuses-réticulées, bordées de 2 rangées de pointes courtes, divergentes. ① (Mai—
juillet).

Les champs aux environs de Vaucy, entre Arbois et Poligny (Dumont).
— Salins, au lieu dit la Loge-des-Gardes, en face de la promenade
Barbarine.

9. MÉLILOT. — *MELILOTUS*. Tourn.

Calice à 5 dents; carène obtuse; étamines diadelphes;
filets non dilatés à leur partie supérieure; ovaire droit;
style glabre; gousse presque globuleuse ou oblongue, plus
longue que le calice, à 1—4 graines.

§ 1. *Fleurs jaunes.*

* *Gousses pubescentes, noircissant à la maturité.*

1. M. officinal. — *M. officinalis.*

Willd. Enum. p. 790. — Ser. in DC. Prod. 2. p. 186. et
Fl. fr. supp. n. 5894. — Duby, Bot. gall. p. 128. — Gaud.
Fl. helv. 4. p. 606. — Koch, Syn. p. 166. — *Trifolium
melilotus officinalis var. α.* Linn. Sp. 1078.
Moris. sect. 2. tab. 16. fig. 2. — Tabern. ic. p. 510. fig. 1.

Tige dressée, dure et presque cylindrique dans le bas,
anguleuse dans le haut, rameuse, haute de 10—16 décim.;
feuilles d'un vert sombre, à folioles un peu tronquées,
inégalement dentées, à dents aiguës, obovales dans les
feuilles inférieures, oblongues-linéaires dans les supérieures;
stipules très fines, subulées, entières; fleurs jaunes, odorantes, à pédicelle de moitié plus court que le calice, disposées en grappes lâches, à la fin allongées; corolle 5 fois

plus longue que le calice, à ailes et carène de la longueur
de l'étendard ; gousses noires à la maturité, ovoïdes, courtement acuminées, pubescentes, ridées-réticulées, à 1—2
graines. ② (Juillet—septembre).

Le long des fossés humides et des haies, au bord des champs et des
prés. — Cette plante est aromatique et résolutive ; on emploie ses fleurs
en fomentation : la suivante partage ses propriétés.

** *Gousses glabres , ne noircissant pas à la maturité.*

2. M. des champs. — *M. arvensis.*

Wall. Sched. p. 391. — Ser. in DC. Prod. 2. p. 188. —
Gaud. Fl. helv. 4. p. 605. — *M. diffusa* (Koch) in **DC. Fl.**
fr. supp. n. 5894[b]. — Gaud. Fl. helv. 4. p. 607. — *M.*
officinalis. Desrouss. Ency. 4. p. 62. — *M. Petitpier-*
reana. Koch, Syn. p. 167.

J. Saint-Hil. Pl. fr. tab. 689. — Chaum. Fl. méd. tab. 229,
— Bull. Herb. tab. 255 ? — Tabern. ic. p. 508. fig. 1.

Tiges inclinées ou ascendantes, rameuses, diffuses, un
peu anguleuses , hautes de 3—5 décim.; feuilles longuement
pétiolées , à folioles obtuses , irrégulièrement dentées-cré-
nélées, à dents écartées, obovales et souvent arrondies dans
les feuilles inférieures, oblongues-lancéolées dans les supérieures ; stipules subulées-sétacées, très entières ; fleurs
jaunes, à pédicelles plus courts que le calice, munis à la
base d'une bractée sétacée, disposées en grappes lâches,
allongées, portées sur des pédoncules égalant 3—4 fois la
longueur des feuilles ; corolle à ailes et étendard plus longs
que la carène ; gousses ovoïdes, obtuses, mucronées, plis-
sées-ridées en travers, presque réticulées, glabres, ne
noircissant pas à la maturité, à une graine. ② (Juillet—
septembre).

Commun dans les champs, le long des chemins , parmi les moissons.

§ 2. *Fleurs blanches.*

3. M. commun. — *M. vulgaris.*

Willd. Enum. p. 790. — Gaud. Fl. helv. 4. p. 609 — Koch,
Syn. p. 166. — *M. leucantha.* Ser. in DC. Prod. 2. p.
187. et Fl. fr. supp. n. 3894ᵃ. — Duby, Bot. gall. p. 128.
— *M. officinalis var. ß.* Desrouss. Ency. 4. p. 63. —
Trifolium melilotus. var. ß. Linn. Sp. 1078.
Moris. sect. 2. tab. 16. fig. 1. (*series* 2). — Tabern. ic. p.
507. fig. 2.

Tige dressée, presque cylindrique, très rameuse, haute
de 4—8 décim.; folioles oblongues, obtuses, inégalement
dentées en scie, à dents un peu écartées, légèrement pubescentes en dessous, obovales dans les feuilles inférieures;
stipules subulées - sétacées, entières; fleurs blanches, petites, peu odorantes, disposées en grappes lâches, allongées,
à pédicelles de moitié plus courts que le calice, munis à la
base d'une bractée subulée; dents du calice lancéolées-subulées; étendard plus long que les autres pétales, à bords
réfléchis; ailes de la longueur de la carène; gousses ovoïdes,
obtuses, mucronées, ridées-réticulées, très glabres, à la fin
d'un brun noirâtre, à une seule graine. ② (Juillet—septembre).

Les lieux incultes, le bord des chemins : Genève, abondamment
dans les lieux sablonneux des bords de l'Arve et du Rhône, au confluent;
les bords du lac à Yverdon ; aux environs de Bâle ; de Salins, à Saint-
Joseph, près de la nouvelle usine, le long du canal de dérivation de la
Furieuse.

10. TRÈFLE. — *TRIFOLIUM.* Linn.

Calice à 5 lobes ou à 5 dents, corolle marcescente, persistante; carène obtuse ; étamines diadelphes, plus ou moins
soudées avec les pétales, à filets peu dilatés à leur partie
supérieure; style glabre; gousse ovoïde à 1—2 graines, rarement oblongue et à 3—4 graines, à peine déhiscente, incluse dans le calice ou dans la corolle marcescente.

SECT. I. Fleurs purpurines, blanches ou jaunâtres,
jamais jaunes.

§ 1. *Calice ordinairement glabre, tubuleux, non enflé;
fleurs pédicellées, en tête presque ombelliforme, à la
fin réfléchies; corolle persistante; gousses ordinairement
à 2—4 graines.* — Lotoïdea. Gaud.

1. T. élégant. — *T. elegans.*

Savi, Bot. etrusc. 4. p. 42. — Ser. in DC. Prod. 2. p.
201. et DC. Fl. fr. supp. n. 5859ᵃ. — Duby, Bot. gall. p.
134. Gaud Fl. helv. 4. p. 574. — Koch, Syn. p. 174. —
— *T. Vaillantii.* Poir. Ency. 8. p. 4.
Vaill. Bot. par. tab. 22. fig. 1.

Tiges grêles, striées, ascendantes, quelquefois un peu
couchées à la base, mais jamais rampantes, glabres ou pubescentes à leur partie supérieure, solides et non fistuleuses
comme celles du *T. hybridum.* Linn., avec lequel cette espèce a les plus grands rapports; feuilles longuement pétiolées, d'un vert gai, à folioles obovales ou ovales cunéiformes, glabres ou presque glabres, nerveuses, dentelées
en scie, particulièrement à leur partie inférieure, à dents
aiguës, quelquefois un peu échancrées au sommet dans les
feuilles inférieures; stipules allongées, membraneuses, striées,
embrassantes à la base, ovales-lancéolées, longuement acuminées; pédoncules axilaires, striés, légèrement pubescents,
plus longs que les feuilles; fleurs en têtes arrondies, denses,
d'un blanc rosé, à pédicelles réfléchis après la fleuraison,
munis à la base d'une petite bractée subulée; calice glabre,
blanchâtre, à dents subulées, presque égales entre elles,
les 2 supérieures à peine plus longues; gousses à 2, rarement
3 graines. ⚤ (Mai—juillet).

Salins, commun dans les bois de Cramans; de Mouchard et de
Villers-Farlay; dans un petit bois près de Sellières. — Lons-le-
Saunier (DC.). — Entre Bâle et Montbéliard (Gaud. Hagenb.) —
Genève, près de Pinchat (Rapin). — Je pense que le *T. hybridum,*

Linn. , indiqué par Girod-Chantrans au bord des chemins et sur les pelouses, n'est autre chose que l'espèce ci-dessus, avec laquelle il a souvent été confondu.

2. T. rampant. — *T. repens.*

Linn. Sp. 1080. — Ser. in DC. Prod. 2. p. 198. et Fl. fr. n. 3859. — Duby, Bot. gall. p. 133. — Gaud. Fl. helv. 4. p. 575. — Poir. Ency. 8. p. 2. — Koch, Syn. p. 173. Moris. sect. 2. tab. 12. fig. 2. — J. Bauh. Hist. 2. p. 380. fig. 5. — Dod. pempt. p. 565. fig. 1. — Lob. ic. 2. p. 29. fig. 1. (*ead.*).

Tiges couchées, radicantes, glabres, diffuses, longues de 16—52 centim. ; feuilles glabres, longuement pétiolées, à folioles obovales-cunéiformes, obtuses ou un peu échancrées en cœur, dentées en scie, particulièrement à leur partie inférieure, à dents aiguës; stipules larges, membraneuses, souvent déchirées, acuminées au sommet; fleurs blanches, devenant rougeâtres, puis brunes en se flétrissant, à pédicelles de la longueur du tube du calice ou un peu plus longs, munis à la base d'une petite bractée scarieuse, d'abord dressés, ensuite réfléchis et pendants, disposées en têtes globuleuses portées sur des pédoncules allongés, dressés, striés, plus longs que les feuilles; calice glabre, strié, blanchâtre, à dents lancéolées-aiguës, les 2 supérieures un peu plus longues; gousse un peu bosselée, à peine plus longue que le calice, terminée par le style infléchi, à 3—4 graines. ♃ (Mai—septembre).

Très commun partout, dans les prés, au bord des chemins, sur les promenades, etc.

β. *Monstrosum.* Gaud. Fl. helv. 4. l. c. — Monstruosité à fleurs portées sur de longs pédicelles, à dents du calice transformées en folioles oblongues à 2—3 dents aiguës, à corolle souvent avortée, à ovaire pédicellé, saillant hors du calice, quelquefois accompagné de folioles.

Se rencontre quelquefois dans les prés, le long des chemins, aux environs de Salins. — De Nyon (Gaud.). — De Bâle (Hagenb.), etc.

3. T. gazonnant. — *T. cœspitosum.*

Reynier, in Hopfn. Magaz. 2. p. 78. — Ser. in DC. Prod. 2.
p. 199. et Fl. fr. n. 3861. — Duby, Bot. gall. p. 133. —
Gaud. Fl. helv. 4. p. 577. — Poir. Ency. 8. p. 4. — Koch,
Syn. p. 173.

T. Thalii. Vill. Dauph. 3. p. 478. tab. 41. (*malè*).

Plante très glabre, étalée, à tiges très courtes, nombreuses, ascendantes, disposées en gazon, jamais rampantes;
feuilles souvent presque toutes radicales, rapprochées, ascendantes, longuement pétiolées, à folioles petites, obovales, un
peu en coin à la base, glabres, très finement dentelées en
scie, rarement échancrées; stipules scarieuses, ovales lancéolées, acuminées; pédoncules peu nombreux, axilaires, glabres,
sillonnés, un peu plus longs que les feuilles, terminés par
une tête de fleurs d'un blanc rosé, un peu lâches, dressées,
les inférieures à la fin un peu étalées ou penchées, jamais
pendantes, presque sessiles, le pédicelle ne dépassant pas la
longueur de la bractée; calice à tube large, blanchâtre,
strié, à dents vertes, lancéolées-subulées, les 2 supérieures
à peine plus longues; gousse à 3—4 graines. ♃ (Juillet,
août).

Les pâturages arides et élevés du Jura : au pied nord du Colombier,
dans un creux où la neige reste, le plus souvent, toute l'année. — Sur
la Dôle et au Reculet (Reut.).

4. T. de montagne. — *T. montanum.*

Linn. Sp. 1087. — Ser. in DC. Prod. 2. p. 201. et Fl. fr.
n. 3877. — Duby, Bot. gall. p. 134. — Gaud. Fl. helv.
4. p. 578. — Poir. Ency. 8. p. 17. — Koch, Syn. p. 172.

J. Bauh. Hist. 2. p. 380. fig. 2. — Clus. Hist. 2. p. 245. fig. 1.
— Tabern. ic. p. 522. fig. 2.

Racine épaisse, allongée, blanchâtre, fibreuse; tiges
dressées ou ascendantes, fermes, pleines, cylindriques,
profondément striées, pubescentes, garnies de 3—4 feuilles

ècartées, un peu rameuses au sommet, hautes de 3—4 décim. ; feuilles radicales et les inférieures longuement pétiolées, les supérieures presque sessiles, à folioles oblongues-
lancéolées ou elliptiques, arides, très nerveuses, pubescentes
en dessous et sur les bords, finement dentelées en scie, à
dents aiguës; stipules allongées, engaînantes à la base,
striées, lancéolées, longuement acuminées; fleurs blanches,
disposées en têtes ovoïdes, à pédicelles fort courts, à peine
plus longs que les bractées, réfléchis après la fleuraison, portées sur des pédoncules axilaires au sommet de la tige, dépassant un peu les feuilles; calice blanchâtre, glabre, garni
de quelques poils à l'orifice du tube, strié, à dents verdâtres, droites, presque égales entre elles, lancéolées-subulées, à peine plus longues que le tube; étendard étroit,
plié, un peu échancré au sommet, double de la longueur des
autres pétales; gousse monosperme. ♃ (Mai—juillet).

Les prairies sèches et montucuses, les pâturages des montagnes,
assez commun.

§ 2. *Calice velu, jamais enflé; fleurs sessiles, en tête;*
      gousse monosperme. — Lagopoda. Gaud.

** Espèces vivaces.*

5. T. rouge. — *T. rubens.*

Linn. Sp. 1081. — Ser. in DC. Prod. 2. p. 190. et Fl. fr.
   n. 3870. — Duby, Bot. gall. p. 150. — Gaud. Fl. helv. 4.
   p. 580. — Poir. Ency. 8. p. 10. — Koch, Syn. p. 169.
J. Saint-Hil. Pl. fr. tab. 448. — J. Bauh. Hist. 2. p. 375. fig.
   1. — Clus. Hist. 2. p. 546. fig. 1. — Dod. pempt. p. 578.
   fig. 1. — Lob. ic. 2. p. 40. fig. 1.
Racine forte, rameuse; tige simple, dressée, glabre,
cylindrique, feuillée, un peu comprimée à sa partie supérieure, haute de 3—5 décim.; feuilles alternes, de la
longueur du pétiole ou plus longues, les 2 supérieures quelquefois opposées, à folioles étroites, oblongues ou oblongues-

linéaires, obtuses, glabres, finement striées-nerveuses, dentelées en scie, à dents fines, spinescentes, souvent garnies de quelques poils au sommet et sur la nervure dorsale; stipules très grandes, dépassant le pétiole et soudées avec lui sur la moitié de leur longueur, lancéolées, vertes, striées, dentelées, à dentelures écartées, un peu membraneuses et embrassantes à la base; fleurs d'un rouge pourpre, disposées en épi allongé, ovoïde-cylindrique ou oblong, gros, dépourvu de folioles à la base, ordinairement solitaire, quelquefois au nombre de 2—3, longs de 5—8 centim.; calice à tube glabre, cylindrique, strié, à 20 nervures, à dents filiformes, allongées, dépassant l'épi avant la fleuraison, garnies de longs cils étalés qui les rendent presque plumeuses; corolle monopétale, oblongue, tubuleuse à sa partie inférieure, à carène d'un pourpre foncé, un peu plus courte que l'étendard; gousse petite, monosperme. ♃ (Juin, juillet).

Les coteaux, le bord des bois, les prés et pâturages montagneux : Salins, sur Arèle; dans les pâturages de Poupet, de Belin, de Cernans, d'Ivory; sur la côte de Salgret; de Saint-André, etc.; aux environs de Poligny; de Besançon; de Thoirette, etc. — Nyon, au bois de Prangins (Gaud.) — Genève, au bois de la Bâtie; à Sous-Terre; au Vaugeron (Reut.). — Aux environs de Bâle, etc.

6. T. des prés. — *T. pratense.*

Linn. Sp. 1082. — **Ser.** in DC. Prod. 2. p. 195. et Fl. fr. n. 3871. — Duby, Bot. gall. p. 152. — Gaud. Fl. helv. 4. p. 582. — Poir. Ency. 8. p. 11. — Koch, Syn. p. 168. (*excl. var.* γ.).
J. Bauh. Hist. 2. p. 374. fig. 1.— Tabern. ic. p. 523. fig. 1. — Dalech. Hist. p. 1354. fig. 1.

Tiges peu rameuses, ascendantes, striées, cylindriques, presque glabres, hautes d'environ 3—4 décim; feuilles alternes, longuement pétiolées, à folioles ovales, obtuses, glabres en dessus, garnies en dessous et sur les bords de quelques poils, entières ou à peine dentelées : celles des feuilles inférieures obovales, un peu échancrées au sommet;

stipules larges, membraneuses, courtes, glabres, nerveuses, ovales-acuminées; fleurs d'un rouge pourpre, disposées en têtes denses, presque globuleuses et sessiles, à la fin ovoïdes, presque géminées, munies à la base de 2 feuilles opposées, à stipules très développées, formant une sorte d'involucre ; calice à tube presque glabre, strié, à 10 nervures, à dents étroites, linéaires-subulées, garnies de longs cils raides, la supérieure presque double des autres et à peu près de la longueur du tube de la corolle monopétale ; étendard plus long que les ailes dépassant la carène ; gousse ovoïde. ♃ (Juin—octobre).

Commun dans les prés et les pâturages, le long des haies et parmi les buissons.

β. *Albiflorum*. Gaud. Fl. helv. 4. 1. c. — Fleurs blanches.

Salins, rare. — Aux environs de Nyon (Gaud.)

γ. *Sativum*. Gaud. Fl. helv. 4. 1. c.—Tige plus élevée, ordinairement fistuleuse ; têtes de fleurs plus grosses, quelquefois saillantes au-dessus de l'involucre.

Cultivé comme fourrage.

δ. *Microphyllum*. *T. microphyllum*. Desv. Journ. bot. 2. p. 516. — Ser. in DC. Prod. 2. p. 195. — *T. pratense.* var. Koch, Syn. 1. c. (*in adnot. varietatis* γ.).— Plante plus grêle, moins élevée, à tiges ascendantes, à folioles de moitié plus petites, ciliées et garnies en dessous de poils couchés, à têtes de fleurs également beaucoup plus petites.

Salins, sur Poupet.

7. T. intermédiaire. — *T. medium.*

Linn. Faun. suec. ed. 2. p. 558. — Ser. in DC. Prod. 2. p. 195. et Fl. fr. n. 3872. — Duby, Bot. gall. p. 132.— Gaud. Fl. helv. 4. p. 585. — Koch, Syn. p. 168. — *T. flexuosum* (Jacq.). Poir. Ency. 8. p. 12.

Racine rampante ; tiges dures, pleines, dressées ou ascendantes, quelquefois diffuses et un peu étalées, très rameuses,

flexueuses à chaque nœud, un peu anguleuse à la base,
feuillées, garnies de poils appliqués, hautes de 3—4 décim.;
feuilles alternes, longuement pétiolées, à folioles oblongues,
elliptiques ou lancéolées, obtuses, entières ou presque entières, glabres en dessus, garnies en dessous et sur les bords
de poils appliqués, à nervures pennées-divergentes; stipules
étroites, allongées, striées, poilues, linéaires-lancéolées;
fleurs d'un rouge pourpre foncé, disposées en têtes solitaires, très rarement géminées, terminales, ovoïdes ou globuleuses, un peu lâches, souvent un peu écartées des
feuilles supérieures; calice à tube blanchâtre, strié, à 10
nervures, glabre, à dents étroites, linéaires-lancéolées,
vertes et ciliées, les 4 supérieures de la longueur du tube,
l'inférieure égalant le tube de la corolle monopétale, à
étendard un peu plus long que la carène. ♃ (Juin, juillet).

Les bois et les prés montueux, assez commun : aux environs de
Salins; de Villers-Farlay; d'Arc-sous-Montenot; de Nans, au bord du
Lison; de Besançon; du Brot et de Noiraigne, au pied du Creux-du-
Vent, etc. — Nyon, autour de Longirod (Gaud). — Genève, au bois
de la Bâtie (Reut.). — Bâle, dans les pâturages du Jura, commun
(Hagenb.), etc.

8. T. alpin. — *T. alpestre.*

Linn. Sp. 1082. — Ser. in DC. Prod. 2. p. 194. et Fl. fr. n.
3873. — Duby, Bot. gall. p. 152. — Gaud. Fl. helv. 4.
p. 584. — Poir. Ency. 8. p. 15. — Koch, Syn. p. 168.
Clus. Hist. 2. p. 245. fig. 2 ?

Cette espèce a le port et le feuillage du *T. montanum,*
et la fleuraison du *T. pratense.* Racine rameuse; tige
ordinairement simple, ferme, dressée, dure, velue, à poils
mous, blanchâtres, haute de 3—4 décim.; feuilles alternes,
pétiolées, fermes, mollement pubescentes, particulièrement
en dessous, à folioles oblongues-lancéolées, finement et
obscurément dentelées par une légère saillie des nervures,
presque entières, nerveuses, à nervures nombreuses, diaphanes, pennées-divergentes : les supérieures rapprochées de
l'épi; stipules allongées, striées, embrassantes, velues,

linéaires-subulées au sommet ; fleurs purpurines, réunies en
têtes presque globuleuses, denses, solitaires ou géminées,
terminales, presque sessiles sur les feuilles supérieures ;
calice velu, strié, à 20 nervures, à dents hispides, subulées, les 4 supérieures à peu près de la longueur du tube,
l'inférieure 3 fois plus longue ; corolle monopétale, à étendard entier dépassant peu les ailes. ♃ (Juin—août).

Les pâturages arides et les buissons des montagnes : Genève, dans les
lieux graveleux, au pied du Salève; abondamment au bois de Bay,
près de Penex, au bord du Rhône (Reut.). — Bâle, dans les pâturages
arides du Jura, moins commune (Hagenb.).

9. T. jaunâtre. — *T. ochroleucum*.

Linn. Syst. nat. 3. p. 235. — Ser. in DC. Prod. 2. p. 195.
et Fl. fr. n. 5876. — Duby, Bot. gall. p. 151. — Gaud.
Fl. helv. 4. p. 585. — Poir. Ency. 8. p. 16. — Koch,
Syn. p. 169.
Fuchs. Hist. p. 817. ic.?
Racine forte, un peu épaisse, noirâtre, presque ligneuse ;
tiges ordinairement simples, rarement un peu rameuses,
ascendantes, grêles, velues, cylindriques, garnies de feuilles
alternes un peu écartées, plus nombreuses à la base, hautes
de 15—30 centim.; feuilles velues, longuement pétiolées,
les 2 supérieures opposées, presque sessiles ; folioles ovales
ou oblongues, obtuses, d'un vert pâle, mollement pubescentes, ciliées : plus petites, échancrées ou obcordées dans
les feuilles inférieures : plus étroites et elliptiques dans les
supérieures; stipules velues, striées, lancéolées, acuminées-
subulées, élargies et embrassantes à la base ; fleurs jaunâtres, allongées, sessiles, en têtes ovoïdes ou oblongues, solitaires, terminales, assez grosses, courtement pédonculées ;
calice velu, sillonné, à 10 nervures, à dents lancéolées-subulées, de la longueur du tube, l'inférieure un peu plus
longue, d'abord dressées, à la fin étalées; corolle monopétale, beaucoup plus longue que le calice, à étendard
presque double des autres parties de la corolle; gousse
sillonnée, monosperme. ♃ (Juin, juillet).

Les pâturages, les prés secs et montagneux : Salins, sur Poupet, à
Pré-Rond ; au-dessus des rochers de Goaille ; les prés et pâturages de
Villers et de Boujaille ; les bois près de Saint-Cyr, etc. — Nyon, autour
du bois Bougis et au-dessus de Calève (Gaud.). — Genève, au bois des
Frères ; à Salève ; près de Jussy ; au pied du Jura, en montant depuis
Thoiry (Reut.). — Bâle , dans les pâturages des montagnes , commun
(Hagenb.).

*** Espèces annuelles.*

10. T. incarnat. — *T. incarnatum.*

Linn. Sp. 1085. — Ser. in DC. Prod. 2. p. 190. et Fl. fr.
n. 5875. — Duby, Bot. gall. p. 130. — Gaud. Fl. helv.
4. p. 588. — Poir. Ency. 8. p. 15. — Koch, Syn. p. 169.
J. Saint-Hil. Pl. fr. tab. 489. — Barr. ic. fig. 697. — J. Bauh.
Hist. 2. p. 576. fig. 4. — Clus. Hist. 2. p. 246. fig. 2.
— Dalech. Hist. p. 442. fig. 1. — Dod. pempt. p. 577. fig.
2. — Lob. ic. 2. p. 59. fig. 2. (*ead.*).

Racine fusiforme, peu divisée ; tiges simples, feuillées,
cylindriques, dressées ou ascendantes, velues, hautes de
5—4 décim. ; feuilles alternes, les inférieures longuement
pétiolées, la supérieure presque sessile et très écartée de
l'épi, à folioles obovales, arrondies, un peu en coin à la
base, crénelées ou dentelées au sommet, quelquefois légèrement échancrées ; stipules membraneuses, blanchâtres,
larges et engaînantes à la base, vertes au sommet, ovales,
obtuses ou un peu aiguës, dentelées ; épi terminal longuement
pédonculé, ovoïde-oblong, un peu conique, à la fin cylindrique, long de 5—6 centim., velu ; fleurs d'un rouge
pourpre clair ou foncé ; calice entièrement couvert de longs
poils blanchâtres, à tube strié, à 10 nervures, à dents
subulées, presque piquantes, ciliées, à la fin raides, étalées
en étoile ; étendard allongé, obtus, diminuant de largeur
vers le sommet, plus long que les ailes dépassant elles-
mêmes de beaucoup la carène ; gousse monosperme, recouverte par le calice. ⊙ (Juin, juillet).

Cette plante, qui croît spontanément dans les provinces du midi de
la France, est cultivée, mais rarement : elle donne cependant un

fourrage précieux par sa précocité et son produit abondant, recherché par le bétail, mais elle a l'inconvénient d'être annuelle.

β. *Molinieri*. Gaud. Fl. helv. 4. l. c. — Ser. in DC. Prod. 2. l. c. — Fleurs d'un blanc jaunâtre ou couleur de chair.

Genève, au bord du chemin de Champel, depuis les Tranchées (Reut.).

11. T. des champs. — *T. arvense.*

Linn. Sp. 1083. — Ser. in DC. Prod. 2. p. 190. et Fl. fr. n. 3879. — Duby, Bot. gall. p. 130. — Gaud. Fl. helv. 4. p. 589. — Poir. Ency. 8. p. 18. — Koch, Syn. p. 170. Moris. sect. 2. tab. 13. fig. 8. — J. Bauh. Hist. 2. p. 377. fig. 2. — Tabern. ic. p. 524. fig. 1. — Dod. pempt. p. 577. fig. 1. — Lob. ic. 2. p. 39. fig. 1.

Racine fusiforme, blanchâtre; tige grêle, dressée, cylindrique, velue-pubescente, rameuse dès la base, haute de 15—30 centim.; feuilles alternes, courtement pétiolées, à folioles étroites, linéaires-oblongues, un peu rétrécies à la base, velues-pubescentes, presque entières, un peu dentelées et mucronées au sommet, souvent tronquées et un peu échancrées dans les feuilles inférieures; stipules étroites, membraneuses, ovales-lancéolées, acuminées-subulées; épis nombreux, axilaires et terminaux, pédonculés, ovoïdes ou oblongs, à la fin cylindriques, obtus, très velus-soyeux, d'un blanc un peu rougeâtre, devenant roux dans l'herbier; fleurs blanches ou rosées, à calice velu, strié, à 10 nervures, à dents très fines, subulées-sétacées, plumeuses, plus longues que la corolle marcescente, fermée, à pétales libres; gousse enflée, monosperme. ☉ (Juillet—septembre).

Commun dans les champs à terre légère ou graveleuse, surtout après la moisson : aux environs de Salins; de Sellières; de Mont-sous-Vaudrey; de Dole; de Besançon; de Poligny; de Genève; de Bâle, etc.

β. *Exiguum*. Gaud. Fl. helv. 4. l. c. — Tige haute de 5—8 centim., presque simple, à épi moins velu.

Les pâturages très arides des montagnes : près de Longirod (Gaud). — Sur le sommet de Salève (Rapin).

12. T. rude. — *T. scabrum.*

Linn. Sp. 1084. — Ser. in DC. Prod. 2. p. 192. et Fl. fr.
n. 3884. — Duby, Bot. gall. p. 151. — Gaud. Fl. helv.
4. p. 590. — Poir. Ency. 8. p. 21. — Koch, Syn. p.
170.

Vaill. Bot. paris. tab. 55. fig. 1. — Barr. ic. fig. 870. —
J. Bauh. Hist. 2. p. 378. fig. 4.

Racine grêle, fusiforme, simple ou peu rameuse ; tiges
étalées ou tout-à-fait couchées, plus ou moins rameuses,
diffuses, flexueuses, dures, garnies de poils appliqués,
longues de 1—2 décim. ; feuilles alternes, les inférieures
longuement pétiolées, les florales presque sessiles ou portées
sur de courts pétioles, opposées ; folioles obovales, dentelées-crénelées, nerveuses, à nervures arquées et épaissies
au sommet, pubescentes, surtout en dessous, d'un vert pâle ;
stipules membraneuses, ovales-lancéolées, subulées, ciliées,
les florales plus larges ; épis ovoïdes, nombreux, axilaires
et terminaux, presque sessiles, plus courts que les feuilles
ou de même longueur, composés de 15—20 fleurs, un peu
lâches, d'un blanc-rosé, persistantes, à pétales distincts,
devenant rousses après la fleuraison ; calice velu, strié, à 10
nervures, à dents lancéolées à une seule nervure, de la
longueur du tube, raides et presque piquantes, un peu
inégales, d'abord dressées, puis étalées, égalant la corolle
ou un peu plus grandes ; gousse monosperme. ④ (Mai,
juin).

Commun dans les pâturages arides des montagnes : Salins, dans les
pâturages de Poupet ; de Belin ; dans les lieux incultes, à Château ; sur
la pelouse de Saint-André ; au pied du bois de Bagney ; aux environs
de Besançon ; de Poligny, etc. — De Nyon ; de Trélex (Gaud.). — De
Bâle (Hagenb.). — De Genève, dans les endroits sablonneux et arides :
sur les Tranchées, à la Coulouvrenière, à Genthod au bord du lac
(Reut.).

13. T. strié. — *T. striatum.*

Linn. Sp. 1085. — Ser. in DC. Prod. 2. p. 192. et Fl. fr. n.
5885. — Duby, Bot. gall. p. 150. — Gaud. Fl. helv. 4.
p. 591. — Poir. Ency. 8. p. 22. — Koch, Syn. p. 170.
Vaill. Bot. par. tab. 55. fig. 2.

Racine grêle, fusiforme, simple ou peu rameuse ; tiges
peu nombreuses, dressées ou inclinées, cylindriques, un peu
rameuses, pubescentes, à poils mous, étalés, hautes de
1—2 décim. ; feuilles alternes, longuement pétiolées dans
le bas, presque sessiles dans le haut, les supérieures opposées ; folioles oblongues ou obovales, cunéiformes, soyeuses-
pubescentes, dentelées-crénelées au sommet, à nervures
droites non arquées ni épaissies au sommet, plus petites et
obcordées dans les feuilles inférieures ; stipules membraneuses, blanchâtres, veinées, ovales-lancéolées, subulées :
les florales beaucoup plus larges, bractéiformes, ovales,
concaves, subulées au sommet ; fleurs rosées ou purpurines,
en têtes ovoïdes, axilaires et terminales, solitaires, presque
sessiles, entourées à la base par les stipules des feuilles
florales ; calice velu, blanchâtre, strié, à 10 nervures, à
tube cylindrique pendant la fleuraison, ensuite renflé, resserré à la gorge, à dents subulées plus courtes que le tube,
d'abord dressées, puis étalées, raides, presque piquantes,
l'inférieure plus grande ; pétales distincts, plus longs que le
calice ; gousse blanchâtre, monosperme. ① (Mai, juin).

Les lieux incultes, les pâturages : Salins, à Château, parmi les
gazons, au-dessus des rochers qui dominent le village de Pretin ; dans
les champs de la ferme du bois Perrey et dans ceux d'Arèle. — Genève,
abondamment près de Pency (Reut.). — Nyon, autour de Pontfarbé,
rare (Gaud.) — Bâle, parmi les gazons humides (Hagenb.).

§ 3. *Calice enflé-vésiculeux après la floraison.* —
Vesicaria. Gaud.

14. T. fraisier. — *T. fragiferum.*

Linn. Sp. 1086. — Ser. in DC. Prod. 2. p. 202. et Fl. fr.
n. 3889. — Duby, Bot. gall. p. 155. — Gaud. Fl. helv. 4.
p. 593. — Poir. Ency. 8. p. 26. — Koch, Syn. p. 171.
Vaill. Bot. par. tab. 22. fig. 2. — Barr. ic. fig. 852. — Moris.
sect. 2. tab. 15. fig. 14. — J. Bauh. Hist. 2. p. 379. fig.
3? (*duplex var.*).

Racine épaisse, allongée, fibreuse; tiges couchées, rampantes, glabres, redressées, simples ou peu rameuses;
feuilles ascendantes, longuement pétiolées, à pétioles pubescents, à folioles ovales, obtuses ou un peu échancrées,
finement dentelées en scie, glabres, très nerveuses; stipules
grandes, scarieuses, engaînantes à la base, blanchâtres,
largement ovales, acuminées-subulées; pédoncules axilaires,
dressés ou ascendants, striés, pubescents, plus longs que les
feuilles; fleurs rosées, en têtes arrondies, denses, entourées
à la base d'un involucre à plusieurs lobes lancéolés, glabres,
striés; calices poilus, à dents raides, subulées, les 2 supérieures plus longues, à tube renflé-vésiculeux après la fleuraison, membraneux, nerveux-réticulé, blanchâtre ou rougeâtre, formant à la fin une tête globuleuse, pubescente,
ayant quelque ressemblance avec une grosse fraise; étendard
ovale, plus grand que les autres pétales; gousse à 1—2
graines. ♃ (Juin—août).

Commun le long des chemins, au bord des routes, dans les lieux
herbeux un peu humides.

Sect. II. Fleurs jaunes, à la fin brunissantes ; étendard plus ou moins strié ; gousse pédicellée ou amincie à la base. — Lupulina. Gaud.

§ 1. *Feuilles ternées-digitées, à folioles sessiles.*

15. T. brun-clair. — *T. badium.*

Schreb. in Sturm. Fl. germ. fasc. 16. — Ser. in DC. Prod. 2. p. 204. et Fl. fr. supp. n. 3890. — Duby, Bot. gall. p. 135. — Gaud. Fl. helv. 4. p. 596. — Poir. Ency. supp. 5. p. 335. — Koch , Syn. p. 175.
Barr. ic. fig. 1024.

Racine dure, presque ligneuse ; tiges raides, un peu épaisses, ordinairement simples, ascendantes ou dressées, un peu pubescentes, hautes de 8—12 centim., rarement de 16 ; feuilles pétiolées, alternes, les supérieures opposées, les radicales nombreuses, à pétiole pubescent ; folioles légèrement dentelées, glabres, quelquefois un peu échancrées, obovales dans les feuilles inférieures, oblongues dans les autres ; stipules membraneuses, glabres, striées, oblongues-lancéolées, un peu poilues au sommet, les supérieures plus larges ; fleurs d'un jaune doré, pédicellées, d'abord dressées, à la fin réfléchies et d'un brun rougeâtre, disposées en têtes ovoïdes ou presque globuleuses portées sur des pédoncules axilaires et terminaux, dressés, pubescents, plus longs que les feuilles ; calice court, membraneux, blanchâtre, glabre, en cloche, à dents linéaires, souvent ciliées-poilues, les 2 supérieures beaucoup plus courtes ; étendard largement ovale, strié, un peu échancré au sommet, d'une longueur double de celle des autres pétales ; gousse monosperme. ② Koch. ⚥ DC. Ser. Gaud. (Juillet, août).

Les pâturages un peu humides des montagnes : sur le flanc du Chasseral , en montant au sommet depuis les Pontins. — Au Marchairuz (Leresche, in Rapin.). — Bâle, dans le petit bois près de Bottmengen (Lach.). — Aux environs de Mouthier ; de Haute-Pierre (Girod-Chant.).

16. T. agraire. — *T. agrarium.*

Linn. Sp. 1087. — Ser. in DC. Prod. 2. p. 205. et Fl. fr.
supp. n. 3891. — Duby, Bot. gall. p. 133. — Gaud. Fl.
helv. 4. p. 597. — Koch, Syn. p. 175.
Vaill. Bot. par. tab. 22. fig. 4?

Racine fusiforme, dure, divisée; tiges fermes, dressées,
feuillées, cylindriques, légèrement pubescentes, un peu
rameuses, hautes de 3—4 décim.; feuilles courtement pétiolées, à folioles plus longues que le pétiole, oblongues,
glabres, obtuses, sessiles, dentelées à leur partie supérieure,
souvent un peu échancrées au sommet; stipules entières,
glabres, striées, lancéolées-acuminées, souvent terminées
par quelques poils, égalant le pétiole ou même un peu plus
longues; fleurs en têtes arrondies, ovoïdes-sphériques, dressées, d'un jaune doré, à la fin réfléchies et d'un brun pâle
ou roux, calice glabre, à dents souvent terminées par 1—2
poils, les 2 supérieures beaucoup plus courtes; étendard
largement obovale, strié, étalé, un peu échancré au sommet, dentelé sur les côtés; gousse petite, ovoïde, pédicellée.
♃ Koch. ① ou ② Gaud. (Juin, juillet).

Les bords et les clairières des bois : Salins, dans les bois de Château ;
de Bovard, etc. — Nyon, près de Longirod, sur la colline au-dessus du
Signal (Gaud.). — Genève, au bois de Bay; de Veirière; près
d'Arta, etc. (Reut.).

§ 2. *Feuilles ternées-pinnées, à folioles latérales sessiles,
la moyenne pétiolulée.*

17. T. couché. — *T. procumbens.*

Linn. Sp. 1088. — Ser. in DC. Prod. 2. p. 205. et Fl. fr.
n. 3892. — Duby, Bot. gall. p. 136. — Gaud. Fl. helv.
4. p. 598. — Koch, Syn. p. 175.

Racine grêle, fibreuse; tiges dressées ou plus ou moins
couchées, rameuses, à rameaux diffus, étalés ou tombants,

un peu poilus, les inférieurs souvent allongés, hautes de
15—30 centim.; feuilles courtement pétiolées, à folioles
obovales, obtuses, un peu échancrées, dentelées à leur
partie supérieure, sessiles ou presque sessiles, la moyenne
pétiolulée; stipules ovales, striées-nerveuses, ciliées au
sommet; fleurs jaunes, plus ou moins nombreuses, embriquées, à la fin réfléchies et d'un brun roux, disposées en
têtes ovoïdes ou presque globuleuses, portées sur des pédoncules axilaires, velus, de la longueur des feuilles ou plus
longs; calice à tube court, glabre, à dents un peu poilues,
à la fin glabres, les 2 supérieures beaucoup plus courtes;
étendard large, sillonné, échancré au sommet, un peu dentelé sur les bords, d'une longueur double de celle des autres
pétales; gousse obovoïde, monosperme. ① (Juin—octobre).

Commun dans les champs, les prés et les pâturages.

α. Majus. Koch, Syn. l. c. — *T. procumbens. I. campestre.* Gaud. Fl. helv. 4. l. c. — *T. campestre.* Screb. —
Vaill. Bot. par. tab. 22. fig. 5. — J. Bauh. Hist. 2. p. 581.
fig. 1. — Tige plus ou moins dressée, à rameaux étalés;
têtes de fleurs plus grosses, d'un jaune plus foncé, pédoncules
à peu près de la longueur des feuilles.

β. Minus. Koch. Syn. l. c. — *T. procumbens. II. Scre-
beri.* Gaud. Fl. helv. 4. l. c. — *T. procumbens.* Screb. —
Tiges plus ou moins couchées; têtes de fleurs plus petites,
d'un jaune plus pâle; pédoncules souvent 2 fois aussi longs
que les feuilles.

18. T. filiforme. — *T. filiforme.*

Linn. Sp. 1088. — Ser. in DC. Prod. 2. p. 206. et Fl. fr. n.
3893. — Duby, Bot. gall. p. 156. — Gaud. Fl. helv. 4. p.
601. — Poir. Ency. 8. p. 29. — Koch, Syn. p. 175.

Racine grêle, fibreuse; tiges filiformes, diffuses, tombantes, ascendantes, ou dressées, presque glabres ou un peu
poilues à leur partie supérieure, plus ou moins rameuses,
quelquefois presque simples, d'une longueur très variable;

feuilles alternes, courtement pétiolées, à folioles petites,
glabres, d'un vert gai, obovales ou oblongues, cunéiformes,
échancrées au sommet, dentelées-crénelées à leur partie supérieure, la moyenne pétiolulée : plus courtes, obcordées
et presque sessiles dans les feuilles inférieures; stipules
striées, ovales-lancéolées, ciliées, à peu près de la longueur
du pétiole ; pédoncules très grêles, axilaires, 2—3 fois aussi
longs que les feuilles, garnis de poils appliqués; fleurs petites, d'un jaune pâle, au nombre de 8—15, réunies en
tête hémisphérique, un peu lâches, à la fin réfléchies et un
peu brunâtres ; calice glabre, à tube court, à dents un peu
poilues au sommet, les 2 supérieures beaucoup plus courtes;
étendard plié, lisse, non sillonné; gousse à 1—2 graines. ①
(Mai — août).

Commun dans les prés, les champs et les lieux herbeux.

β. *Minimum*. Gaud. Fl. helv. 4. l. c. — Koch. Syn. l. c.
Tige longue de 6—8 centim.; fleurs 5—8, à pédicelles
ordinairement un peu plus longs, réunies en têtes portées
sur des pédoncules très grêles; folioles presque sessiles.

Cette variété est liée à l'espèce par de nombreux intermédiaires. —
Les lieux arides et graveleux.

11. LOTIER. — *LOTUS*. Linn.

Calice à 5 lobes ou à 5 dents; ailes conniventes à leur
partie supérieure; carène ascendante, terminée en bec;
étamines diadelphes, à filets alternativement dilatés au sommet; style glabre, subulé; stigmate obtus; gousse linéaire,
droite ou arquée, non ailée, uniloculaire, bivalve ou divisée
par de petites cloisons transversales, renfermant plusieurs
graines, s'ouvrant en 2 valves qui se tordent.

1. L. corniculé. — *L. corniculatus*.

Linn. Sp. 1092. — Ser. in DC. Prod. 2. p. 214. et Fl. fr.
n. 3936. — Duby, Bot. gall. p. 138. — Gaud. Fl. helv. 4.

p. 619. — Desrouss. in Ency. 3. p. 610. — Koch, Syn.
p. 177.

J. Saint-Hil. Pl. fr. tab. 834. — Moris sect. 2. tab. 18. fig.
10. et 11. — J. Bauh. Hist. 2. p. 555. fig. 4. — Tabern.
ic. p. 519. fig. 1. — Dalech. Hist. p. 507. fig. 1. — Dod.
pempt. p. 575. fig. 2. — Lob. ic. 2. p. 44. fig. 1. (*ead.*).

Plante variable, selon les localités. Racine dure, rameuse,
noirâtre; tiges rameuses, ordinairement anguleuses, solides,
diffuses, glabres ou plus ou moins velues, tombantes, de
longueur variable; feuilles courtement pétiolées, à 3 folioles
obovales, plus ou moins larges, très entières, obtuses, mucronulées, d'un vert gai, quelquefois un peu glauques, cendrées en dessous, glabres ou poilues, aiguës dans les feuilles
supérieures; stipules foliacées, presque de la grandeur des
folioles, ovales, aiguës; fleurs jaunes, verdissant dans
l'herbier, au nombre de 8—10, disposées en têtes déprimées
en forme d'ombelle, portées sur de longs pédoncules axillaires; calice en cloche, glabre ou poilu, à dents triangulaires-subulées, un peu inégales, de la longueur du tube,
plus courtes que la corolle, conniventes avant le fleuraison;
étendard large, arrondi, relevé, un peu échancré au sommet, souvent marqué de lignes purpurines; gousses grêles,
brunes, étalées, assez longues, cylindriques; graines réniformes. ♃ (Mai—août).

Commun dans les prés, les pâturages, au bord des champs et des
bois.

α. *Arvensis*. Ser. in DC. Prod. 2. l. c. — Gaud. Fl. helv.
4. l. c. — *L. arvensis*. Schk. Handb. n. 2259. — Plante peu
élevée, presque glabre, tombante, à folioles obovales.

β. *Villosus*. Ser. in DC. Prod. 2. l. c. var. γ. — Gaud.
Fl. helv. 4. l. c. — *L. villosus*. Thuill. Fl. par. ed. 2. p.
387. — Tiges presque dressées, hautes de 3 décim., velues,
ainsi que les folioles obovales.

γ. *Tenuifolius*. Ser. in DC. Prod. 2. l. c. var. ζ. — Gaud.
Fl. helv. 4. l. c. var. ε. — *L. tenuifolius*. Poll. Palat. n.
711. — Tiges grêles, rameuses, tombantes, glabres, un peu

fistuleuses; folioles et stipules linéaires ou oblancéolées-linéaires, glabres ou garnies de quelques poils.

Salins, au bord de la Furieuse au-dessous de Saint-Joseph, et ailleurs; à l'embouchure de l'Arve, à Genève. — Les prés arides de Nyon, et près de Coppet (Gaud.).

δ. *Uniflorus.* Gaud. Fl. helv. 4. l. c. var. ζ. — Tiges tombantes; folioles presque rhomboïdales, un peu glauques et un peu poilues en dessous; pédoncules uniflores.

Près d'Orbe (Monnard).

2. L. élevé. — *L. major.*

Scop. Carn. ed. 2. tom. 2. p. 86. — Koch, Syn. p. 178. — *L. uliginosus.* Schk. Handb. n. 2238.—Poir. Ency. supp. 3. p. 502. obs. 4. — *L. corniculatus. var. β. major.* Ser. in DC. Prod. 2. p. 214. — Duby, Bot. gall. p. 138. — *L. corniculatus. var. γ. uliginosus.* Gaud. Fl. helv. 4. p. 619.

J. Bauh. Hist. 2. p. 356. fig. 1.

Plante ordinairement élevée de 6—12 décim., d'un vert obscur, à tiges ascendantes ou dressées, glabres ou plus ou moins poilues, à poils étalés, cylindriques, évidemment fistuleuses; feuilles à folioles larges, minces, obovales-cunéiformes, glabres ou plus ou moins poilues, à stipules plus courtes, mais plus larges que les folioles; fleurs 6—12, en têtes déprimées longuement pédonculées; calice en cloche, à dents triangulaires-subulées, poilues, à sinus aigus, presque égales entre elles, réfléchies avant la fleuraison; étendard ovale; ailes plus étroites que la carène à base ovale insensiblement rétrécie en bec; gousse droite, linéaire, cylindrique, de moitié plus étroite que dans l'espèce précédente, à graines plus nombreuses, ovoïdes, légèrement comprimées et de moitié plus petites. ♃ (Juillet, août).

Les bois humides, les lieux marécageux : Salins, dans les bois de Cramans; de Mouchard; de Villers-Farlay, etc.; aux environs de Besançon; de Montbéliard; de Genève (Reut.). — De Bâle (Hagenb.).

12. TÉTRAGONOLOBE. — *TETRAGONOLOBUS*. Scop.

Calice à 5 lobes ou à 5 dents ; ailes de la corolle conniventes à leur partie supérieure ; carène ascendante, terminée
en bec ; étamines diadelphes, à filets dilatés au sommet ;
style glabre, épaissi à sa partie supérieure, terminé par un
stigmate aminci canaliculé, ou concave, presque à 2 lèvres ;
gousse linéaire, droite, à 4 ailes foliacées.

1. T. siliqueux. — *T. siliquosus.*

Roth, Germ. 1. p. 523. — Ser. in DC. Prod. 2. p. 215. —
Duby, Bot. gall. p. 158. — Koch, Syn. p. 178. — *Lotus
siliquosus.* Linn. Sp. 1089. — DC. Fl. fr. n. 3950. — Gaud.
Fl. helv. 4. p. 618. — Desrouss. Ency. 3. p. 603. var. *α.*
J. Saint-Hil. Pl. fr. tab. 835. — Lam. illust. tab. 611. fig.
2. — Moris. sect. 2. tab. 18. fig. 6. — J. Bauh. Hist. 2.
p. 359. fig. 2. — Tabern. ic. p. 518. fig. 2.
Racine dure, allongée ; tiges ascendantes ou un peu
couchées à la base, un peu anguleuses, presque tétragones,
médiocrement rameuses, garnies de poils soyeux couchés,
hautes de 1—2 décim. ; feuilles plus longues que les pétioles,
à 3 folioles sessiles, obovales, un peu en coin à la base, les
latérales un peu obliques, glabres en dessus, garnies en dessous, particulièrement sur les bords et la nervure dorsale,
de poils couchés, quelquefois un peu échancrées au sommet
dans les feuilles inférieures ; stipules ovales, un peu aiguës,
foliacées, plus petites que les folioles ; fleur assez grande,
solitaire, rarement 2, d'un jaune pâle, portée sur un pédoncule axilaire 2—3 fois aussi long que la feuille, muni sous
la fleur de 3 petites folioles bractéales lancéolées, aiguës ;
calice à tube glabre, à lobes lancéolés, aigus, ciliés ; étendard grand, relevé, échancré au sommet, souvent rayé de
quelques lignes purpurines ; gousse dure, droite, allongée,
à 4 angles ailés-membraneux. ♃ (Mai—juillet).

Les prés et les pâturages humides, les lieux où l'eau a séjourné : Salins, autour des marnières de la tuilerie de Clucy ; à Poupet, au-dessous de la Grange, et derrière *Bonhomme* au-dessus de Pré-Rond, et ailleurs, çà et là ; entre Pontamougeard et Arc-sous-Montenot, etc. — Nyon, aux environs d'Allaman ; au-dessous d'Aubonne, etc. (Gaud.). — Besançon, dans le vallon au-dessous de More, dit Trou-d'Enfer. — Genève, dans les prés humides et les marais (Reut.). Aux environs de Bâle ; de Delémont ; sur les monts Schaffmatt ; Dietisberg, etc. (Hagenb.).

SOUS-TRIBU III. — GALÉGÉES. Bronn.

Étamines diadelphes, rarement presque monadelphes ; gousse uniloculaire ; feuilles ailées avec impaire. — Tige souvent ligneuse.

13. GALÉGA. — *GALEGA*. Linn.

Calice en cloche, marcescent, à 5 dents ; carène obtuse, monopétale ; étamines monadelphes, la dixième étant soudée avec les autres jusqu'au milieu, à filets subulés ; style glabre, filiforme ; stigmate ponctiforme ; gousse bivalve, linéaire-cylindracée, bosselée, obliquement striée.

1. G. officinal. — *G. officinalis.*

Linn. Sp. 1063. — DC. Prod. 2. p. 248. et Fl. fr. n. 3946. — Duby, Bot. gall. p. 159. — Gaud. Fl. helv. 4. p. 525. — Lam. Ency. 2. p. 595. — Koch, Syn. p. 179.
J. Saint-Hil. Pl. fr. tab. 155. — Lam. illust. tab. 625. — Moris. sect. 2. tab. 7. fig. 9. — J. Bauh. Hist. 2. p. 342. fig. 1. (*malè*). — Clus. Hist. 2. p. 233. fig. 2. (*ic. Dod.*). — Tabern. ic. p. 135. fig. 2. — Dalech. Hist. p. 976. fig. 1. — Dod. pempt. p. 548. fig. 1. — Lob. ic. 2. p. 57. fig. 1. (*ead.*).
Racine dure, rameuse, presque ligneuse ; tiges dressées, fermes, striées, fistuleuses, glabres, rameuses, hautes d'environ 6 décim. et quelquefois plus ; feuilles ailées avec im-

paire, à 4—8 paires de folioles glabres, lancéolées, obtuses, mucronées; stipules lancéolées, en demi-fer de flèche; pédoncules axilaires et terminaux, à la fin beaucoup plus longs que les feuilles, terminés par un long épi composé de fleurs blanches ou lilas-rosé, grandes, à pédicelles plus courts que les bractées linéaires-lancéolées, étroites; calice à dents presque égales; écartées, subulées; étendard dressé, arrondi au sommet, un peu plus long que les autres pétales; gousses bosselées, dressées, raides, à 5—6 graines réniformes. ♃ (Juin—août).

Cultivé dans les jardins, comme plante d'ornement : se trouve en Suisse, le long des ruisseaux. Cette plante est connue sous les noms de *Lavanèse* et de *Rue-de-chèvre*.

14. ROBINIER. — *ROBINIA* Linn.

Calice à 5 dents, les 2 supérieures plus courtes, rapprochées; carène obtuse, bifide dans le bas; étamines diadelphes; style cylindrique, barbu en avant à sa partie supérieure; gousse presque sessile, comprimée, polysperme, bordée par la suture séminifère.

1. R. faux-acacia. — *R. pseudacacia.*

Linn. Sp. 1043. — DC. Prod. 2. p. 261. et Fl. fr. n. 3947. — Duby, Bot. gall. p. 139. — Gaud. Fl. helv. 4. p. 527. — Poir. Ency. 6. p. 222.
J. Saint-Hil. Pl. fr. tab. 638. — Duchesne, Cult. des bois, tab. 32. — Lam. illust. tab. 606. fig. 1. — Barr. ic. fig. 740.

Arbre à tronc droit, à bois jaune et cassant, mais dur, à rameaux garnis d'épines ordinairement géminées au lieu de stipules, s'élevant à la hauteur de 15—20 mètres; feuilles ailées avec impaire, glabres, à 15—25 folioles ovales-oblongues, pétiolulées, soyeuses dans la jeunesse; fleurs blanches, assez grandes, formant des grappes allongées très garnies, lâches, pendantes, d'une odeur douce, très agréable; calice glabre,

à 5 dents, les 2 supérieures courtes, rapprochées, les inférieures acuminées; gousse lisse; graine réniforme, comprimée. ♄ (Mai, juin). Vulg. *Acacia.*

Cet arbre a été introduit en France vers l'an 1600, par Jean Robin,
qui avait reçu des graines de l'Amérique septentrionale : il s'est si bien
naturalisé dans nos climats, qu'il semble en être indigène. On le cultive
dans les bosquets, sur les promenades, et on cherche même à l'in-
troduire dans quelques bois de taillis, à cause de son accroissement
rapide. — Son bois est dur, pesant, d'un grain fin, uni, et susceptible
d'un beau poli ; on en fait des meubles et des ouvrages de tour ; il est
excellent pour le chauffage. Ses feuilles fraîches ou sèches sont recherchées par les bestiaux, qui les mangent avec avidité. — On cultive
encore, sur les promenades et dans les bosquets, plusieurs *Robiniers*
que l'on regarde comme des variétés de cette espèce, savoir : l'*Inermis.*
DC. ou *Acacia sans épines*, à feuilles planes ou crépues; l'*Umbra-
culifera.* DC. ou *Acacia parasol*, dont le feuillage épais est impéné-
trable aux rayons du soleil : il ne fleurit point; et enfin le *Tortuosa.*
DC., remarquable par ses rameaux tortueux : il fleurit rarement. On
cultive aussi, dans les bosquets et les jardins, mais comme plantes d'ornement, le *R. hispida.* Linn. Vulg. *Acacia rose*, dont les fleurs très
grandes sont d'un beau rose, et le *R. viscosa.* Vent., dont les jeunes
rameaux sont visqueux et les fleurs légèrement rosées.

15. BAGUENAUDIER. — *COLUTEA.* Linn.

Calice à 5 dents, les supérieures très courtes; étendard
ample, étalé, à 2 glandes à la base, dépassant la carène
terminée en bec court, tronqué; étamines diadelphes, à filets
filiformes; style aplani en dessous et barbu du milieu au
sommet, crochu à l'extrémité, portant un stigmate ovoïde
sous la partie crochue; gousse très grosse, rétrécie en pédicelle à la base, ovoïde en nacelle, membraneuse, enflée-
vésiculeuse.

1. B. commun. — *C. arborescens.*

Linn. Sp. 1045. — DC. Prod. 2. p. 270. et Fl. fr. n. 5948.
— Duby, Bot. gall. p. 140. — Gaud. Fl. helv. 4. p. 528.
— Lam. Ency. 1. p. 355. — Koch, Syn. p. 179.

J. Saint-Hil. Pl. fr. tab. 49. — Lam. illust. tab. 624. fig. 1.
— J. Bauh. Hist. 1. p. 2. p. 380. fig. 1. — Tabern. ic. p.
1090. fig. 2. — Dalech. Hist. p. 214. fig. 1. et 2. — Dod.
pempt. p. 784. fig. 2. — Lob. ic. 2. p. 88. fig. 2. (*ead.*).

Arbrisseau dressé, très rameux, épais, haut de 2—3 mètres, à écorce brune-grisâtre, à rameaux annuels pubescents;
feuilles nombreuses, ailées avec impaire, à 9—11 folioles
ovales-arrondies, échancrées au sommet, quelquefois presque
obcordées, entières, pubescentes en dessous, d'un vert un peu
glauque; pédoncules pubescents, plus courts que les feuilles,
portant au sommet 5—6 fleurs pédicellées, grandes, jaunes,
munies de petites bractées lancéolées; calice court, pubescent, en cloche, à dents courtes, aiguës, écartées, séparées
par des sinus arrondis; étendard ample, large, relevé-ré-
fléchi, échancré au sommet et marqué à la base d'une raie
rougeâtre ou brunâtre en forme de cœur; ailes petites, plus
courtes que la carène tronquée au sommet; gousses oblongues, très grosses, membraneuses, aiguës aux deux bouts,
enflées-vésiculeuses, en nacelle. ♄ (Juin, juillet).

Parmi les buissons dans les lieux abrités : Neuchâtel, au-dessus de
Serrières; près du pont sur le Vaussayon, vers Peseux; Morges;
à la Combe, près de Crans (Gaud.). — Entre Neuchâtel et Auvernier
(Hall.) — Bâle, autour de Porentruy (Frisch-Joset). — Cultivé dans les
bosquets et les jardins d'agrément.

SOUS-TRIBU IV. — ASTRAGALÉES. DC.

Étamines diadelphes; gousses à 2 loges plus ou moins
complètes, formées par la suture inférieure (non séminifère)
des valves rentrantes, ou par la dépression de la suture supérieure. — Tige herbacée ou à peine ligneuse.

16. OXYTROPE. — *OXYTROPIS*. DC.

Calice à 5 dents; carène terminée en pointe droite, obtuse au-dessous de la pointe; étamines diadelphes, à filets
filiformes; style glabre, subulé, à stigmate obtus; gousse
enflée ou cylindrique, biloculaire ou demi-biloculaire par
l'inflexion des valves sur la suture qui porte les graines.

1. O. de montagne. — *O. montana.*

DC. Ast. 66. et Prod. 2. p. 275. et etiam Fl. fr. n. 5954. —
Duby, Bot. gall. p. 140. — Gaud. Fl. helv. 4. p. 555. —
Koch, Syn. p. 182. — *Astragalus montanus.* Linn. Sp.
1070. — Lam. Ency. 1. p. 518.
Scop. Carn. ed. 2. tab 45. fig. 2. — J. Bauh. Hist. 2. p.
559. fig. 1. (*ex Clusio*). — Clus. Hist. 2. p. 240. fig. 1. —
Tabern. ic. p. 514. fig. 2. (*ead.*).

Racine ligneuse, épaisse, rameuse, se divisant en quelques
souches courtes, garnies d'écailles au sommet et donnant
naissance à des tiges souvent très courtes, portant 5—4
feuilles dressées, ailées, à 12—15 paires de folioles petites,
ovales-oblongues, aiguës, velues, surtout en dessous; stipules lancéolées, aiguës, également velues; pédoncules axilaires, souvent radicaux, dressés, pubescents, de la longueur des feuilles, terminés par une grappe courte, composée de 6—12 fleurs assez grandes, presque sessiles, de
couleur bleue-pourpre, munies de petites bractées ovales,
velues, plus longues que les pédicelles; calice tubuleux,
velu, à poils souvent noirâtres, à dents courtes, triangulaires-
lancéolées; étendard ovale, réfléchi, à peine plus long que
les ailes et de moitié plus long que la carène obtuse, mucronée; gousses dressées, ovoïdes-oblongues, enflées, légèrement pubescentes, rétrécies en un pédicelle court égalant
le tube du calice, terminées par le style crochu, à 2 loges
incomplètes; graines brunes, réniformes. ♃ (Juillet, août).

Les pâturages rocailleux des hautes sommités du Jura : abondamment
sur le sommet du Reculet, où j'en ai récolté un grand nombre d'échantillons, et sur le sommet du Colombier, où je l'ai découverte en 1842.
— C'est sans doute cette espèce que Girod - Chantrans indique, sous le
nom d'*Astragalus alpinus.* Linn., dans les montagnes aux environs de
Jougne? car l'*Astragalus alpinus.* Linn. n'a pas encore été trouvé dans
le Jura, à ma connaissance.

17. ASTRAGALE. — *ASTRAGALUS*. DC.

Calice à 5 dents ; carène obtuse , sans pointe ; étamines diadelphes , à filets filiformes ; gousse à 2 loges ou demi-loges formées par les bords rentrants des valves sur la suture inférieure opposée aux graines.

§ 1. *Stipules soudées en une seule opposée à la feuille.*

1. A. pois-chiche. — *A. Cicer.*

Linn. Sp. 1067. — DC. Prod. 2. p. 295. et Fl. fr. n. 5972. — Duby, Bot. gall. p. 145. — Gaud. Fl. helv. 4. p. 549. Lam. Ency. 1. p. 511 — Koch, Syn. p. 185. All. Fl. ped. tab. 41. fig. 2. —Moris. sect. 2. tab. 9. fig. 9. — J. Bauh. Hist. 2. p. 294. fig. 1. —Tabern. ic. p. 499. fig. 2. — Dalech. Hist. p. 463. fig. 1. — Dod. pempt. p. 525. fig. 2. — Lob. ic. 2. p. 73. fig. 2.

Racine rameuse ; tiges longues de 3—5 décim. , rameuses, diffuses , tombantes, presque couchées, un peu anguleuses , presque glabres ; feuilles ailées avec impaire , composées de 8—12 paires de folioles ovales-oblongues , obtuses , pétiolulées, un peu velues, surtout en-dessous ; stipules entières, lancéolées-acuminées : les supérieures soudées en une seule opposée aux feuilles ; pédoncules axilaires , striés , raides , garnis de poils couchés, à peu près de la longueur des feuilles ou un peu plus longs, terminés par un épi ovoïdeoblong , composé de 15—20 fleurs sessiles , d'un blanc jaunâtre , munies de bractées linéaires-lancéolées ; calice à dents écartées , subulées , presque égales entre elles , garni de poils couchés , noirâtres ; étendard ovale , plié , échancré, un peu plus long que les ailes ; gousse renflée , presque globuleuse , hérissée de poils souvent noirâtres, terminée par le style persistant, crochu, renfermant 4—5 graines. ♃ (Juin, juillet).

Les champs, les collines sablonneuses : abondamment dans un champ au bord de la route de Genève, près de Gex : on l'apporte aussi de

Salève (Reut.). — Autour de Mathod ; de Saint-Aubin (Gaud.). — D'Orbe ; d'Entreroche ; à Morges ; à Veret, près de Rolle (Rapin).

§ 2. *Stipules libres.*

2. A. à feuilles de réglisse. — *A. glycyphyllos.*

Linn. Sp. 1067. — DC. Prod. 2. p. 292. et Fl. fr. n. 3970. — Duby, Bot. gall. p. 143. — Gaud. Fl. helv. 4. p. 548. Lam. Ency. 1. p. 311. — Koch, Syn. p. 185.
Moris. sect. 2. tab. 9. fig. 8. — J. Bauh. Hist. 2. p. 330. fig. 1. — Clus. Hist. 2. p. 233. fig. 1. — Dalech. Hist. p. 251. fig. 1. — Dod. pempt. p. 547. fig. 1. (*ead. ac Clus.*).
Racine forte, rameuse ; tiges fermes, tombantes ou couchées, anguleuses, presque glabres, rameuses, flexueuses, longues de 4—8 décim ; feuilles ailées avec impaire, composées de 5—6 paires de folioles ovales, obtuses, pétiolulées, glabres en dessus, un peu blanchâtres en dessous et garnies de poils couchés ; stipules grandes, entières, ovales ou lancéolées, acuminées, distinctes ; pédoncules nombreux, axilaires, plus courts que les feuilles, anguleux ; fleurs d'un jaune pâle, verdâtre, disposées en épi ovoïde oblong, munies de bractées linéaires-lancéolées, ciliées, plus longues que les pédicelles ; calice court, en cloche, à dents linéaires-subulées, séparées par des sinus arrondis, les 2 supérieures plus courtes ; étendard oblong, dépassant à peine les ailes ; gousses linéaires, presque trigones, arquées, glabres, sillonnées en dessous, dressées, à la fin conniventes. ⚄ (Juin—août).

Çà et là, au bord des bois, dans les haies et les buissons : Salins, dans les haies et les buissons le long des chemins de vignes ; les buissons à Cernans et à Ivory ; les bois de Poupet et de Bovard, etc. ; le bord du bois, au Brot et au Creux-du-Vent. — Commun autour de Nyon ; de Longirod (Gaud.). — Genève, au bois de la Bâtie ; à Châtelaine ; au Vangeron, etc. (Reut.). — Aux environs de Bâle (Hagenb.), etc.

TRIBU II. — HÉDYSARÉES. DC.

Gousse divisée transversalement en loges ou articles monospermes ; cotylédons presque plans, se transformant, par
la germination , en véritables feuilles munies de stomates.

SOUS-TRIBU I. — CORONILLÉES. DC.

Fleurs disposées en ombelle ; gousse cylindrique ou comprimée.

18. CORONILLE. — *CORONILLA.* Linn.

Calice court, en cloche , à 5 dents courtes, les 2 supérieures soudées jusqu'au-delà du milieu de leur longueur ;
carène acuminée en bec ; étamines diadelphes, à filets les
plus longs dilatés à leur partie supérieure ; gousse allongée ,
droite ou arquée, presque cylindrique ou tétragone, ou
presque à 4 ailes rétrécies sur les articulations , se séparant
à la fin en articles oblongs, monospermes.

§ 1. *Gousse presque cylindrique , striée.* — Emerus.
Tourn.

1. C. Émérus. — *C. Emerus.*

Linn. Sp. 1064. — DC. Prod. 2. p. 509. et Fl. fr. n. 4044.
— Duby, Bot. gall. p. 145. — Gaud. Fl. helv. 4. p. 556.
— Lam. Ency. 2. p. 119. — Koch , Syn. p. 187.

J. Saint-Hil. Pl. fr. tab. 107. — Moris. sect. 2. tab. 10. fig.
7. — J. Bauh. Hist. 1. p. 2. p. 581. fig. 1. — Clus. Hist.
1. p. 97. fig. 1. — Tabern. ic. p. 1091. fig. 1. — Lob. ic.
2. p. 86. fig. 2.

Arbrisseau dressé, très rameux, haut de 10—15 décim.,
à écorce grise et brune, un peu crevassée, à rameaux glabres, un peu tortueux, verdâtres et anguleux aux extré-

mités ; feuilles ailées avec impaire , à 2—3 paires de folioles
obovales cunéiformes , un peu échancrées au sommet, pétiolulées, un peu épaisses et d'un vert un peu glauque en dessous, entièrement glabres , munies de stipules libres , lancéolées , très petites , marcescentes; pédoncules axilaires, de
la longueur des feuilles ou un peu plus longs, à 2—3 fleurs
jaunes, assez grandes , penchées , courtement pédicellées;
calice court , en cloche , à dents très courtes , élargies, plus
ou moins obtuses ; pétales à onglets grêles , raides , allongés,
égalant 3 fois la longueur du calice ; étendard large , arrondi , réfléchi, à peine échancré au sommet, à onglet écarté
de ceux des autres pétales ; carène courbée en faux et
terminée en bec aigu ; gousses allongées , grêles, pendantes,
articulées , striées en long , presque cylindriques, se séparant
à la fin en articles renfermant une graine cylindrique. ♄
(Mai—juillet).

Ce joli arbrisseau, que l'on cultive dans les bosquets et les jardins
d'agrément, est commun sur les collines, parmi les rochers et les
buissons, dans les lieux chauds du revers oriental et occidental du Jura :
aux environs de Salins; de Besançon; de Poligny ; de Thoirette; de
Genève, au pied du Salève ; de Nyon; de Rochefort; de Bôle; de
Boudry ; de Neuchâtel ; de Bâle , etc.

§ 2. *Gousse tétragone ou à 4 ailes.* — Coronilla. Tourn.

* *Fleurs jaunes.*

2. C. à gaîne. — *C. vaginalis.*

Lam. Ency. 2. p. 121. — Gaud. Fl. helv. 4. p. 557. —
Koch, Syn. p. 187. — *C. minima.* DC. Prod. 2. p. 309.
(*non Fl. fr.*). — Duby, Bot. gall. p. 146.
J. Bauh. Hist. 2. p. 351. fig. 2. (*bené*).
Racine ligneuse , épaisse, rameuse; tiges un peu ligneuses
et couchées à la base , ascendantes, longues de 1—2 décim.,
rameuses , diffuses, herbacées dans le reste de leur longueur, très glabres ; feuilles ailées avec impaire , à 3—5
paires de folioles très glabres , un peu épaisses, d'un vert

glauque , obovales , arrondies , ordinairement mucronées ,
entourées d'un filet cartilagineux diaphane : les 2 inférieures
écartées de la base du pétiole , la terminale obcordée , un peu
plus grande; stipules ovales, assez grandes, soudées en une
seule opposée à la feuille, bicarénée, bifide au sommet, scarieuse et caduque ; pédoncules plus longs que les feuilles ,
terminés par une ombelle de 6—8 fleurs jaunes verdissant
en herbier , de grandeur médiocre , disposées en couronne ,
portées sur de courts pédicelles ; calice court , en cloche , à
5 dents peu marquées ; étendard réfléchi , un peu échancré
en cœur, écarté des autres pétales; onglets doubles du calice ;
gousse à 4—7 articles distincts , oblongs , se séparant facilement à la maturité , à 4 ailes étroites , ondulées , et à 4 nervures ; graines brunes , lisses , cylindriques , un peu comprimées. ♃ (Mai—juillet).

Les pâturages rocailleux des montagnes : sur le Mont-d'Or ; la Dôle ;
le Reculet ; au pied du Salève ; à Noiraigue ; à Saint-Sulpice ; au
Creux-du-Vent ; à Roche-Fendue, au Locle ; en montant du Saut-du-
Doubs aux Planchettes ; au Roc-Milledeux ; aux environs de Bâle ; de
Delémont , etc.

3. C. à petites feuilles. — *C. minima.*

Linn. Mant. 444. — DC. Fl. fr. n. 4049. (*non Prod. nec
Duby*). — Gaud. Fl. helv. 4. p. 559. (*in obs. C. vagi-
nalis*). — Koch , Syn. p. 187. (*in obs. C. vaginalis*). —
Lam. Ency. 2. p. 121. var. *α.*
Barr. ic. fig. 721. — Dalech. Hist. p. 510. fig. 1.

Cette espèce se rapproche beaucoup de la précédente, que
l'on a souvent confondue avec elle, mais dont elle est suffi-
samment distincte. Racine ligneuse, épaisse , rameuse; tiges
grêles, nombreuses, ligneuses à la base, très rameuses,
diffuses, étalées, en partie couchées sur la terre en forme de
gazon, longues de 1—2 décim. , à rameaux ascendants,
glabres; feuilles ailées avec impaire, à 7—9 folioles glauques, très petites; obovales en coin, souvent un peu obliques,
épaisses, mucronées, bordées d'un filet cartilagineux dia-

phane : les 2 inférieures très rapprochées de la base du pétiole ; stipules petites, scarieuses, soudées en une seule opposée à la feuille , persistante , à 2 lobes aigus ; pédoncules
plus longs que les feuilles, terminés par une ombelle de
5—10 fleurs jaunes verdissant en herbier , presque de moitié
plus petites que dans l'espèce précédente , courtement pédicellées, disposées en couronne ; calice court , en cloche , à
5 dents peu marquées ; étendard relevé , un peu écarté des
autres pétales, à onglet dépassant peu le calice ; gousses pendantes , à 3—4 articles oblongs, tétragones. ♃ (Mai—juillet).

Les collines incultes et pierreuses : le long du chemin qui conduit
du village de Thoirette à l'embouchure de la Valouse dans l'Ain.

4. C. de montagne. — *C. montana.*

Scop. Carn. ed .2. n. 912. — **DC.** Prod. 2. p. 510. et Fl. fr.
supp. n. 4049ᵃ. — **Duby,** Bot. gall. p. 146. — **Gaud.** Fl.
helv. 4. p. 561. — **Koch ,** Syn. p. 188. — *C. coronata.*
Linn. (*ex Koch.*). — **Lam.** Ency. 2. p. 120.

Scop. Carn. ed. 2. tab. 44. — **J. Bauh.** Hist. 1. p. 2. p. 382.
fig. 2. — Clus. Hist. 1. p. 98. fig. 1. — Tabern. ic. p.
1092. fig. 1. (*ead.*).

Racine allongée, ligneuse ; tiges dressées, nombreuses,
herbacées , peu rameuses, glabres. hautes de 3—5 décim. ;
feuilles ailées avec impaire, à 4—5 paires de folioles glabres , un peu glauques, assez grandes , pétiolulées, obovales
ou oblongues , mucronulées : les 2 inférieures très rapprochées de la base du pétiole , la supérieure presque obcordée-
cunéiforme , plus longuement pétiolulée ; stipules lancéolées,
soudées en une seule opposée à la feuille , bifide au sommet,
caduque ; pédoncules axilaires , plus longs que les feuilles ,
terminés par une ombelle composée de 15—20 fleurs jaunes
assez grandes , à pédicelles égalant 3 fois le tube du calice
court, en cloche , à dents courtes , les 2 supérieures rapprochées ; étendard arrondi , réfléchi, à onglet écarté , un peu
plus long que le calice ; gousses droites, pendantes , à 3—4

articles distincts, oblongs, tétragones, se séparant à la maturité. ♃ (Juin, juillet).

Les lieux montagneux : sur le mont Chaumont (Chaillet). — Au Val-de-Ruz (d'Ivernoi). — Aux rochers de la Couleuse et près des rochers d'Orvins (Gagnebin). — Le Jura bernois (Em. Thomas). — Boudry (L. Benoit, cat.). — Bâle, entre Mutenz et Chauenburg ; près d'Olsberg ; les bois de la vallée de Laufen, etc. (Hagenb.).

** *Fleurs bigarrées de rose, de blanc, et de violet.*

5. C. bigarrée. — *C. varia.*

Linn. Sp. 1048. — DC. Prod. 2. p. 310. et Fl. fr. n. 4050. — Duby, Bot. gall. p. 146. — Gaud. Fl. helv. 4. p. 562. Lam. Ency. 2. p. 121. — Koch, Syn. p. 188.

J. Saint-Hil. Pl. fr. tab. 106. — Moris. sect. 2. tab. 10. fig. 4. — Clus. Hist. 2. p. 257. fig. 1. —. Tabern. ic. p. 516. fig. 1.

Racine rampante ; tiges glabres, très rameuses, diffuses, striées, tombantes ou couchées, longues de 3—5 décim.; feuilles ailées avec impaire, composées de 9—10 paires de folioles glabres, oblongues, obtuses, mucronées, quelquefois presque tronquées ou rétuses au sommet, à peine pétiolulées; stipules libres, petites, lancéolées, caduques; pédoncules axilaires, striés, plus longs que les feuilles, terminés par 6—20 fleurs formant une couronne agréablement mélangée de rose, de blanc, et de violet, à pédicelles égalant 3 fois la longueur du calice court, en cloche, à dents courtes, aiguës; étendard rose, réfléchi, à onglet écarté; ailes blanches; carène courbée en faux, également blanche, terminée en bec d'un pourpre violet ou noirâtre ; gousses dressées, articulées, tétragones, à graines cylindriques, obtuses. ♃ (Juin, juillet).

Commune le long des chemins, au bord des champs et parmi les buissons.

19. ORNITHOPE. — *ORNITHOPUS*. Linn.

Calice allongé, tubuleux, à 5 dents, les 2 supérieures soudées à la base ; carène obtuse, arrondie ; étamines diadelphes, à filets alternativement dilatés à leur partie supérieure ; gousse allongée, presque droite ou arquée ; comprimée, rétrécie sur les articulations, à articles monospermes. — Ce genre diffère du précédent par le calice plus long, tubuleux, par la carène arrondie, et par la gousse comprimée, non tétragone.

1. O. délicat. — *O. perpusillus.*

Linn. Sp. 1049. — DC. Prod. 2. p. 312. et Fl. fr. n. 4057. — Duby, Bot. gall. p. 147. — Gaud. Fl. helv. 4. p. 563. — Poir. Ency. 4. p. 619. — Koch, Syn. p. 189.

J. Saint-Hil. Pl. fr. tab. 888. — Lam. illust. tab. 631. fig. 5. — Moris. sect. 2. tab. 10. fig. 13. — J. Bauh. Hist. 2. p. 351. fig. 1. — Dalech. Hist. p. 486. fig. 1. — Dod. pempt. p. 544. fig. 1. — Lob. ic. 2. p. 81. fig. 2.

Racine rameuse, garnie de fibres souvent tuberculeuses ; tiges filiformes, plus ou moins rameuses, diffuses, pubescentes à la base, étalées ou couchées, longues de 8—16 centim. ; feuilles ailées avec impaire, à 17—51 folioles petites, molles, pubescentes, ovales, obtuses, un peu mucronées : les 2 inférieures très rapprochées de la base du pétiole ; stipules libres, très petites, lancéolées, pédoncules un peu plus courts que les feuilles, terminés par 5—6 fleurs petites, presque en tête, accompagnées d'une petite feuille à 5—7 folioles, tenant lieu de bractée ; calice velu, tubuleux, à dents lancéolées, aiguës, 3 fois plus courtes que le tube ; étendard un peu plus long que les autres pétales, blanchâtre, rayé de rose ; ailes d'un rose pâle ou blanchâtres, un peu plus longues que la carène obtuse, jaunâtre. ④ (Juin, juillet).

Les terrains arides et un peu couverts, autour de Besançon (Girod-
Chant.). — Bâle, autour de la Maison-Neuve (C. B.), les bords du
Léman (Clairville).

Obs. Girod-Chantrans indique encore, le long des haies qui bordent
les champs, dans la moyenne montagne, l'*Ornithopus scorpioïdes*.
Linn. — *Astrolobium scorpioïdes*. DC. ; mais je ne puis admettre ici,
sur une indication aussi vague, cette espèce des provinces méridionales
qui n'a été trouvée, à ma connaissance, par aucun autre botaniste
dans le Jura.

20. HIPPOCRÉPIDE. — *HIPPOCREPIS*. Linn.

Calice court, en cloche, à 5 dents, presque à 2 lèvres,
les 2 dents supérieures étant soudées jusqu'au milieu ; carène
acuminée en bec ; étamines diadelphes, à filets alternativement dilatés au sommet ; gousse allongée, comprimée, articulée, à articulations profondément sinuées sur la suture
supérieure ; graines courbées en demi-cercle ou arquées.

1. H. en ombelle. — *H. comosa.*

Linn. Sp. 1050. — DC. Prod. 2. p. 312. et Fl. fr. n. 4043.
— Duby, Bot. gall. p. 147. — Gaud. Fl. helv. 4. p. 566.
— Lam. Ency. 3. p. 132. — Koch, Syn. p. 189.
Moris. sect. 2. tab. 10. fig. 5. — J. Bauh. Hist. 2. p. 548.
fig. 1. — Tabern. ic. p. 516. fig. 2.

Racine épaisse, ligneuse, divisée, gazonnante ; tiges glabres, étalées, rameuses, diffuses, dures et souvent couchées
à la base, longues de 1—2 décim. ; feuilles ailées avec impaire, composées de 5—6 paires de folioles obovales, obtuses, légèrement mucronées, glabres, presque sessiles,
quelquefois un peu échancrées au sommet, à pétioles nus dans
leur moitié inférieure, munis à la base de stipules distinctes,
ovales-lancéolées ; pédoncules axillaires, beaucoup plus longs
que les feuilles, striés, terminés par 5—8 fleurs jaunes, assez
grandes, disposées en couronne ; calice en cloche, à dents
triangulaires-aiguës, séparées par des sinus arrondis, les 2
supérieures rapprochées, soudées à la base : étendard ré-

fléchi, à onglet écarté plus long que le calice ; gousses droites ou un peu arquées, fléchies en zig-zag par l'effet des sinus en fer à cheval de la suture supérieure, recouvertes, sur l'emplacement des graines, de petits points rougeâtres qui les rendent rudes ; graines arquées. ♃ (Juin, juillet).

Commune dans les prés secs et les pâturages arides de la plaine et des montagnes, jusque sur leurs sommités. — Cherler écrivit autrefois à Haller que l'*Hippocrepis unisiliquosa*. Linn. se trouvait abondamment à la Dôle et dans le voisinage de Genève, et Chabræus assure qu'elle lui fut rapportée plusieurs fois du Suchet, près d'Orbe ; mais il paraît qu'elle ne se trouve plus dans ces localités.

SOUS-TRIBU II. — EUHEDYSARÉES. DC.

Fleurs en grappes ; gousses comprimées.

21. ESPARCETTE. — *ONOBRYCHIS*. Tourn

Calice à 5 lobes subulés, presque égaux ; carène obliquement tronquée, dépassant les ailes ; étamines diadelphes, à filets subulés ; gousse à un seul article, comprimée, indéhiscente, monosperme, ridée-réticulée, à bord supérieur séminifère droit, épaissi, l'inférieur convexe, plus mince, denté, épineux, ou lobé.

1. E. cultivée. — *O. sativa*.

Lam. Fl. fr. 2. p. 652. — DC. Prod. 2. p. 344. et Fl. fr. n. 4055. — Duby, Bot. gall. p. 149. — Koch, Syn. p. 190. *O. vulgaris. var. β. sativa.* Gaud. Fl. helv. 4. p. 569. — *Hedysarum onobrychis*. Linn. Sp. 1059. — Poir. Ency. 6. p. 432.

J. Saint-Hil. Pl. fr. tab. 855. — J. Bauh. Hist. 2. p. 335. fig. 2. (*malè*). — Clus. Hist. 2. p. 232. fig. 2. — Tabern. ic. p. 515. fig. 1. (*malè*). — Dod. pempt. p. 548. fig. 2. — Lob. ic. 2. p. 81. fig. 1. (*ead.*).

Racines fortes, très profondes ; tiges dressées ou ascendantes, rameuses, glabres, striées, hautes de 5—6 décim. ;

feuilles ailées avec impaire , à 17—27 folioles oblongues ou
elliptiques, glabres, mucronées, souvent un peu déprimées
au sommet ; stipules ovales acuminées, scarieuses; fleurs purpurines ou d'un rouge vif, rarement blanches, disposées en
grappes portées sur des pédoncules axilaires, beaucoup plus
longs que les feuilles ; calice velu, à 5 lobes linéaires-subulés ; étendard rayé de pourpre ; ailes très petites; gousses
pubescentes, arrondies, comprimées, ridées, munies de
dents courtes, épineuses. ♃ (Mai—juillet).

Cette plante, que l'on trouve çà et là sur les collines, dans les prés
secs, est généralement cultivée comme fourrage, sous le nom d'*Esparcette*
ou de *Sainfoin* : elle donne deux récoltes par an et peut durer 10-12
ans dans une terre médiocre, et davantage dans les bonnes terres.
Elle fournit un excellent fourrage, recherché par les bestiaux.

TRIBU III. — VICIÉES. Bronn.

Gousse uniloculaire ou divisée par des cloisons transversales molles, composées d'un tissu cellulaire spongieux ;
cotylédons épais, farineux, ne se transformant point en
feuille pendant la germination et ne sortant point de terre.
— Feuilles ailées, terminées par une vrille ou une pointe.

22. VESCE. — *VICIA*. Linn.

Calice à 5 lobes ou à 5 dents, les 2 supérieures plus
courtes, séparées par un sinus arrondi ; étamines diadelphes ;
style filiforme, presque à angle droit avec l'ovaire, velu en
dessus et en dessous vers le sommet ; gousse oblongue , bivalve, uniloculaire, polysperme; graines arrondies , à ombilic latéral ovale ou linéaire. — Feuilles terminées en vrille
aliongée , rameuse.

§ 1. *Pédoncules allongées; fleurs en grappe multiflore.*

1. V. à feuilles de pois. — *V. pisiformis.*

Linn. Sp. 1034. — Ser. in DC. Prod. 2. p. 355. et Fl. fr. n.
4010. — Duby, Bot. gall. p. 150. — Gaud. Fl. helv.

4. p. 501. — Poir. Ency. 8. p. 552. — Koch, Syn. p. 192.

J. Bauh. Hist. 2. p. 310. fig. 1. — Clus. Hist. 2. p. 229. fig. 1. — Tabern. ic. p. 497. fig. 2. (*foliola numerosa*).

Racine ligneuse ; tiges grimpantes, longues de 6—10 décim. et plus, un peu flexueuses, glabres, rameuses, striées-anguleuses ; feuilles ailées, terminées par une longue vrille rameuse, à 6—8 folioles grandes, un peu écartées, souvent inexactement opposées, ovales, obtuses, fermes, lisses, glabres, nerveuses, un peu mucronées, les 2 inférieures plus grandes, situées à la base du pétiole, très rapprochées de la tige et quelquefois serrées contre elle ; stipules lancéolées, demi-sagittées, dentées ; pédoncules nombreux, axilaires, un peu plus courts que les feuilles, terminés par une grappe de fleurs jaunâtres, petites, assez nombreuses, un peu pendantes, rapprochées, portées sur des pédicelles courts, dépourvus de bractées ; calice court, tubuleux, à 5 dents larges à la base, subulées, presque égales ; étendard ovale-obcordé, un peu plus long que les ailes ; gousse oblongue, peu comprimée, à 4—6 graines brunes, globuleuses, assez grosses. ♃ (Mai, juin).

Les bois aux environs de Baume (Girod-Chant). — Près de Pfirt (Ferrette), entre Bâle et Porentruy (Lachenal).

2. V. des buissons. — *V. dumetorum.*

Linn. Sp. 1035. — Ser. in DC. Prod. 2. p. 355. et Fl. fr. n. 4011. — Duby, Bot. gall. p. 150. — Gaud. Fl. helv. 4. p. 502. — Poir. Ency. 8. p. 552. — Koch, Syn. p. 193.

J. Bauh. Hist. 2. p. 316. fig. 1.

Racine fibreuse ; tiges couchées ou ascendantes-grimpantes, très rameuses, glabres, anguleuses, longues de 15—20 décim. ; feuilles ailées, terminées par une vrille rameuse, à 8—10 folioles ovales-lancéolées, obtuses, mucronées, ordinairement alternes, presque glabres, courtement ciliées sur les bords, les 2 inférieures souvent rapprochées de la tige ; stipules souvent inégales , larges , en demi-lune , incisées-dentées , à dents élargies à la base , acuminées ; pédoncules à peu près de la longueur de la feuille , terminés par une grappe lâche , de 8—10 fleurs médiocres , purpurines , à la fin d'un blanc jaunâtre sale ; calice tubuleux , un peu coloré , à dents larges , aiguës , inégales , membraneuses et blanchâtres sur les bords ; étendard oblong , étroit , échancré , un peu plus long que la carène et les ailes conniventes ; gousses pendantes , glabres , assez longues , un peu renflées , terminées en bec , à 5—7 graines arrondies. ♃ (Juin, juillet).

Dans les bois, parmi les buissons : Salins, dans les bois de Poupet ; de Myon ; de Bovard ; derrière les Aiguillons de Saisenay, etc. ; aux environs d'Arbois ; d'Andelot ; à Montfaucon, près de Besançon. — Aux côtes de Trélex ; dans le bois au-dessus de Bonmont ; près de Longirod (Gaud.). — Genève , à Salève , dans le chemin de la Croisette (Reut.). Bâle , parmi les buissons, sur le mont Mutet , etc. (Hagenb.).

3. V. des bois. — *V. sylvatica.*

Linn. Sp. 1035. — Ser. in DC. Prod. 2. p. 555. et Fl. fr. n. 4012. — Duby, Bot. gall. p. 150. — Gaud. Fl. helv. 4. p. 503. — Poir. Ency. 8. p. 555. — Koch, Syn. p. 192. Hall. Helv. tab. 12. fig. 2. — J. Bauh. Hist. 2. p. 318. fig. 4? (*saltem pessima*).

Tiges très rameuses, faibles, grimpantes ou tombantes , glabres, sillonnées, presque tétragones, longues de 10—15 décim. ; feuilles nombreuses, ailées, glabres, terminées par une longue vrille ordinairement trifide, à 12—16 folioles oblongues, elliptiques, obtuses, rapprochées, d'un vert gai, à peine mucronées, alternes ou opposées ; stipules petites, en demi-lune, incisées-dentées, à dents très étroites, sétacées ; pédoncules plus longs que les feuilles, terminés par une grappe lâche de 10—15 fleurs un peu pendantes et unilatérales, à étendard élargi et un peu échancré au sommet, rayé de rouge ou de violet ; ailes également rayées, un peu plus longues que la carène blanchâtre, d'un violet foncé à l'extrémité ; calice pâle, à dents écartées, acuminées-séta-

cées, les 2 supérieures plus courtes ; gousses un peu pendantes, linéaires-oblongues, comprimées, à 3—5 graines
brunes, sphériques. ♃ (Juillet, août).

Les forêts autour de Novillars et ailleurs (Girod-Chant.). — Dans les
bois de Salève, près de Pommier, d'Archamp, et en montant au
Grand-Salève, au-dessus de Monetier (Reut.). — Près d'Orbe et de
Mons (Gaud.). — Aux environs de Bâle (Hagenb.).

4. V. Cracca. — *V. Cracca.*

Linn. Sp. 1035. — Ser. in DC. Prod. 2. p. 357. et Fl. fr.
n. 4014. — Duby, Bot. gall. p. 150. — Gaud. Fl. helv. 4.
p. 505. — Poir. Ency. 8. p. 556. — Koch. Syn. p. 193.
Moris. sect. 2. tab. 4. fig. 1. — Tabern. ic. p. 506. fig. 1.

Racine rampante ; tiges faibles, rameuses, grimpantes,
grêles, anguleuses, pubescentes ou velues, longues de 6—10
décim. ; feuilles ailées, terminées par une vrille rameuse,
à folioles nombreuses (16—30), rapprochées, occupant le
pétiole dès la base, étroites, souvent alternes, lancéolées ou
linéaires-lancéolées, aiguës ou un peu obtuses, mucronées,
pubescentes, un peu soyeuses en dessous ou velues ; stipules
demi-sagittées, petites, linéaires-lancéolées, à oreillettes
divergentes ; pédoncules axilaires, ordinairement plus longs
que les feuilles, terminés par une grappe de fleurs nombreuses, 18—20 et souvent davantage, oblongues, assez
petites, d'un bleu violet, rapprochées, presque embriquées,
unilatérales, pendantes ; calice en partie coloré, à dents
ovales-acuminées, les 2 supérieures très courtes, larges,
aiguës, lame de l'étendard égalant l'onglet ; gousse oblongue,
coriace, un peu renflée, à graines peu nombreuses, petites,
brunes, globuleuses. ♃ (Juin—août).

Commune dans les prés, dans les haies et les buissons.

α. *Vulgaris.* Koch, Syn. l. c. — *V. Cracca I. vulgaris.*
Gaud. Fl. helv. 4. l. c. — Poils de la tige et des folioles appliqués. On trouve quelquefois cette variété à fleurs blanches.

Salins, commune. — A tige naine, haute de 16-20 cent., à folioles plus
étroites, à fleurs (8-16) plus petites. Les sables du bord du lac de
Joux, près de l'Abbaye (Gaud.) ; les pâturages arides de Boujaille.

β. Gerardi. Koch , Syn. l. c. — *V. Cracca II. Gerardi.*
Gaud. Fl. helv. 4. l. c. — *V. Cracca. β. villosa.* Hagenb.
Fl. basil. 2. p. 212. — Poils de la tige et des folioles étalés.

Bâle , près de Delémont (Frisch-Joset, ex Hagenb.).

5. V. à feuilles menues. — *V. tenuifolia.*

Roth. Germ. I. p. 509. — Ser. in DC. Prod. 2. p. 558. Fl. fr.
supp. n. 4015[a]. — Duby, Bot. gall. p. 151. — Koch , Syn.
p. 194. — *V. cracca III. tenuifolia.* Gaud. Fl. helv. 4.
p. 507.

Tiges dressées, raides, flexueuses, presque glabres, hautes
de 3—4 décim. ; feuilles à 8—10 paires de folioles lancéolées-linéaires ou linéaires, à 3 nervures à la base , un peu
poilues en dessous, les supérieures insensiblement rétrécies
en pointe ; stipules petites, entières, demi-sagittées ; pédoncules striés, plus longs que les feuilles, terminés par une
grappe de fleurs lâchement embriquées, unilatérales, mé-
langées de blanc et de violet; calice court, en cloche,
presque glabre , à 5 dents, les 2 supérieures courtes, subulées, élargies à la base, l'inférieure linéaire-subulée , plus
longue que les latérales; étendard allongé, à lame double de
la longueur de l'onglet, dépassant les ailes et égalant 2 fois la
longueur de la carène; gousse linéaire-oblongue, plus étroite
et plus longue que dans l'espèce précédente, avec laquelle
celle-ci a les plus grands rapports et dont elle n'est peut-
être qu'une variété : car le seul caractère qui distingue réellement cette espèce du *V. Cracca* est la longueur de l'étendard, dont la lame est double de l'onglet, les autres caractères étant variables : celui-ci même, selon Koch , n'est pas
toujours assez constant. ♃ (Juin—août).

Près de Treycovagnes, à une petite distance d'Yverdon, sur la route
d'Orbe (Gaud.). — Bâle, sur le mont Dietisberg ; et au bord du Rhin ,
près de Neudorff (Hagenb.).

§ 2. *Pédoncules courts; fleurs 1—5 réunies.*

6. V. cultivée. — *V. sativa.*

Linn. Sp. 1057. var. *α.* — Ser. in DC. Prod. 2. p. 361.
var. *α.* et Fl. fr. supp. n. 4019. — Duby, Bot. gall. p. 152.
var. *α.* — Gaud. Fl. helv. 4. p. 509. *1. obovata.* — Poir.
Ency. 8. p. 561. var. *α.* — Koch, Syn. p. 197.
J. Saint-Hil. Pl. Fr. tab. 391. — J. Bauh. Hist. 2. p. 310.
fig. 2. — Clus. Hist. 2. p. 235. fig. 1. — Dod. pempt. p.
531. fig. 2. (*ead.*). — Lob. ic. 2. p. 75. fig. 2. (*ead.*).

Racine grêle ; tige rameuse dès la base, à rameaux ascendants ou grimpants, anguleux, un peu flexueux, plus ou
moins velus, d'environ 5 décim. de longueur; feuilles alternes, ailées, terminées par une vrille ordinairement rameuse, à 5—7 paires de folioles obovales ou oblongues-obovales, tronquées ou échancrées au sommet, mucronées,
plus ou moins velues ; stipules demi-sagittées, lancéolées,
dentées à la base et marquées d'une tache enfoncée brunâtre
ou d'un pourpre noirâtre ; fleurs grandes, dressées, axilaires,
solitaires ou géminées, presque sessiles, à étendard bleu, à
ailes pourpres, à carène d'un pourpre noirâtre au sommet;
calice à dents lancéolées-subulées, presque de la longueur
du tube ; gousse dressée, pubescente, oblongue-linéaire,
comprimée, renfermant 6—10 graines lisses, globuleuses,
un peu comprimées, tachées de noir. ⊙ (Juin, juillet). Vulg.
Pesettes.

Cette plante, qui est généralement cultivée, se trouve çà et là dans
les champs et parmi les moissons : elle donne un excellent fourrage ; on
la sème quelquefois avec l'avoine pour la couper en vert ; sa graine sert
à nourrir les pigeons, et les tiges battues sont encore très bonnes pour
nourrir les moutons ; on la renverse quelquefois, avec la charrue, lorsqu'elle est en fleur, pour servir d'engrais.

β. *Minor.* Gaud. Fl. helv. 4. l. c. — *V. sativa. var. ζ.*
pigmæa. Ser. in DC. Prod. 2. l. c. — Plante pubescente,
haute de 10—15 centim.; feuilles inférieures à 2—5 paires

de folioles courtes, obcordées : les supérieures à 3—5 paires de folioles oblongues, entières ou presque entières, rétuses ou échancrées au sommet, mucronées ; gousses solitaires.

Salins, dans les champs arides de Château.

γ. *Glabra*. Ser. in DC. Prod. 2. l. c. var. ε. — *V. glabra*. Schlelch. exsic. — Folioles oblongues-ovales, glabres, un peu tronquées et mucronées au sommet ; calice et gousse glabres.

Les environs de Salins.

δ. *Albiflora*. Diffère de la var. α. par ses fleurs entièrement blanches.

Salins, à Mont-Servant, au lieu dit le *Calvaire*.

7. V. à feuilles étroites. — *V. angustifolia*.

Roth, tent. Fl. germ. I. p. 310. — Koch, Syn. p. 197.

Cette espèce se rapproche beaucoup de la précédente, à laquelle plusieurs botanistes la réunissent comme variété. On l'en distingue à ses feuilles ayant 4—5 paires de folioles : celles des feuilles inférieures obovales, largement échancrées et mucronées au sommet : celles des supérieures lancéolées-linéaires ou linéaires, obtuses ou tronquées ; à ses fleurs pourpres ; à ses gousses linéaires, étalées, glabres et noires à la maturité ; enfin à ses graines également noires, globuleuses, non comprimées. ① (Mai, juin).

Dans les champs, parmi les moissons.

α. *Segetalis*. Koch , Syn. l. c. — *V. sativa*. var. β. — Ser. in DC. Prod. 2. p. 361. — Duby, Bot. gall. p. 152. — *V. sativa*. II. *segetalis*. Gaud. Fl. helv. 4. p. 511. — *V. segetalis*. Thuill. Fl. par. ed. 2. p. 367. — DC. Fl. fr. supp. n. 4019ᵃ. — Fuchs. Hist. p. 172. — Folioles des feuilles supérieures lancéolées-linéaires.

Aux environs de Salins ; de Sellières. — De Nyon (Gaud.). — De Genève (Reut.) , etc.

β. *Bobartii.* Koch , Syn. l. c. — *V. sativa.* var. *δ.* Ser.
in DC. Prod. 2. l. c. — Duby, Bot. gall. l. c. var. γ. — *V.
angustifolia.* (Roth) DC. Fl. fr. supp. n. 4019[b]. — *V. Luga-
nensis.* Schleich. exsic. Herb. DC. — Folioles des feuilles supérieures linéaires, étroites.

Aux environs de Salins, à Ivory, etc. ; de Sellières. — De Genève,
dans les terres légères et incultes, très commune (Reut.) — De Bâle,
dans les champs stériles et les prés secs (Hagenb.).

8. V. fausse-gesse. — *V. latyroïdes.*

Linn. Sp. 1037. — Ser. in DC. Prod. 2. p. 562. et Fl. fr.
   n. 4020. — Duby, Bot. gall. p. 152. — Gaud. Fl. helv. 4.
   p. 514. — Poir. Ency. 8. p. 563. — Koch, Syn. p. 198.
Lam. illust. tab. 634. fig. 2.

Racine grêle, divisée ; tiges rameuses dès la base, diffuses,
striées, anguleuses, grêles, un peu velues, hautes de 6—
16 centim. ; feuilles de la base des tiges ordinairement à 2
folioles obcordées-cunéiformes : les supérieures à 2—3 paires
de folioles oblongues ou obovales-lancéolées, obtuses ou rétuses, mucronées, opposées, un peu velues ou pubescentes,
plus étroites et aiguës aux deux bouts dans les feuilles du
sommet ; vrilles simples, courtes, dressées ; stipules demi-
sagittées, entières ; fleurs petites, solitaires, axilaires,
presque sessiles, d'un bleu pourpre ; calice pubescent, tubuleux, à dents linéaires-lancéolées, aiguës, presque égales ;
étendard plié, à peine échancré ; ailes blanchâtres, bleues
au sommet ; carène petite, obtuse, blanchâtre, marquée de
chaque côté d'une tache violette vers l'extrémité ; gousse linéaire, aiguë, glabre, renfermant 8—9 graines brunes, petites, globuleuses-cubiques, granulées-rudes. ① (Avril—
mai).

Genève, en assez grande quantité dans les environs de Peney, sur les
talus incultes et pierreux (Reut.). — Le long des haies (Girod-Chant.).

9. V. jaune. — *V. lutea.*

Linn. Sp. 1057. — Ser. in DC. Prod. 2. p. 365. et Fl. fr. n.
4023. — Duby, Bot. gall. p. 153. — Gaud. Fl. helv. 4.
p. 516. — Poir. Ency. 8. p. 564. — Koch, Syn. p. 196.
Moris. sect. 2. tab. 21. fig. 5. — J. Bauh. Hist. 2. p. 313.
fig. 1.

Racine rampante ; tiges diffuses, rameuses, quelquefois
dès la base, striées, anguleuses, faibles, presque dressées,
légèrement pubescentes, hautes de 3—4 décim. ; feuilles
ailées, terminées par une vrille courte, rameuse, à 5—8
paires de folioles souvent alternes, oblongues ou oblongues-
linéaires, elliptiques, mucronées, glabres en dessus, poilues
en dessous et sur les bords : plus courtes, moins nombreuses
et rétuses dans les feuilles inférieures ; stipules petites, à 2
lobes lancéolés, le supérieur souvent marqué d'un point enfoncé, l'inférieur quelquefois denté ; fleurs d'un jaune pâle,
assez grandes, axilaires, solitaires, rarement géminées, portées sur de courts pédoncules ; calice blanchâtre, glabre, à
dents linéaires-subulées, les 2 supérieures plus courtes, conniventes, l'inférieure plus longue, égalant le tube ; étendard
glabre, strié, plié, à onglet large, à limbe ovale, un peu
échancré, embrassant les autres pétales ; gousse oblongue,
comprimée, défléchie, velue, à 5—6 graines brunes, lisses,
presque globuleuses, tachées de noir. ⚥ (Juin—août).

Parmi les moissons : à la lisière des champs (Girod-Chant.). —
Près d'Orbe (Davall.). — Autour de Crans (Gay.). — Genève, sur le
bord des champs, surtout dans ceux qui sont un peu sablonneux : à
Châtelaine ; Aïre ; Penex, etc., etc. (Reut.).

10. V. hybride. — *V. hybrida*

Linn. Sp. 1057. — Ser. in DC. Prod. 2. p. 365. et Fl. fr.
n. 4024. — Duby, Bot. gall. p. 153. — Gaud. Fl. helv. 4.
p. 513. — Poir. Ency. 8. p. 565. — Koch, Syn. p. 196.
Lam. illust. tab. 634. fig. 6. (*fructus*).

Cette espèce se rapproche tellement de la précédente que l'on croirait, au premier abord, qu'elle n'en est qu'une variété : mais il est facile de l'en distinguer de suite à son étendard velu. Tiges moins rameuses, dressées ou ascendantes, fermes, anguleuses, souvent un peu velues, hautes de 16—32 centim. ; feuilles ailées, terminées par une vrille rameuse, à 5—7 paires de folioles courtes, oblongues et obovales, tronquées, largement échancrées, mucronées, velues ; stipules dentées, demi-sagittées ; fleurs d'un jaune citrin, quelquefois rayées de pourpre, axilaires, solitaires, courtement pédonculées, étalées, quelquefois même un peu défléchies ; calice velu, à dents linéaires-subulées, les 2 supérieures un peu plus courtes, l'inférieure presque de la longueur du tube ; étendard velu en dehors ; gousse oblongue-elliptique, également velue ; graines brunes, tachées de blanc. ☉ (Mai , juin).

Les champs cultivés et herbeux : autour de Cossonay, entre Morge et Orbe (Ducros).

11. V. des haies. — *V. sepium.*

Linn. Sp. 1038. — Ser. in DC. Prod. 2. p. 364. et Fl. fr. n. 4023. — Duby, Bot. gall. p. 153. — Gaud. Fl. helv. 4. p. 517. — Poir. Ency. 8. p. 566. — Koch, Syn. p. 193.

J. Bauh. Hist. 2. p. 313. fig. 2. (*mala : sativæ potiùs similis*). — Tabern. ic. p. 506. fig. 2. (*multò melior*).

Racine allongée ; tiges rameuses, dressées, anguleuses, grimpantes, fistuleuses, hautes de 6—10 décim. ; feuilles ailées, terminées par une vrille rameuse, à 5—6 paires de folioles ovales et oblongues, rétuses, mucronées, ordinairement opposées, poilues en dessous et sur les bords, les 2 inférieures plus grandes, les autres allant en diminuant de grandeur vers le sommet de la feuille ; stipules demi-sagittées, petites, dentées dans le bas de la plante, marquées d'une tache enfoncée ; fleurs axilaires, médiocres, au nombre de 2—5, unilatérales, d'un pourpre obscur ou bleuâtres, portées sur un pédoncule très court, presque nul ; calice demi-coloré , plus ou moins velu , à dents élargies à la base , subulées , les 2 supérieures plus courtes , conniventes , l'inférieure presque de la longueur du tube ; étendard d'un bleu rougeâtre , à veines plus foncées ; gousses linéaires-oblongues , glabres ; graines brunes , tachetées de noir. ♃ (Mai— septembre).

Commune dans les haies et les buissons de la plaine et des montagnes : sur le Colombier ; le Reculet ; la Dôle , etc. , etc.

β. *Albiflora*. Gaud. Fl. helv. 4. l. c. var. γ. — Fleurs blanches ; tube du calice presque glabre.

Nyon , à Longirod , sur la colline du Signal (Monnard).

γ. *Rotundifolia*. — Folioles ovales-arrondies , presque orbiculaires , échancrées , mucronées.

Aux environs de Salins.

23. FÈVE. — *FABA*. Juss.

Calice tubuleux à 5 dents , les 2 supérieures plus courtes ; étamines diadelphes ; style filiforme ; stigmate pubescent en dessus et en dessous , gibbeux en dessus ; gousse grande , coriace , un peu renflée ; graines oblongues , à ombilic terminal. — Vrilles simples , presque nulles.

1. F. commune. — *F. vulgaris*.

Mœnch. Méth. p. 150. — Ser. in DC. Prod. 2. p. 554. et Fl. fr. n. 4028. — Duby, Bot. gall. p. 150. — Gaud. Fl. helv. 4. p. 519. — *Vicia faba*. Linn. Sp. 1039. — Poir. Ency. 8. p. 569. — Koch , Syn. p. 195.

J. Saint-Hil. Pl. fr. tab. 717. — J. Bauh. Hist. 2. p. 278. fig. 5. — Tabern. ic. p. 495. fig. 1. — Dalech. Hist. p. 451. fig. 1. — Dod. pempt. p. 513. fig. 1. — Lob. ic. 2. p. 57. fig. 2. (*ead.*).

Tige dressée , glabre , épaisse , anguleuse , haute de 6—9 décim. ; feuilles ailées sans impaire , terminées par une petite

languette foliacée, linéaire-subulée, à 2—4 folioles ordinairement opposées, grandes, un peu épaisses, ovales-elliptiques, entières, glabres, glauques, noircissant ordinairement en herbier; stipules ovales, demi-sagittées, un peu
dentée; fleurs grandes, odorantes, au nombre de 2—5, sur
des pédoncules communs très courts, presque nuls, situés
à l'aisselle des feuilles supérieures; corolle blanche, marquée sur le milieu des ailes d'une tache noire soyeuse; calice
glabre, tubuleux, à 5 dents lancéolées-acuminées, les 2 supérieures plus courtes, conniventes; gousse allongée, presque
cylindrique, coriace à la maturité, renfermant des graines
très grosses, oblongues, un peu comprimées, blanchâtres, à
ombilic terminal. ⊙ (Juin, juillet).

Cette plante, originaire de Perse et des environs de la mer Cas-
pienne, est cultivée dans les champs. On cultive aussi dans les jardins,
mais rarement, la variété *major* ou *Fève-de-marais*, dont on mange
les graines en vert, après les avoir dépouillées de leur robe, à la
manière des petits pois. Les tiges et les feuilles de cette plante, coupées
à l'époque de la fleuraison ou avec les jeunes gousses, donnent un
excellent fourrage, et, retournées avec la charrue, fournissent un très
bon engrais.

24. ERS. — *ERVUM*. Linn.

Calice à 5 lobes linéaires aigus, presque égaux entre eux
et égalant presque la corolle; étamines diadelphes; style filiforme, à stigmate en massue, pubescent en dessous ou sur
les deux faces; gousse oblongue, uniloculaire, à 2—4
graines.

§ 1. *Gousse un peu renflée, oblongue-élargie, à deux
graines.* — Lens. Ser.

1. E. Lentille. — *E. Lens*.

Linn. Sp. 1039. — Ser. in DC. Prod. 2. p. 366. et Fl. fr.
n. 4051. — Duby, Bot. gall. p. 153. — Gaud. Fl. helv. 4.
p. 519. — Lam. Ency. 2. p. 588. — Koch, Syn. p. 198.

J. Saint-Hil. **Pl. fr.** tab. 687. — **Lam.** illust. tab. 634. fig. 1.
— **Moris.** sect. 2. tab. 3. fig. 9. et 10. — **J. Bauh. Hist.**
2. p. 317. fig. 2. et 3. — **Tabern.** ic. p. 501. fig. 2. et p.
502. fig. 1. — **Dalech. Hist.** p. 475. fig. 1. et 2. — **Dod.**
pempt. p. 526. fig. 1. et 2.

Tige grêle, mais un peu ferme, anguleuse, un peu poilue, rameuse, haute de 2—3 décim. ; feuilles ailées : les inférieures simplement aristées au sommet, à 2—6 folioles .
les supérieures terminées par une vrille simple ou peu rameuse, à 4—6 paires de folioles oblongues ou oblongues-
linéaires, obtuses, poilues, légèrement mucronées; stipules
petites, entières, lancéolées, aiguës; pédoncules grêles,
aristés, à peu près de la longueur des feuilles ou un peu plus
longs, à 2—3 fleurs petites, blanchâtres, à étendard un peu
rayé de bleu; calice poilu, à 5 lanières linéaires-subulées,
de la longueur des fleurs; gousses glabres, pendantes,
larges, courtes, comprimées, presque rhomboïdales, renfermant 2 graines orbiculaires, comprimées, rousses. ④
(Juin, juillet).

Çà et là dans les champs : à Cramans; Ounans; Mont-sous-Vaudrey, etc. Cultivé dans la plaine ; mais il n'occupe jamais des terrains étendus : on en distingue deux variétés, l'une plus productive,
à graines plus petites, rougeâtres ; l'autre de printemps ou de carême,
à graines plus grosses, plus pâles. Ces graines sont alimentaires,
surtout en purée ; mais on préfère celles de la dernière variété, qui ont
une saveur plus douce.

2. E. velu. — *E. hirsutum.*

Linn. Sp. 1039. — **Ser.** in DC. Prod. 2. p. 366. et Fl. fr.
n. 4030. — **Duby,** Bot. gall. p. 154. — **Gaud.** Fl. helv.
4. p. 521. — **Lam.** Ency. 2. p. 589. — *Vicia hirsuta.*
Koch, Syn. p. 191.

J. Saint-Hil. **Pl. fr.** tab. 688. — **Moris.** sect. 2. tab. 4.
fig. 15. — **J. Bauh. Hist.** 2. p. 315. fig. 1. — **Tabern.** ic.
p. 507. fig. 1. — **Dalech. Hist.** p. 480. fig. 1. — **Dod.**
pempt. p. 542. fig. 3. — **Lob.** ic. 2. p. 76. fig. 1. (*ead.*).

Tiges faibles, grimpantes, anguleuses, glabres, hautes de
3—4 décim. ; feuilles ailées, terminées par une vrille rameuse, à 6—9 paires de folioles linéaires, tronquées ou un
peu échancrées, glabres, mucronées; stipules demi-sagittées, lancéolées, à oreillettes multifides, à lobes sétacées ;
pédoncules, ainsi que les pétioles, légèrement pubescents,
presque de la longueur des feuilles, terminés par 2—6 fleurs
blanchâtres ou d'un bleu très pâle, unilatérales, très petites ;
calice pubescent, à lobes lancéolés-linéaires, égaux entre
eux, presque de la longueur des fleurs ; gousse velue,
courte, oblongue, bosselée, brunâtre, à 2 graines presque
globuleuses, lisses, d'un brun roux. ① (Juin, juillet).

Çà et là dans les champs, parmi les moissons : aux environs de
Salins; de Dole; de Besançon; de Genève; de Neuchâtel; de Bâle, etc.

β. *Gracile.* Plante très grêle dans toutes ses parties.
Tige haute de 16—20 centim. ; folioles linéaires très étroites.

Salins, dans les champs arides de Château.

§ 2. *Gousse un peu renflée, oblongue-linéaire, à 3—4*
graines. — Ervilia. Ser.

3. E. Ervillier. — *E. Ervilia.*

Linn. Sp. 1040. — Ser. in DC. Prod. 2. p. 367. — Duby.
Bot. gall. p. 154. — Gaud. Fl. helv. 4. p. 522. — Lam.
Ency. 2. p. 589. — *Vicia Ervilia.* (Willd.) DC. Fl. fr. n.
4018. — Koch, Syn. p. 192.
Lam. illust. tab. 634. fig. 3. (*fructus*). — Moris. sect. 2.
tab. 6. fig. 1. — J. Bauh. Hist. 2. p. 321. fig. 1. (*mala*).
– Tabern. ic. p. 501. fig. 1. (*malè*). — Dalech. Hist. p.
468. fig. 1. — Dod. pempt. p. 524. fig. 2. — Lob. ic. 2.
p. 72. fig. 2.
Tige dressée, haute de 3—4 décim., anguleuse, ferme,
rameuse, glabre ou garnie de quelques poils; feuilles alternes, ailées, allongées, terminées par un rudiment de
vrille, à 10—13 paires de folioles oblongues, obtuses ou un

peu échancrées, mucronulées, un peu poilues ; stipules presque demi-sagittées, dentées, à dents acuminées ; pédoncules un peu poilus, ainsi que les pétioles, aristés, plus courts que les feuilles, terminés par 2—5 fleurs penchées, blanchâtres, à étendard veiné de violet; gousses glabres, pendantes, bosselées, presque en chapelet, à 5—4 graines grosses, d'un brun rougeâtre, arrondies, un peu anguleuses. ① (Juin , juillet).

Parmi les moissons, rare : Salins, dans les champs de Saint-Thiébaud. — Aux environs d'Arbois (Dumont). — Dans les champs (Girod-Chant.). — Autour de Troënex , près de Genève (Rapin). — Au pied du Jura , au-dessus de Thoiry (Reut.).

4. E. à quatre graines. — *E. tetraspermum.*

Linn. Sp. 1039. — Ser. in DC. Prod. 2. p. 367. et Fl. fr. n. 4029. — Duby, Bot. gall. p. 154. — Gaud. Fl. helv. 4. p. 520. — Lam. Ency. 2. p. 589. — *Vicia tetrasperma.* Koch , Syn. p. 191.
Moris. sect. 2. tab. 4. fig. 16. — J. Bauh. Hist. 2. p. 315. fig. 2.

Tiges grêles, un peu anguleuses, faibles, rameuses, glabres , hautes de 5—5 décim. ; feuilles ailées, terminées par une vrille simple ou bifurquée, composées de 4—5 paires de folioles linéaires, obtuses, mucronulées ou brusquement aiguës, glabres, rétrécies à la base; stipules petites, lancéolées-acuminées, entières, demi-sagittées ; pédoncules filiformes, non aristés, à peu près de la longueur des feuilles ou à peine plus longs, à 1—5 fleurs petites, blanchâtres ou un peu bleuâtres; calice à dents lancéolées , aiguës, presque égales entre elles, plus courtes que le tube; étendard oblong, un peu échancré, blanc , veiné de bleu à sa partie supérieure ; gousse glabre , pendante, presque linéaire , légèrement bosselée , à 5—4 graines brunes, lisses , presque globuleuses. ① (Juin , juillet).

Les champs, les lieux cultivés et quelquefois parmi les buissons : aux environs de Salins ; d'Arbois ; de Grozon ; de Sellières ; de Poligny ; de Besançon ; de Genève ; de Nyon ; de Bâle , etc.

25. POIS. — *PISUM*. Linn.

Calice à 5 lobes foliacés ; étamines diadelphes, à filets subulés ; style triangulaire, creusé en carène en dessous, barbu en dessus à sa partie supérieure ; gousse uniloculaire, polysperme ; ombilic presque arrondi. Stipules grandes, foliacées.

1. P. cultivé. — *P. sativum.*

Linn. Sp. 1026. — — Ser. in **DC.** Prod. 2. p. 368. et Fl. fr. n. 5999. — Duby, Bot. gall. p. 154. — Gaud. Fl. helv. 4. p. 480. — Poir. Ency. 5. p. 455. (*excl. var.* E.). — Koch, Syn. p. 199.

J. Saint-Hil. Pl. fr. tab. 524. — Dod. pempt. p. 520. fig. 1.

Tige faible, grimpante, glabre, striée, cylindrique ; feuilles ailées, à 4—6 folioles ovales, entières, portées sur des pétioles cylindriques, terminés par une vrille rameuse ; stipules plus grandes que les folioles, ovales, prolongées d'un côté en oreillette arrondie, crénelée ; pédoncules axilaires, plus courts que les feuilles, à 2 ou plusieurs fleurs blanches, ou d'un rouge pâle à ailes d'un pourpre foncé ; gousses droites, glabres, pendantes, comprimées ou presque cylindriques. ④ (Mai—juillet).

Généralement cultivé dans les champs et les jardins : patrie inconnue ; graines alimentaires en vert et en sec ; farine employée en cataplasme émollient ; fane nutritive pour les bestiaux. On en distingue plusieurs variétés :

α. *Saccharatum.* Ser. in DC. Prod. 2. l. c. — Lam. illust. tab. 633. — Tourn. Inst. tab. 215. (*ead.*). — Moris. sect. 2. tab. 1. fig. 1. — Tige élevée ; gousse un peu coriace, légèrement comprimée, presque cylindrique ; graines globuleuses, écartées, d'une saveur sucrée. Vulg. *Petits-pois, Pois-sucrés.*

On les mange en vert, tant qu'ils sont tendres, et en sec.

β. *Macrocarpum*. Ser. in **DC**. Prod. 2. l. c. — Tige très élevée ; gousse large, grande, en faux, très comprimée, à valves non coriaces, tendre, succulente, comestible, munie intérieurement d'une pellicule mince ; graines écartées, grosses. Vulg. *Pois-sans-parchemin*, *Pois-goulus*, *Pois-mange-tout*.

γ. *Umbellatum*. (Linn.) Ser. in **DC**. Prod. 2. l. c. — Moris. sect. 2. tab. 1. fig. 2. — Tabern. ic. p. 495. fig. 2. — Fleurs 4—5, formant une sorte d'ombelle sur des pédoncules allongés, terminaux ; stipules quadrifides aiguës ; graines rapprochées, globuleuses, brunes. Vulg. *Pois-à-bouquet*.

Cultivé comme plante d'agrément.

δ. *Quadratum*. (Linn.) Ser. in **DC**. Prod. 2. l. c. — Lob. ic. 2. p. 66. fig. 2. — Pédoncules à 2 fleurs ; gousses comprimées en carène à la suture inférieure ; graines presque carrées, compactes. Vulg. *Pois-carrés*.

ε. *Humile*. (Mill.) Ser. in **DC**. Prod. 2. l. c. — Tige basse, faible, non grimpante, se soutenant sans appui ; gousse plus petite, un peu coriace ; graines globuleuses, rapprochées. Vulg. *Pois nains*.

On cultive encore plusieurs autres variétés de pois plus ou moins recherchées, que l'on trouvera décrites dans les ouvrages d'horticulture.

2. P. des champs. — *P. arvense*.

Linn. Sp. 1027. — Ser. in **DC**. Prod. 2. p. 568. et Fl. fr. n. 4000. — Duby, Bot. gall. p. 154. — Gaud. Fl. helv. 4. p. 481. — Koch, Syn. p. 198. — *P. sativum*. var. E. Poir. Ency. 5. p. 456.
Moris. sect. 2. tab. 1. fig. 4. — J. Bauh. Hist. 2. p. 297. fig. 2. (*mala*).

Cette espèce diffère de la précédente parce qu'elle est plus petite dans toutes ses parties ; que ses feuilles ont 2—3 paires de folioles ovales, inégalement sinuées-crénelées,

plus petites que les stipules également crénelées; parce que
ses pédoncules ne portent ordinairement qu'une seule fleur
à étendard d'un violet clair, à ailes purpurines, et que ses
graines sont d'un vert cendré, ponctuées de brun. ① (Juin,
juillet).

Çà et là dans les champs, parmi les moissons : cultivé sous le nom
de *Pisaille* ou *Pois-de-pigeons*; on l'emploie comme fourrage seul ou
mélangé à la *Vesce cultivée*; sa graine sert à nourrir la volaille et les
pigeons.

26. GESSE. — *LATHYRUS.* Linn.

Calice à 5 lobes ou à 5 dents; étamines diadelphes, à
filets subulés; style linéaire ou élargi vers le sommet, aplani
en dessus, à stigmate droit ou courbé, velu antérieurement;
gousse bivalve, uniloculaire, à 2 ou plusieurs graines. Stipules demi-sagittées; vrille simple ou rameuse (nulle dans
le *L. nissolia*).

§ 1. *Feuilles nulles.*

** Stipules très grandes; pétiole en forme de vrille.*

1. G. sans feuilles. — *L. Aphaca.*

Linn. Sp. 1029. — Ser. in DC. Prod. 2. p. 372. et Fl. fr. n.
5981. — Duby, Bot. gall. p. 156. — Gaud. Fl. helv. 4. p.
482. — Lam. Ency. 2. p. 704. — Koch, Syn. p. 199.

Moris. sect. 2. tab. 4. fig. 7. — J. Bauh. Hist. 2. p. 317.
fig. 1. — Tabern. ic. p. 716. fig. 1. (*sine floribus*). —
Dalech. Hist. p. 484. fig. 1. — Dod. pempt. p. 545. fig.
1. — Lob. ic. 2. p. 70. fig. 1. (*ead.*).

Tiges glabres, quadrangulaires, faibles, grimpantes, un peu
rameuses, hautes de 3—5 décim.; pétioles alternes, dépourvus de folioles, terminés en vrille ordinairement simple,
munis à la base de stipules grandes, foliacées, glabres, dressées, obovales, obtuses, nerveuses, tronquées et sagittées à

la base ; pédoncules axilaires, solitaires, à 4 angles, portant une seule fleur jaune, très rarement 2, munie à la base du pédicelle d'une bractée très petite, subulée ; calice à 5 lanières lancéolées, foliacées, égales entre elles, presque de la longueur de la fleur ; étendard large, arrondi, rayé ; ailes un peu plus longues que la carène ; gousse glabre, nerveuse-réticulée, comprimée, à 4—6 graines globuleuses, lisses, luisantes, d'un brun foncé, marquées de quelques taches blanchâtres. ① (Juin, juillet).

Commune dans les champs, parmi les moissons.

** *Stipules petites ; pétiole en forme de feuille lancéolée.*

2. G. sans vrille. — *L. Nissolia.*

Linn. Sp. 1029. — Ser. in DC. Prod. 2. p. 372. et Fl. fr. n. 3982. — Duby, Bot. gall. p. 156. — Gaud. Fl. helv. 4. p. 483. — Lam. Ency. 2. p. 704. — Koch, Syn. p. 199. Moris. sect. 2. tab. 3. fig. 7. — J. Bauh. Hist. 2. p. 309. fig. 1. — Dalech. Hist. p. 1366. fig. 2. — Dod. pempt. p. 529. fig. 1. (*ferè ead.*). — Lob. ic. 2. p. 71. fig. 1.

Plante glabre, ayant le port d'une graminée. Tige grêle, anguleuse, dressée, assez ferme, quelquefois un peu rameuse à la base, haute de 3—4 décim. ; pétioles alternes, un peu écartés, dilatés en forme de feuilles simples, sessiles, linéaires-lancéolées, dressées, à 3—5 nervures, semblables à celles des graminées, dépourvus de vrilles et de folioles, munis à la base de stipules petites, très fines, subulées ; pédoncules plus courts que les pétioles, axilaires à la partie supérieure de la tige, à une, rarement 2 fleurs, munie à la base du pédicelle d'une bractée très petite, subulée ; fleur petite, penchée, purpurine ; calice à 5 dents lancéolées, aiguës, un peu pubescent, ainsi que le pédicelle ; étendard échancré, rayé, dépassant un peu les ailes plus grandes que la carène ; gousse pendante, pubescente, linéaire, allongée, un peu comprimée, nerveuse, à nervures presque parallèles, renfermant 12—15 graines globuleuses, d'un brun foncé, un peu comprimées, ponctuées-tuberculeuses. ⚥ (Mai—juillet).

Çà et là dans les champs, parmi les moissons : Salins, dans les champs de Salgret; d'Arèle ; de la Grange-Feuillet, etc. ; aux environs d'Arbois ; de Besançon. — De Neuchâtel, dans le Val-de-Ruz, autour de Saint-Martin et d'Engolon (Hall.). — Près de Crans (Gay et Rapin). — Genève, à Châtelaine (Reut.). — Aux environs de Bâle (Hagenb.).

§ 2. *Feuilles à 1 - 2 paires de folioles; pédoncules à 1—2 fleurs; racine annuelle.*

* *Graines lisses.*

3. G. sphérique. — *L. sphæricus.*

Retz, Obs. 5. p. 59. — Ser. in DC. Prod. 2. p. 572, et Fl. fr. n. 3938. et supp. p. 574 — Duby, Bot. gall. p. 156. — Gaud. Syn. p. 602. — Koch, Syn. p. 199. — *L. axilaris.* Lam. Ency. 2. p. 706.

DC. ic. Gall. rar. tab. 52. (*opt.*).

Tige dressée, haute de 2—3 décim., faible, presque glabre, ordinairement rameuse dès la base, anguleuse, tétragone ; feuilles alternes, à une seule paire de folioles étroites, linéaires-lancéolées, acuminées, nerveuses, longues de 5—6 centim., portées sur un pétiole court, terminé par une vrille simple, allongée dans les feuilles supérieures, courte et presque avortée dans les inférieures ; stipules étroites, lancéolées, aiguës, demi-sagittées, égales au pétiole et quelquefois plus longues, à oreillettes très divergentes, lancéolées, aiguës, presque aussi longues que les stipules ; pédoncules axilaires, solitaires, uniflores, de la longueur du pétiole ou à peine plus longs, aristés ou munis d'une petite bractée subulée ; fleurs à peu près de même grandeur que dans l'espèce précédente, purpurines, à étendard arrondi, échancré en cœur, à dents du calice étroites, lancéolées, plus longues que le tube ; gousse linéaire, acuminée, à peine comprimée, nerveuse, un peu bosselée, allongée, renfermant 8—10 graines sphériques, lisses. ① (Mai, juin).

Aux environs de Genève, dans les champs, près de Châtelaine ; sur la lisière des bois, près d'Aïre et de Peney, et le long d'une haie, près de Compésières (Reut.). — Girod-Chantrans indique le *L. angulatus.* Linn. dans les haies et les broussailles, au bord des champs ; mais cette espèce ayant le port et la plupart des caractères du *L. sphæricus.* Retz, c'est peut-être à cette dernière qu'on doit le rapporter ; du reste, je n'ai pas d'autres renseignements sur cette plante, comme appartenant au Jura.

4. G. Chiche . — *L. Cicera.*

Linn. Sp. 1030. — Ser. in DC. Prod. 2. p. 373. et Fl. fr. n. 3986. — Duby, Bot. gall. p. 157. — Gaud. Fl. helv. 4. p. 484. — Koch , Syn. p. 200. — *L. sativus. var.* β Lam. Ency. 2. p. 703.

Dod. pempt. p. 523. fig. 1.

Tiges faibles, anguleuses, étroitement ailées, ordinairement simples, grimpantes, hautes de 3—4 décim.; feuilles alternes, à une seule paire de folioles étroites, oblongues-lancéolées, à 3—5 nervures, aiguës, presque mucronées, plus courtes dans les feuilles inférieures, portées sur un pétiole légèrement ailé, terminé en vrille ordinairement trifurquée ; stipules larges, demi-sagittées, oblongues-lancéolées, aiguës, ciliées à leur partie supérieure ; pédoncules uniflores, plus courts que les feuilles, dépassant peu le pétiole, articulés vers le milieu et munis de 2 petites bractées subulées ; fleurs rouges, médiocres, se fanant promptement ; calice glabre, à lobes foliacés, profonds, lancéolés, aigus, presque égaux, à 5 nervures; gousse glabre, oblongue, comprimée, veinée-réticulée, à suture supérieure droite, canaliculée par un double bord étroit, non ailé, renfermant 4—6 graines lisses, anguleuses. ① (Mai, juin).

Çà et là parmi les moissons : aux environs de Besançon (Guérin). — Genève, abondamment, près d'Anemasse (Reut.). — Nyon, autour de Calève; de Mathod (Gaud.). — De Bâle (Hagenb.). — Cultivée comme plante fourragère, mais rarement.

5. G. cultivée. — *L. sativus*.

Linn. Sp. 1030. — Ser. in DC. Prod. 2. p. 573. et Fl. fr. n.
5985. — Duby, Bot. gall. p. 157. — Gaud. Fl. helv. 4.
p. 483. — Lam. Ency. 2. p. 705. var. *α*. — Koch, Syn.
p. 200.

Lam. illust. tab. 652. fig. 2. (*fructus*). — Moris. sect. 2.
tab. 2. fig. 6. — J. Bauh. Hist. 2. p. 506. fig. 2. — Dod.
pempt. p. 522. fig. 2. — Lob. ic. 2. p. 69. fig. 1.

Tiges faibles, rameuses dans le bas, diffuses, glabres, ailées, un peu grimpantes, hautes de 5—6 décim.; feuilles
alternes, à une seule paire de folioles linéaires-lancéolées,
acuminées, étroites, à 3—5 nervures, portées sur un pétiole
légèrement ailé, terminé par une vrille ordinairement trifurquée; stipules grandes, oblongues-lancéolées, demi-sagittées, quelquefois un peu ciliées à leur partie supérieure;
pédoncules axilaires, uniflores, plus courts que les feuilles,
munis de 1—2 petites bractées subulées; fleurs plus grandes
que dans l'espèce précédente, de couleur bleue, rose ou
blanche; calice à 5 lobes foliacés, profonds, lancéolés, aigus,
presque égaux, à 3—5 nervures; gousse oblongue-elliptique,
large, comprimée, glabre, veinée-réticulée, à suture supérieure courbée, canaliculée par un double bord ailé-mem-
braneux, renfermant des graines lisses, anguleuses. ①
(Mai—juillet).

Cultivée aux environs de Salins, d'Arbois, etc., mais rarement:
elle s'échappe quelquefois de la culture et se trouve çà et là dans les
moissons. On l'emploie souvent comme fourrage : ses graines sont alimentaires pour l'homme et servent aussi de nourriture à la volaille.

β. Angustatus. Ser. in DC. Prod. 2. l. c. — Feuilles très
étroites, linéaires-acuminées.

Salins, sur les graviers du bord de la Furieuse, au-dessous de Saint-
Joseph.

6. G. odorante. — *L. odoratus.*

Linn. Sp. 1052. — Ser. in DC. Prod. 2. p. 374. et Fl. fr. n.
3991. — Duby, Bot. gall. p. 157. — Lam. Ency. 2. p. 707.
J. Saint-Hil. Pl. fr. tab. 169.

Plante plus ou moins poilue sur toutes ses parties. Tiges
ailées, anguleuses, grimpantes, rameuses, hautes de 6—10
décim. ; feuilles à 2 folioles ovales ou ovales-oblongues, ciliées-rudes, mucronées, terminées par une vrille rameuse ;
stipules lancéolées, demi-sagittées, plus courtes que le pétiole ; pédoncules plus longs que les feuilles, terminés par
2—3 fleurs grandes, odorantes, violettes avec les ailes et la
carène bleuâtres, ou rose avec les ailes et la carène blanches;
dents du calice larges, lancéolées, aiguës, plus longues que
le tube ; gousse hérissée-tuberculeuse, rude, oblongue-linéaire, comprimée, renfermant des graines lisses ou presque
lisses, globuleuses, d'un brun foncé. ⨀ (Juin—août).

Cultivée dans les jardins pour la beauté et l'odeur suave de ses fleurs :
la variété à fleurs violettes est originaire de Sicile, et celle à fleurs
roses de l'île de Ceylan ; ces deux variétés sont généralement connues
sous les noms de *Pois-à-odeur*, *Pois-de-senteur* et *Pois-musqués*.

** *Graines chagrinées.*

7. G. hérissée. — *L. hirsutus.*

Linn. Sp. 1052. — Ser. in DC. Prod. 2. p. 575. et Fl. fr.
n. 3992. — Duby, Bot. gall. p. 157. — Gaud. Fl. helv. 4.
p. 488. — Lam. Ency. 2 p. 708. — Koch, Syn. p. 200.
J. Saint-Hil. Pl. fr. tab. 449. — Moris. sect. 2. tab. 2. fig.
8. — J. Bauh. Hist. 2. p. 505. fig. 1.

Tiges faibles, grimpantes, ailées, rameuses, diffuses,
glabres, hautes de 4 – 6 décim. ; pétiole ailé, terminé par
une vrille rameuse, à 2 folioles linéaires-lancéolées ou oblongues-lancéolées, mucronées, à 3 nervures longitudinales
plus marquées, glabres ou légèrement poilues; stipules lan-

céolées-acuminées, demi-sagittées, plus courtes que le pétiole ; pédoncules anguleux , plus longs que les feuilles , à 2,
rarement 5 fleurs petites , d'un bleu violet, à pédicelles souvent un peu poilus, munis à la base d'une petite bractée
subulée ; calice plus ou moins poilu, à lobes oblongs-acuminés,
plus longs que le tube ; gousse un peu comprimée , oblongue-
linéaire , hérissée de longs poils tuberculeux à la base, renfermant 6—9 graines globuleuses, chagrinées, d'un brun
foncé. ①, ② Koch (Juin, juillet).

Commune dans les champs, parmi les moissons : Salins, à Saisenay,
Cernans, Ivory, la Chapelle, Villers-Farlay, Ounans, etc. ; aux envi-
rons de Poligny ; de Sellières ; de Besançon , etc. — Genève , çà et là,
près de Sionet, etc., etc. (Reut.). — Dans la vallée de Moutiers-
Grandval et dans le val de Ruz (Hall.). — Commune aux environs de
Nyon (Gaud.). — De Bâle (Hagenb.).

§ 5. *Feuilles à une ou plusieurs paires de folioles; pédoncules multiflores; fleurs en grappe; racine vivace.*

* *Tige anguleuse non ailée.*

8. G. tubéreuse. — *L. tuberosus.*

Linn. Sp. 1035. — Ser. in DC. Prod. 2. p. 370. et Fl. fr. n.
3993. — Duby, Bot. gall. p. 155. — Gaud. Fl. helv. 4.
p. 489. — Lam. Ency. 2. p. 709. — Koch, Syn. p. 200.
Moris. sect. 2. tab. 2. fig. 1. — J. Bauh. Hist. 2. p. 324.
fig. 1. (*malè*). —Tabern. ic. p. 505. fig. 2.— Dalech. Hist.
p. 1596. fig. 1. — Dod. pempt. p. 550. fig. 1. — Lob. ic.
2. p. 70. fig. 2. (*ead.*).

Racines à fibres rampantes, produisant çà et là des tubercules de la grosseur d'une noisette ou d'une petite noix ;
tiges grêles, faibles, grimpantes, anguleuses, dressées, rameuses, glabres, diffuses, hautes de 5—6 décim. ; feuilles
terminées par une vrille rameuse, à 2 folioles ovales-oblongues, glabres, mucronées, à nervures réticulées; stipules
linéaires lancéolées, acuminées, de la longueur du pétiole,
demi-sagittées ; pédoncules beaucoup plus longs que les

feuilles, dressés, terminés par une grappe de 4—8 fleurs
assez grandes, odorantes, d'un beau rose ou d'un rouge vif,
éclatant, à pédicelles de la longueur du calice ou un peu
plus longs, munis à la base d'une bractée linéaire-subulée ;
calice en cloche, à dents triangulaires-acuminées, les 2 supérieures un peu plus courtes ; étendard grand, étalé, un
peu échancré ; gousse linéaire, oblongue, glabre, veinée-
réticulée, à 10—12 graines légèrement chagrinées. ⚥ (Juin,
juillet).

Çà et là, dans les moissons : aux environs de Salins ; d'Arbois ;
d'Ounans ; de Mont-sous-Vaudrey ; de Dole ; de Besançon ; de Pontarlier, etc. — De Nyon (Gaud.). — De Genève (Reut.). — De Bâle
(Hagenb.). — Les tubercules de la racine, connus sous le nom d'*anottes,*
sont comestibles.

9. G. des prés. — *L. pratensis.*

Linn. Sp. 1033. — Ser. in DC. Prod. 2. p. 370. et Fl. fr. n.
   3994. — Duby, Bot. gall. p. 155. — Gaud. Fl. helv. 4. p.
   490. — Lam. Ency. 2. p. 709. — Koch, Syn. p. 201.
J. Saint-Hil. Pl. fr. tab. 450. — Moris. sect. 2. tab. 2. fig. 2.
   — J. Bauh. Hist. 2. p. 304. fig. 2. — Tabern. ic. p. 505.
   fig. 1. (*mala*).

Racine rampante ; tiges faibles, anguleuses, glabres,
grimpantes, rameuses, diffuses, presque dressées, hautes
de 3—5 décim. ; feuilles terminées par une vrille simple,
bi ou trifurquée, à 2 folioles oblongues-elliptiques ou lancéolées, à 5 nervures principales, glabres ou très légèrement poilues en dessous sur les nervures ; stipules presque
de la grandeur des folioles, ovales-lancéolées, acuminées,
demi-sagittées ; pédoncules beaucoup plus longs que les
feuilles, terminés par une grappe de 4—10 fleurs jaunes,
assez grandes, portées sur des pédicelles plus courts que le
calice, munis à la base d'une bractée subulée, très petite ;
calice en cloche, garni de 5 lignes velues, correspondant
aux 5 dents lancéolées-acuminées, subulées, les 2 supérieures
plus courtes ; étendard ample, étalé, un peu échancré ;

gousse linéaire-oblongue, véinée obliquement, renfermant
6—8 graines lisses, globuleuses. ♃ (Juin, juillet).

Commune dans les prés, le long des chemins et des haies ; au bord
des champs.

β. *Velutinus*. DC. Fl. fr. supp. n. 5994. — Gaud. Fl.
helv. 4. l. c. — Plante plus ou moins couverte de poils
soyeux couchés.

Salins, dans les lieux secs et arides.

** *Tige évidemment ailée.*

a. Feuilles à une seule paire de folioles.

10. G. sauvage. — *L. sylvestris.*

Linn. Sp. 1033. — Ser. in DC. Prod. 2. p. 369. et Fl. fr.
n. 5993. — Duby, Bot. gall. p. 155. — Gaud. Fl. helv.
4. p. 491. — Lam. Ency. 2. p. 710. — Koch, Syn. p. 201.
Moris. sect. 2. tab. 2. fig. 4. — J. Bauh. Hist. 2. p. 502.
fig. 2. — Clus. Hist. 2. p. 229. fig. 2. — Dalech. Hist. p.
471. fig. 1. — Dod. pempt. p. 523. fig. 2.
Racine épaisse, profonde ; tiges rameuses, couchées ou
ascendantes, grimpantes, ailées, glabres, longues de 8—12
décim. et plus ; feuilles à pétiole ailé, terminé par une vrille
rameuse, à 2 folioles glabres, allongées, lancéolées-linéaires,
aiguës ou acuminées, rétrécies à la base, un peu fermes,
nerveuses, à 3 nervures principales, les autres réticulées,
plus longues que le pétiole ; stipules demi-sagittées, entières,
linéaires-lancéolées, étroites, acuminées ; pédoncules de la
longueur des feuilles ou un peu plus longs, anguleux, terminés par une grappe de 4—8 fleurs grandes, penchées, roses
ou purpurines, portées sur des pédicelles de la longueur du
calice ou un peu plus longs, munis à la base d'une bractée
filiforme ; calice en cloche, glabre, à dents lancéolées-acuminées, les 2 supérieures plus courtes, triangulaires, aiguës ; étendard ample, arrondi et échancré au sommet ;
gousse glabre, nerveuse-réticulée, oblongue-linéaire, à

6—10 graines brunes, globuleuses, légèrement ridées. ♃
(Juin—août).

Les haies et buissons : Salins, le long du ruisseau de Rousset ; le long
de la route de Nans, au-delà de Saisenay ; à Ivory ; Cernans ; Boujaille, etc. ; aux environs d'Arbois, près de Vaucy ; à Noiraigue, comté
de Neuchâtel ; aux environs de Nyon, au bord de l'Asse (Gaud.). —
De Genève, aux bois de la Bâtie et des Frères ; à Salève, etc. — De
Bâle (Hagenb.). — De Montbéliard (J. Bauh.), etc.

β. *Oblongus*. Ser. in **DC**. Prod. 2. l. c. — Feuilles plus
larges, oblongues-lancéolées.

Aux environs de Salins. — De Bâle (Hagenb.).

γ. *Linearifolius*. Feuilles étroites, linéaires-acuminées.

Aux environs de Salins.

11. G. à larges feuilles. — *L. latifolius.*

Linn. Sp. 1033 — Ser. in **DC**. Prod. 2. p. 370. et Fl. fr. n.
3996. — Duby, Bot. gall. p. 155. — Gaud. Fl. helv. 4. p.
492. — Lam. Ency. 2. p. 710. — Koch , Syn. p. 201.

J. Saint-Hil. Pl. fr. tab. 168. — Moris. sect. 2. tab. 2. fig. 3.
— J. Bauh. Hist. 2. p. 303. fig. 2. — Dalech. Hist. p. 470.
fig. 2.

Cette espèce a tout-à-fait le port de la précédente : elle en
diffère par ses folioles plus fermes, coriaces, glauques en
dessous, à 3 nervures principales et à veines réticulées, largement elliptiques, plus courtes, obtuses et mucronées :
celles du sommet de la plante étant cependant plus étroites,
lancéolées ; par ses vrilles plus rameuses , ses stipules plus
larges, ovales-lancéolées, dentées à la base, à 3 nervures ;
par ses pédoncules anguleux, terminés par une grappe de
fleurs plus grandes et plus nombreuses, plus fournie ; par
son calice largement en cloche, à 10 nervures saillantes à
la base ; enfin par l'étendard de la fleur très large, ayant
presque 3 centim. de largeur, et par ses gousses plus longues, à 8—9 graines. ♃ (Juin—août).

Les buissons et les haies : autour de Neuchâtel et de Saint-Blaise
(Gagnebin). — Bâle, sur le mont Mutet, et près de Binningen, le
long du Birsec (C. B.). Cultivée dans les jardins comme plante d'ornement : il en existe une variété à fleurs blanches, très belle.

b. Feuilles à plus d'une paire de folioles.

12. G. hétérophylle. — *L. heterophyllus.*

Linn. Sp. 1034. — Ser. in DC. Prod. 2. p. 371. et Fl. fr. n.
3967. — Duby, Bot. gall. p. 156. — Gaud. Fl. helv. 4. p.
495. — Lam. Ency. 2. p. 710. — Koch, Syn. p. 201.
J. Bauh. Hist. 2. p. 304. fig. 1. (*malé*).

Cette espèce se rapproche beaucoup, par son port, du
L. sylvestris ; mais on l'en distingue de suite à ses feuilles
à 4 folioles. Tige dressée ; anguleuse, glabre, ferme, largement ailée, ainsi que les pétioles, haute de 6—10 décim. ;
feuilles ailées, terminées par une longue vrille rameuse :
les inférieures à 2, les supérieures à 4 folioles opposées,
quelquefois un peu alternes, oblongues-lancéolées ou lancéolées-linéaires, rétrécies à la base, glabres, nerveuses, à
3—5 nervures principales et à veines réticulées, un peu
obtuses, mucronées ; stipules ovales-lancéolées, demi-sagittées ; pédoncules plus longs que les feuilles, terminés par
une grappe de 6—8 fleurs roses ou purpurines, assez semblables à celles du *L. sylvestris ;* calice à dents lancéolées-
acuminées, les 2 supérieures plus courtes, larges, aiguës ;
gousse oblongue-linéaire, glabre, comprimée, nerveuse-réticulée, renfermant 8—12 graines chagrinées. ♃ (Juin—août).

Parmi les buissons : à droite de la route de Pontarlier, entre Levier
et le Souillot ; entre la Chaux-Neuve à Châtel-Blanc, vallon de Mouthe.
— Dans les montagnes autour de Pontarlier (Girod-Chant.). — Bâle,
parmi les buissons près de Cliben (C. B.).

13. G. des marais. — *L. palustris.*

Linn. Sp. 1034. — Ser. in DC. Prod. 2. p 371. et Fl.
fr. n. 3998. — Duby, Bot. gall. p. 155 — Gaud. Fl.

helv. 4. p. 494. — Lam. Ency. 2. p. 710. — Koch, Syn.
p. 202.
Tourn. Inst. tab. 218. — Tabern. ic. p. 500. fig. 2.

Tige faible, anguleuse, ailée, grimpante, glabre, peu
rameuse, haute de 6—8 décim.; pétioles non ailés, canaliculés, étroitement marginés, terminés par une vrille simple
ou rameuse, à 2—3 paires de folioles, rarement une seule,
oblongues-lancéolées ou lancéolées-linéaires, rétrécies à la
base, aiguës ou un peu obtuses, mucronées, glabres, à 3—5
nervures principales; stipules demi-sagittées, lancéolées,
aiguës, de la longueur du pétiole; pédoncules axilaires, de
la longueur des feuilles ou un peu plus longs, terminés par
une grappe de 4—6 fleurs unilatérales, bleues-violettes, de
grandeur médiocre; calice en cloche, à dents lancéolées,
aiguës, les 2 supérieures larges, plus courtes; gousse
glabre, comprimée, nerveuse-réticulée, linéaire-oblongue,
à 6—12 graines. ♃ (Juin—août).

Les prés humides et marécageux : marais d'Orbe ; et d'Yverdon, près
des bords du lac (Rapin). — Bords du lac de Bienne, entre Landeron
et Saint-Jean (Hall.). — Genève, dans les marais de Roellebot et de
Sionet (Reut.). — Les prés marécageux (Girod-Chant.). — Bâle, autour de Blotzheim (Lach. in Hagenb.).

27. OROBE. — *OROBUS*. Linn.

Calice à 5 lobes ou à 5 dents; étamines diadelphes, à
filets subulés; style linéaire ou élargi vers le haut, aplani en
dessus et velu au sommet, à stigmate droit ou recourbé;
gousse uniloculaire, bivalve, polysperme; stipule demi-
sagittée; vrille remplacée par une pointe courte, herbacée.
— Ce genre ne diffère du précédent que par les feuilles dépourvues de vrilles.

§ 1. *Fleurs jaunes.*

1. O. jaune. — *O. luteus.*

Linn. Sp. 1028. — Ser. in DC. Prod. 2. p. 378. et Fl.
fr. n. 4004. — Duby, Bot. gall. p. 158. — Gaud. Fl.

nelv. 4. p. 495. — Poir. Ency. 4. p. 625. — Koch, Syn.
p. 203.

Scop. Carn. ed. 2. tab. 41. — J. Bauh. Hist. 2. p. 543. fig.
1. — Dalech. Hist. p. 1139. fig. 1. (*malè*).

Racine rampante ; tige dressée, glabre, anguleuse, striée,
feuillée, simple ou rameuse, haute de 3—4 décim. ; feuilles
terminées par une petite languette foliacée linéaire-lancéolée,
à 3—4 paires de folioles oblongues-elliptiques, aiguës, glabres, mucronées, à nervures réticulées, un peu glauques en
dessous ; stipules ovales lancéolées, demi-sagittées, à oreillettes larges, courtes, ordinairement dentées ; pédoncules
axilaires, plus longs que les feuilles, striés, presque dressés,
terminés par une grappe de 4—8 fleurs assez grandes,
penchées, d'un jaune pâle, à la fin plus foncé, à pédicelles
de la longueur du tube du calice pubescent, en cloche, à
dents larges, triangulaires-lancéolées, aiguës, les 2 supérieures plus courtes ; style linéaire, barbu au sommet ;
gousse glabre, comprimée, linéaire-acuminée, nerveuse-
réticulée, renfermant plusieurs graines. ♃ (Juin, juillet).

Les lieux herbeux des montagnes : dans un pâturage très escarpé, à
droite en entrant dans le petit vallon d'Ardran, en montant de Thoiry
au Reculet ; au pied du rocher de la Dôle, du côté du chalet (Reut.).

§ 2. *Fleurs purpurines ou violettes.*

* *Feuilles larges.*

2. O. printanier. — *O. vernus.*

Linn. Sp. 1028. — Ser. in DC. Prod. 2. p. 377. et Fl. fr.
n. 4005. — Duby, Bot. gall. p. 158. — Gaud. Fl. helv.
4. p. 498. — Poir. Ency. 4. p. 626. — Koch, Syn. p. 202.
J. Saint Hil. Pl. fr. tab. 288. — Lam. illust. tab. 633. fig. 2.
— Moris. sect. 2. tab. 7. fig. 10. — J. Bauh. Hist. 2. p.
334. fig. 2. — Clus. Hist. 2. p. 230. fig. 1. (*ic. Dod.*).
— Dalech. Hist. p. 472. fig. 5 — Dod. pempt. p. 542.
fig. 2.

Racine dure, épaisse, tortueuse; tige dressée, simple, anguleuse, glabre, haute d'environ 5 décim.; feuilles terminées par une petite languette étroite, foliacée, à 2—5 paires de folioles ovales ou ovales-lancéolées, acuminées, glabres, très courtement ciliées-pubescentes sur les bords, d'un beau vert, à 5 nervures principales, à veines réticulées; stipules grandes, ovales, entières, demi-sagittées; pédoncules axilaires, de la longueur des feuilles ou un peu plus longs, anguleux, terminés par une grappe de 4-8 fleurs grandes, presque unilatérales, penchées, purpurines, à la fin bleuâtres, à pédicelles de la longueur du tube du calice, munis à la base d'une petite bractée écailleuse; calice en cloche, un peu coloré, gibbeux à la base, à dents lancéolées aiguës, les 2 supérieures plus courtes; étendard relevé, arrondi, un peu échancré; gousse comprimée, glabre, linéaire-acuminée, terminée par le style coudé, renfermant 6—10 graines lisses et brunes. ♃ (Avril—mai).

Cette espèce n'est pas rare dans les bois de taillis et parmi les buissons de la plaine et des montagnes : aux environs de Salins ; d'Arbois ; de Besançon ; de Pontarlier ; du Locle ; de Neuchâtel ; de Genève ; de Bâle, etc.

5. O. noircissant. — *O. niger.*

Linn. Sp. 1028. — Ser. in DC. Prod. 2. p. 378. et Fl. fr. n. 4005. — Duby, Bot. gall. p. 158. — Gaud. Fl. helv. 4. p. 497. — Poir. Ency. 4. p. 625. — Koch, Syn. p. 205. Moris. sect. 2. tab. 6. fig. 6. (*feré ead. ac Dod.*). — J. Bauh. Hist. 2. p. 354. fig. 1. (*male*). — Clus. Hist. 2. p. 230. fig. 2. — Dod. pempt. p. 551. fig. 1. (*ead.*). — Lob. ic. 2. p. 78. fig. 2. (*ead.*).

Racine épaisse, allongée; tige anguleuse, feuillée, très rameuse, dressée, presque glabre, haute de 3—6 décim.; feuilles grandes, nombreuses, terminées par une pointe ou languette subulée, à 4—6 paires de folioles ovales-oblongues, obtuses aux deux bouts, mucronées, à nervures divergentes et à veines réticulées, d'un vert glauque, noircissant presque toujours par la dessication ; stipules linéaires-lancéolées, aiguës, demi-sagittées, presque de la longueur du pétiole ; pédoncules axilaires, plus longs que les feuilles, un peu pubescents, ainsi que le calice, terminés par 4—8 fleurs purpurines, bientôt d'un bleu livide, de grandeur médiocre ; calice en cloche, à dents larges, triangulaires, aiguës, les 2 supérieures très courtes ; style linéaire, barbu du milieu au sommet ; gousse glabre, un peu comprimée, linéaire-acuminée, terminée par le style coudé, renfermant un petit nombre de graines globuleuses. ⚥ (Juin, juillet).

Çà et là, dans les bois de taillis et parmi les buissons, assez rare : Salins, dans les bois de Poupet, de Bagney, d'Onay, de Veley, etc. — Autour de Monchérand ; à Pierrabot, au-dessus de Neuchâtel (Hall.). — Dans le bois près de Bière, au pied du Montendre (Gaud.). — Genève, dans les bois et les haies, dans toute la plaine ; au bois de la Bâtie ; des Frères ; du Vangeron, etc., etc. (Reut.).

** *Feuilles étroites.*

4. O. tubéreux. — *O. tuberosus.*

Linn. Sp. 1028. — Ser. in DC. Prod. 2. p. 378 et Fl. fr. n. 4006. — Duby, Bot. gall. p. 159. — Gaud. Fl. helv. 4. p. 499. — Poir. Ency. 4. p. 626. — Koch, Syn. p. 202.

Racine composée de fibres dures, s'épaississant çà et là en des espèces de tubérosités noirâtres en dehors, blanches en dedans, de la grosseur d'une noisette ; tiges dressées, presque simples, faibles, souvent un peu couchées à la base, anguleuses, un peu ailées, hautes d'environ 3 décim. ; feuilles à 2—3, rarement 4 paires de folioles étroites, oblongues-lancéolées, elliptiques, obtuses, mucronées, à 3—5 nervures principales, à veines réticulées, d'un vert glauque, un peu cendré en dessous, glabres, marquées de points blancs visibles à la loupe ; pétiole ailé, terminé par une pointe subulée ; stipules lancéolées, demi-sagittées, presque de la longueur du pétiole, quelquefois un peu dentées à la base ; pédoncules axilaires, plus longs que les feuilles, terminués par 4—6 fleurs d'un rose pourpre devenant bientôt bleuàtre ; calice glabre, souvent coloré, à dents larges, triangulaires-lancéolées, aiguës', les 2 supérieures très courtes ; gousse glabre, penchée, linéaire, un peu comprimée, aiguë, terminée par le style coudé', renfermant 6—10 graines brunes, lisses, globuleuses. ♃ (Avril—juin).

Assez commun dans les bois et les lieux ombragés, mais moins que l'*O. vernus* : Salins, dans les bois de Poupet, de Bagney, de la Chapelle, de Cramans ; à Boujaille et à Levier, parmi les buissons, etc. — Aux environs de Genève ; de Nyon ; de Bàle, etc.

β. *Tenuifolius.* Ser. in DC. Prod. 2. l. c. var ♂. — Koch, Syn. p. 202. — *O. gracilis.* Gaud. Fl. helv. 4. p. 500. — Feuilles plus étroites, linéaires-lancéolées.

Salins, plus rare que la var. α.

5. O. à feuilles très étroites. — *O. canescens.*

Linn. fils, supp. p. 327. — Ser. in DC. Prod. 2. p. 379. var. ♂. *tenuis* (*ex auctore*). — Duby, Bot. gall. p. 159. var. γ. — Koch, Syn. p. 205. (*in obs. O. versicoloris*). — *O. filiformis.* Lam. Fl. fr. 2. p. 568. — DC. Fl. fr. supp. n. 4007. var. β. *tenuis.*

J. Bauh. Hist. 2. p. 326. fig. 1. (*benè, sed foliis fasciculatis, non basi distinctis*).

Tiges glabres, striées, anguleuses, presque tétragones, fermes, dressées, souvent coudées à la base, ordinairement simples, garnies de 4—6 feuilles, hautes de 3—4 décim., terminées par 1—2 grappes de fleurs axilaires, plus longues que les feuilles, la supérieure dépassant souvent la tige ; feuilles ailées, presque sessiles, dressées, terminées par une petite languette subulée longue de 5—7 millim., à 2—5 paires de folioles étroites, linéaires-acuminées, rétrécies à la base, longues de 4—5 centim., larges de 2—4 millim., glabres, quelquefois légèrement pubescentes, nerveuses, à 3—5 nervures principales : plus étroites dans les feuilles supérieures, plus courtes et quelquefois au nombre de 2 seulement dans les inférieures : stipules très étroites, demi-sa-

gittées, lancéolées-acuminées, à 5 nervures, souvent légèrement ciliées à leur partie supérieure, à oreillettes réfléchies, quelquefois munies d'une dent à la base, atteignant et
dépassant même la base des folioles supérieures; pédoncules
plus longs que les feuilles, dressés, anguleux, terminés par
4—6 fleurs grandes, unilatérales, à étendard et ailes d'un
beau bleu-violet, à carène blanchâtre, portées sur des pédicelles courts, égalant le tube du calice, munis à la base
d'une petite bractée élargie, tronquée, irrégulièrement
dentelée; calice en cloche, souvent coloré en dessus, à 5
nervures principales saillantes, qui se prolongent sur les
dents triangulaires-lancéolées aiguës du calice, les 2 supérieures plus courtes, conniventes; étendard large, redressé, étalé, arrondi, profondément échancré en cœur au
sommet, plus long que les ailes qui dépassent la carène;
gousse droite, comprimée, veinée-réticulée; style genouillé,
comprimé-aplani, barbu en dessus du milieu au sommet.
♃ (Juin, juillet).

Commun autour des buissons, dans les pâturages buissonneux de
Boujaille, où je l'ai découverte il y a plus de vingt ans. — Champagnole
(J. Bauh., en 1590). — Les montagnes autour de Pontarlier (Girod-
Chant.). — J'ai trouvé quelques échantillons de cette plante à fleurs
d'une couleur plus pâle, presque rosées; serait-ce la *var. β. palescens.*
Ser. in DC. Prod. 2. 1. c.? J'ai remis à M. Seringe, à Genève, en 1827,
des échantillons de cette espèce qu'il a reconnue pour sa *var. δ. tenuis*
de l'*O. canescens*, mais alors je n'avais pas encore trouvé la variété à
fleurs pâles. Ma plante est tout-à-fait différente de l'*O. atropurpurens*
de Desfont., d'après mes échantillons du Jardin-des-Plantes de Paris.

TRIBU IV. — PHASÉOLÉES. Bronn.

Gousse uniloculaire ou divisée intérieurement par des
cloisons lâchement celluleuses, séparant les graines. Cotylédons épais, ne changeant point pendant la germination,
ou se transformant en feuilles épaisses. — Feuilles primordiales opposées.

28. HARICOT. — *PHASEOLUS*. Linn.

Calice à 2 lèvres, la supérieure à 2 dents, l'inférieure à 3 ; style barbu à sa partie supérieure, contourné en spirale avec les étamines et la carène ; ovaire entouré d'une petite gaîne à la base ; gousse bivalve, à plusieurs graines presque séparées intérieurement par des cloisons lâchement celluleuses ; arille linéaire couvrant l'ombilic.

1. H. multiflore. — *P. multiflorus.*

Willd. Sp. 3. 1030.—DC. Prod. 2. p. 392. et Fl. fr. n. 3913. — Duby, Bot. gall. p. 160. — Lam. Ency. 3. p. 70. — Koch, Syn. p. 204. — *P. coccineus.* Gaud. Fl. helv. 4. p. 479. — *P. vulgaris. var. β. coccineus.* Linn. Sp. 1016. J. Saint-Hil. Pl. fr. tab. 183. — Moris. sect. 2. tab. 5. fig. 4.

Tige glabre, volubile, s'élevant jusqu'à la hauteur de 4—5 mètres ; feuilles à 3 folioles ovales-acuminées, larges, portées sur un pétiole allongé, canaliculé en dessus, la moyenne pétiolulée, munie de 2 petites stipules lancéolées, que l'on retrouve à la base des folioles latérales un peu obliques, presque sessiles ; fleurs d'un rouge écarlate très vif, blanches dans une variété, disposées en grappe sur des pédoncules axilaires, plus longs que les feuilles, portées sur des pédicelles pubescents, géminés, munis à la base d'une petite bractée lancéolée-membraneuse, et au sommet de 2 autres appliquées contre le calice et plus courtes que lui ; gousses arquées, pendantes, très grandes, renfermant des graines d'un rose-violet, marbrées de taches noires, blanches dans la variété à fleurs blanches : j'ai cependant obtenu la variété blanche en semant des graines violettes. ⚲ (Juin— août).

Originaire de l'Amérique méridionale, cultivé comme fleur d'ornement, sous les noms de *Haricot d'Espagne*, *Haricot à fleurs écarlates* ; ses gousses et ses graines sont aussi bonnes à manger que celles du haricot commun.

2. H. commun. — *P. vulgaris.*

Linn. Sp. 1016. — DC. Prod. 2. p. 592. et Fl. fr. n. 3942.
— Duby, Bot. gall. p. 160. — Gaud. Fl. helv. 4. p. 479.
— Lam. Ency. 5. p. 71. — Koch, Syn. p. 204.
Lam. illust. tab. 610. fig. 1. 2. 5. — Moris. sect. 2. tab. 5.
fig. 1. — J. Bauh. Hist. 2. p. 255. fig. 1. — Tabern. ic. p.
488. fig. 1. et 2. et p. 489. fig. 1. — Dalech. Hist. p. 474.
fig. 1. — Dod. pempt. p. 519. fig. 1. — Lob. ic. 2. p. 59.
fig. 2.

Tige presque glabre, volubile, s'élevant à 15—20 décim.
et plus, rameuse, à rameaux supérieurs allant en diminuant
de grandeur, ainsi que les feuilles et les grappes de fleurs,
vers le sommet; feuilles à 5 folioles ovales-acuminées, pubescentes, un peu rudes au toucher, la moyenne pétiolulée,
les latérales obliques, presque sessiles, munies, comme
dans l'espèce précédente, de petites stipules lancéolées-
aiguës, portées sur un pétiole allongé, canaliculé; pédoncules axilaires, ordinairement plus courts que les feuilles,
terminés par une grappe de fleurs géminées, peu garnie,
à pédicelles munis au sommet de bractées étalées, plus
courtes que le calice; fleurs ordinairement blanches, jaunâtres avant leur développement; gousses allongées, presque
droites, pendantes, terminées en bec naissant de la suture
supérieure; graines 5—7, réniformes-oblongues, blanches,
rouges ou marbrées. ① (Juin—août).

Cette espèce, originaire des Indes-Orientales, est généralement cultivée dans les jardins, les champs, les vignes : il en existe un grand
nombre de variétés, que l'on trouve décrites dans les ouvrages d'horticulture.

3. H. nain. — *P. nanus.*

Linn. Sp. 1017. — Gaud. Fl. helv. 4. p. 480. — DC. Fl. fr.
n. 3944. — Lam. Ency. 5. p. 74. — *P. compressus.* DC.
Prod. 2. p. 592. α. — Duby, Bot. gall. p. 160. α.
Dalech. Hist. p. 472. fig. 1? (*pessima*).

Tige de 5–6 décim., dressée, rarement presque volubile, rameuse, anguleuse ; feuilles à 3 folioles ovales-acuminées, pubescentes-rudes, les latérales obliques ; fleurs blanches, en grappes fournies, à pédoncules plus courts que les feuilles, portées sur des pédicelles géminés, munis au sommet de bractées plus grandes que le calice ; gousse allongée, presque droite, à bec naissant du milieu, comprimée, légèrement bosselée, pendante ; graines blanches, ovoïdes-obtuses, comprimées. ⊙ (Juin — août). Vulg. *Haricot nain, Haricot sans rames.*

Originaire des Indes-Orientales ? cultivée comme l'espèce précédente, à laquelle on la préfère quelquefois, parce qu'elle ne rame point : il en existe aussi plusieurs variétés.

FAMILLE XXX.

Cæsalpinées. R. Brown.

Calice caduc ou marcescent, à 5 dents ou à 2 lèvres ; corolle irrégulière, papilionacée ou presque rosacée, insérée au fond du calice, à 5 pétales libres, périgyne ; étamines libres, inégales, insérées avec les pétales ; ovaire libre ; placenta unilatéral. Graine dépourvue de périsperme ; embryon droit. — Feuilles alternes, munies de stipules.

1. GAINIER. — *CERCIS.* Linn.

Calice à 5 dents, gibbeux à la base ; corolle à 5 pétales, papilionacée ; étamines 10, libres, inégales, déjetées ; gousse uniloculaire, comprimée, polysperme.

1. G. arbre de Judée. — *C. siliquastrum.*

Linn. Sp. 534. — DC. Prod. 2. p. 518. et Fl. fr. n. 3797. — Duby, Bot. gall. p. 161. — Lam. Ency. 2. p. 585. — Koch, Syn. p. 204.

Lam. illust. tab. 528. — Clus. Hist. 1. p. 15. fig. 1. (*fol. nimis acuta*). — Tabern. ic. p. 1025. fig. 2. — Dalech. Hist. p. 220. fig. 1. — Dod. pempt. p. 786. fig. 1. (*ead.*). Lob. ic. 2. p. 195. fig. 1.

Arbre s'élevant à la hauteur de 6—8 mètres, sur un tronc assez droit, à écorce brune ou noirâtre, un peu gercée, à branches plus ou moins étalées, disposées en tête lâche, à jeunes rameaux d'un pourpre brun ; feuilles alternes, simples, entières, glabres, arrondies, échancrées en cœur à la base, souvent réniformes; fleurs paraissant avant les feuilles, rouges ou d'un pourpre-rose éclatant, pédonculées, très nombreuses, en bouquets ou grappes courtes plus ou moins fournies, disposées irrégulièrement le long des rameaux et même sur le tronc ; gousses larges, allongées, planes, glabres, membraneuses, renfermant 9—10 graines petites, d'un brun foncé, ovoïdes, comprimées, lisses, marquées d'un grand nombre de points enfoncés, comme si elles avaient été piquetées avec la pointe d'une épingle. ♄ (Avril, mai).

Les forêts, les rochers du midi de la France : cultivé dans les bosquets et les jardins d'agrément, libre, en massif ou en palissade, pour cacher les murs d'enceinte.

FAMILLE XXXI.

Amygdalées. Koch.

CALICE à 5 dents ou lobes, garni intérieurement d'une lame nectarifère un peu charnue ; pétales 5 ; étamines 20, libres, à estivation infléchie, insérées avec les pétales sur le bord du calice ; ovaire libre, uniloculaire, renfermant 2 ovules pendants ; style 1 ; stigmate simple ; drupe contenant un noyau renfermant 1—2 graines. Embryon droit, sans périsperme, enveloppé d'un endoplèvre épaissi ; radicule tournée vers l'ombilic. — Arbres ou arbustes à feuilles alternes, munies de stipules.

I. AMANDIER. — *AMYGDALUS*. Linn.

Drupe couverte d'un duvet court, velouté, à chair fibreuse, non succulente, se séparant irrégulièrement à la maturité, renfermant un noyau à coque poreuse, lisse.

1. A. commun. — *A. communis*

Linn. Sp. 677. — Ser. in DC. Prod. 2. p. 530. et Fl. fr. n. 3793. — Duby, Bot. gall. p. 162. — Gaud. Fl. helv. 3. p. 303. — Lam. Ency. 1. p. 102. — Koch, Syn. p. 203.

J. Saint-Hil. Pl. fr. tab. 651. — Chaum. Fl. méd. tab. 19. — Lam. illust. tab. 430. fig. 2. — J. Bauh. Hist. 1. p. 1. p. 174. fig. 1. (*pessima*). — Tabern. ic. p. 996. fig. 2. — Dalech. Hist. p. 317. fig. 1. — Dod. pempt. p. 798. fig. 1.

Arbre d'environ 4—6 mètres de hauteur, à bois dur, à écorce cendrée, un peu gercée, celle des rameaux lisse, verdâtre; feuilles alternes, obongues-lancéolées, glabres, dentées en scie, à dents inférieures glanduleuses, ainsi que le sommet du pétiole dont la longueur égale au moins la largeur de la feuille; fleurs solitaires ou géminées, éparses le long des rameaux, presque sessiles, assez grandes, blanches-rosées vers le centre, paraissant avant les feuilles; fruits ovoïdes, un peu comprimés, cotonneux, à chair dure, non succulente; amandes douces ou amères. ♄ (Février—avril).

Originaire de la Mauritanie, cultivé, mais rarement, dans quelques jardins, aux endroits chauds et abrités : on en distingue deux variétés principales à coque tendre ou dure :

α *Amara*. Ser. in DC. Prod. 2. l. c. — DC. Fl. fr. l. c. var. β. — Gaud. Fl. helv. 3. l. c. var. β. — Style égalant presque les étamines, cotonneux à la base; amande amère.

β. *Dulcis*. Ser. in DC. Prod. 2. l. c. — DC. Fl. fr. l. c. var. α. — Gaud. Fl. helv. 3. l. c. var. α. — Style beaucoup plus long que les étamines ; fruit plus aigu ; amande douce.

Les amandes douces sont d'un goût très agréable, surtout lorsqu'elles sont fraîches ; sèches on en prépare différentes boissons ; leur émulsion est la base des loocks et du sirop d'orgeat, employés comme rafraîchissants et tempérants ; elles renferment une huile douce comestible, employée en parfumerie et en médecine, etc. Les amandes amères contiennent une très petite quantité d'acide prussique ou hydrocianique.

2. PÊCHER. — *PERSICA.* Tourn.

Drupe charnue, succulente, arrondie, cotonneuse ou glabre, indéhiscente, renfermant un noyau marqué de sillons profonds, irrégulièrement anostomosés.

1. P. commun. — *P. vulgaris.*

Mill. Dict. n. 1. — Ser. in DC. Prod. 2. p. 531. et Fl. fr. n. 3794. — Duby, Bot. gall. p. 162. — Koch, Syn. p. 205. — *Amygdalus Persica.* Linn. Sp. 677. — *A. Persica. I. lanuginosa.* Gaud. Fl. helv. 3. p. 302. — Lam. Ency. 1. p. 98.

Chaum. Fl. méd. tab. 566. — Lam. illust. tab. 430. fig. 1. — Dod. pempt. p. 796. fig. 1. — Lob. ic. 2. p. 139. fig. 2.

Arbre de 4—5 mètres de hauteur, ayant peu de racines, d'une courte durée, sujet à geler dans les hivers rigoureux, à écorce cendrée, à un petit nombre de branches éparses, peu fournies et donnant peu d'ombrage, à jeunes rameaux verdâtres, feuillés, souvent un peu rougeâtres ; feuilles oblongues-lancéolées, glabres, dentées en scie, alternes, portées sur des pétioles plus courts que dans l'*Amandier*, égalant seulement la moitié de la largeur de la feuille ; fleurs sessiles, solitaires, rosées ou rouges, paraissant avant les feuilles, à calice velu, à 5 lobes ovales, obtus, ponctué de rouge, cotonneux au sommet ; pétales ovales, élargis ; style ne dépassant pas les étamines à anthères purpurines ;

fruit arrondi, presque globuleux, à chair épaisse, succulente, d'un goût très agréable, marqué d'un sillon longitudinal, couvert d'un duvet court, peu adhérent. ♄ (Mars, avril).

Originaire de Perse : généralement cultivé dans les jardins et les vignes, où il se reproduit souvent spontanément. — Les feuilles et les fleurs de pêcher sont légèrement purgatives et vermifuges; les fruits sont laxatifs; les amandes sont amères, oléifères et contiennent un peu d'acide hydrocyanique. On divise le pêcher en deux variétés principales :

α. *Carne à nucleo secedente.* — Ser. in DC. Prod. 2. l. c. et Fl. fr. l. c. — *A. Persica. I. lanuginosa.* var. α. Gaud. Fl. helv. 3. l. c. — Chair molle, succulente, non adhérente au noyau. Vulg. *Pêche.*

β. *Carne nucleo adhærente.* — Ser. in DC. Prod. 2. l. c. et Fl. fr. l. c. — *A. Persica. I. lanuginosa.* var. β. Gaud. Fl. helv. 3. l. c. — — Chair adhérente au noyau, même à la maturité. Vulg. *Pavie.*

2. P. à fruit lisse. — *P. lœvis.*

DC. Fl. fr. n. 3795. — Ser. in DC. Prod. 2. p. 531. — Duby, Bot. gall. p. 163. — *P. vulgaris. var. β. lœvis.* Koch, Syn. p. 205. — *A. Persica. II. lœvis.* Gaud. Fl. helv. 3. p. 503.

Cette espèce diffère de la précédente par ses fruits dont la chair est plus ferme, la peau lisse, entièrement dépourvue de duvet, à noyau moins sillonné, et dont la saveur et l'odeur même est différente. ♄ (Mars, avril).

Cultivé dans quelques jardins. On divise cette espèce, comme la précédente, en deux variétés principales :

α. *Carne à nucleo secedente.* — Ser. in DC. Prod. 2. l. c. et Fl. fr. l. c. — *A. Persica. II. lœvis. var. α.* — Gaud. Fl. helv. 3. l. c. — Chair molle, non adhérente au noyau. Vulg. *Pêche violette.*

β. *Carne nucleo adhærente.* — Ser. in DC. Prod. 3. l. c. et Fl. fr l. c. — *A. Persica. II. lœvis. var. β.* Gaud. Fl.

helv. 3. l. c. — Chair ferme, adhérente au noyau. Vulg.
Brugnon.

3. ABRICOTIER. — *ARMENIACA.* Tourn.

Drupe ovoïde-globuleuse, charnue, succulente, marquée
d'un sillon latéral, recouverte d'un duvet fin et court, renfermant un noyau ovoïde, comprimé, lisse, dont l'un des
bords est obtus, l'autre aigu et marqué d'un sillon de chaque
côté.

1. A. commun. — *A. vulgaris.*

Lam. Ency. 1. p. 2. — Ser. in DC. Prod. 2. p. 532. et Fl.
   fr. n. 3792. — Duby, Bot. gall. p. 163. — *Prunus Ar-
   meniaca.* Linn. Sp. 679. — Gaud. Fl. helv. 3. p. 313.
   — Koch, Syn. p. 205.
J. Saint-Hil. Pl. fr. tab. 803. — Lam. illust. tab. 431. —
   J. Bauh. Hist. 1. p. 1. p. 227. fig. 2. — Tabern. ic. p.
   993. fig. 1. et 2. — Dalech. Hist. p. 297. fig. 1. — Dod.
   pempt. p. 797. fig. 1.

Arbre de moyenne grandeur, s'élevant à 4—5 mètres à
l'état libre, à écorce brune, à rameaux étalés, disposés en
tête assez large; feuilles alternes, grandes, fermes, glabres,
doublement dentées en scie, ovales ou presque en cœur,
acuminées au sommet; fleurs blanches, presque sessiles le
long des rameaux, solitaires ou géminées, paraissant avant
les feuilles ; fruit plus ou moins jaune ou rougeâtre, ovoïde
ou presque globuleux, marqué d'un sillon latéral, de grosseur variable. ♄ (Mars, avril).

Cet arbre, originaire d'Arménie, est généralement cultivé dans les
jardins, soit en espalier, soit en plein-vent. On en distingue plusieurs
variétés, plus ou moins estimées, selon le goût et la grosseur du
fruit. — Les abricots sont rafraîchissants, d'une saveur très agréable et
sucrée : on les mange crus ou confits à l'eau-de-vie ; on en fait des pâtes
et des marmelades très adoucissantes. L'abricotier se greffe, ainsi que
le pêcher, sur le prunier et l'amandier.

4. PRUNIER. — *PRUNUS.* Juss.

Drupe ovoïde ou oblongue, charnue, très glabre, succulente, recouverte d'une poussière glauque, renfermant un noyau lisse, ovoïde-oblong, un peu comprimé, sillonné sur les bords, aigu aux deux bouts.

1. P. épineux. — *P. spinosa.*

Linn. Sp. 681. — Ser. in DC. Prod. 2. p. 532. et Fl. fr. n. 3788. — Duby, Bot. gall. p. 165. — Gaud. Fl. helv. 3. p. 312. — Poir. Ency. 5. p. 679. — Koch, Syn. p. 205. J. Saint-Hil. Pl. fr. tab. 796. — J. Bauh. Hist. 1. p. 1. p. 195. fig. 1. — Tabern. ic. p. 992. fig. 2. (*spinæ desunt*). — Dalech. Hist. p. 150. fig. 1. — Dod. pempt. p. 752. fig. 2. — Lob. ic. 2. p. 176. fig. 1.

Arbrisseau de grandeur médiocre, rameux, diffus, à rameaux divariqués, devenant très épineux, formant souvent des buissons épais, à écorce d'un brun noirâtre ; feuilles obovales-elliptiques, ou largement lancéolées, petites, dentelées en scie, à la fin glabres, d'un goût d'amande amère ; fleurs blanches, petites, nombreuses, situées dans des bourgeons solitaires, géminés ou ternés, uniflores, à pédoncule glabre, disposées le long des rameaux en forme de grappes allongées, paraissant avant les feuilles ; fruits petits, arrondis, globuleux, peu charnus, d'un noir bleuâtre, recouverts d'une poussière glauque, verdâtres en dedans, très acerbes, s'attendrissant et s'adoucissant par la gelée, et pouvant alors être mangés. ♄ (Mars, avril).

Très commun dans les bois, les haies et les buissons : cet arbrisseau est vulgairement connnu sous les noms de *Prunellier* et d'*Épine noire.*

2. P. sauvage. — *P. insititia.*

Linn. Sp. 680. — Ser. in DC. Prod. 2. p. 552. — Duby, Bot. gall. p. 165. — Gaud. Fl. helv. 3. p. 311. — Koch,

Syn. p. 205. — *P. domestica. var. β. insititia.* DC.
Fl. fr. n. 5790. — Poir. Ency. 5. p. 678. var. **A.**

Cet arbrisseau se rapproche du *Prunellier* par son port,
et du *Prunier domestique* par plusieurs de ses caractères,
de sorte qu'il paraît tenir le milieu entre ces deux espèces :
il se rapproche cependant davantage de la première, dont il
diffère par sa tige plus élevée, acquérant 2—3 mètres de
hauteur, à rameaux également épineux, mais beaucoup
moins ; par ses feuilles plus grandes, ovales, un peu obtuses,
pubescentes en dessous, presque glabres en dessus, dentées-
crénelées ; par ses fleurs un peu plus grandes, ordinairement géminées dans chaque bourgeon, moins nombreuses le
long des rameaux, à pédoncules plus longs, légèrement pubescents, ainsi que les jeunes rameaux, à lobes du calice
un peu dentelés-glanduleux ; enfin par ses fruits plus gros,
également acerbes, peut-être moins. Cette espèce serait-elle
la variété sauvage du *Prunier domestique ?* ♄ (Avril, mai).

Çà et là, aux environs de Salins, dans les lieux incultes du vignoble.
— Dans les rocailles, derrière le château de Blamont (Girod-Chant.).
— Aux environs de Bâle (Hagenb.). — Genève, dans les haies çà et là,
près d'Aïre, etc. (Reut.).

5. P. domestique. — *P. domestica.*

Linn. Sp. 680. — Ser. in DC. Prod. 2. p. 533. et Fl. fr. n.
3790. — Duby, Bot. gall. p. 165. — Gaud. Fl. helv. 5. p.
510. — Poir. Ency. 5. p. 675. — Koch, Syn. p. 206.
J. Bauh. Hist. 1. p. 1. p. 184. fig. 1. — Dalech. Hist, p. 514.
fig. 1. — Dod. pempt. p. 805. fig. 1.

Arbre de hauteur médiocre, s'élevant seulement à 4—6
mètres, à écorce brune, un peu cendrée, à rameaux étalés,
non épineux ; feuilles courtement pétiolées, d'un vert
sombre, ovales-elliptiques, un peu velues en dessous, obtusément dentées en scie ; fleurs blanches, paraissant avant les
feuilles, ordinairement géminées dans chaque bourgeon, à
pédoncules pubescents, à jeunes rameaux glabres, à lobes
du calice dressés, ovales, arrondis au sommet, à pétales

elliptiques ; fruits ovoïdes ou oblongs, d'un noir bleuâtre, recouverts d'une poussière glauque. ♄ (Avril, mai).

Cultivé partout : se trouve çà et là à l'état sauvage dans les haies et buissons, aux environs de Salins. — De Besançon (Girod-Chant.). — De Genève (Reut.). — De Bâle (Hagenb.) ; ses rameaux deviennent quelquefois épineux au sommet : il se rapproche alors beaucoup de l'espèce précédente. — Le Prunier, originaire d'Orient et du midi de l'Europe, est naturalisé depuis un temps immémorial. La culture en a produit un grand nombre de variétés que l'on distingue à leurs fruits ovoïdes ou globuleux, de couleur violacée, jaunâtre ou verdâtre, à chair plus ou moins ferme ou fondante, d'une saveur plus ou moins sucrée, parmi lesquelles on distingue : la *Reine-Claude*, la *Mirabelle*, la *Sainte-Catherine*, etc., que l'on peut mettre au nombre de nos meilleurs fruits. Les prunes sont laxatives, et, mangées en trop grande quantité, elles occasionnent souvent des diarrhées opiniâtres. Séchées au soleil, après les avoir passées au four, on en forme des *Pruneaux*, qui donnent un aliment agréable, d'une saveur douce et sucrée lorsqu'ils sont préparés avec les meilleures espèces, telles que la *Couetsche*, la *Reine-Claude*, la *Sainte-Catherine*, etc. L'écorce du prunier laisse exsuder une gomme semblable à celle du Pêcher, de l'Abricotier et du Cerisier.

5. CERISIER. — *CERASUS*. Juss.

Drupe globuleuse ou ombiliquée à la base, charnue, très glabre, non recouverte de poussière glauque, légèrement sillonnée d'un côté, renfermant un noyau presque globuleux, lisse, à angle latéral peu marqué.

§ 1. *Fleurs géminées ou en ombelle*. — Cerasophora. **DC.**

1. C. Mérisier. — *C. avium*.

Mœnch. Méth. p. 672. — Ser. in **DC.** Prod. 2. p. 535. et Fl. fr. n. 3786. — Duby, Bot. gall. p. 163. — *Prunus avium*. Linn. Sp. 680. — Gaud. Fl. helv. 3. p. 309. — Poir. Ency. 5. p. 671. var. *α*. — Koch, Syn. p. 206. var. *α*. J. Saint-Hil. Pl. Fr. tab. 512. — J. Bauh. Hist. 1. p. 1. p. 220. fig. 1. (*pessima*) — Tabern. ic. p. 986. fig. 2. — Dod. pempt. p. 820. fig. 1.

Arbre élevé, atteignant dans nos taillis la hauteur de
10—12 mètres et plus, à bois rougeâtre, veiné, à branches
étalées, à écorce lisse, d'un gris blanchâtre ; feuilles grandes,
pendantes, longuement pétiolées, obovales ou oblongues,
doublement dentées en scie, terminées par une petite languette entière, glabres et vertes en dessus, plus pâles et
poilues en dessous, munies de 2 glandes à la base sur le pétiole ; fleurs blanches, portées sur de longs pédoncules, ordinairement géminées dans chaque bourgeon, éparses ou
réunies en une sorte d'ombelle sessile, un peu pendante,
paraissant avec les feuilles ou un peu avant ; lobes du calice
ovales ou oblongs, obtus, réfléchis, souvent colorés; pétales
ovales-concaves, un peu échancrés au sommet ; fruits petits,
peu charnus, rouges ou noirs, d'une saveur douce et
agréable. ♄ (Avril, mai).

Cet arbre n'est pas rare dans nos bois de taillis, mais la variété à
fruits noirs y est beaucoup moins commune que l'autre. On cultive trois
variétés de cette espèce : une à fruits plus gros, d'un pourpre noirâtre,
à noyau rouge, dont on obtient par la distillation le *Kirschwasser;*
une autre à fruits blancs ou jaunâtres, et une troisième à fleurs doubles,
qui fait au printemps l'ornement des jardins et des bosquets, connue
sous le nom de *Mérisier à fleurs doubles.*

2. C. Bigarreautier. — *C. Duracina.*

DC. Fl. fr. n. 3787. — Ser. in DC. Prod. 2. p. 533. —
Duby, Bot. gall. p. 163. — *Prunus duracina.* Gaud. Fl.
helv. 3. p. 308. — *P. avium.* var. 1°. 2°. 3°. Poir. Ency.
5. p. 672. — *P. avium. var.* γ. *duracina.* Koch, Syn.
p. 206. — *P. cerasus. var.* κ. *et* λ. Linn. Sp. 679.
J. Saint-Hil. Pl. fr. tab. 516. — J. Bauh. Hist. 1. p. 1. p.
221. fig. 1. — Tabern. ic. p. 983. fig. 1.

Arbre élevé, à rameaux dressés ou ascendants, à peine
étalés à l'état adulte, à bourgeons gros, obtus; feuilles
grandes, obovales-oblongues, acuminées, pendantes, régulièrement dentées, à pétiole et nervures souvent rougeâtres;
fleurs peu ouvertes, naissant 5—6 ensemble du même
bourgeon, peu de temps avant les feuilles; fruit gros,

presque en cœur, marqué sur le côté d'un léger sillon, rouge ou noirâtre, à chair ferme et cassante, adhérente à la peau, d'une saveur douce, renfermant un noyau ovoïde, à pédoncule grêle, allongé. ♄ (Avril , mai).

Cet arbre, qui ne se trouve point à l'état sauvage, est assez généralement cultivé, mais beaucoup moins fréquemment que l'espèce suivante : on le multiplie en le greffant sur le Mérisier. On en connait plusieurs variétés, parmi lesquelles on distingue : le *Cœur-de-pigeon*, le *Cerisier de quatre à la livre*, le *Bigarreautier à fruits blancs ou jaunes*, etc.

3. C. Guignier. — *C. Juliana.*

DC. Fl. fr. n. 3785. — Ser. in DC. Prod. 2. p. 536. — Duby, Bot. gall. p. 164. — *Prunus juliana.* Gaud. Fl. helv. 3. p. 308. — *P. cerasus. var.* A. *Guignier.* Poir. Ency. 5. p. 669. — *P. cerasus var.* ε. Linn. Sp. 679. — *P. avium, var.* β. Koch, Syn. p. 206. Chaum. Fl. méd. tab. 109. — Tabern. ic. p. 986. fig. 1.

Arbre s'élevant jusqu'à la hauteur de 10—12 mètres, ayant ses branches dressées dans la jeunesse, peu étalées dans la vieillesse ; feuilles grandes, souvent pendantes, assez profondément dentées en scie, glabres sur les deux faces, obovales-oblongues, acuminées ; fleurs grandes, peu ouvertes ; fruit gros, presque en cœur, d'une couleur rouge ou noirâtre, couvert d'une peau très adhérente à la chair qui est tendre, succulente, douce, agréable au goût, jamais acide, adhérente au noyau, à suc coloré ou blanchâtre. ♄ (Avril , mai).

Cette espèce est la plus généralement cultivée dans les jardins, les vignes et les vergers. On en distingue plusieurs variétés, dont les plus remarquables sont : la *Cerise commune*, le *Guignier précoce* ou *de Pentecôte* ; le *Guignier à gros fruits blancs*, *à gros fruits noirs*, etc.

4. C. Griottier. — *C. Caproniana.*

DC. Fl. fr. n. 3784. — Ser. in DC. Prod. 2. p. 536. — Duby, Bot. gall. p. 164. — *Prunus caproniana.* Gaud.

Fl. helv. 3. p. 507. — *P. cerasus. var. α. β. γ.* Linn. Sp. 679. — Poir. Ency. 5. p. 668. var. *α.* — Koch, Syn. p. 206. var. *α. acida.*

Lam. illust. tab. 432. fig. 2. — Tabern. ic. p. 985. fig. 2.

L'espèce que nous décrivons ici, qui paraît être la *Cerasa acida rubella* de J. Bauh. Hist. 1. p. 1. p. 221. (*sine icone*), croît spontanément aux environs de Salins, où elle est généralement connue sous le nom de *Cerisier aigre* et le fruit sous celui de *Cerises aigres.* Elle s'élève peu et atteint rarement la hauteur de 3—4 mètres, restant presque toujours sous la forme d'arbrisseau rameux dès la base, diffus, à rameaux grêles, flexibles, étalés, à écorce d'un brun foncé, un peu grisâtre, à racines rampantes, stolonifères; feuilles obovales oblongues, acuminées, doublement dentées en scie, à dents glanduleuses au sommet, de grandeur médiocre, munies à la base ou sur le pétiole de 2—4 glandes rougeâtres, assez grosses, glabres sur les deux faces, un peu plus pâles en dessous; fleurs blanches, ouvertes, grandes, portées sur des pédoncules épais, plus courts que dans les espèces précédentes, géminées, disposées en ombelles sessiles, de 4—6 fleurs, souvent réunies plusieurs ensemble et formant le long des rameaux, surtout vers l'extrémité, des bouquets plus ou moins fournis; calice à 5 lobes ovales, obtus, arrondis au sommet, dentés-glanduleux, réfléchis sur le tube qu'ils recouvrent, étant à peu près de même longueur; pétales obovales, arrondis au sommet, peu ou point échancrés; fruit gros, d'un rouge clair, globuleux, un peu comprimé dans le sens de la longueur, très charnu, à chair et suc non colorés, d'une saveur aigre lorsqu'il n'est pas entièrement mûr, d'un acide doux et agréable à la parfaite maturité, mais laissant un léger goût acerbe; la chair, qui est tendre et très succulente, se détache facilement du noyau, qui reste souvent adhérent au pédoncule lorsqu'on veut en séparer le fruit; le noyau est petit, renflé, presque globuleux, légèrement caréné d'un côté. ♄ (Avril, mai).

Commun aux environs de Salins, au pied des montagnes, dans les lieux rocailleux et incultes, à la limite supérieure des vignes. — Nyon, sur la colline à l'embouchure du Boiron (Gaud.). — Genève, à Sous-Terre, au bois de la Bâtie (Reut.). — La plante des environs de Nyon et de Genève parait, d'après la description de Gaudin, différente de la nôtre; car les expressions : *Flores minores quam speciei sequentis* (*P. Juliana*); *fructus non magnus, globosus, atro-rubens*, ne peuvent convenir à notre espèce, qui parait être le type sauvage du cerisier de Montmorency.

β. *Arborescens*. Gaud. Fl. helv. 3. l. c. — Arbre de moyenne taille, à tête élargie, à rameaux étalés, à fruit globuleux, un peu déprimé, à pédoncule plus court et plus épais que dans les autres espèces, à chair molle, succulente, d'une saveur légèrement acide, douce et agréable, à noyau presque globuleux.

C'est à cette variété que nous rapportons toutes celles du Griottier cultivé, au nombre de vingt et une dans Duhamel, parmi lesquelles on distingue surtout le cerisier de Montmorency, dont les fruits excellents, sont trop peu connus dans nos contrées : ils sont laxatifs et rafraichis-sants.

5. C. tardif. — *C. semperflorens.*

DC. Fl. fr. n. 3783. — Ser. in DC. Prod. 2 p. 537. — Duby, Bot. gall. p. 164. — *Prunus semperflorens.* Gaud. Fl. helv. 3. p. 306. — Poir. Ency. 5. p. 672. — *P. cerasus.* var. δ. *semperflorens* Koch, Syn. p. 207.
J. Bauh. Hist. 1. p. 1. p. 225 fig. 5. — Tabern. ic. p. 987. fig. 2.

Arbrisseau rameux dès la base, à rameaux nombreux, grêles, flexibles et presque pendants; feuilles glabres, ovales-lancéolées, aiguës aux 2 bouts, irrégulièrement dentées en scie, à dents de la base, et non le pétiole, glanduleuses, vertes en dessus, plus pâles en dessous, munies à la base du pétiole de 2 stipules très étroites, linéaires-lancéolées, den-telées-glanduleuses; pédoncules allongés, grêles, axilaires, solitaires, quelquefois munis sur leur longueur d'une petite bractée; fleurs blanches, à pétales aplanis, disposées vers

l'extrémité des rameaux en une sorte de grappe feuillée ,
allongée, peu garnie ; lobes du calice ovales , obtus , réfléchis , dentés-glanduleux ; fruits petits , d'un rouge clair,
globuleux , à chair tendre , légèrement acide , à noyau blanc.
♄ (Mai—septembre). Vulg. *Cerisier tardif, Cerisier de la
Toussaint* ou *de la Saint-Martin.*

Cette espèce , souvent chargée en même temps de fleurs et de fruits
qui mûrissent vers la fin de l'automne, n'est cultivée que dans quelques
jardins d'amateurs.

§ 2. *Fleurs disposées en grappes.* — Padus. DC.

* *Feuilles caduques.*

6. C. Mahaleb. — *C. Mahaleb.*

Mill. Dict. n. 4. — Ser. in DC. Prod. 2. p. 559. et Fl. fr. n.
3782. — Duby, Bot. gall. p. 164. — *Prunus Mahaleb.*
Linn. Sp. 678. — Gaud. Fl. helv. 3. p. 305. — Poir.
Ency. 5. p. 665 — Koch, Syn. p. 207.
J. Saint-Hil. Pl. fr. tab. 515. — J. Bauh. Hist. 1. p. 1. p.
227. fig. 1. — Tabern. ic. p. 989. fig. 1. — Dalech. Hist.
p. 154. fig. 1. et p. 255. fig. 1. — Lob. ic. 2. p. 135.
fig. 1.

Arbrisseau de 1—2 mètres dans les buissons et les haies ,
atteignant 6 mètres dans les bois , à rameaux diffus, à bois
dur , serré , uni , odorant , susceptible d'un beau poli , à
écorce brune ou grisâtre , marquée sur les jeunes rameaux
de points blanchâtres ; feuilles petites, ovales, arrondies, un
peu acuminées , glabres , doublement dentelées-crénelées ,
à dents de la base glanduleuses , un peu fermes , pétiolées ;
fleurs blanches , petites , en grappe courte , feuillée à la
base , presque en corymbe , au nombre de 8—12, munies à
la base des pédicelles de petites bractées scarieuses , dentelées ; pétales blancs , ovales-oblongs , étalés ; calice à lobes
réfléchis , ovales , non dentés , presque de la longueur du
tube ; fruits petits , peu charnus , globuleux , noirâtres , à

peine plus gros qu'un pois, d'une saveur amère très désagréable. ♄ (Avril, mai). Vulg. *Bois de sainte Lucie, Pute.*

Commun dans les bois, les haies et les buissons.

7. C. à grappes. — *C. Padus.*

DC. Fl. fr. n. 5781. — Ser. in DC. Prod. 2. p. 539. —
Duby, Bot. gall. p. 164. — *Prunus Padus.* Linn. Sp. 677.
— Gaud. Fl. helv. 3. p. 504. — Poir. Ency. 5. p. 664.
— Koch, Syn. p. 207.
J. Saint-Hil. Pl. fr. tab. 514. — J. Bauh. Hist. 1. p. 1. p.
228. fig. 1. — Tabern. ic. p. 998. fig. 1. —Dalech. Hist.
p. 512. fig. 5. — Dod. pempt. p. 777. fig. 1. — Lob. ic.
2. p. 174. fig. 1.

Arbrisseau élevé de 3—5 mètres et quelquefois davantage,
à rameaux étalés, à écorce d'un brun rougeâtre lisse; feuilles
grandes, ovales-lancéolées, elliptiques, un peu acuminées,
finement dentées en scie, à dents aiguës, très rapprochées,
pétiolés, glabres, d'un vert gai, un peu plus pâles en dessous, munies à la base, sur le pétiole, de 2 glandes rougeâtres; fleurs blanches, petites, pédicellées, disposées en
grappes allongées, grêles, feuillées à la base et pendantes;
fruits petits, peu charnus, globuleux, d'abord rougeâtres,
puis noirs à l'époque de la maturité, d'un goût amer, désagréable. ♄ (Mai, juin). Vulg. *Cerisier* ou *Merisier à
grappes.*

Les bois, les haies et les buissons, assez rare : Salins, à Pontamou-
gear; à Lemuy; à Boujaille, etc. — A la lisière du bois de Bregille, à
Besançon (Girod-Chant.) — A Goudeba et aux Brenets, comté de
Neuchâtel (Gaud.). — Genève, dans les haies, près de Regny (Reut.).
— Aux environs de Bâle (Hagenb.).

** *Feuilles persistantes.*

8. C. Laurier-cerise. — *C. Lauro-cerasus.*

Loisel, in Duh. ed. nova. 5. p. 6. — Ser. in DC. Prod. 2. p.
510. et Fl. fr. n. 5781. (*in Obs.*). — Duby, Bot. gall. p.

164. — *Prunus Lauro-cerasus.* Linn. Sp. 678. — Poir.
Ency. 5. p. 667.
Bull. herb. tab. 158. — Barr. ic. fig. 875. — Clus. Hist.
1. p. 4. fig. 1 . 2.

Arbrisseau atteignant 3—4 mètres de hauteur, à rameaux
nombreux, étalés, de couleur cendrée ; feuilles oblongues-
lancéolées, luisantes, coriaces, persistantes, dentées en scie,
à dents écartées, souvent peu marquées, garnies vers la base,
sur la face inférieure, de 1—3 glandes de couleur ferrugi-
neuse ; fleurs blanches, petites, disposées en grappes lâches, axilaires, plus courtes que les feuilles, d'une odeur
analogue à celle des amandes amères ; fruits peu charnus,
petits, noirâtres à la maturité, ovoïdes, aigus. ♄ (Mars,
avril).

Originaire de Trébisonde (Anatolie), cultivé dans les jardins, sous
le nom de *Laurier-Amandier.* — Vénéneux à cause de l'acide hydrocyanique qui se trouve principalement dans ses feuilles et ses noyaux.
Le laurier-cerise est vomitif et purgatif à dose modérée ; à dose moins
forte, il est antispasmodique et calmant. On aromatise le lait en y faisant bouillir quelques feuilles de cette plante, qui lui donnent un léger
goût d'amande ; mais on ne doit jamais en employer qu'un petit nombre,
à cause de l'acide hydrocyanique, qui est un des poisons végétaux les
plus actifs.

FIN DU TOME PREMIER.

BESANÇON, IMPRIMERIE DE CH. DEIS.